高等职业院校“十三五”课程改革优秀成果规划教材

公差配合与技术测量

主　编　封金祥　胡建国

副主编　武兴睿　乔振华　车永明

孙秀艳　邹津婷　任　辉

北京理工大学出版社

BEIJING INSTITUTE OF TECHNOLOGY PRESS

图书在版编目（CIP）数据

公差配合与技术测量/封金祥，胡建国主编．—北京：北京理工大学出版社，2016.6（2016.7 重印）

ISBN 978-7-5682-1641-8

Ⅰ.①公…　Ⅱ.①封…　②胡…Ⅲ.①公差-配合-高等职业教育-教材　②技术测量-高等职业教育-教材　Ⅳ.①TG801

中国版本图书馆 CIP 数据核字（2015）第 318877 号

出版发行／北京理工大学出版社有限责任公司
社　　址／北京市海淀区中关村南大街 5 号
邮　　编／100081
电　　话／（010）68914775（总编室）
（010）82562903（教材售后服务热线）
（010）68948351（其他图书服务热线）
网　　址／http：//www.bitpress.com.cn
经　　销／全国各地新华书店
印　　刷／北京国马印刷厂
开　　本／787 毫米×1092 毫米　1/16
印　　张／15.5
字　　数／361 千字
版　　次／2016 年 6 月第 1 版　2016 年 7 月第 2 次印刷
定　　价／38.00 元

责任编辑／封　雪
文案编辑／张鑫星
责任校对／周瑞红
责任印制／马振武

前　　言

《公差配合与技术测量》是高等职业技术院校机械类各专业的重要技术基础课教材，是联系机械设计和制造工艺的纽带。它包含公差配合与技术测量两大方面的内容，把标准化和计量学两个领域的相关内容有机地结合在一起，与机械设计、机械制造以及质量控制等多方面密切相关，是机械工程技术人员和管理人员必备的基本知识和技能参考用书。

本教材以多所高职院校相关课程改革成果为基础，并吸取同类教材的优点。本教材主要突出以下特色：

1．为了适应高等职业教育发展的要求——以服务为宗旨，以就业为导向，走产学结合发展道路，本教材的编写由高职院校老师和企业工程技术人员共同完成，教材引入企业真实工作任务作为教学内容。

2．教材遵循“以应用为目的，以必需、够用为度”的原则，大胆舍弃实用性较弱的内容，重点加强对常用量具（如游标卡尺千分尺等）使用和几何公差检测基本技能的培养，力求做到图文并茂，语言通俗易懂。从实际应用的需要出发，尽量减少枯燥、实用性不强的理论灌输，内容更具有实用性和可读性。

3．本教材以突出职业意识和职业能力的培养为主线，条理清晰、合理。精选教学内容，全书共 10 章，分别是绪论、极限与配合基础、技术测量基础、几何公差与检测、表面粗糙度及测量、滚动轴承的公差与配合、圆锥的公差与配合、键和花键的公差与检测、螺纹的公差与检测、圆柱齿轮的公差与检测。每章配有一定的拓展与练习题目，目的是强化应用理论知识来解决实际问题的能力。

本教材由吉林科技职业技术学院封金祥、胡建国担任主编，武兴睿、乔振华、车永明、孙秀艳、邹津婷、任辉担任副主编。

由于编者水平有限，书中难免存在疏忽和不足之处，恳请专家和广大读者批评指正。

编　者

目 录

第一章 绪 论

本章要点

1. 了解互换性的意义、分类及在机械制造业中的作用。
2. 了解标准化、标准、计量工作的含义。
3. 了解优先数、加工误差、公差的基本概念。

第一节 互换性概述

一、互换性及其意义

在日常生活中，经常会遇到零件互换的情况，例如，汽车、拖拉机、自行车、缝纫机上的零件坏了，只要换上相同型号的零件就能正常运转，不必考虑生产厂家，之所以这样方便，就是因为这些零（部）件具有互相替换的性能。要实现专业化生产必须采用互换性原则，广义上说，互换性是指一种产品、过程或服务能够代替另一种产品、过程或服务，并且能满足同样要求的能力。

二、互换性的种类

互换性按其互换程度可分为：完全互换性、不完全互换性、不具有互换性。

1. 完全互换性

同一批零部件装配前不做任何挑选，装配时不需辅助修配和调整，装配后能满足其预定的使用要求，则其互换性称为完全互换性。螺栓、滚动轴承、圆柱销等标准件都属于此类。

2. 不完全互换性

不完全互换性在装配时允许有选择或调整，但不允许任何修配。

不完全互换性多用于小批量生产和装配精度要求高的情况。当装配精度要求很高时，每个零件的精度也必然要求很高，这样会给零件的制造带来一定的困难。为了解决这一矛盾，在生产中常采用分组装配法、调整法或其他方法来实现。

3. 不具有互换性

不具有互换性在装配时需要对零件进行修配。

对于单件小批量生产的高精度产品，在装配时往往采用修配法和调整法来生产，这种生产方式效率低，但能获得高精度产品。

三、误差与公差

加工零件的过程中，由于各种因素（机床、刀具、温度等）的影响，零件的尺寸、形状和表面粗糙度等几何量难以达到理想状态，总是有或大或小的误差。

1. 加工误差

加工误差是指实际几何参数对其设计理想值的偏离程度，加工误差越小，加工精度越高。其主要分为尺寸误差、形状误差、位置误差和表面粗糙度等。

但从零件的使用功能角度看，不必要求零件几何量绝对准确，只要达到零件几何量在某一规定的范围内变动，即保证同一规格零部件（特别是几何量）彼此接近就可以。

2. 几何量公差

允许几何量变动的范围叫作几何量公差。对于各类加工误差，几何量公差分为尺寸公差、形状公差、位置公差和表面粗糙度允许值等。

为了保证零件的互换性，要用公差来控制误差。设计时要按标准规定公差，而加工时不可避免会产生误差，因此要使零件具有互换性，就要把完工的零件误差控制在规定的公差范围内。设计者的任务就是要正确地确定公差，并把它在图样上明确地标示出来。在满足功能要求的前提下，公差值应尽量规定得大一些，以便获得最佳的经济效益。

四、公差标准

为了实现互换性生产，对各种各样的公差要求还必须有统一的术语、合理的数值以及合适的图样标注方式，使从事机械设计和（或）机械加工人员具有共同的技术语言和技术依据，使设计和生产过程较为方便、合理和经济，因此必须制定公差标准。公差标准是对零件的公差和零件之间的相互配合所制定的技术标准。

第二节　标准化与优先系数

一、标准与标准化的概念

标准是指对重复性事物和概念所做的科学简化、协调和优选，并经一定程序审批后所颁布的统一规定。标准化包含了标准制定、贯彻和修改的全部过程。

我国将标准分为国家标准、行业标准、地方标准和企业标准。

国家标准就是需要在全国范围内有统一的技术要求时，由国家质量监督检验检疫总局颁布的标准。

行业标准就是在没有国家标准，而又需要在全国某行业范围内有统一的技术要求时，由该行业的国家授权机构颁布的标准。但在有了国家标准后，该项行业标准即行废止。

地方标准就是在没有国家标准和行业标准，而又需要在省、自治区、直辖市范围内有统一的技术安全、卫生等要求时，由地方政府授权机构颁布的标准。但在公布相应的国家标准或行业标准后，该地方标准即行废止。

企业标准就是对企业生产的产品，在没有国家标准、行业标准及地方标准的情况下，由企业自行制定的标准，并以此标准作为组织生产的依据。如果已有国家标准或行业标准及地方标准的，企业也可以制定严于国家标准或行业标准的企业标准，在企业内部使用。

二、优先数系

国家标准 GB/T 321—2005《优先数和优先数系》规定十进等比数列为优先数系，并规定了 5 个系列，分别用系列符号 R5、R10、R20、R40 和 R80 表示，称为 Rr 系列。其中前 4 个系列是常用的基本系列，而 R80 则作为补充系列，仅用于分级很细的特殊场合。

优先数系是工程设计和工业生产中常用的一种数值制度。优先数与优先数系是 19 世纪末（1877 年），由法国人查尔斯·雷诺（Charles Renard）首先提出的。当时载人升空的气球所使用的绳索尺寸由设计者随意规定，多达 425 种。雷诺根据单位长度不同直径绳索的重量级数来确定绳索的尺寸，按几何公比递增，每进 5 项使项值增大 10 倍，把绳索规格减少到 17 种，并在此基础上产生了优先数系的系列。后人为了纪念雷诺将优先数系称为 Rr 数系。

优先数的主要优点是：相邻两项的相对差均匀，疏密适中，运算方便，简单易记。在同系列中，优先数的积、商、整数乘方仍为优先数。

优先数系是十进等比数列，其中包含 10 的所有整数幂（…，0.01，0.1，1，10，100，…）。只要知道一个十进段内的优先数值，其他十进段内的数值就可由小数点的前后移位得到。

优先数系中的数值可方便地向两端延伸，表 1－1 中的数值小数点前后移位，便可以得到所有小于 1 和大于 10 的任意优先数。

表 1－1 优先数基本系列（GB/T 321—2005）

基本系列（常用值）				计算值
R5	R10	R20	R40	
1.00	1.00	1.00	1.00	1.000 0
			1.06	1.053 9
		1.12	1.12	1.122 0
			1.18	1.188 5
	1.25	1.25	1.25	1.258 9
			1.32	1.333 5
		1.40	1.40	1.412 5
			1.50	1.496 2
1.60	1.60	1.60	1.60	1.584 9
			1.70	1.678 8
		1.80	1.80	1.778 3
			1.90	1.883 6
	2.00	2.00	2.00	1.995 3
			2.12	2.113 5
		2.24	2.24	2.238 7
			2.36	2.371 4
2.50	2.50	2.50	2.50	2.511 9
			2.65	2.660 7
		2.80	2.80	2.818 4
			3.00	2.985 4

续表

基本系列（常用值）				计算值
R5	R10	R20	R40	
	3.15	3.15	3.15	3.162 3
			3.35	3.349 7
		3.55	3.55	3.548 1
			3.75	3.758 4
4.00	4.00	4.00	4.00	3.981 1
			4.25	4.217 0
		4.50	4.50	4.466 8
			4.75	4.731 5
	5.00	5.00	5.00	5.011 9
			5.30	5.308 8
		5.60	5.60	5.623 4
			6.00	5.956 6
6.30	6.30	6.30	6.30	6.309 6
			6.70	6.683 4
		7.10	7.10	7.079 5
			7.50	7.498 9
	8.00	8.00	8.00	7.943 3
			8.50	8.414 0
		9.00	9.00	8.912 5
			9.50	9.440 6
10.00	10.00	10.00	10.00	10.000 0

优先数系的公比为 $q_r = \sqrt[r]{10}$。由表 1－1 可以看出，基本系列 R5、R10、R20、R40 的公比分别为：

R5 系列　　$q_5 = \sqrt[5]{10} \approx 1.60$；

R10 系列　　$q_{10} = \sqrt[10]{10} \approx 1.25$；

R20 系列　　$q_{20} = \sqrt[20]{10} \approx 1.12$；

R40 系列　　$q_{40} = \sqrt[40]{10} \approx 1.06$。

另外补充系列 R80 的公比为 $q_{80} = \sqrt[80]{10} \approx 1.03$。

由表 1－1 可知：

（1）优先数向纵深发展中的任一数均为优先数，任意两项的积或商都为优先数，任意一项的整数乘方或开方也都为优先数。

（2）R5、R10、R20、R40 前一数系的项值包含在后一数系之中。

（3）表列以 1～10 为基础，所有大于 10 或小于 1 的优先数，均可用 10 的整次幂乘以表 1－1 中的数值求得，这样可以使该系列向两端无限延伸。

根据生产需要，亦可派生出变形系列，如 R10/3 系列，即在 R10 数列中按每隔 3 项取 1 项的数列，其公比为 $q_{10}/3 = (\sqrt[10]{10})^3 = 2$，如 1，2，4，8，…。

第三节 几何量检测的重要性

几何量检测是组织互换性生产必不可少的重要措施。由于零部件的加工误差不可避免，因此必须采用先进的公差标准，对构成机械的零部件的几何量规定合理的公差，用以实现零部件的互换性。但若不采用适当的检测措施，规定的公差也就形同虚设，不能发挥作用。因此，应按照公差标准和检测技术要求对零部件的几何量进行检测。只有几何量合格，才能保证零部件在几何量方面的互换性。检测是检验和测量的统称，一般来说：测量的结果能够获得具体的数值；检验的结果只能判断合格与否，而不能获得具体数值。但是，在检测过程中又会不可避免地产生或大或小的测量误差。这将导致两种误判：一是把不合格品误认为合格品而给予接收——误收；二是把合格品误认为废品而给予报废——误废，这是测量误差表现在检测方面的矛盾。这就需要从保证产品质量和经济性两方面综合考虑，合理解决。检测的目的不仅在于判断工件合格与否，还有积极的一面，即根据检测的结果，分析产生废品的原因，以便设法减少和防止废品的产生。

第四节 本课程的性质和任务

“公差配合与技术测量”是一门综合性的应用技术基础学科，本课程的发展与机械工业的发展密切相关。它是在由手工作坊式的生产方式向现代化大工业发展的进程中产生的。“公差配合与技术测量”是机械类各专业的一门极其重要的核心专业技术基础学科，它涉及几何量公差与技术测量两个范畴。它是联系机械设计与机械制造等课程的纽带，是从基础学习过渡到专业课学习的桥梁。

本课程的主要任务是，使学生：

(1) 掌握与标准化和互换性相关的基本概念、基本理论和原则。

(2) 基本掌握本课程中几何量公差标准的主要内容、特点和应用原则。

(3) 初步学会根据机器和零件的功能要求，选用几何量公差与配合。

(4) 学会查阅工具书，如手册、标准等，能够熟练查、用本课程介绍的公差表格，并能正确选用及标注。

(5) 熟悉各种典型几何量的检测方法，初步学会常用计量器具的读数原理及使用方法。

(6) 初步具有公差设计及精度检测的基本能力。

小 结

机械零件的几何精度设计原则是互换性原则和经济性原则。

机器零部件具有互换性必须同时满足两个条件，缺一不可：

(1) 装配前不需挑选，不经修理就能进行装配；

(2) 装配后能满足使用性能要求。

本门课程所研究的互换性，主要是围绕几何量参数而进行的，根据不同的对象、不同的部门、不同的技术要求可采用完全互换或不完全互换。

互换性在设计、制造、使用、维修等方面都起着很大的作用。

加工误差可分为尺寸误差、形状误差（包括宏观几何形状误差、微观几何形状误差和表面波度）、位置误差和表面粗糙度等。误差的产生是不可避免的，但必须控制在公差所规定的范围内。

互换性是现代化生产的重要原则，互换性只有通过标准化来实现。制定和贯彻公差标准、采用相应的技术测量措施是实现互换性的必要条件。近年来我国在标准化和计量工作上有了很大的发展，各种公差制都积极地向ISO靠拢，长度计量单位也基本统一，测量技术和计量器具有了较大的发展。

标准化是一门科学，涉及面广，最直接应用的是标准化的优先数系，它在各章中均会用到。掌握好优先数系的实质和概念对今后的技术工作是有益的。

互换性是机械制造业中，设计和制造过程需遵循的重要原则，可使企业获得巨大的经济效益和社会效益。

互换性分为完全互换性、不完全互换性和不具有互换性，其选择由产品的精度高低、产量多少、生产成本等因素决定。对无特殊要求的产品，均采用完全互换性；对尺寸特大、精度特高、数量特少的产品则采用不完全互换性生产。

加工误差是由于工艺系统或其他因素造成的零件加工后实际状态与理想状态的差别（包括尺寸、形状、位置、表面粗糙度等误差）。

公差是允许加工误差，用于限制误差。公差值T大小排列按$T_{尺寸} > T_{位置} > T_{形状}$ >表面粗糙度公差。

思考题

1. 什么叫互换性？互换性的分类有哪些？
2. 公差与误差之间的区别和联系有哪些？
3. 完全互换性和不完全互换性有何区别？各适用于何种场合？
4. 什么是标准和标准化？标准化与互换性有何关系？
5. 为何要采用优先数系？R5、R10、R20、R40这4个系列各代表什么？
6. 下面各列数据属于哪种系列？公比是多少？

（1）家用灯泡15～100 W中的各种瓦数为15 W、25 W、40 W、60 W、100 W。

（2）某机床主轴转速为50，63，100，125，…，单位为r/min。

（3）表面粗糙度Ra的基本系列为0.025，0.050，0.100，0.20，…，单位为μm。

第二章　极限与配合基础

本章要点

1. 掌握极限与配合的极限术语、基本概念。
2. 熟练绘制、分析公差带图。
3. 熟练掌握公差与配合的选用。

第一节　概　述

机械行业在国民经济中占有举足轻重的地位，而孔、轴配合是机械制造中最广泛的一种配合，它对机械产品的使用性能和寿命有很大的影响，所以说孔、轴配合是机械工程当中重要的基础标准，它不仅适用于圆柱形孔、轴的配合，也适用于由单一尺寸确定的配合表面的配合。为了保证互换性，统一设计、制造、检验、使用和维修，特制定孔、轴的极限与配合的国家标准。

孔、轴的极限与配合的标准化是一项综合性的技术基础工作，是推行科学管理、推动企业技术进步和提高企业管理水平的重要手段。它不仅可防止产品尺寸设计中的混乱，有利于工艺过程、产品使用和维修的经济性，还利于刀具、量具等的标准化。

机械产品的各种零部件在进行机械的运动设计、结构设计、强度和刚度设计后计算出了基本尺寸，接下来就要进行尺寸的精度设计。

为了使零件具有互换性，必须保证零件的尺寸、几何形状和相互位置以及表面特征技术要求的一致性。就尺寸而言，互换性要求尺寸的一致性，但并不是要求零件都准确地制成一个指定的尺寸，而只要求尺寸在某一合理的范围内。对于相互结合的零件，这个范围既要保证相互结合的尺寸之间形成一定的关系，以满足不同的使用要求，又要在制造上经济合理，这样就形成了“极限与配合”的概念。“极限”用于协调机器零件使用要求与制造经济性之间的矛盾，“配合”则反映零件组合时相互之间的关系。

第二节　基本术语与定义

一、要素方面的术语和定义

1. 尺寸要素

尺寸要素是指由一定大小的线性尺寸或角度尺寸确定的几何形状。尺寸要素可以是圆柱形、球形、两平行对应面、圆锥形或楔形。

2. 公称（组成）要素

由一个或几个公称组成要素导出的中心点、轴线或中心平面，如图 2－1（a）所示。

3. 实际（组成）要素

由接近实际（组成）要素所限定的工件实际表面的组成要素部分，如图 2－1（b）所示。

4. 提取组成要素

按规定方法，由实际（组成）要素提取有限数目的点所形成的实际（组成）要素的近似替代，如图 2－1（c）所示。

5. 提取导出要素

由一个或几个提取组成要素得到的中心点、中心线或中心面［见图 2－1（c）］。提取圆柱面的导出中心线称为提取中心线；两相对提取平面的导出中心面称为提取中心面。

6. 拟合组成要素

按规定方法，由提取组成要素形成的并具有理想形状的组成要素，如图 2－1（d）所示。

7. 拟合导出要素

由一个或几个拟合组成要素导出的中心点、轴线或中心平面，如图 2－1（d）所示。

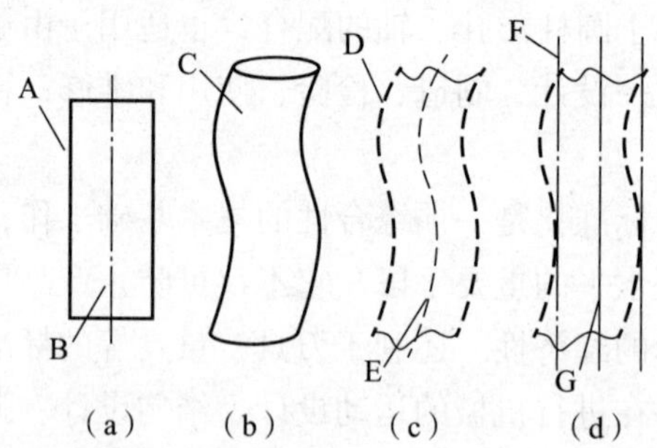

图 2－1　几何要素定义之间的相互关系

（a）公称（图样）；（b）工件（实际）；（c）提取（有限点）；（d）拟合（理想形状）

A—公称（组成）要素；B—公称导出要素；C—实际（组成）要素；D—提取组成要素；

E—提取导出要素；F—拟合组成要素；G—拟合导出要素

二、尺寸方面的术语及定义

1. 尺寸

以特定单位表示线性尺寸值的数值，如长度、宽度、高度、半径、直径及中心距等。在机械工程图中，通常以毫米（mm）为单位。

2. 公称尺寸（D、d）

由图样规范确定的理想形状要素的尺寸，如图 2－2 所示。公称尺寸可以是一个整数或一个小数值，例如 32，15，8.75，0.5，…。孔的基本尺寸用大写字母“D”来表示，轴的基本尺寸用小写字母“d”来表示。

3. 实际尺寸（D_a、d_a）

通过测量获得的尺寸。由于存在测量误差，实际尺寸处处不等且并非是尺寸的真值。

4. 极限尺寸

尺寸要素允许的尺寸的两个极端。提取组成要素的实际尺寸应位于其中，也可达到极限尺寸。

1）**上极限尺寸**（D_{max}、d_{max}）

尺寸要素允许的最大尺寸，如图 2－2 所示。

2）**下极限尺寸**（D_{min}、d_{min}）

尺寸要素允许的最小尺寸，如图 2－2 所示。

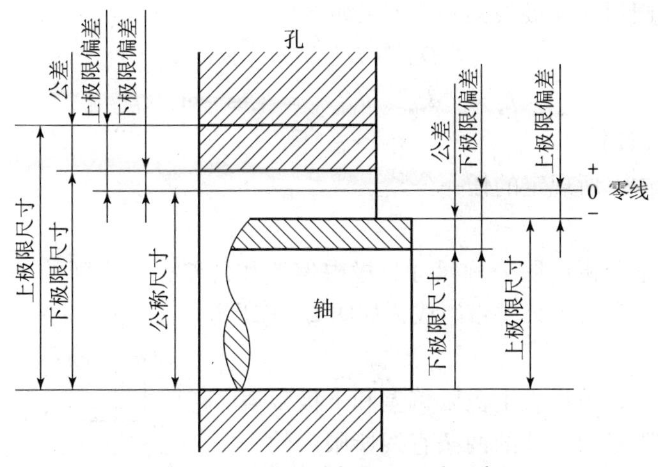

图 2－2　公称尺寸与极限尺寸示意图

三、偏差、公差方面的术语及定义

1. 极限制

经标准化的公差与偏差制度。

2. 偏差

某一尺寸减其公称尺寸所得的代数差。

1）**上极限偏差**（ES，es）

上极限尺寸减其公称尺寸所得的代数差，如图 2－2 所示。

2）**下极限偏差**（EI，ei）

下极限尺寸减其公称尺寸所得的代数差，如图 2－2 所示。

极限偏差可用下列公式计算：

孔的上偏差　$ES = D_{max} - D$　　孔的下偏差　$EI = D_{min} - D$

轴的上偏差　$es = d_{max} - d$　　轴的下偏差　$ei = d_{min} - d$

3. 实际偏差（E_a，e_a）

实际尺寸减其公称尺寸所得的代数差。

孔的实际偏差　$E_a = D_a - D$　　轴的实际偏差　$e_a = d_a - d$

4. 零线

表示公称尺寸的一条直线，以其为基准确定偏差和公差，如图 2－2 所示。

5. 基本偏差

在极限与配合制中，确定公差带相对零线位置的那个极限偏差。它可以是上极限偏差或下极限偏差，一般为靠近零线的那个偏差，图 2 – 2 所示为下极限偏差。

6. 公差

1） **尺寸公差（简称公差）**

上极限尺寸减下极限尺寸之差，或上极限偏差减下极限偏差之差。它是允许尺寸的变动量，如图 2 – 2 所示。

公差是绝对值，不能为负值，也不能为零（公差为零，零件将无法加工）。孔和轴的公差分别用“T_h”和“T_s”表示，有时也用“T_D”和“T_d”表示。

尺寸公差、极限尺寸和极限偏差的关系如下：

孔的公差 $T_h = |D_{max} - D_{min}| = |ES - EI|$

轴的公差 $T_s = |d_{max} - d_{min}| = |es - ei|$

2） **标准公差**（IT）

极限与配合制中，所规定的任一公差。

7. 公差带图

为了能更直观地分析说明公称尺寸、极限偏差和公差三者之间的关系，提出了公差带图。公差带图由零线和尺寸公差带组成，如图 2 – 3 所示。

1） **公差带**

在公差带图解中，由代表上极限偏差和下极限偏差或上极限尺寸和下极限尺寸的两条直线所限定的一个区域。它是由公差大小和其相对零线的位置如基本偏差来确定，如图 2 – 3 所示。

2） **零线**

在极限与配合图解中，以表示公称尺寸的一条直线为基准确定偏差和公差，如图2 – 3 所示。

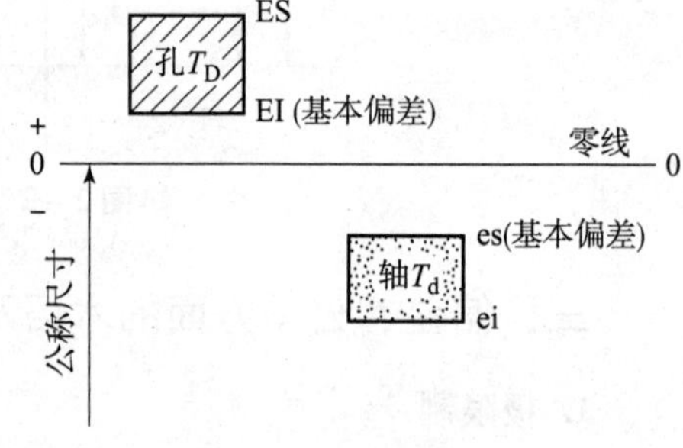

图 2 – 3 公差带图

通常，零线沿水平方向绘制，正偏差位于其上，负偏差位于其下。

公差带有两个参数：公差带的位置和公差带的大小。

公差带的位置由基本偏差确定，国家标准规定靠近零线的那个偏差为基本偏差。

公差带的大小由标准公差值确定。

在绘制公差带图时，应该用不同的方式来区分孔、轴公差带（在图 2 – 3 中，孔、轴公差带用不同的剖面线区分）；公差带的位置和大小应按比例绘制；公差带的横向宽度没有实际意义，可在图中适当选取。

公差带图中，基本尺寸和上、下偏差的量纲可省略不写，基本尺寸的量纲默认为 mm，上、下偏差的量纲默认是 μm。基本尺寸应书写在标注零线的基本尺寸线左方，字体方向与图 2 – 3 “公称尺寸”一致。上、下极限偏差书写（零可以不写）必须带正、负号。

四、配合方面的术语及定义

1. 孔

孔通常指工件的圆柱形内尺寸要素，也包括非圆柱形的内尺寸要素（由两平行平面或切面形成的包容面）。孔的内部没有材料，从装配关系上看孔是包容面。孔的直径用大写字母“D”表示，如图 2－4 所示，D_1、D_2、D_3、D_4各尺寸都为孔尺寸。

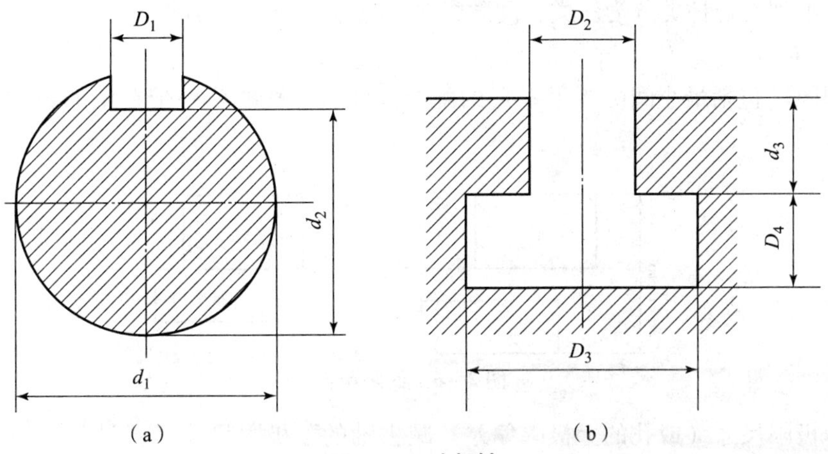

图 2－4　孔与轴

2. 轴

轴通常指工件的圆柱形外尺寸要素，也包括非圆柱形的外尺寸要素（由两平行平面或切面形成的被包容面）。轴的内部有材料，从装配关系上看轴是被包容面。轴的直径用小写字母“d”表示，如图 2－4 所示，d_1、d_2、d_3各尺寸都为轴尺寸。

极限与配合标准中的孔、轴都是由单一的主要尺寸构成的，例如圆柱体的直径、键与键槽的宽度等。

孔和轴的区别：从装配关系上看，孔是包容面，轴是被包容面；从加工过程上看，随着切削余量的减少，孔的尺寸是由小变大，轴的尺寸是由大变小；此外，孔、轴在测量上也有所不同，例如测孔用内卡尺，测轴用外卡尺。

3. 配合

公称尺寸相同并且相互结合的孔和轴公差带之间的关系，称为配合。

4. 间隙

孔的尺寸减去相配合的轴的尺寸之差为正。间隙用大写字母“X”表示，如图 2－5（a）所示。

5. 过盈

孔的尺寸减去相配合的轴的尺寸之差为负。过盈用大写字母“Y”表示，如图 2－5（b）所示。

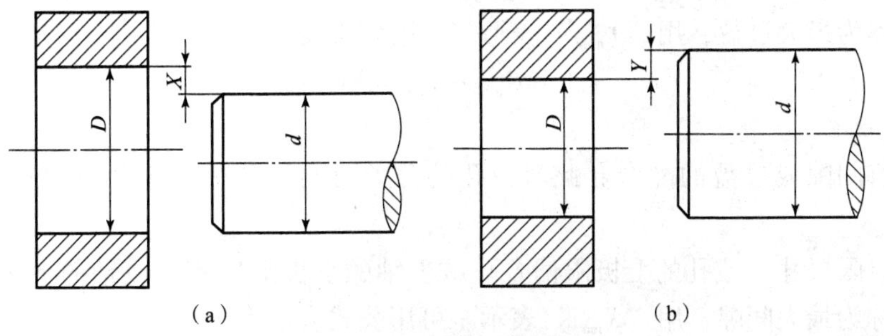

图 2－5　间隙或过盈

（a）间隙；（b）过盈

6. 配合种类

国家标准把配合种类分为三类：间隙配合、过盈配合、过渡配合。

1）间隙配合

具有间隙（包括最小间隙等于零）的配合。此时，孔的公差带在轴的公差带之上，如图 2－6 所示。

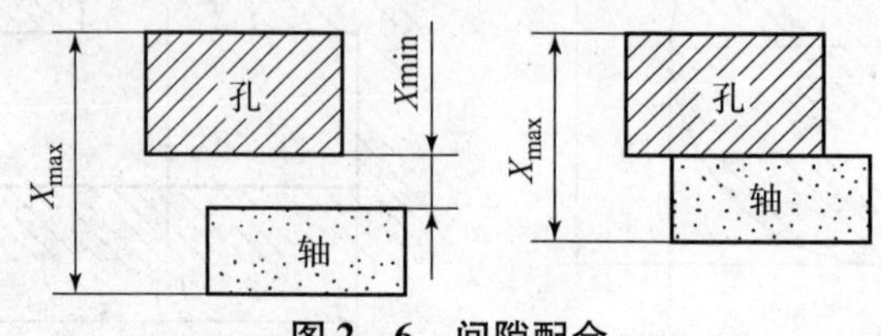

图 2－6　间隙配合

孔的上极限尺寸（或孔的上极限偏差）减去轴的下极限尺寸（或轴的下极限偏差）所得的代数差称为最大间隙，用“X_{max}”表示。可用公式表示为

$$X_{max}=D_{max}-d_{min}=ES-ei$$

孔的下极限尺寸（或孔的下极限偏差）减去轴的上极限尺寸（或轴的上极限偏差）所得的代数差称为最小间隙，用“X_{min}”表示。可用公式表示为

$$X_{min}=D_{min}-d_{max}=EI-es$$

2）过盈配合

具有过盈（包括最小过盈等于零）的配合。此时，孔的公差带在轴的公差带之下，如图 2－7 所示。

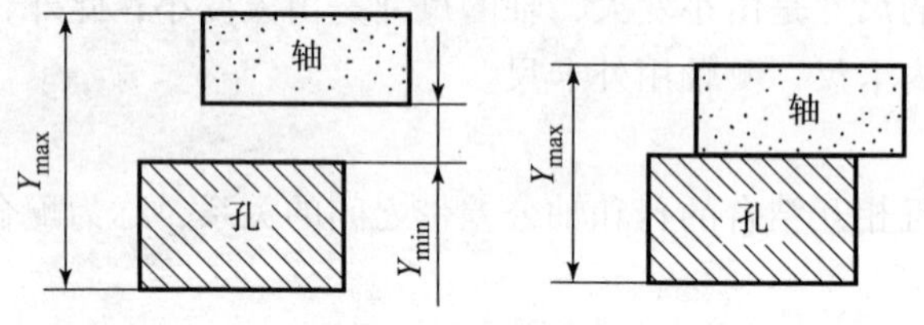

图 2－7　过盈配合

孔的上极限尺寸（或孔的上极限偏差）减去轴的下极限尺寸（或轴的下极限偏差）所得的代数差称为最小过盈，用“Y_{min}”表示。可用公式表示为

$$Y_{min}=D_{max}-d_{min}=ES-ei$$

孔的下极限尺寸（或孔的下极限偏差）减去轴的上极限尺寸（或轴的上极限偏差）所得的代数差称为最大过盈，用“Y_{max}”表示。可用公式表示为

$$Y_{max}=D_{min}-d_{max}=EI-es$$

3）过渡配合

可能具有间隙或过盈的配合。此时，孔的公差带与轴的公差带相互交叠，如图 2－8 所示。

孔的上极限尺寸（或孔的上极限偏差）减去轴的下极限尺寸（或轴的下极限偏差）所得的代数差称为最大间隙，用“X_{max}”表示。可用公式表示为

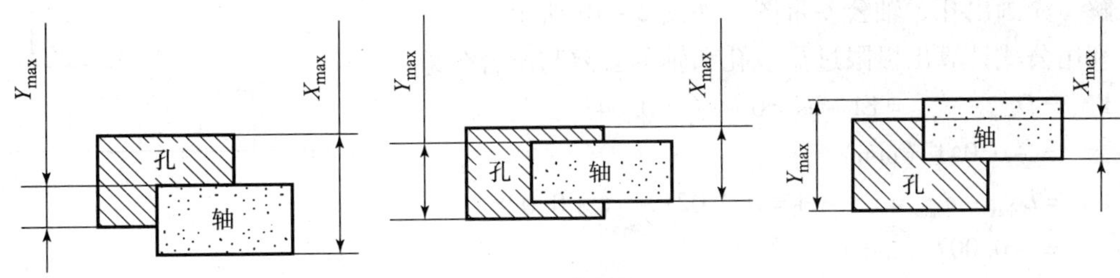

图2-8　过渡配合

$$X_{max}=D_{max}-d_{min}=ES-ei$$

孔的最小极限尺寸（或孔的下偏差）减去轴的最大极限尺寸（或轴的上偏差）所得的代数差称为最大过盈，用"Y_{max}"表示。可用公式表示为

$$Y_{max}=D_{min}-d_{max}=EI-es$$

7. 配合公差

配合公差是组成配合的孔与轴的公差之和。它是允许间隙或过盈的变动量，用 T_f 表示。

配合公差是设计人员根据零件的使用要求所确定的。配合公差越大，配合精度越低；配合公差越小，配合精度越高。

（1）对于间隙配合：配合公差是间隙的变动量，它等于最大间隙与最小间隙差的绝对值，也等于孔的公差与轴的公差之和，可用公式表示为

$$T_f=|X_{max}-X_{min}|=T_D+T_d$$

（2）对于过盈配合：配合公差是过盈的变动量，它等于最大过盈与最小过盈差的绝对值，也等于孔的公差与轴的公差之和，可用公式表示为

$$T_f=|Y_{max}-Y_{min}|=T_D+T_d$$

（3）对于过渡配合：配合公差是间隙与过盈的变动量，它等于最大间隙与最大过盈差的绝对值，也等于孔的公差与轴的公差之和，可用公式表示为

$$T_f=|X_{max}-Y_{max}|=T_D+T_d$$

例2-1　计算 $\phi 25^{+0.021}_{0}$ mm 孔与 $\phi 25^{-0.020}_{-0.033}$ mm 轴配合的极限间隙、孔和轴的公差与配合公差，并画出孔、轴的公差带图和配合公差带图。

解　先画出孔、轴公差带图，如图2-9所示。

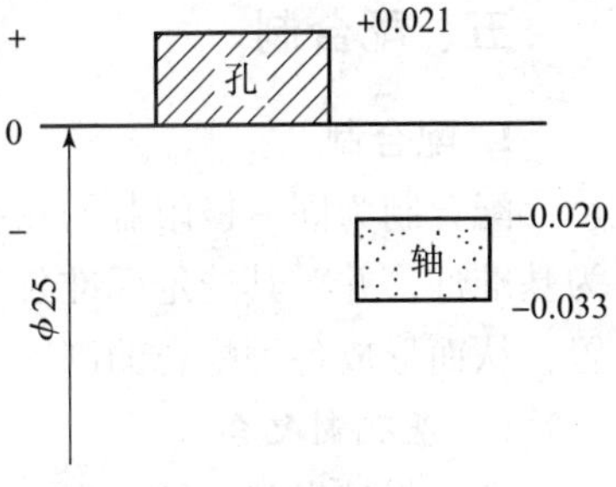

+0.021
孔
0
轴
−0.020
−0.033
φ25

图2-9　孔、轴公差带图

利用公式计算出极限间隙、孔和轴的公差与配合公差：

$$X_{max}=D_{max}-d_{min}=ES-ei=+0.021-(-0.033)=+0.054\ (mm)$$

$$X_{min}=D_{min}-d_{max}=EI-es=0-(-0.020)=+0.020\ (mm)$$

$$T_D=|D_{max}-D_{min}|=|ES-EI|=|+0.021-0|=0.021\ (mm)$$

$$T_d=|d_{max}-d_{min}|=|es-ei|=|-0.020-(-0.033)|=0.013\ (mm)$$

$$T_f=X_{max}-X_{min}=T_D+T_d=0.021+0.013=0.034\ (mm)$$

例2-2　计算 $\phi 25^{+0.021}_{0}$ mm 孔与 $\phi 25^{+0.041}_{+0.028}$ mm 轴配合的极限过盈、孔和轴的公差与配合公差，并画出孔、轴的公差带图和配合公差带图。

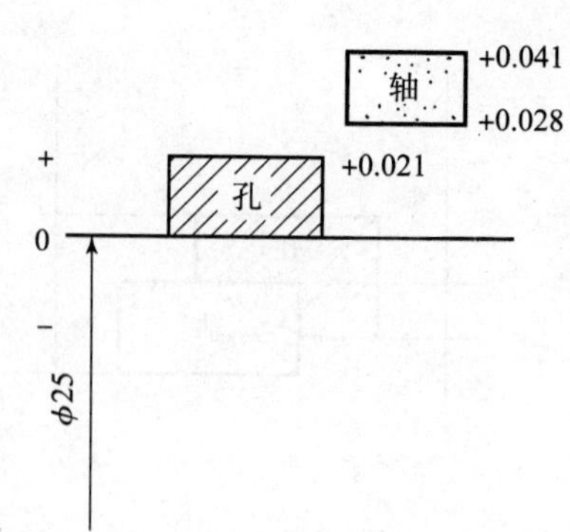

图 2－10 孔、轴公差带图

解 先画出孔、轴公差带图，如图 2－10 所示。

利用公式计算出极限过盈、孔和轴的公差与配合公差：

$Y_{max} = D_{min} - d_{max} = EI - es = 0 - (+0.041)$
$= -0.041$（mm）

$Y_{min} = D_{max} - d_{min} = ES - ei = +0.021 - (+0.028)$
$= -0.007$（mm）

$T_D = |D_{max} - D_{min}| = |ES - EI| = |+0.021 - 0|$
$= 0.021$（mm）

$T_d = |d_{max} - d_{min}| = |es - ei| = |+0.041 - (+0.028)|$
$= 0.013$（mm）

$T_f = X_{max} - X_{min} = T_D + T_d = 0.021 + 0.013 = 0.034$（mm）

例 2－3 计算 $\phi 25^{+0.021}_{0}$ mm 孔与 $\phi 25^{+0.015}_{+0.002}$ mm 轴配合的极限盈隙、孔和轴的公差与配合公差，并画出孔、轴的公差带图和配合公差带图。

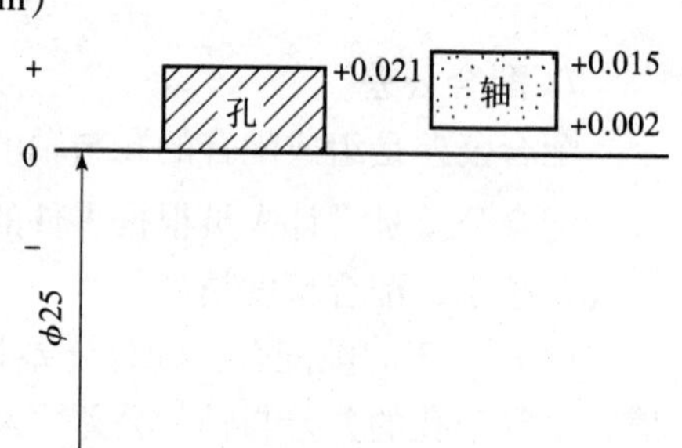

图 2－11 孔、轴公差带图

解 先画出孔、轴公差带图，如图 2－11 所示。

利用公式计算出极限盈隙、孔和轴的公差与配合公差：

$X_{max} = D_{max} - d_{min} = ES - ei$
$= +0.021 - (+0.002) = +0.019$（mm）

$Y_{max} = D_{min} - d_{max} = EI - es = 0 - (+0.015) = -0.015$（mm）

$T_D = |D_{max} - D_{min}| = |ES - EI| = +0.021 - 0 = 0.021$（mm）

$T_d = |d_{max} - d_{min}| = |es - ei| = |+0.015 - (+0.002)| = 0.013$（mm）

$T_f = X_{max} - X_{min} = T_D + T_d = 0.021 + 0.013 = 0.034$（mm）

五、配合制

1. 配合制

配合制为同一极限制的孔和轴组成的一种配合制度，即两个相配合的零件中的一个零件为基准件，并对其选定标准公差带，将其公差带位置固定，然后改变另一个零件的公差带位置，从而形成各种配合的制度。国家标准规定了两种配合制，即基孔制和基轴制。

1）**基孔制配合**

基孔制是指基本偏差为一定的孔的公差带与不同基本偏差的轴的公差带形成各种配合的一种制度，称为基孔制配合。

对本标准极限与配合制，是孔的下极限尺寸与公称尺寸相等、孔的下极限偏差为零的一种配合制。

对于此标准与配合制，孔的公差带在零线上方，孔的最小极限尺寸等于基本尺寸，孔的下偏差 EI 为零，孔称为基准孔，其代号为“H”，如图 2－12 所示。

2）**基轴制配合**

基轴制是指基本偏差为一定的轴的公差带与不同基本偏差的孔的公差带形成各种配合的一种制度，称为基轴制配合。

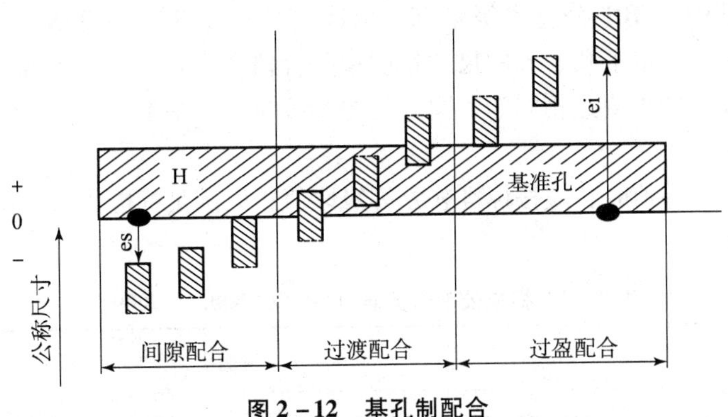

图 2-12　基孔制配合

对于此标准与配合制，轴的公差带在零线下方，轴的最大极限尺寸等于基本尺寸，轴的上偏差 es 为零，轴称为基准轴，其代号为“h”，如图 2-13 所示。

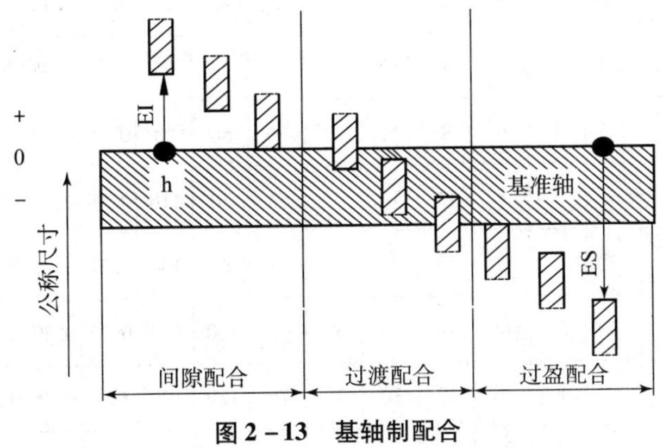

图 2-13　基轴制配合

第三节　极限与配合的标准

公差与配合国家标准是用于尺寸精度设计的一项基础标准，它是按照标准公差系列标准化和基本偏差系列标准化的原则制定的。最新的公差与配合的国家标准包括：GB/T 1800.1—2009《公差、偏差和配合的基础》、GB/T 1800.2—2009《标准公差等级和孔、轴的极限偏差表》、GB/T 1801—2009《极限与配合　公差带和配合的选择》、GB/T 1804—2000《一般公差　未注公差的线性和角度尺寸的公差》几部分。

一、标准公差系列

标准公差系列是以国家标准制定的一系列由不同的基本尺寸和不同的公差等级组成的标准公差值。标准公差值用来确定任一标准公差值的大小，也就是确定公差带的大小（宽度）。

1. 标准公差及其分级

GB/T 1800.1—2009 在基本尺寸不大于 500 mm 内规定了 IT01、IT0、IT1、IT2、…、IT17、IT18 共 20 个标准公差等级。在基本尺寸 500 ~ 3 150 mm 内规定了 IT1 ~ IT18 共 18 个

标准公差等级。其中，IT01 公差等级最高，依次降低，IT18 为最低级。标准公差的大小，即标准公差的高低，决定了孔、轴的尺寸精度和配合精度。同一公差等级、同一尺寸分段内各基本尺寸的标准公差数值是相同的。同一公差等级对所有基本尺寸的一组公差也被认为具有同等精确程度。

在确定孔、轴公差值时，应按标准公差等级取值，以满足标准化与互换性的要求，标准公差数值表见表 2－1。

表 2－1　标准公差数值表（GB/T 1800.2—2009）

公称尺寸/mm		标准公差等级																	
		IT1	IT2	IT3	IT4	IT5	IT6	IT7	IT8	IT9	IT10	IT11	IT12	IT13	IT14	IT15	IT16	IT17	IT18
大于	至	μm											mm						
—	3	0.8	1.2	2	3	4	6	10	14	25	40	60	0.1	0.14	0.25	0.4	0.6	1	1.4
3	6	1	1.5	2.5	4	5	8	12	18	30	48	75	0.12	0.18	0.3	0.48	0.75	1.2	1.8
6	10	1	1.5	2.5	4	6	9	15	22	36	58	90	0.15	0.22	0.36	0.58	0.9	1.5	2.2
10	18	1.2	2	3	5	8	11	18	27	43	70	110	0.18	0.27	0.43	0.7	1.1	1.8	2.7
18	30	1.5	2.5	4	6	9	13	21	33	52	84	130	0.21	0.33	0.52	0.84	1.3	2.1	3.3
30	50	1.5	2.5	4	7	11	16	25	39	62	100	160	0.25	0.39	0.62	1	1.6	2.5	3.9
50	80	2	3	5	8	13	19	30	46	74	120	190	0.3	0.46	0.74	1.2	1.9	3	4.6
80	120	2.5	4	6	10	15	22	35	54	87	140	220	0.35	0.54	0.87	1.4	2.2	3.5	5.4
120	180	3.5	5	8	12	18	25	40	63	100	160	250	0.4	0.63	1	1.6	2.5	4	6.3
180	250	4.5	7	10	14	20	29	46	72	115	185	290	0.46	0.72	1.15	1.85	2.9	4.6	7.2
250	315	6	8	12	16	23	32	52	81	130	210	320	0.52	0.81	1.3	2.1	3.2	5.2	8.1
315	400	7	9	13	18	25	36	57	89	140	230	360	0.57	0.89	1.4	2.3	3.6	5.7	8.9
400	500	8	10	15	20	27	40	63	97	155	250	400	0.63	0.97	1.55	2.5	4	6.3	9.7

1）**公差单位**（i）

公差单位也叫公差因子，是计算标准公差值的基本单位，是制定标准公差数值系列的基础。利用统计法在生产中可发现：在相同的加工条件下，基本尺寸不同的孔或轴加工后产生的加工误差不相同，而且误差的大小无法比较；在尺寸较小时加工误差与基本尺寸呈立方抛物线关系，在尺寸较大时接近线性关系。由于误差由公差来控制，因此利用这个规律可反映公差与基本尺寸之间的关系。

当基本尺寸≤500 mm 时，公差单位（以 i 表示）按下式计算

$$i = 0.45\sqrt[3]{D} + 0.001D$$

式中　D——基本尺寸的计算尺寸，单位为 mm。

在上式中，前面一项主要反映加工误差，第二项用来补偿测量时温度变化引起的与基本尺寸成正比的测量误差。但是随着基本尺寸逐渐增大，第二项的影响越来越显著。

对大尺寸而言，温度变化引起的误差随直径的增大呈线性变化。

当基本尺寸 >500 ~3 150 mm 时，公差单位（以 I 表示）按下式计算

$$I=0.004D+2.1$$

式中　D——基本尺寸的计算尺寸，单位为 mm。

当基本尺寸 >3 150 mm 时，以上式来计算标准公差，也不能完全反映误差出现的规律，但目前没有发现更加合理的公式，仍然用上式来计算。

2）**公差等级系数**（a）

在基本尺寸一定的情况下，a 的大小反映了加工的难易程度，也是决定标准公差值大小 $IT=ai$ 的唯一参数，成为 IT5 ~ IT18 各级标准公差包含的公差因子数。

为了使公差值标准化，公差等级系数 a 选取优先数系 R5 系列，即 $q_5=\sqrt[5]{10}\approx1.6$，如 IT6 ~ IT18，每隔 5 项增大 10 倍。

对于≤500 mm 的更高等级，主要考虑测量误差，其公差计算用线性关系式，而 IT2 ~ IT4 公差值大致在 IT1 ~ IT5 的公差值之间，按几何级数分布。

基本尺寸≤500 mm 的标准公差计算式见表 2 – 2。

表 2 – 2　基本尺寸≤500 mm 的标准公差计算式（GB/T 1800.3—1998）

标准公差等级	计算公式	标准公差等级	计算公式	标准公差等级	计算公式
IT01	$0.3+0.008D$	IT6	$10i$	IT13	$250i$
IT0	$0.5+0.012D$	IT7	$16i$	IT14	$400i$
IT1	$0.8+0.02D$	IT8	$25i$	IT15	$640i$
IT2	$(IT1)(IT5/IT1)^{1/4}$	IT9	$40i$	IT16	$1\,000i$
IT3	$(IT1)(IT5/IT1)^{1/2}$	IT10	$64i$	IT17	$1\,600i$
IT4	$(IT1)(IT5/IT1)^{3/4}$	IT11	$100i$	IT18	$2\,500i$
IT5	$7i$	IT12	$160i$		

3）**尺寸分段**

由于公差单位 i 是基本尺寸的函数，按标准公差计算式计算标准公差值时，如果每一个基本尺寸都有一个公差值，将会使编制的公差表格非常庞大。为了简化公差表格，标准规定对基本尺寸进行分段，基本尺寸 D 按每一尺寸分段首尾两尺寸 D_1、D_2 的几何平均值代入，即 $D=\sqrt{D_1D_2}$。这样，就使得同一公差等级、同一尺寸分段内各基本尺寸的标准公差值是相同的。基本尺寸分段见表 2 – 3。

表 2-3 基本尺寸分段 mm

主段落		中间段落		主段落		中间段落	
大于	到	大于	到	大于	到	大于	到
—	3			120	180	120	140
3	6					140	160
6	10					160	180
10	18	10	14	180	250	180	200
		14	18			200	225
18	30	18	24			225	250
		24	30	250	315	250	280
30	50	30	40			280	315
		40	50	315	400	315	355
50	80	50	65			355	400
		65	80	400	500	400	450
80	120	80	100			450	500
		100	120				

例 2-4 计算基本尺寸为 40 mm，7 级公差的标准公差值。

解 （1）由表 2-3 可知 40 mm 属于 >30 ~ 50 mm 尺寸分段

$$D=\sqrt{30\times 50}=38.73\ (\text{mm})$$

（2）公差单位 $i=0.45\sqrt[3]{D}+0.001D=0.45\sqrt[3]{38.73}+0.001\times 38.73=1.561\ (\mu\text{m})$

（3）由表 2-2 可知标准公差 7 级

$$IT7=16i=16\times 1.561=24.976\ (\mu\text{m})\text{，取 }25\ \mu\text{m}$$

必须指出，按表 2-2 计算公式计算得到的公差值必须按国标规定的尾数化整规则进行圆整。在实际使用时不必进行计算，只要直接查表 2-1 即可。

二、基本偏差系列

1. 基本偏差及其作用

基本偏差是指两个极限偏差当中靠近零线或位于零线的那个偏差，它是用来确定公差带位置的参数。为了满足各种不同配合的需要，国家标准对孔和轴分别规定了 28 种基本偏差（见图 2-14）和（见表 2-4），它们用拉丁字母表示，其中孔用大写拉丁字母表示，轴用小写拉丁字母表示。在 26 个字母中除去 5 个容易和其他参数混淆的字母“I（i）、L（l）、O（o）、Q（q）、W（w）”外，其余 21 个字母再加上 7 个双写字母“CD（cd）、EF（ef）、FG（fg）、JS（js）、ZA（za）、ZB（zb）、ZC（zc）”共计 28 个字母或字母组合作为 28 种基本偏差的代号，基本偏差代号见表 2-4。在 28 个基本偏差代号中，其中 JS 和 js 的公差带是关于零线对称的，并且逐渐代替近似对称的基本偏差 J 和 j，它的基本偏差和公差等级有关，而其他基本偏差和公差等级没有关系。

2. 基本偏差的构成规律

1） *轴的基本偏差*

在基孔制的基础上，根据大量科学试验和生产实践，总结出了轴的基本偏差的计算公式，见表 2－5。a～h 的基本偏差是上偏差，与基准孔配合是间隙配合，最小间隙正好等于基本偏差的绝对值；j、k、m、n 与基准孔配合是过渡配合；p～zc 的基本偏差是下偏差，与基准孔配合是过盈配合。基本尺寸≤500 mm 轴的基本偏差数值表见表 2－6，而轴的另一个偏差是根据基本偏差和标准公差的关系，按照 es＝ei＋IT 或 ei＝es－IT 计算得出的。

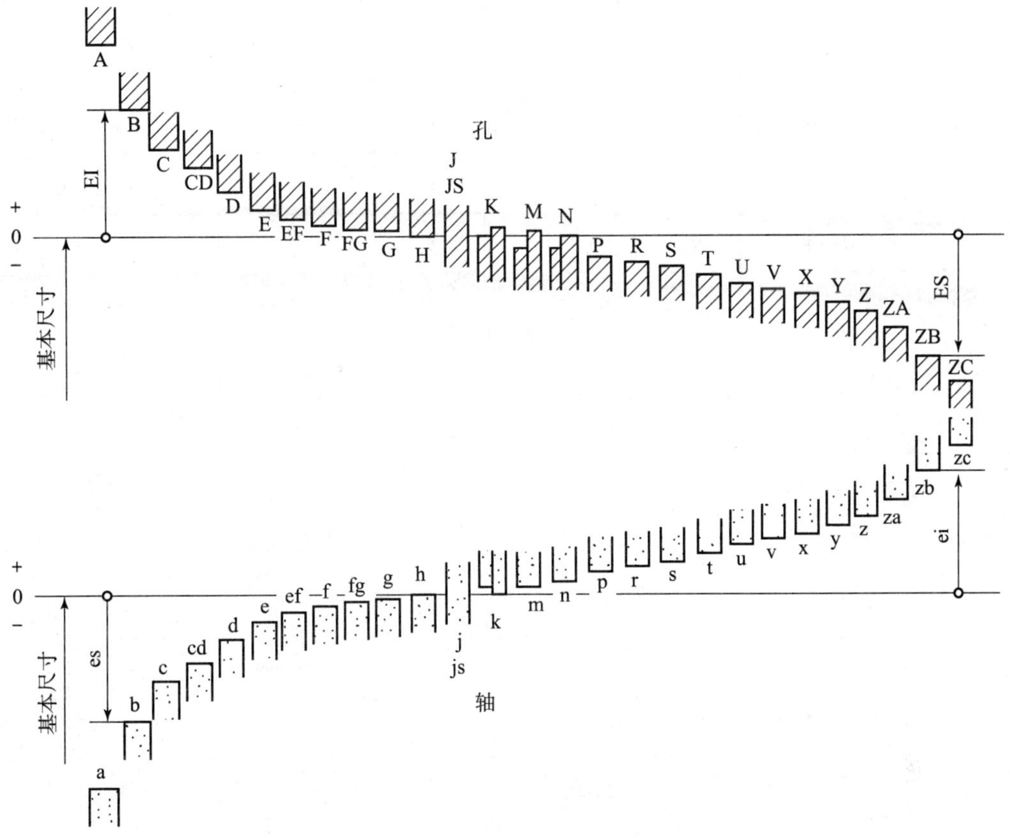

图 2－14　基本偏差系列示意图

表 2－4　基本偏差代号

孔或轴	基本偏差		备注
孔	下偏差	A、B、C、CD、D、E、EF、FG、G、H	H 为基准孔，它的下偏差为零
	上偏差或下偏差	JS＝±IT/2	
	上偏差	J、K、M、N、P、R、S、T、U、V、X、Y、Z、ZA、ZB、ZC	
轴	下偏差 上偏差或下偏差	a、b、c、cd、d、e、ef、fg、g、h js＝±IT/2	h 为基准轴，它的上偏差为零
	上偏差	J、k、m、n、p、r、s、t、u、v、x、y、z、za、zb、zc	

表 2－5　轴的基本偏差计算公式（$D \leqslant 500$ mm）

基本偏差代号	适用范围	基本偏差为上偏差（es）	基本偏差代号	适用范围	基本偏差为上偏差（ei）
a	$D \leqslant 120$ mm	$-(265+1.3D)$	k	≤IT3 及 >IT7	0
	$D>120$ mm	$-3.5D$		IT4 ~ IT7	$+0.6\sqrt[3]{D}$
b	$D \leqslant 160$mm	$-(140+0.85D)$	m		+（IT7 − IT6）
	$D>160$ mm	$-1.8D$	n		$+5D^{0.34}$
c	$D \leqslant 40$ mm	$-52D^{0.2}$	P		+IT7 +（0 ~ 5）
	$D>40$ mm	$-(95+0.8D)$	r		$+\sqrt{ps}$
cd		$-\sqrt{cd}$	s	$D \leqslant 50$ mm	+IT8 +（1 ~ 4）
d		$-16D^{0.44}$		$D>50$ mm	$+IT7+0.4D$
e		$-11D^{0.41}$	t	$d>24$ mm	$+IT7+0.63D$
ef		$-\sqrt{ef}$	u		$+IT7+D$
f		$-0.55D^{0.41}$	v	$d>14$ mm	$+IT7+1.25D$
fg		$-\sqrt{fg}$	x		$+IT7+1.6D$
g		$-0.25D^{0.43}$	y	$d>18$ mm	$+IT7+2D$
h		0	z		$+IT7+2.5D$
j	IT5 ~ IT8	经验数据	za		$+IT8+3.15D$
			zb		$+IT9+4D$
			zc		$+IT10+5D$
js = ± IT/2					

注：D 为公称尺寸段的几何平均值，单位 mm。

2）孔的基本偏差

对于基本尺寸≤500 mm 的孔的基本偏差是根据轴的基本偏差换算得出的。换算原则是：在孔、轴同级配合或孔比轴低一级的配合中，基轴制配合中孔的基本偏差代号与基孔制配合中轴的基本偏差代号相当时（例如 ϕ40G7/h6 中孔的基本偏差 G 对应于 ϕ40H6/g7 中轴的基本偏差 g），应该保证基轴制和基孔制的配合性质相同（极限间隙或极限过盈相同）。

根据上述原则，孔的基本偏差可以按下面两种规则计算。

（1）通用规则。

通用规则是指同一个字母表示的孔、轴的基本偏差绝对值相等，符号相反。孔的基本偏差与轴的基本偏差关于零线对称，相当于轴基本偏差关于零线的倒影，所以又叫倒影规则。

对于孔的基本偏差 A ~ H，不论孔、轴是否采用同级配合，都有 EI = －es；而对于 K ~ ZC 当中，标准公差大于 IT8 的 K、M、N 以及大于 IT7 的 P 到 ZC 一般都采用同级配合，按照该规则，则有 ES = －ei。但是有一个例外：基本尺寸大于 3 mm，标准公差大于 IT8 的 N，它的基本偏差 ES = 0。

（2）特殊规则。

特殊规则是指孔的基本偏差和轴的基本偏差符号相反，绝对值相差一个 Δ 值。在较高的公差等级中常采用异级配合（配合中孔的公差等级常比轴低一级），因为相同公差等级的孔比轴难加工。对于基本尺寸≤500 mm，标准公差≥IT8 的 J、K、M、N 和标准公差≤IT7 的 P ~ ZC，孔的基本偏差 ES 适用特殊规则。即

$$ES = -ei + \Delta$$

式中　$\Delta = IT_n - IT_{n-1}$。

在这里我们不做证明。按照轴的基本偏差计算公式和孔的基本偏差换算原则，国家标准列出轴、孔基本偏差数值表，见表 2－6 和表 2－7。在孔的基本偏差数值表中查找基本偏差时，不要忘记查找表中的修正值“Δ”。

三、公差带与配合在图样上的标注

在零件图上只标注极限偏差数值 $\phi 20^{+0.021}_{0}$、$\phi 20^{-0.007}_{-0.020}$［见图 2－15（a）］或只标注公差代号 ϕ20H7、ϕ20g6［见图 2－15（b）］，或 ϕ20H7（$^{+0.021}_{0}$）、ϕ20g6（$^{-0.007}_{-0.020}$）两者同时标注，如图 2－15（c）所示。

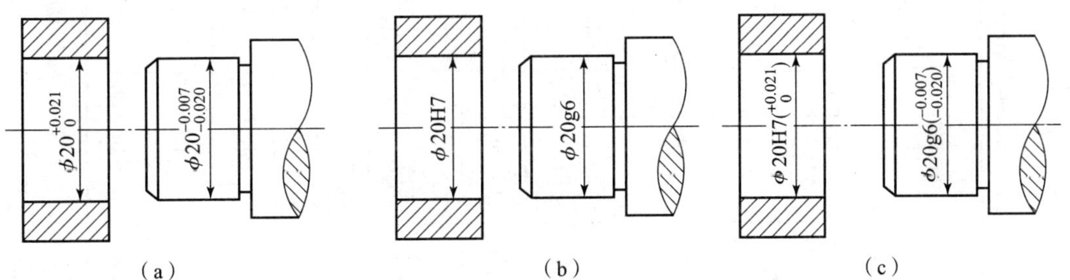

图 2－15　零件图上公差与配合的标注

（a）只标注极限偏差数值；（b）只标注公差代号；（c）两者同时标注

在装配图上孔、轴的配合处应标出配合代号 ϕ60H8/f7 或标出配合的代号与极限偏差 ϕ60H8（$^{+0.046}_{0}$）/f7（$^{-0.030}_{-0.060}$），如图 2－16（a）所示。但也有例外，如滚动轴承内圈与轴的配合，外圈与机座孔的配合不需标出轴承的公差的公差代号［见图 2－16（b）］，这是因为滚动轴承是一个标准部件，它的尺寸精度有专门的标准规定，由专门工厂制造，不需另行设计。

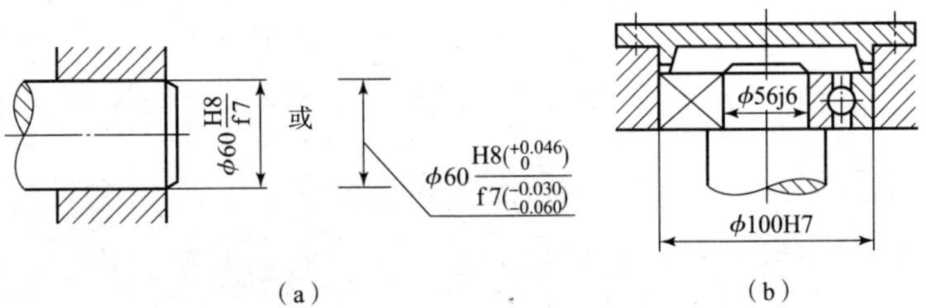

图 2－16　装配图上公差与配合的标注

表2-6　轴的基本偏差数值表

μm

公称尺寸/mm		基本偏差数值（上极限偏差es）												基本偏差数值（下极限偏差ei）																		
		所有标准公差等级												IT5和IT6	IT7	IT8	IT4～IT7	≤IT3 >IT7	所有标准公差等级													
大于	至	a	b	c	cd	d	e	ef	f	fg	g	h	js	j			k		m	n	p	r	s	t	u	v	x	y	z	za	zb	zc
—	3	−270	−140	−60	−34	−20	−14	−10	−6	−4	−2	0	偏差=±IT_n/2　式中IT_n是IT数值	−2	−4	−6	0	0	+2	+4	+6	+10	+14		+18		+20		+26	+32	+40	+60
3	6	−270	−140	−70	−46	−30	−20	−14	−10	−6	−4	0		−2	−4		−1	0	+4	+8	+12	+15	+19		+23		+28		+35	+42	+50	+80
6	10	−280	−150	−80	−56	−40	−25	−18	−13	−8	−5	0		−2	−5		−1	0	+6	+10	+15	+19	+23		+28		+34		+42	+52	+67	+97
10	14	−290	−150	−95		−50	−32		−16		−6	0		−3	−6		−1	0	+7	+12	+18	+23	+28		+33		+40		+50	+64	+90	+130
14	18																									+39	+45		+60	+77	+108	+150
18	24	−300	−160	−110		−65	−40		−20		−7	0		−4	−8		−2	0	+8	+15	+22	+28	+35		+41	+47	+54	+63	+73	+98	+136	+188
24	30																							+41	+48	+55	+64	+75	+88	+118	+160	+218
30	40	−310	−170	−120		−80	−50		−25		−9	0		−5	−10		−2	0	+9	−17	+26	+34	+43	+48	+60	+68	+80	+94	+112	+148	+200	+274
40	50	−320	−180	−130																				+54	+70	+81	+97	+114	+136	+180	+242	+325
50	65	−340	−190	−140		−100	−60		−30		−10	0		−7	−12		−2	0	+11	+20	+32	+41	+53	+66	+87	+102	+122	+144	+172	+226	+300	+405
65	80	−360	−200	−150																		+43	+59	+75	+102	+120	+146	+174	+210	+274	+360	+480
80	100	−380	−220	−170		−120	−72		−36		−12	0		−9	−15		−3	0	+13	+23	+37	+51	+71	+91	+124	+146	+178	+214	+258	+335	+445	+585
100	120	−410	−240	−180																		+54	+79	+104	+144	+172	+210	+254	+310	+400	+525	+690
120	140	−460	−260	−200		−145	−85		−43		−14	0		−11	−18		−3	0	+15	+27	+43	+63	+92	+122	+170	+202	+248	+300	+365	+470	+620	+800
140	160	−520	−280	−210																		+65	+100	+134	+190	+228	+280	+340	+415	+535	+700	+900
160	180	−580	−310	−230																		+68	+108	+146	+210	+252	+310	+380	+465	+600	+780	+1 000
180	200	−660	−340	−240		−170	−100		−50		−15	0		−13	−21		−4	0	+17	+31	+50	+77	+122	+166	+236	+284	+350	+425	+520	+670	+880	+1 150
200	225	−740	−380	−260																		+80	+130	+180	+258	+310	+385	+470	+575	+740	+960	+1 250
225	250	−820	−420	−280																		+84	+140	+196	+284	+340	+425	+520	+640	+820	+1 050	+1 350
250	280	−920	−480	−300		−190	−110		−56		−17	0		−16	−26		−4	0	+20	+34	+56	+94	+158	+218	+315	+385	+475	+580	+710	+920	+1 200	+1 550
280	315	−1 050	−540	−330																		+98	+170	+240	+350	+425	+525	+650	+790	+1 000	+1 300	+1 700
315	355	−1 200	−600	−360		−210	−125		−62		−18	0		−18	−28		−4	0	+21	+37	+62	+108	+190	+268	+390	+475	+590	+730	+900	+1 150	+1 500	+1 900
355	400	−1 350	−680	−400																		+114	+208	+294	+435	+530	+660	+820	+1 000	+1 300	+1 650	+2 100
400	450	−1 500	−760	−440		−230	−135		−68		−20	0		−20	−32		−5	0	+23	+40	+68	+126	+231	+300	+490	+595	+740	+920	1 100	+1 450	+1 850	+2 400
450	500	−1 650	−840	−480																		+132	+252	+360	+540	+660	+820	+1 000	+1 250	+1 600	+2 100	+1 600

注：公称尺寸小于 1 mm 时，基本偏差 a 和 b 均不采用；公差带 js7～js11,若 IT_n 数值是奇数，则取偏差=（IT_n−1）/2。

表2-7　孔的基本偏差数值表

μm

公称尺寸/mm		基本偏差数值																					
		下极限偏差EI												上极限偏差偏差ES									
大于	至	所有标准公差等级												IT6	IT7	IT8	≤IT8	> IT8	≤IT8	> IT8	≤IT8	> IT8	≤IT7
		A	B	C	CD	D	E	EF	F	FG	G	H	JS	J			K		M		N		P至ZC
—	3	+270	+140	+60	+34	+20	+14	+10	+6	+4	+2	0	偏差=±IT_n/2 式中IT_n是IT数值。	+2	+4	+6	0	0	−2	−2	−4	−4	在大于IT7的相应数值上增加一个Δ值。
3	6	+270	+140	+70	+46	+30	+20	+14	+10	+6	+4	0		+5	+6	+10	−1+Δ		−4+Δ	−4	−8+Δ	0	
6	10	+280	+150	+80	+56	+40	+25	+18	+13	+8	+5	0		+5	+8	+12	−1+Δ		−6+Δ	−6	−10+Δ	0	
10	14	+290	+150	+95		+50	+32		+16		+6	0		+6	+10	+15	−1+Δ		−7+Δ	−7	−12+Δ	0	
14	18																						
18	24	+300	+160	+110		+65	+40		+20		+7	0		+8	+12	+20	−2+Δ		−8+Δ	−8	−15+Δ	0	
24	30																						
30	40	+310	+170	+120		+80	+50		+25		+9	0		+10	+14	+24	−2+Δ		−9+Δ	−9	−17+Δ	0	
40	50	+320	+180	+130																			
50	65	+340	+190	+140		+100	+60		+30		+10	0		+13	+18	+28	−2+Δ		−11+Δ	−11	−20+Δ	0	
65	80	+360	+200	+150																			
80	100	+380	+220	+170		+120	+72		+36		+12	0		+16	+22	+34	−3+Δ		−13+Δ	−13	−23+Δ	0	
100	120	+410	+240	+180																			
120	140	+460	+260	+200		+145	+85		+43		+14	0		+18	+26	+41	−3+Δ		−15+Δ	−15	−27+Δ	0	
140	160	+520	+280	+210																			
160	180	+580	+310	+230																			
180	200	+660	+340	+240		+170	+100		+50		+15	0		+22	+30	+47	−4+Δ		−17+Δ	−17	−31+Δ	0	
200	225	+740	+380	+260																			
225	250	+820	+420	+280																			
250	280	+920	+480	+300		+190	+110		−56		+17	0		+25	+36	+55	−4+Δ		−20+Δ	−20	−34+Δ	0	
280	315	+1 050	+540	+330																			
315	355	+1 200	+600	+360		+210	+125		+62		+18	0		+29	+39	+60	−4+Δ		−21+Δ	−21	−37+Δ	0	
355	400	+1 350	+680	+400																			
400	450	+1 500	+760	+440		+230	+135		+68		+20	0		+33	+43	+66	−5+Δ		−23+Δ	−23	−40+Δ	0	
450	500	+1 650	+840	+480																			

续表

公称尺寸/mm		基本偏差数值 上极限偏差ES 标准公差大于IT7												Δ值 标准公差等级					
大于	至	P	R	S	T	U	V	X	Y	Z	ZA	ZB	ZC	IT3	IT4	IT5	IT6	IT7	IT8
—	3	−6	−10	−14		−18		−20		−26	−32	−40	−60	0	0	0	0	0	0
3	6	−12	−15	−19		−23		−28		−35	−42	−50	−80	1	1.5	1	3	4	6
6	10	−15	−19	−23		−28		−34		−42	−52	−67	−97	1	1.5	2	3	6	7
10	14	−18	−23	−28		−33		−40		−50	−64	−90	−130	1	2	3	3	7	9
14	18						−39	−45		−60	−77	−108	−150						
18	24	−22	−28	−35		−41	−47	−54	−63	−73	−98	−136	−188	1.5	2	3	4	8	12
24	30				−41	−48	−55	−64	−75	−88	−118	−160	−218						
30	40	−26	−34	−43	−48	−60	−68	−80	−94	−112	−148	−200	−274	1.5	3	4	5	9	14
40	50				−54	−70	−81	−97	−114	−136	−180	−242	−325						
50	65	−32	−41	−53	−66	-87	−102	−122	−144	−172	−226	−300	−406	2	3	5	6	11	16
65	80		−43	−59	−75	−102	−120	−146	−174	−210	−274	−360	−480						
80	100	−37	−51	−71	−91	−124	−146	−178	−214	−258	−335	−445	−585	2	4	5	7	13	19
100	120		−54	−79	−104	−144	−172	−210	−254	−310	−400	−525	−690						
120	140	−43	−63	−92	−122	−170	−202	−248	−300	−365	−470	−620	−800	3	4	6	7	15	23
140	160		−65	−100	−134	−190	−228	−280	−340	−415	−525	−700	−900						
160	180		−68	−108	−146	−210	−252	−310	−380	−465	−600	−780	−1 000						
180	200	−50	−77	−122	−166	−236	−284	−350	−425	−520	−670	−880	−1 150	3	4	6	9	17	26
200	225		−80	−130	−180	−258	−310	−385	−470	−575	−740	−960	1 250						
225	250		−84	−140	−196	284	−340	−425	−520	−640	−820	−1 050	−1 350						
250	280	−56	−94	−158	−218	−315	−385	−475	−580	−710	−920	−1 200	−1 550	4	4	7	9	20	29
280	315		−98	−170	−240	−350	−425	−525	−650	−790	−1 000	−1 300	−1 700						
315	355	−62	−108	−190	−268	−390	−475	−590	−730	−900	−1 150	−1 500	−1 900	4	5	7	11	21	32
355	400		−114	−208	−294	−435	−530	−660	−820	−1 000	−1 300	−1 650	−2 100						
400	450	−68	−126	−232	−330	−490	−595	−740	−920	−1 100	−1 450	−1 850	−2 400	5	5	7	13	23	34
450	500		−132	−252	−360	−540	−660	−820	−1 000	−1 250	−1 600	−2 100	−2 600						

注1：公称尺寸小于或等于1 mm时，基本偏差A和B及大于IT8的N均不采用，公差带JS7至JS11，若IT_n数值是奇数，则取偏差=±(IT_n−1)/2。

注2：对于小于或等于IT8的K、M、N和小于等于 IT7的P至 ZC，所需Δ值从表内右侧选取，例如：18～30 mm段的K7，Δ=8 μm，所以ES=−2+8=+6 μm；18～30 mm段的S6，Δ=4 μm，所以ES=−35+4=−31 μm，特殊情况：250～315 mm段的M6，ES=−9 μm(代替−11 μm)。

例 2－5　用查表法确定 $\phi25H8/p8$ 和 $\phi25P8/h8$ 的极限偏差。

解

查表 2－1　标准公差数值表　　可知　IT8 = 33 μm

查表 2－6　轴的基本偏差数值表　可知　p 的基本偏差 ei = +22 μm

轴 p8 的上偏差　　es = ei + IT8 = +22 + 33 = +55（μm）

孔 H8 的基本偏差　EI = 0　ES = EI + IT8 = 0 + 33 = +33（μm）

查表 2－7　孔的基本偏差数值表　可知 P 的基本偏差 ES = －22（μm）

孔 P8 的下偏差　　EI = ES － IT8 = －22 － 33 = －55（μm）

轴 h8 的基本偏差　es = 0　ei = es － IT8 = 0 － 33 = －33（μm）

由上可得：$\phi25H8 \rightarrow \phi25^{+0.033}_{0}$　　$\phi25p8 \rightarrow \phi25^{+0.055}_{+0.022}$

$\phi25P8 \rightarrow \phi25^{-0.022}_{-0.055}$　　$\phi25h8 \rightarrow \phi25^{0}_{-0.033}$

$\phi25H8/p8$ 公差带图如图 2－17 所示，$\phi25P8/h8$ 公差带图如图 2－18 所示。

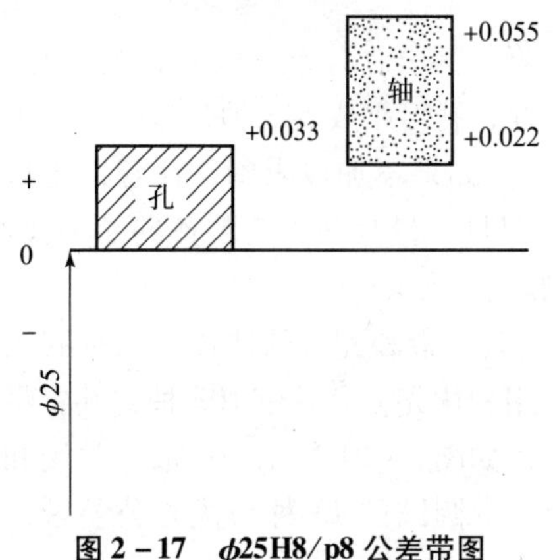

图 2－17　$\phi25H8/p8$ 公差带图

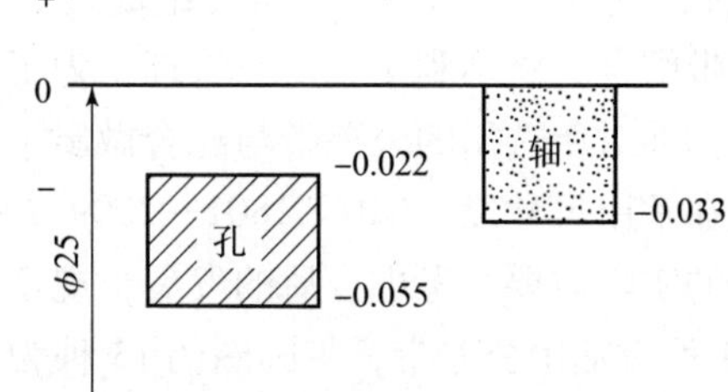

图 2－18　$\phi25P8/h8$ 公差带图

例 2－6　用查表法确定 $\phi25H7/p6$ 和 $\phi25P7/h6$ 的极限偏差。

解

查表 2－1 标准公差数值表　　可知　IT6 = 13 μm；IT7 = 21 μm

查表 2－6 轴的基本偏差数值表　可知　p 的基本偏差 ei = +22 μm

轴 p6 的上偏差　　es = ei + IT6 = +22 + 13 = +35（μm）

孔 H7 的基本偏差　EI = 0　ES = EI + IT7 = 0 + 21 = +21（μm）

查表 2－7 孔的基本偏差数值表　可知 P 的基本偏差 ES = －22 + Δ = －22 + 8 = －14（μm）

孔 P7 的下偏差　　EI = ES － IT8 = －14 － 21 = －35（μm）

轴 h6 的基本偏差　es = 0　ei = es － IT6 = 0 － 13 = －13（μm）

由上可得：$\phi25H7 \rightarrow \phi25^{+0.021}_{0}$　　$\phi25p6 \rightarrow \phi25^{+0.035}_{+0.022}$

$\phi25P7 \rightarrow \phi25^{-0.014}_{-0.035}$　　$\phi25h6 \rightarrow \phi25^{0}_{-0.013}$

$\phi25H7/p6$ 公差带图如图 2－19 所示，$\phi25P7/h6$ 公差带图如图 2－20 所示。

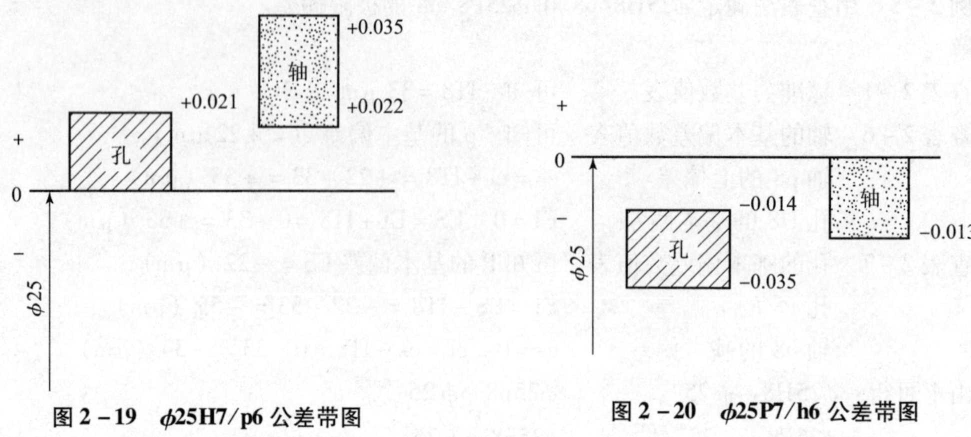

图 2－19　φ25H7/p6 公差带图　　　　图 2－20　φ25P7/h6 公差带图

四、常用公差带与配合

由前所知，GB/T 1800.1—2009《极限与配合　第 1 部分：公差、偏差和配合的基础》中规定了 20 种公差等级及孔、轴 28 种基本偏差，这样，孔可组成 543 种公差带，轴可组成 544 种公差带，由这些公差带可组成近 30 万种的配合。如果不加以限制，任意选用这些种公差带配合，将不利于生产与管理。为了减少零件、刀具、量具和工艺装备的品种及规格，国家标准对所选用的公差带与配合做出了必要的限制。

在常用尺寸段，GB/T 1801—2009《极限与配合　公差带和配合的选择》根据我国工业生产的实际需要，考虑今后的发展，规定了一般、常用和优先孔公差带 105 种，其中带方框的 44 种为常用公差带，带圆圈的 13 种为优先公差带，如图 2－21 所示。一般、常用和优先轴公差带 119 种，其中带方框的 59 种为常用公差带，带圆圈的 13 种为优先公差带，如图 2－22 所示。

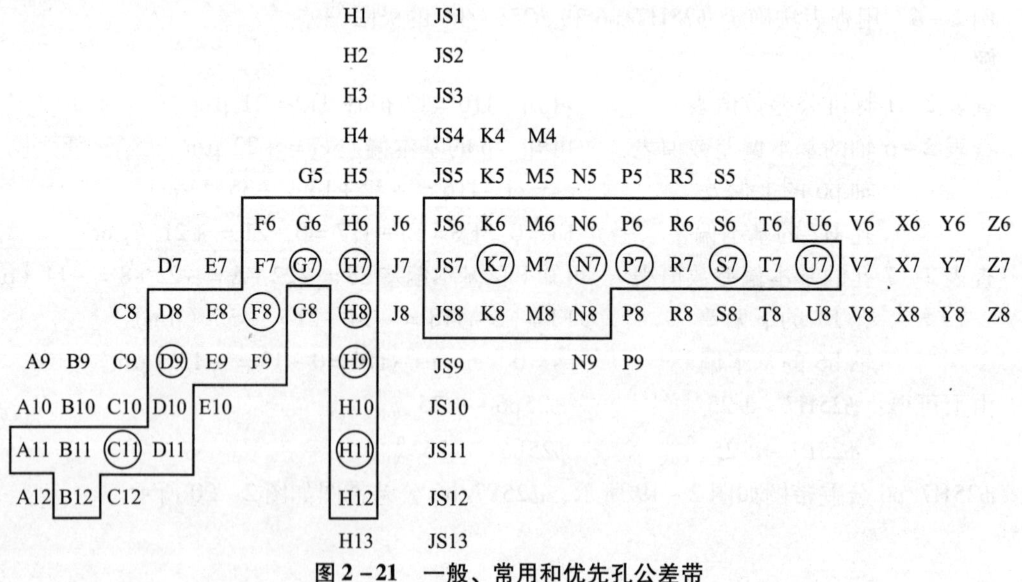

图 2－21　一般、常用和优先孔公差带

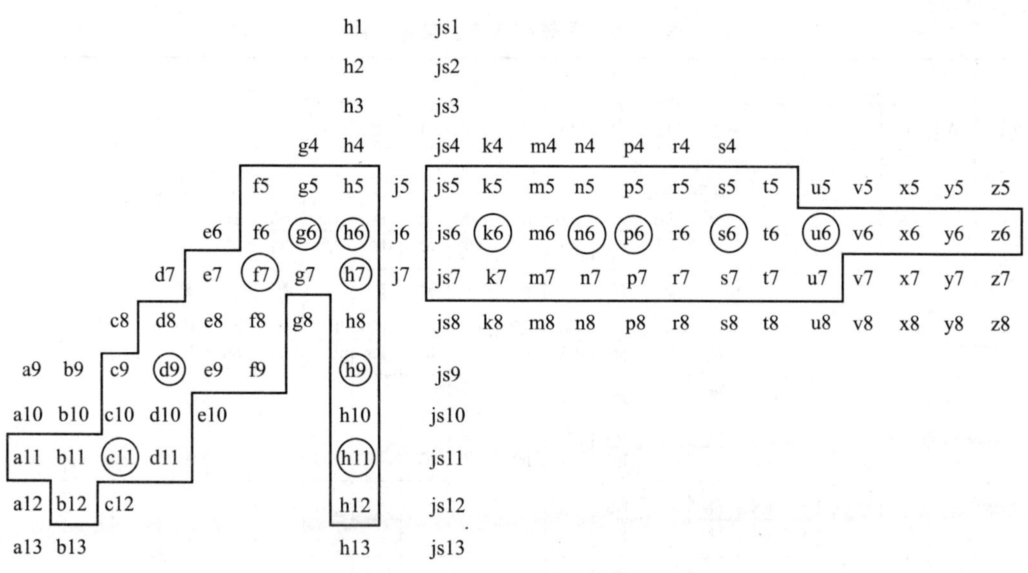

图 2-22　一般、常用和优先轴公差带

国家标准还规定了基孔制常用配合 59 种，其中优先配合 13 种，见表 2-8。基轴制常用配合 47 种，其中优先配合 13 种，见表 2-9。

表 2-8　基孔制优先、常用配合

基准孔	轴																				
	a	b	c	d	e	f	g	h	js	k	m	n	p	r	s	t	u	v	x	y	z
	间隙配合								过渡配合			过盈配合									
H6						$\frac{H6}{f5}$	$\frac{H6}{g5}$	$\frac{H6}{h5}$	$\frac{H6}{js5}$	$\frac{H6}{k5}$	$\frac{H6}{m5}$	$\frac{H6}{n5}$	$\frac{H6}{p5}$	$\frac{H6}{r5}$	$\frac{H6}{s5}$	$\frac{H6}{t5}$					
H7						$\frac{H7}{f6}$	◤ $\frac{H7}{g6}$	◤ $\frac{H7}{h6}$	$\frac{H7}{js6}$	◤ $\frac{H7}{k6}$	$\frac{H7}{m6}$	◤ $\frac{H7}{n6}$	◤ $\frac{H7}{p6}$	$\frac{H7}{r6}$	◤ $\frac{H7}{s6}$	$\frac{H7}{t6}$	◤ $\frac{H7}{u6}$	$\frac{H7}{v6}$	$\frac{H7}{x6}$	$\frac{H7}{y6}$	$\frac{H7}{z6}$
H8					$\frac{H8}{c7}$	◤ $\frac{H8}{f7}$	$\frac{H8}{g7}$	◤ $\frac{H8}{h7}$	$\frac{H8}{js7}$	$\frac{H8}{k7}$	$\frac{H8}{m7}$	$\frac{H8}{n7}$	$\frac{H8}{p7}$	$\frac{H8}{r7}$	$\frac{H8}{s7}$	$\frac{H8}{t7}$	$\frac{H8}{u7}$				
				$\frac{H8}{d8}$	$\frac{H8}{e8}$	$\frac{H8}{f8}$		$\frac{H8}{h8}$													
H9			$\frac{H9}{c9}$	◤ $\frac{H9}{d9}$	$\frac{H9}{e9}$	$\frac{H9}{f9}$		◤ $\frac{H9}{h9}$													
H10			$\frac{H10}{c10}$	$\frac{H10}{d10}$				$\frac{H10}{h10}$													
H11	$\frac{H11}{a11}$	$\frac{H11}{b11}$	◤ $\frac{H11}{c11}$	$\frac{H11}{d11}$				◤ $\frac{H11}{h11}$													
H12		$\frac{H12}{b12}$						$\frac{H12}{h12}$													

注 2：标注◤的配合为优先配合。

表 2-9　基轴制优先、常用配合

基准轴	孔																				
	A	B	C	D	E	F	G	H	JS	K	M	N	P	R	S	T	U	V	X	Y	Z
	间隙配合								过渡配合				过盈配合								
h5						F6/h5	G6/h5	H6/h5	JS6/h5	K6/h5	M6/h5	N6/h5	P6/h5	R6/h5	S6/h5	T6/h5					
h6						F7/h6	◤G7/h6	◤H7/h6	JS7/h6	◤K7/h6	M7/h6	◤N7/h6	◤P7/h6	R7/h6	◤S7/h6	T7/h6	◤U7/h6				
h7					E8/h7	◤F8/h7		◤H8/h7	JS8/h7	K8/h7	M8/h7	N8/h7									
h8				D8/h8	E8/h8	F8/h8		H8/h8													
h9				◤D9/h9	E9/h9	F9/h9		◤H9/h9													
h10				D10/h10				H10/h10													
h11	A11/h11	B11/h11	◤C11/h11	D11/h11				◤H11/h11													
h12		B12/h12						H12/h12													

注：标注◤的配合为优先配合。

第四节　线性尺寸的未注公差

一、未注公差的概念

未注公差（也叫一般公差）是指在普通工艺条件下，普通机床设备一般加工能力就可达到的公差，它包括线性和角度的尺寸公差。在正常维护和操作情况下，它代表车间一般加工精度。

未注公差可简化制图，使图样清晰易读；节省图样设计的时间，设计人员只要熟悉未注公差的有关规定并加以应用，可不必考虑其公差值；未注公差在保证车间的正常精度下，一般不用检验；未注公差可突出图样上标注的公差，使其在加工和检验时可以引起足够的重视。

二、未注公差的国家标准

国家标准把未注公差规定了 4 个等级。这 4 个公差等级分别为：精密级（f）、中等级（m）、粗糙级（c）和最粗级（v）。线性尺寸的一般公差等级及其极限偏差数值见表 2-10，倒圆半径和倒角高度尺寸的一般公差及其极限偏差数值见表 2-11，角度尺寸的一般公差等级及其极限偏差数值见表2－12。

表2－10　线性尺寸的一般公差等级及其极限偏差数值

公差等级	尺寸分段/mm							
	0.5～3	>3～6	>6～30	>30～120	>120～400	>400～1 000	>1 000～2 000	>2 000～4 000
f（精密级）	±0.05	±0.05	±0.1	±0.15	±0.2	±0.3	±0.5	—
m（中等级）	±0.1	±0.1	±0.2	±0.3	±0.5	±0.8	±01.2	±2
c（粗糙级）	±0.2	±0.3	±0.5	±0.8	±1.2	±2	±3	±4
v（最粗级）	—	±0.5	±1	±1.5	±2.5	±4	±6	±8

表2－11　倒圆半径与倒角高度尺寸一般公差等级及其极限偏差数值

公差等级	尺寸分段/mm			
	0.5～3	>3～6	>6～30	>30
f（精密级） m（中等级）	±0.2	±0.5	±1	±2
c（粗糙级） v（最粗级）	±0.4	±1	±2	±4

表2－12　角度尺寸的一般公差等级及其极限偏差数值

公差等级	尺寸分段/mm				
	～10	>10～50	>50～120	>120～400	>400
f（精密级） m（中等级）	±1°	±30′	±20′	±10′	±5′
c（粗糙级）	±1°30′	±1°	±30′	±15′	±10′
v（最粗级）	±3°	±2°	±1°	±30′	±20′

三、未注公差的表示方法

未注公差在图样上只标注基本尺寸，不标注基本偏差，但是应该在图样上的技术要求中的有关技术文件或标准中，用本标准号和公差等级代号表示。例如，选用中等级时，则表示为GB/T 1804—m。

第五节　公差与配合在设计中的应用

尺寸公差与配合的选用是机械设计和制造的一个很重要的环节，几乎所有机器中的零件连接都少不了孔、轴结合的形式，这种结合的意义不仅在于把零件组装到一起，而更重要的是要保证机器的正常工作，使其有更好的工作效率和更长的使用寿命。

公差与配合选择的是否合适，直接影响到机器的使用性能、寿命、互换性和经济性。公差与配合的选用主要包括：配合制的选用、公差等级的选用和配合种类的选用。

在机械产品的设计中，正确地选择公差与配合是一项比较复杂的工作。总的指导原则是以保证产品的技术性能要求为前提，最大限度地降低制造成本，力争达到最佳技术经济综合指标。

公差配合的选用主要包括三个方面的内容：一是基准制的选用，二是公差等级的选用，三是配合种类的选用。下面将分别讲述其选用原则。

一、基准制的选择

基孔制和基轴制是两种平行的配合制度，在一定条件下，同名配合的配合性质相同，(如 ϕ30H7/r6 和 ϕ30R7/h6，ϕ30H8/f8 和 ϕ30F7/h8，这样两种基准制的配合称为“同名配合”。) 国家标准规定基准制的目的是获得一系列不同配合性质的配合，以满足零件配合需要，又不致使实际选用的零件极限尺寸数目繁杂，以便于制造，从而获得良好的技术效果和经济效益，因此，基准制的选择主要考虑零件结构、加工工艺、装配工艺以及经济性。也就是说，所选择的基准制应当有利于零件加工、装配和降低制造成本。

设计时，为了减少定值刀具和量具的规格和种类，应该优先选用基孔制。但是有些情况下采用基轴制比较经济合理。

（1）在农业机械、纺织机械、建筑机械中经常使用具有一定公差等级的冷拉钢材直接做轴，不需要再进行加工，这种情况下，应该选用基轴制。

（2）同一基本尺寸的轴上装配几个零件而且配合性质不同时，应该选用基轴制。比如，内燃机中活塞销与活塞孔和连杆套筒的配合，如图 2－23（a）所示，根据使用要求，活塞销与活塞孔的配合为过渡配合，活塞销与连杆的配合为间隙配合。如果选用基孔制配合，三处配合分别为 H6/m5、H6/h5 和 H6/m5，公差带如图 2－23（b）所示；如果选用基轴制配合，三处配合分别为 M6/h5、H6/h5 和 M6/h5，公差带如图 2－23（c）所示。选用基孔制时，必须把轴做成台阶形式才能满足各部分的配合要求，而且不利于加工和装配；如果选用基轴制，就可把轴做成光轴，这样有利于加工和装配。

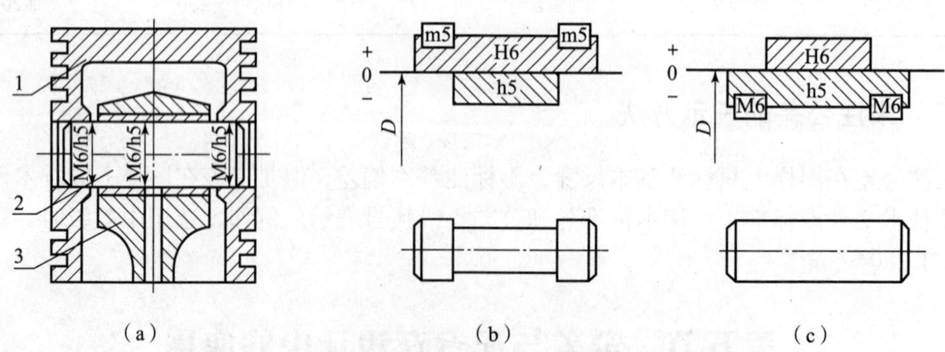

图 2－23　活塞销与活塞孔、连杆机构的配合与公差带图

（a）活塞销与活塞、连杆的配合；（b）基孔制配合的孔、轴公差带；（c）基轴制配合的孔、轴公差带

1—活塞；2—活塞销；3—连杆

（3）与标准件或标准部件配合的孔或轴，必须以标准件为基准件来选择配合制。比如，滚动轴承内圈和轴颈的配合必须采用基孔制，外圈和壳体的配合必须采用基轴制。此外，在一些经常拆卸和精度要求不高的特殊场合可以采用非基准制。比如滚动轴承端盖凸缘与箱体孔的配合，轴上用来轴向定位的隔套与轴的配合，采用的都是非基准制，如图 2－24 所示。

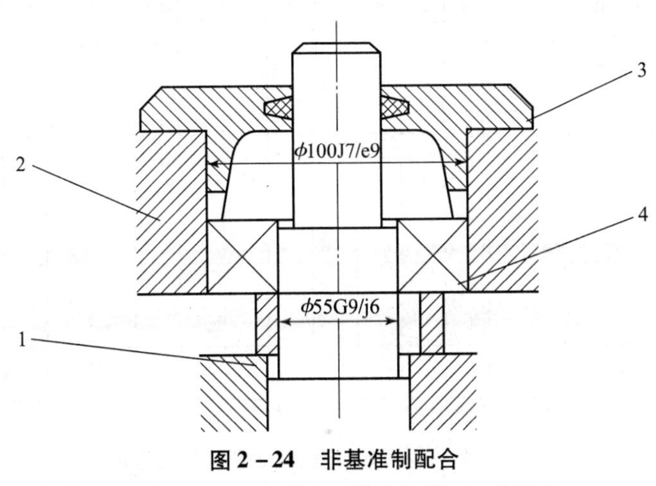

图 2－24　非基准制配合

1—隔套；2—机壳体；3—轴承盖；4—滚动轴承

二、公差等级的选择

选用公差等级是为了解决使用要求与制造经济性之间的矛盾。

公差等级选用的基本原则是：在满足使用要求的前提下，尽量选用较低的公差等级。公差等级的高低，一方面将直接影响配合零件配合的一致性和稳定性，从而影响产品的使用性能；另一方面零件公差的大小又影响零件加工的经济性和工艺的可靠性。

总之，要正确而合理地选择公差等级，必须综合考虑使用性能和加工成本两个方面，使之具有最佳的技术经济效益。在确定公差等级时要注意以下几个问题：

（1）一般非配合尺寸要比配合尺寸的精度低。

（2）遵守工艺等价原则。孔、轴的加工难易程度应相当。在基本尺寸等于或小于 500 mm 时，孔的公差等级比轴要低一级；基本尺寸大于 500 mm 时，孔、轴的公差等级应相同。这一原则主要用于中高精度（公差等级小于或等于 IT8）的配合。

（3）在满足配合要求的前提下，孔、轴的公差等级可以任意组合，不受工艺等价原则的限制。如图 2－24 所示，轴承盖与机壳体孔的连接的可靠性主要是靠螺钉连接来保证的，为了便于装卸，它们之间的配合要求很松，对配合精度要求也很低，相配合的孔件与轴件没有相对运动，所以轴承盖外径采用公差等级 IT9 是经济合理的。机壳体孔的公差等级 IT7 是由轴承的外径精度决定的。如果轴承盖的配合外径按工艺等价采用 IT6，反而是不经济且不合理的设计。读者可试分析图 2－24 轴与隔套的配合 φ55G9/j6。

① 与标准件配合的零件，其公差等级精度由标准件的精度所决定。如图 2－24 所示，机壳体孔与轴承外径的连接的机壳体孔的公差等级 IT7 与轴与轴承内径连接的轴的公差等级 IT6 均由标准件轴承的外、内径精度确定。

② 用类比法确定零件的公差等级时，可参考各公差等级的应用范围和应用选择实例，

见表2－13、表2－14、表2－15。

表2－13　公差等级应用的范围

应用范围＼公差等级	IT01	IT0	IT1	IT2	IT3	IT4	IT5	IT6	IT7	IT8	IT9	IT10	IT11	IT12	IT13	IT14	IT15	IT16	IT17	IT18
量块	—	—	—																	
量规			—	—	—	—	—	—	—											
配合尺寸							—	—	—	—	—	—	—	—	—					
特别精密零件的配合				—	—	—	—													
非配合尺寸（大制造公差）														—	—	—	—	—	—	—
原材料公差										—	—	—	—	—	—	—				

表2－14　各种加工方法能达到的公差等级

加工方法	公差等级（IT）																	
	01	0	1	2	3	4	5	6	7	8	9	10	11	12	13	14	15	16
研磨	—	—	—	—	—	—	—											
珩						—	—	—	—									
圆磨							—	—	—	—								
平磨							—	—	—	—								
金刚石车							—	—	—									
金刚石镗							—	—	—									
拉削							—	—	—	—								
铰孔								—	—	—	—	—						
车									—	—	—	—	—					
镗									—	—	—	—	—					
铣										—	—	—	—					
刨、插												—	—					
钻孔												—	—	—	—			
滚压、挤压												—	—					
冲压												—	—	—	—	—	—	
压铸													—	—	—	—		
粉末冶金成型								—	—	—								
砂型铸造、气割																		—
锻造																	—	

表 2－15　公差等级的选择及应用

公差等级	应用条件说明	应用举例
IT01	用于特别精密的尺寸传递基准	特别精密的标准量块
IT0	用于特别精密的尺寸传递基准及宇航中； 特别重要的极个别精密配合尺寸	特别精密的标准量块，个别特别重要的精密机械零件尺寸，校对检验 IT6 级轴用量规的校对量规
IT1	用于精密的尺寸传递基准，高精密测量工具，特别重要的极个别精密配合尺寸	高精密标准量规，校对检验 IT7 至 IT9 级轴用量规，个别特别重要的精密机械零件的尺寸
IT2	用于高精密测量工具，特别重要的精密配合尺寸	检验 IT6 至 IT7 工件用量规的尺寸制造公差，校对检验 IT8 至 IT11 级轴用量规的校对塞规，个别特别重要的精密机械零件的尺寸
IT3	用于精密测量工具，小尺寸零件的高精度的精密配合及 C 级滚动轴承配合的轴径和外壳孔径	检验 IT8 至 IT11 级工件用量规和校对检验 IT9 至 IT13 级轴用量规的校对量规，现特别精密的 C 级滚动轴承内环孔（直径至 100 mm）相配的机床主轴、精密机械和高速机械的轴径，与 C 级向心球轴承外环外径相配合的外壳孔径，航空工业及航海工业中导航仪器上特殊精密的个别小尺寸零件的精密配合
IT4	用于精密测量工具，高精度的精密配合和 C 级、D 级滚动轴承配合的轴径，各外壳孔径	检验 IT9 至 IT12 级工件用量规和校对 IT12 至 IT14 级轴用量规的校对量规，与 C 级轴承孔（孔径大于 100 mm 时）及与 D 级轴承孔相配的机床主轴，精密机械和高速机械的轴径，与 C 级轴承相配的机床外壳孔，柴油机活塞销及活塞销座孔径，高精度（1 级至 4 级）齿轮的基准孔或轴径，航空及航海工业仪器中特殊精密的孔径
IT5	用于机床、发动机和仪表中特别重要的配合，在配合公差要求很小，形状公差要求很高的条件下，能使配合性质比较稳定（相当于旧国标中最高精度即 1 级精度轴），它对加工要求较高，一般机械制造中较少应用	与 6 级滚动轴承孔相配的机床主轴，机床尾架套筒，高精度分度盘轴径，分度头主轴，精密丝杠基准轴径，精度镗套的外径等，发动机主轴的外径，活塞销外径与塞的配合，精密仪器的轴与各种传动件轴承的配合，航空、航海工业中仪表中重要的精密孔的配合，精密机械及高速机械的轴径，5 级精度齿轮的基准孔及 5 级、6 级精度齿轮的基准轴
IT6	广泛用于机械制造中的重要配合，配合表面有较高均匀性的要求，能保证相当高的配合性质，使用可靠（相当于旧国标中 2 级精度轴和 1 级精度孔的公差）	机床制造中，装配式齿轮、蜗轮、联轴器、带轮、凸轮的孔径，机床丝杠轴承轴径，矩形花键的定心直径，摇臂钻床的主柱等，精密仪器、光学仪器、计量仪器的精密轴，无线电工业、自动化仪表、电子仪、邮电机械及手表中特别重要的轴，医疗器械中的 X 线机齿轮箱的精密轴，缝纫机中重要轴类，发动机的气缸外套外径，活塞销，连杆衬套，连杆和轴瓦外径等，6 级精度齿轮的基准孔和 7 级、8 级精度齿轮的基准轴径，以及 1、2 级精度齿轮顶圆直径
IT7	应用条件与 IT6 相类似，但精度要求可比 IT6 稍低一点，在一般机械制造业中应用相当普遍	机械制造中装配式蜗轮轮缘孔径、联轴器、皮带轮、凸轮等的孔径，机床卡盘座孔、摇臂钻床的摇臂孔、车床丝杠轴承孔、发动机的连杆孔、活塞孔、铰制螺栓定位孔等，纺织机械、印染机械中要求较高的零件，手表的高合杆压簧等，自动化仪表、缝纫机、邮电机械中重要零件的内孔，7 级、8 级精度齿度的基准孔和 9 级、10 级精度齿轮的基准轴

续表

公差等级	应用条件说明	应用举例
IT8	在机械制造中属中等精度，在仪度、仪表及钟表制造中，由于基本尺寸较小，属于较高精度范围。IT8 是应用较多的一个等级，尤其是在农业机械、纺织机械、印染机械、自行车、缝纫机械、医疗器械中应用最广	轴承座衬套沿宽度方向的尺寸配合，手表中跨齿轮、棘爪拨针轮等与夹板的配合，无线电仪表工业中的一般配合，电子仪器仪表中较重要的内孔，计算机中变数齿轮孔和轴的配合，医疗器械中牙科车头的钻头套的孔与车针柄部的配合，电动机制造业中铁芯与机座的配合，发动机活塞油环槽宽，连杆轴瓦内径，低精度（9 至 12 级精度）齿轮的基准孔和 11 ~ 12 级精度齿轮和基准轴，6 至 8 级精度齿轮的顶圆
IT9	应用条件与 IT8 相类似，但精度要求低于 IT8	机床制造中轴套外径与孔，操作件与轴、空转皮带轮与轴，操纵系统的轴与轴承等的配合，纺织机械、印染机械中的一般配合零件，发动机中机油泵体内孔，飞轮与飞轮套、气缸盖孔径、活塞槽环的配合等，光学仪器、自动化仪表中的一般配合，手表中要求较高零件的未注公差尺寸的配合，单键连接中键宽配合尺寸，打字机中的运动件配合等
IT10	应用条件与 IT9 相类似，但精度要求低于 IT9	电子仪器仪表中支架上的配合，打字机中铆合件的配合尺寸，闹钟机构中的中心管与前夹板，轴套与轴，手表中的未注公差尺寸，发动机中油封挡圈孔与曲轴皮带轮毂
IT11	配合精度要求较粗糙，装配后可能有较大的间隙，特别适用于要求间隙较大且有显著变动而不会引起危险的场合	机床上法兰盘止口与孔、滑块与滑移齿轮、凹槽等，农业机械、机车车厢部件及冲压加工的配合零件，钟表制造中不重要的零件，手表制造用的工具及设备中的未注公差尺寸，纺织机械中的活动配合，印染机械中要求较低的配合，医疗器械中手术刀片的配合，不作测量基准用的齿轮顶圆直径公差
IT12	配合精度要求很低，装配后有很大的间隙	非配合尺寸及工序间尺寸，发动机分离杆，手表制造中工艺装备的未注公差尺寸，计算机行业切削加工中未注公差尺寸的极限偏差，医疗器械中手术刀柄的配合，机床制造中扳手孔与扳手座的连接
IT13	应用条件与 IT12 相类似	非配合尺寸及工序间尺寸，计算机、打字机中切削加工零件及圆片孔、二孔中心距的未注公差尺寸
IT14	用于非配合尺寸及不包括在尺寸链中的尺寸	机床、汽车、拖拉机、冶金矿山、石油化工、电动机、电器、仪器、仪表、造船、航空、医疗器械、钟表、自行车、造纸、纺织机械等工业中未注公差尺寸的切削加工零件
IT15	用于非配合尺寸及不包括在尺寸链中的尺寸	冲压件、木模铸造零件、重型机床中尺寸大于 3 150 mm 的未注公差尺寸
IT16	用于非配合尺寸及不包括在尺寸链中的尺寸	打字机中浇铸件尺寸，无线电制造中箱体外形尺寸，压弯延伸加工用尺寸，纺织机械中木制零件及塑料零件尺寸公差，木模制造和自由锻造时用
IT17 IT18	用于非配合尺寸及不包括在尺寸链中的尺寸	塑料成型尺寸公差，医疗器械中的一般外形尺寸公差，冷作、焊接尺寸用公差

三、配合的选择

当基准制和公差等级确定后，配合的选择就应根据所选部位松紧程度的要求，确定非基准件的基本偏差，配合的选择实际上就是确定配合类别与配合的偏差代号。在实际工作中，配合的选择常常和公差等级的选择同时进行。

1. 配合类别的选择

配合类别有间隙、过渡和过盈三大类。选择哪类配合，应根据孔、轴配合的使用要求，参照表 2－16 从大体方向上确定应选的配合类别。

表 2－16　配合类别选择

<table>
<tr><td rowspan="4">无相对运动</td><td rowspan="3">要传递转矩</td><td rowspan="2">要精确同轴</td><td>永久结合</td><td>过盈配合</td></tr>
<tr><td>可拆结合</td><td>过渡配合或基本偏差为 H（h）[①]的间隙配合加紧固件[②]</td></tr>
<tr><td colspan="2">不需要精确同轴</td><td>间隙配合加紧固件</td></tr>
<tr><td colspan="3">不需要传递转矩</td><td>过渡配合或轻的过盈配合</td></tr>
<tr><td rowspan="2">有相对运动</td><td colspan="3">只有移动</td><td>基本偏差为 H（h）、G（g）等间隙配合</td></tr>
<tr><td colspan="3">转动或转动和移动复合运动</td><td>基本偏差为 A～F（a～f）等间隙配合</td></tr>
</table>

注：①指非基准件的基本偏差代号。
②紧固件指键、销钉和螺钉等。

2. 非基准件基本偏差代号的选择

选择的方法有三种：计算法、试验法和类比法。

1）**计算法**

根据零件的材料、结构和功能要求，按照一定的理论公式的计算结果来选择配合的方法。用计算法选择配合时，关键是确定极限间隙或极限过盈量。由于影响间隙或过盈量的因素很多，理论计算也是近似的，因此在实际应用中还需经过试验来确定。一般情况下，很少使用计算法。

2）**试验法**

通过模拟试验和分析来选择配合的方法。该方法主要用于特别重要的、关键性的场合。试验法比较可靠，但成本较高，也很少应用。

3）**类比法**

参照同类型机器或机构中经过生产实践验证的配合的实际情况，通过分析对比来确定配合的方法，此方法应用最为广泛。

用类比法选择配合种类，首先要掌握各种配合的特征和应用场合，应尽量采用国家标准所规定的常用与优先配合，尺寸≤500 mm 基孔制常用配合的特征及应用场合，见表 2－17。其次，用类比法选择配合还应考虑以下一些因素：工作时结合件之间是否有相对运动、承受载荷情况、温度的变化、润滑条件、装配变形、拆装情况以及生产类型等。不同的工作情况对过盈或间隙的影响见表 2－18。

表 2-17 尺寸≤500 mm 基孔制常用配合的特征及应用场合

配合类别	配合特征	配合代号	应用
间隙配合	特大间隙	$\frac{H11}{a11}$ $\frac{H11}{b11}$ $\frac{H11}{c11}$	用于高温或工作时要求大间隙的配合
	很大间隙	$\left(\frac{H11}{c11}\right)$ $\frac{H11}{d11}$	用于工作条件较差、受力变形或为了便于装配而需要大间隙的配合和高温工作的配合
	较大间隙	$\frac{H9}{c9}$ $\frac{H10}{c10}$ $\frac{H8}{d8}$ $\left(\frac{H9}{d9}\right)$ $\frac{H10}{d10}$ $\frac{H8}{e7}$ $\frac{H8}{e8}$ $\frac{H9}{e9}$	用于高速重载的滑动轴承或大直径的滑动轴承，也可用于大跨距或多支承点转轴与轴承的配合
	一般间隙	$\frac{H6}{f5}$ $\frac{H7}{f6}$ $\left(\frac{H8}{f7}\right)$ $\frac{H8}{f8}$ $\frac{H9}{f9}$	用于一般转速的间隙配合，当温度影响不大时，广泛应用于普通润滑油润滑处
	较小间隙	$\left(\frac{H7}{g6}\right)$ $\frac{H8}{g7}$	用于精密滑动零件或缓慢间歇回转零件的配合部位
	很小间隙和零间隙	$\frac{H6}{g5}$ $\frac{H6}{h5}$ $\left(\frac{H7}{h6}\right)$ $\left(\frac{H8}{h7}\right)$ $\frac{H8}{h8}$ $\left(\frac{H9}{h9}\right)$ $\frac{H10}{h10}$ $\left(\frac{H11}{h11}\right)$ $\frac{H12}{h12}$	用于不同精度要求的一般定位件的配合和缓慢移动、摆动零件的配合
过渡配合	绝大部分有微小间隙	$\frac{H6}{js5}$ $\frac{H7}{js6}$ $\frac{H8}{js7}$	用于易于装拆的定位配合或加紧固件可传递一定静载荷的配合
	大部分有微小间隙	$\frac{H6}{k5}$ $\left(\frac{H7}{k6}\right)$ $\frac{H8}{k7}$	用于稍有振动的定位配合，加紧固件可传递一定载荷。装拆方便可用木槌敲入
	大部分有微小过盈	$\frac{H6}{m5}$ $\frac{H7}{m6}$ $\frac{H8}{m7}$	用于定位精度较高且能抗振的定位配合。加键可传递较大载荷。可用铜锤敲入或小压力压入
	绝大部分有微小过盈	$\left(\frac{H7}{n6}\right)$ $\frac{H8}{n7}$	用于精确定位或紧密组合件的配合，加键可传递的载荷或冲击性载荷。只在大修时拆卸
	绝大部分有较小过盈	$\frac{H8}{p7}$	加键后能传递很大力矩，且承受振动和冲击的配合。装配后不再拆卸
过盈配合	轻型	$\frac{H6}{n5}$ $\frac{H6}{p5}$ $\left(\frac{H7}{p6}\right)$ $\frac{H6}{r5}$ $\frac{H7}{r6}$ $\frac{H8}{r7}$	用于精确定位配合。一般不能靠过盈传递力矩，要传递力矩需加紧固件
	中型	$\frac{H6}{s5}$ $\left(\frac{H7}{s6}\right)$ $\frac{H8}{s7}$ $\frac{H6}{t5}$ $\frac{H7}{t6}$ $\frac{H8}{t7}$	不需加紧固件就可传递和承受较小力矩和轴向力。加紧固件后可承受较大载荷或动载荷
	重型	$\left(\frac{H7}{u6}\right)$ $\frac{H8}{u7}$ $\frac{H7}{v6}$	不需加紧固件就可传递和承受较大力矩和动载荷的配合。要求零件材料有高强度
	特重型	$\frac{H7}{x6}$ $\frac{H7}{y7}$ $\frac{H7}{z6}$	能传递和承受很大力矩和动载荷的配合。需经试验后方可应用

注：(1) 括号内的配合为优先配合。

(2) 国家标准规定的 44 种基轴制配合的应用与本表中的同名配合相同。

表 2-18 不同的工作情况对过盈或间隙的影响

具体情况	过盈增或减	间隙增或减
材料强度低	减	—
经常拆卸	减	—
有冲击载荷	增	减
工作时孔温高于轴温	增	减
工作时轴温高于孔温	减	增
配合长度增大	减	增
配合面积几何误差增大	减	增
装配时可能歪斜	减	增
旋转速度增高	增	增
有轴向运动	—	增
润滑油黏度增大	—	增
表面趋向粗糙	增	减
单件生产相对于成批生产	减	增

四、公差与配合选择综合示例

为了便于在设计中用类比法合理地选用配合，下面以基孔制配合为例举例说明一些配合在实际中的应用，以供参考。

例 2-7 已知某孔、轴的基本尺寸 ϕ40 mm，已确定配合间隙要求在 0.022 ~ 0.066 mm，试确定孔、轴的公差等级和配合种类。

解 （1）配合制的选择

一般情况下优先选择基孔制。

（2）选择公差等级

$$T_f' = |X_{max} - X_{min}| = T_D + T_d = 66 - 22 = 44\ (\mu m)$$

欲满足使用要求，所选孔、轴的公差应满足

$$T_f = T_D + T_d \leqslant T_f'$$

设 $T_D' = T_d' = T_f'/2 = 44/2 = 22\ (\mu m)$

查表 2-1 标准公差数值表：IT6 = 16 μm，IT7 = 25 μm，得知此值介于 IT6 ~ IT7。

根据工艺等价原则，一般孔比轴低一级，故选择孔为 IT7 级，轴为 IT6 级，则有

$$T_f = T_D + T_d = 25 + 16 = 41\ (\mu m) < T_f' = 44\ \mu m$$

符合使用要求。

由于采用基孔制配合，故孔为 $\phi40H7(^{+0.025}_{0})$mm.

（3）选择配合种类

即选择轴的基本偏差，条件是孔和轴组成的最大间隙和最小间隙要求在 0.022 ~ 0.066 mm。

根据前面所学可知：基孔制配合的间隙配合的基本偏差为 es，而

$$X_{min} = EI - es \qquad es = EI - X_{min} = 0 - 22 = 22\ (\mu m)$$

查表 2-6 轴的基本偏差数值表：

-22 μm 介于 -25 μm（f）和 -9 μm（g），根据上述条件，选取 f（es = -25 μm），才能保证最小间隙 $X_{min} = -0.025$，在配合间隙（0.022 ~ 0.066），则轴为 $\phi40f6(^{-0.025}_{-0.041})$mm。

（4）验算结果

所选配合为 $\phi40H7(^{+0.025}_{0})/f6(^{-0.025}_{-0.041})$

$$X_{max} = ES - ei = +0.025 - (-0.041) = +0.066\ (mm)$$

$$X_{min} = EI - es = 0 - (-0.025) = +0.025\ (mm)$$

满足配合间隙在 0.022 ~ 0.066 mm，选择的配合符合题意要求。

小　结

本章是本门课程的基础，主要介绍了极限与配合的基本术语和概念以及极限与配合的国家标准的组成和特点。其中掌握各个术语的含义及其之间的联系与区别是该部分内容的关键。

标准公差系列和基本偏差系列是公差标准的核心，也是本章的重点。公差标准就是由标准公差和基本偏差为基础而制定的。标准公差是国家标准统一规定用以确定公差带大小的任一公差；而基本偏差是用以确定公差带对于零线位置的上偏差或下偏差。

极限与配合的选用是本章的难点，要想正确选用极限与配合，必须具备相当的设计和工艺方面的知识，甚至还需要有一定的实践经验，单靠本课程的知识是完成不了的。本章介绍了公差与配合一些选用的基本方法、原则、表格和典型实例。在学过这些基本内容后，当给定技术条件后，应能学会初步选用公差与配合。

思考题

1. 什么是公称尺寸、极限尺寸和实际尺寸？它们之间有何区别和联系？
2. 什么是尺寸公差、极限偏差和实际偏差？它们之间有何区别和联系？
3. 什么是标准公差？什么是基本偏差？
4. 什么是配合制？在哪些情况下采用基轴制？
5. 配合有哪几种？简述各种配合的特点。
6. 计算表 2-19 空格处数值，并按规定填写在表中。

表 2－19　mm

基本尺寸	最大极限尺寸	最小极限尺寸	上偏差	下偏差	公差	尺寸标注
孔 ϕ12	12.050	12.032				
轴 ϕ60			+0.072		0.019	
孔 ϕ30		29.959			0.021	
轴 ϕ80			−0.010	−0.056		
孔 ϕ50				−0.034	0.039	
孔 ϕ30						$\phi 30_{-0.028}^{-0.007}$
轴 ϕ70	69.970				0.074	

7. 画出下列三对孔、轴配合的尺寸公差带图，并分别计算出它们的极限间隙（X_{max}、X_{min}）或极限过盈（Y_{max}、Y_{min}）以及配合公差。

（1）孔 $\phi 30_{0}^{+0.021}$ mm，轴 $\phi 30_{+0.022}^{+0.035}$ mm；

（2）孔 $\phi 40_{+0.009}^{+0.034}$ mm，轴 $\phi 40_{-0.016}^{0}$ mm；

（3）孔 $\phi 50_{0}^{+0.025}$ mm，轴 $\phi 50 \pm 0.008$ mm。

8. 利用有关表格查表确定下列公差带的极限偏差。

（1）ϕ50d8　（2）ϕ90r8　（3）ϕ40n6

（4）ϕ40R7　（5）ϕ50D9　（6）ϕ30M7

9. 试计算孔 $\phi 35_{0}^{+0.025}$ mm 与轴 $\phi 35_{+0.017}^{+0.033}$ mm 配合中的极限间隙（或极限过盈），并指明配合性质。

10. 某孔、轴的基本尺寸为 ϕ35 mm，已知孔的公差带为 H7，要求与轴的配合过盈为 −55 ~ −10 μm，试确定轴的公差等级和选用适当的公差带。

第三章　技术测量基础

本章要点

1. 掌握检测技术的基本知识，量块的按“等”、按“级”使用，三坐标测量机构的功能。

2. 掌握常用量具的使用、读数原理、测量误差的处理方法。

3. 掌握光滑工件尺寸验收极限的确定和量具的选择。

4. 塞规和卡规的用途、功能、公差带特点。

5. 孔用和轴用工作量规的设计。

第一节　概　述

机械制造行业里，技术测量主要研究对零件的几何参数（如长度、角度、几何形状、相互位置关系、表面粗糙度等）进行测量和检验。

检测是测量与检验的总称。测量是指将被测量与作为测量单位的标准量进行比较，从而确定被测量的实验过程；检验则是判断零件是否合格而不需要测出具体数值，例如用光滑极限量规检验零件等。

所谓“测量”，就是把被测几何量（如长度、角度等）与具有计量单位的标准量进行比较，从而确定被测几何量是计量单位的倍数或分数的过程。一个完整的几何量测量过程应包括被测对象、计量单位、测量方法及测量精度四个要素。

1. 被测对象

被测对象是指几何量，即长度（包括角度）、表面粗糙度、形状和位置误差及螺纹、齿轮的各个几何参数等。

2. 计量单位

在几何量计量中，长度单位有米（m）、毫米（mm）、微米（μm）等，角度单位为度（°）、分（′）、秒（″）等。

3. 测量方法

测量方法是指在进行测量时所采用的测量原理、计量器具和测量条件的综合。测量条件是指测量时零件和测量器具所处的环境，如温度、湿度、振动和灰尘等。根据被测对象的特点，如精度、大小、轻重、材质、数量等来确定所用的计量器具，确定合适的测量方法。

4. 测量精度

测量精度是指测量结果与零件真值的接近程度，与之相对应的概念即测量误差。由于各种因素的影响，任何测量过程总不可避免地会出现测量误差。测量误差大，说明测量结果与真值的接近程度低，则测量精度低；测量误差小，则测量精度高。

第二节　长度计量单位和基准量值的传递

一、长度计量单位基准

为了进行长度测量，必须建立统一、可靠的长度单位基准。我国颁布的法定长度计量单位以国际单位制的基本长度单位“米”为基本单位。在机械制造中常用的测量单位有毫米（mm）和微米（μm），其关系为

1 米（m）=1 000 毫米（mm）

1 毫米（mm）=1 000 微米（μm）

二、基准量值的传递

国际上统一使用的公制长度基准是在 1983 年第 17 届国际计量大会上通过的，以米作为长度基准。米的新定义：米是光在真空中在 1/299 792 458 s 的时间间隔内所行进的距离。为了保证长度测量的精度，还需要建立准确的量值传递系统。鉴于激光稳频技术的发展，用激光波长作为长度基准具有很好的稳定性和复现性。我国采用碘吸收稳定的氦氖激光辐射作为波长标准来复现米。

在实际应用中，不能直接使用光波作为长度基准进行测量，而是采用各种测量器具进行测量。为了保证量值统一，必须把长度基准的量值准确地传递到生产中应用的计量器具和被测工件上。长度基准的量值传递系统如图 3－1 所示。

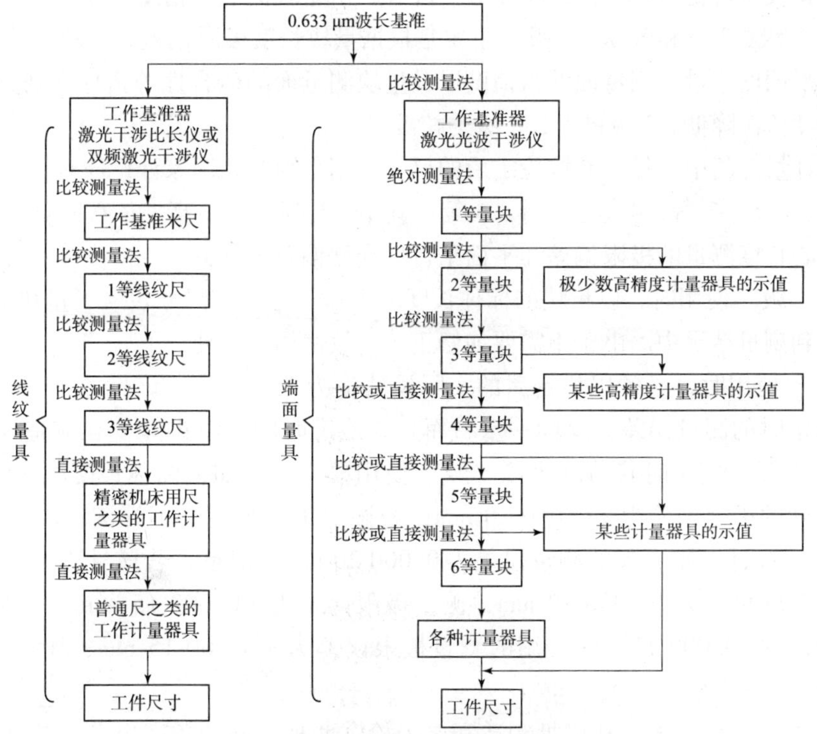

图 3－1　长度基准的量值传递系统

三、量块

1. 量块的概念

量块又称块规，除了作为长度基准的传递媒介外，在生产中被用来检定和校准测量工具或量仪，在相对测量时用来调整量具或量仪的零位，有时直接用于精密测量、精密划线和精密机床的调整。

量块用特殊合金钢（常用铬锰钢）制成，其线膨胀系数小，性能稳定，不易变形且耐磨性好。量块的形状为长方形六面体，它有两个相互平行的测量面和四个非测量面，如图3－2所示。测量面上要求平面度很高而且非常光洁，两测量面之间具有精确的尺寸。量块上测量面的中点和与其另一测量面相研合的辅助体表面之间的垂直距离，称为量块的中心长度。量块上标出的尺寸称为量块的标称长度（或名义尺寸）。

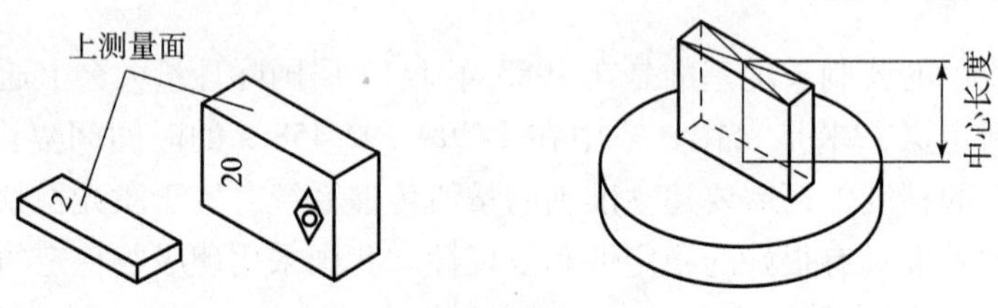

图3－2　量块及其中心长度

2. 量块的精度等级

为了满足各种不同的应用场合，国家标准对量块规定了若干精度等级。GB/T 6093—2001《几何量技术规范（GPS）长度标准　量块》对量块的制造精度规定了六级，即00级、0级、1级、2级、3级和K级。“级”主要是根据量块长度极限偏差、量块长度变动量、量块测量面的平面度、量块测量面的粗糙度以及量块测量面的研合性等指标来划分的，其中0级最高，精度依次降低；3级最低，K级为校准级。

在各级计量部门中，量块常按检定后的尺寸使用。因此，国家计量局对量块的检定精度规定了1等、2等、3等、4等、5等、6等，其中，1等精度最高，依次降低。“等”主要依据量块中心长度测量的极限偏差和平面平行性允许偏差来划分。

量块按“级”使用时，以量块的标称长度为工作尺寸，该尺寸包含了量块的制造误差，并将被引入到测量结果中。由于不需要加修正值，故使用较方便。

按“等”使用时，必须以检定后的实际尺寸作为工作尺寸，该尺寸不包含制造误差，但包含了检定时的测量误差。就同一量块而言，检定时的测量误差要比制造误差小得多，所以量块按“等”使用时其精度比按“级”使用要高。例如，标称长度为30 mm的0级量块，其长度的极限偏差为±0.000 20 mm，若按“级”使用，不管该量块的实际尺寸如何，均按30 mm计，则引起的测量误差为0.000 20 mm。但是，若该量块经检定后，确定为三等，其实际尺寸为30.000 12 mm，测量极限误差为±0.000 15 mm。显然，按“等”使用，即按尺寸30.000 12 mm使用的测量极限误差为±0.000 15 mm，比按“级”使用测量精度高。

量块的“级”和“等”从成批制造和单个检定两种不同的角度出发，是对其精度进行划分的两种形式。量块的精度指标见表3－1和表3－2。

表 3－1　各级量块的精度指标（GB/T 6093—2001）

标称长度/mm		00 级		0 级		1 级		2 级		3 级		校准级 K	
大于	至	量块长度极限偏差 ±	长度变动量允许值	量块长度极限偏差 ±	长度变动量允许值	量块长度极限偏差 ±	长度变动量允许值	量块长度极限偏差 ±	长度变动量允许值	量块长度极限偏差 ±	长度变动量允许值	量块长度极限偏差 ±	长度变动量允许值
	10	0. 06	0. 05	0. 12	0. 10	0. 20	0. 16	0. 45	0. 30	1. 0	0. 50	0. 20	0. 05
10	25	0. 07	0. 05	0. 14	0. 10	0. 30	0. 16	0. 60	0. 30	1. 2	0. 50	0. 30	0. 05
25	50	0. 10	0. 06	0. 20	0. 10	0. 40	0. 18	0. 80	0. 30	1. 6	0. 55	0. 40	0. 06
50	75	0. 12	0. 06	0. 25	0. 12	0. 50	0. 18	1. 00	0. 35	2. 0	0. 55	0. 50	0. 06
75	100	0. 14	0. 07	0. 30	0. 12	0. 60	0. 20	1. 20	0. 35	2. 5	0. 60	0. 60	0. 07
100	150	0. 20	0. 08	0. 40	0. 14	0. 80	0. 20	1. 60	0. 40	3. 0	0. 65	0. 80	0. 08
150	200	0. 25	0. 09	0. 50	0. 16	1. 00	0. 25	2. 00	0. 40	4. 0	0. 70	1. 00	0. 09
200	250	0. 30	0. 10	0. 60	0. 16	1. 20	0. 25	2. 40	0. 45	5. 0	0. 75	1. 20	0. 10

表 3－2　各等量块精度指标

标称长度/mm		量块检定精度											
		1 等		2 等		3 等		4 等		5 等		6 等	
		长度/μm											
大于	至	测量的不确定度允许值 ±	变动量允许值 T_v	测量的不确定度允许值 ±	变动量允许值 T_v	测量的不确定度允许值 ±	变动量允许值 T_v	测量的不确定度允许值 ±	变动量允许值 T_v	测量的不确定度允许值 ±	变动量允许值 T_v	测量的不确定度允许值 ±	变动量允许值 T_v
0. 5		0. 02	0. 05	0. 06	0. 10	0. 11	0. 16	0. 22	0. 30	0. 6	0. 5	2. 1	0. 5
0. 5	10												
10	25	0. 02	0. 05	0. 07	0. 10	0. 12	0. 16	0. 25	0. 30	0. 6	0. 5	2. 3	0. 5
25	50	0. 03	0. 06	0. 08	0. 10	0. 15	0. 18	0. 30	0. 30	0. 8	0. 55	2. 6	0. 55
50	75	0. 04	0. 06	0. 09	0. 12	0. 18	0. 18	0. 35	0. 35	0. 9	0. 55	2. 9	0. 55
75	100	0. 04	0. 07	0. 10	0. 12	0. 20	0. 20	0. 40	0. 35	1. 0	0. 6	3. 2	0. 6
100	150	0. 05	0. 08	0. 12	0. 14	0. 25	0. 20	0. 50	0. 40	1. 2	0. 65	3. 8	0. 65
150	200	0. 06	0. 09	0. 16	0. 16	0. 30	0. 25	0. 60	0. 40	1. 5	0. 7	4. 4	0. 7
200	250	0. 07	0. 10	0. 18	0. 18	0. 35	0. 25	0. 70	0. 45	1. 8	0. 75	5. 0	0. 75

3. 量块的尺寸组合

根据 GB/T 6093—2001 规定，我国生产的成套量块有 91 块、83 块、46 块、38 块等 17 种规格。表 3－3 列出了其中四套量块的尺寸系列。

表 3－3　四套量块的尺寸系列（GB/T 6093—2001）

<table>
<tr><th>套别</th><th>总块数</th><th>级别</th><th>尺寸系列/mm</th><th>间隔/mm</th><th>块数</th></tr>
<tr><td>1</td><td>91</td><td>0，1</td><td>0.5
1
1.001，1.002，…，1.009
1.01，1.02，…，1.49
1.5，1.6，…，1.9
2.0，2.5，…，9.5
10，20，…，100</td><td>

0.001
0.01
0.1
0.5
10</td><td>1
1
9
49
5
16
10</td></tr>
<tr><td>2</td><td>83</td><td>0，1，2</td><td>0.5
1
1.005
1.01，1.02，…，1.49
1.5，1.6，…，1.9
2.0，2.5，…，9.5
10，20，…，100</td><td>

0.01
0.1
0.5
10</td><td>1
1
1
49
5
16
10</td></tr>
<tr><td>3</td><td>46</td><td>0，1，2</td><td>1
1.001，1.002，…，1.009
1.01，1.02，…，1.09
1.1，1.2，…，1.9
2，3，…，9
10，20，…，100</td><td>
0.001
0.01
0.1
1
10</td><td>1
9
9
9
8
10</td></tr>
<tr><td>4</td><td>38</td><td>0，1，2</td><td>1
1.005
1.01，1.02，…，1.09
1.1，1.2，…，1.9
2，3，…，9
10，20，…，100</td><td>

0.01
0.1
1
10</td><td>1
1
9
9
8
10</td></tr>
</table>

由于量块的一个测量面与另一量块的测量面之间具有能够研合的性能，因此可从成套的各种不同尺寸的量块中选取几块适当的量块组成所需要的尺寸。为了减少量块组的长度累积误差，选取的量块通常以不超过 4 块为宜。选取量块时，从消去所需要尺寸的最小尾数开始，逐一选取。例如，使用83 块一套的量块组，从中选取量块组成56.385 mm。查表3－3，可按如下步骤选择量块尺寸：

56. 385	所需尺寸
− 1. 005	第一块量块的尺寸
55. 38	
− 1. 385	第二块量块的尺寸
54	
− 4	第三块量块的尺寸
50	第四块量块的尺寸

即：56. 385 = 1. 005 + 1. 385 + 4 + 50

研合量块组时，首先用优质汽油将选用的各块量块清洗干净，用洁布擦干，然后以大尺寸量块为基础，顺次将小尺寸量块研合上去。

研合方法如下：

如图 3 − 3 所示，将量块沿着其测量面长边方向，先将两块量块测量面的端缘部分接触并研合，然后稍加压力，将一块量块沿着另一块量块推进，使两块量块的测量面全部接触，并研合在一起。使用量块时要小心，避免碰撞或跌落，切勿划伤测量面。

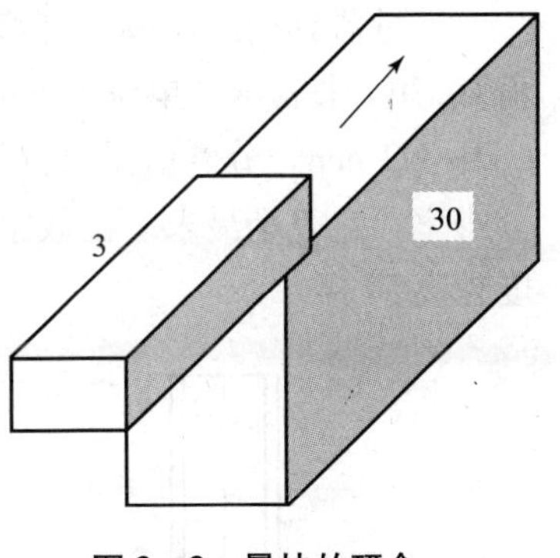

图 3 − 3　量块的研合

第三节　计量器具和测量方法分类

一、计量器具的分类

计量器具是指直接或间接测出被测对象量值的装置、仪表仪器、量具或用于统一量值的标准物质。按计量器具的原理、结构特点及用途可分为量具、量规、量仪（测量仪器）和计量装置四类。

1. 量具

量具通常是指结构比较简单的测量工具，包括单值量具、多值量具和标准量具等。单值量具是用来复现单一量值的量具，例如量块、角度块等，通常都是成套使用。多值量具是一种能复现一定范围的一系列不同量值的量具，如线纹尺等。标准量具是用作计量标准，供量值传递用的量具，如量块、基准米尺等。

2. 量规

量规是一种没有刻度的，用以检验零件尺寸或形状、相互位置的专用检验工具。它只能判断零件是否合格，而不能测量出具体尺寸，如光滑极限量规、螺纹量规等。

3. 量仪

量仪即计量仪器，是指能将被测的量值转换成可直接观察的指示值或等效信息的计量器具。按工作原理和结构特征，量仪可分为机械式、电动式、光学式、气动式以及它们的组合形式——光机电一体的现代量仪。

4. 计量装置

计量装置是一种专用检验工具，可以迅速地检验更多或更复杂的参数，从而有助于实现自动测量和自动控制，如自动分选机、检验夹具、自动测量装置等。

二、计量器具的基本度量指标

度量指标是表征计量器具技术性能的重要标志，也是选择、使用计量器具的依据。通常对计量器具规定如下几个度量指标。

1. 分度值

计量器具刻度尺或刻度盘上相邻两刻线所代表的量值之差称为分度值（又称为刻度值），用 i 来表示，单位为 mm。图 3-4（a）所示为机械式测微比较仪，刻度盘上的分度值 $i=0.002$ mm。分度值是量仪能指示出被测件尺寸的最小单位。数字显示仪器的分度值称为分辨率，它表示最末一位数字间隔所代表的量值之差。一般来说，量仪的分度值越小，其精度越高。

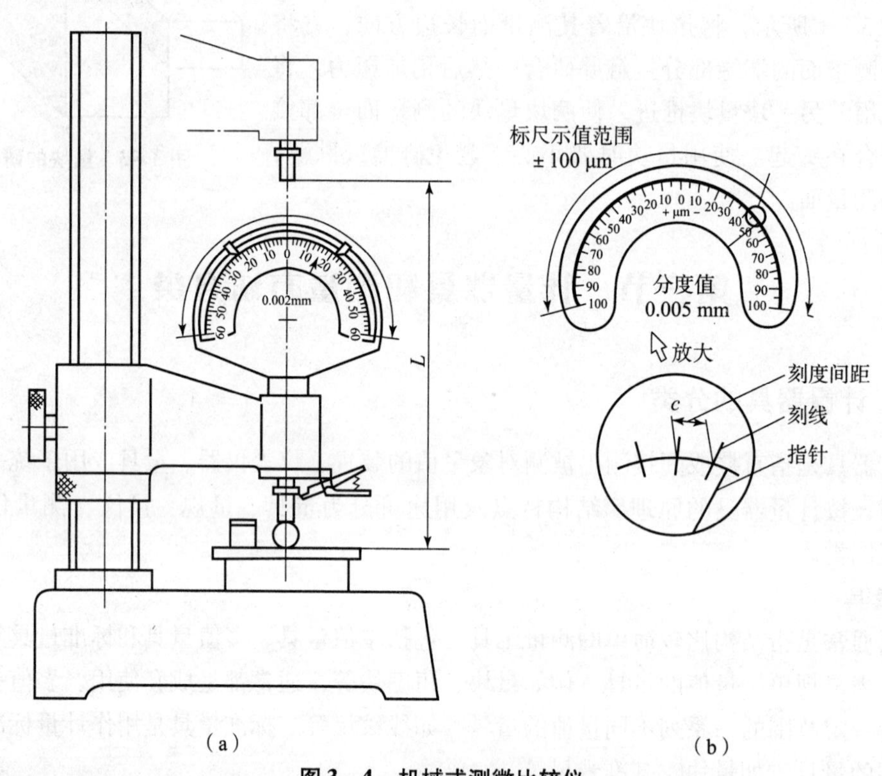

图 3-4　机械式测微比较仪

2. 刻度间距

量仪刻度尺或刻度盘上两相邻刻线中心的距离称为刻度间距，用 c 来表示，单位为 mm。通常 c 值取 1~2.5 mm，如图 3-4（b）所示。

3. 示值范围

计量器具所指示或显示的最低值到最高值的范围称为示值范围。例如，机械式测微比较仪的示值范围为 −100 ~ +100 μm，如图 3-4（b）所示。

4. 测量范围

在允许误差限度内，计量器具所能测量的最低值到最高值的范围称为测量范围，如图 3-4（a）所示的 L 为 0~180 mm。

5. 灵敏度

计量器具示值装置对被测量变化的反应能力称为灵敏度。灵敏度也称为放大比，它与分度值 i、刻度间距 a 的关系为

$$k = c/i$$

式中　k——灵敏度。

6. 示值误差

计量器具示值与被测量真值之间的差值称为示值误差。示值误差越小计量器具精度越高。计量器具的示值误差允许值可从其使用说明书或检定规程中查得。

7. 测量力

测量过程中，计量器具与被测表面之间的接触力称为测量力。在接触测量中，希望有一定的恒定测量力。太大的测量力会使零件产生变形，测量力不恒定会使示值不稳定。

8. 修正值

为清除或减少计量器具的系统误差，用代数法加到测量结果上的值称为修正值。测量仪某一刻度上的修正值等于该刻度的绝对误差的负值。例如，已知某千分尺的零位误差为 -0.01 mm，则其零位的修正值为 +0.01 mm。若测量时千分尺读数为 20.04 mm，则测量结果为［20.04 +（+0.01）］=20.05（mm）。

9. 示值变动量

在测量条件不变的情况下，对同一被测量进行多次（一般为 5 ~ 10 次）重复测量读数时，其读数中的最大差值称为示值变动量。

10. 不确定度

在规定条件下测量时，由于测量误差的存在，对测量值不能肯定的程度称为不确定度。

计量器具的不确定度是一项综合精度指标，它包括了示值误差、回程误差以及调整标准件误差等，不能修正，只能用来估计测量误差的范围。不确定度用误差界限表示，例如，分度值为 0.01 mm 的外径千分尺，在车间条件下测量一个尺寸为 50 mm 的零件时，其不确定度为 ±0.004 mm，这说明测量结果与被测量真值之间的差值最大不会大于 +0.004 mm，最小不会小于 -0.004 mm。

三、测量方法分类

在实际工作中，测量方法通常是指获得测量结果的具体方式，它可以按下面几种情况进行分类。

1. 直接测量与间接测量

1）*直接测量*

直接测量是直接在计量器具上得到被测尺寸的数值或偏差。例如，用游标卡尺或千分尺测工件。

2）*间接测量*

间接测量是测量与被测尺寸有关的其他尺寸，通过计算得到被测量值，例如，孔中心距测量。

一般情况下，直接测量比间接测量的精度高。所以，应该尽量采用直接测量，对于受条

件所限无法进行直接测量的场合可以采用间接测量。

2. 绝对测量与相对测量

1）绝对测量

计量器具显示的示值就是被测尺寸的实际值。例如，用游标卡尺或千分尺测量轴径的大小。

2）相对测量

相对测量又叫比较测量，测量器具显示的示值是被测尺寸相对于已知标准量（通常用量块体现）的偏差，最终被测几何量的量值等于已知标准量与该偏差值（示值）的代数和。例如，用立式光学比较仪测量轴径，测量时先用量块调整示值零位，比较仪指示出的示值为被测轴径相对于量块尺寸的偏差。

一般来说相对测量的精度比绝对测量的精度高。

3. 接触测量与非接触测量

1）接触测量

量具测头与被测表面直接接触，并有机械作用的测量力。例如，用立式光学比较仪测量轴径。

2）非接触测量

量具测头与被测表面不直接接触，无机械作用的测量力。例如，用光学显微镜测量表面粗糙度，用气动量仪测量孔径。

4. 综合测量与单项测量

1）综合测量

测量被测零件上与几个参数有关联的综合参数，从而综合判断零件的合格性。例如，用螺纹塞规检验螺纹单一中径、螺距和牙型半角的综合结果（作用中径）是否合格。

2）单项测量

分别测量零件上彼此没有联系的各个参数。例如，用工具显微镜分别测量螺纹的单一中径、螺距和牙型半角的实际值，并分别判断各项参数是否合格。

第四节　常用量具的测量原理、基本结构与使用方法

一、游标卡尺

游标卡尺是一种常用的量具，具有结构简单、使用方便、精度中等和测量的尺寸范围大等特点，可以用它来测量零件的外径、内径、长度、宽度、厚度、深度和孔距等，应用范围很广。

1. 游标卡尺的组成

（1）具有固定量爪的主尺，如图 3－5 所示。主尺上有类似钢尺一样的主尺刻度，主尺上的刻线间距为 1 mm。主尺的长度取决于游标卡尺的测量范围。

（2）具有活动量爪的尺框，如图 3－5 所示尺框上有游标，游标卡尺的游标读数值可制成为 0.1 mm，0.05 mm 和 0.02 mm 三种。游标读数值，就是指使用这种游标卡尺测量零件尺寸时，卡尺上能够读出的最小数值。

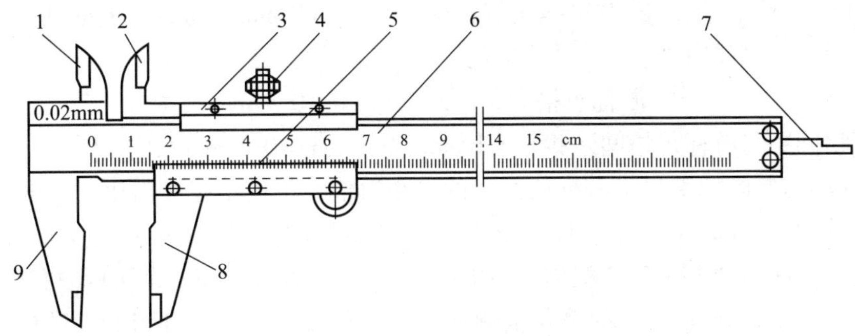

图 3-5　游标卡尺结构（一）

1，2—内量爪；3—尺框；4—螺钉；5—游标；6—主尺；7—深度尺；8，9—外量爪

（3）在 0～125 mm 的游标卡尺上，还带有测量深度的深度尺，如图 3-5 中的 7。深度尺固定在尺框的背面，能随着尺框在尺身的导向凹槽中移动。测量深度时，应把尺身尾部的端面靠紧在零件的测量基准平面上。

测量范围等于和大于 200 mm 的游标卡尺，带有随尺框做微动调整的微动装置，如图 3-6 所示。使用时，先用紧固螺钉把微动装置固定在尺身上，再转动微动螺母，活动量爪就能随同尺框做微量的前进或后退。微动装置的作用是使游标卡尺在测量时用力均匀，便于调整测量压力，减小测量误差。

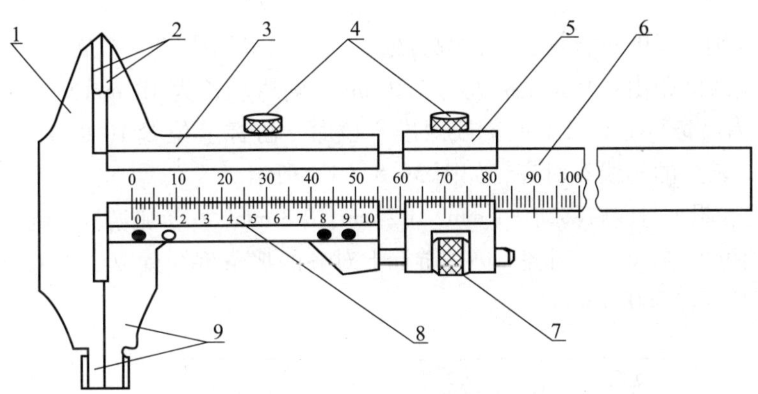

图 3-6　游标卡尺结构（二）

1—尺身；2—上量爪；3—尺框；4—紧固螺钉；5—微动装置

6—主尺；7—微动螺母；8—游标；9—下量爪

2. 游标卡尺的读数原理和读数方法

游标卡尺的读数机构，是由主尺和游标（图 3-6 中的 6 和 8）两部分组成。当活动量爪与固定量爪贴合时，游标上的“0”刻线（简称游标零线）对准主尺上的“0”刻线，此时量爪间的距离为“0”，如图 3-6 所示。当尺框向右移动到某一位置时，固定量爪与活动量爪之间的距离，就是零件的测量尺寸，如图 3-5 所示。此时零件尺寸的整数部分，可在游标零线左边的主尺刻线上读出来，而比 1 mm 小的小数部分，可借助游标读数机构来读出，现把三种游标卡尺的读数原理和读数方法介绍如下。

1）*游标读数值为 0.1 mm 的游标卡尺*

如图 3-7（a）所示，主尺刻线间距（每格）为 1 mm，当游标零线与主尺零线对准

（两爪合并）时，游标上的第 10 刻线正好指向主尺上的 9 mm，而游标上的其他刻线都不会与主尺上任何一条刻线对准。

$$游标每格间距 = 9\ mm \div 10 = 0.9\ mm$$

主尺每格间距与游标每格间距相差 = 1 mm − 0.9 mm = 0.1 mm

0.1 mm 即为此游标卡尺上游标所读出的最小数值，再也不能读出比 0.1 mm 小的数值。当游标向右移动 0.1 mm 时，则游标零线后的第 1 根刻线与主尺刻线对准。当游标向右移动 0.2 mm 时，则游标零线后的第 2 根刻线与主尺刻线对准，依次类推。若游标向右移动 0.6 mm，如图 3－7（b）所示，则游标上的第 6 根刻线与主尺刻线对准。由此可知，游标向右移动不足 1 mm 的距离，虽不能直接从主尺读出，但可以由游标的某一根刻线与主尺刻线对准时，该游标刻线的次序数乘其读数值而读出其小数值。例如，图 3－7（b）所示的尺寸为：6 × 0.1 = 0.6（mm）；图 3－7（c）所示的尺寸为 2.3 mm。

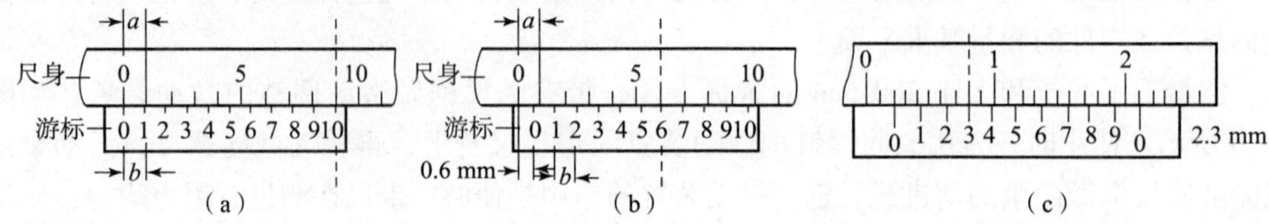

图 3－7　0.1 mm 游标读数原理

为了易于辨别刻线的重合情况和读数方便，还可以采用所谓“扩展”的游标读数方式，即将游标上的刻线间距由 0.9 mm 扩大为 1.9 mm，刻线总长为 19 mm，主尺刻线间距仍为 1 mm。这样，当尺身与游标尺上的刻线对准零位时，游标上位置 10 的刻线与尺身上的 19 刻线正好对齐，其余的刻线不对齐，如图 3－8（a）所示。

如游标从零位沿尺身向右移动 0.1 mm，0.2 mm，0.3 mm，…，则游标的刻线 1，2，3，…将分别与尺身的刻线 2，4，6，…对齐，仍按游标上对齐的那条刻线读取毫米的小数部分，如图 3－8（b）所示读数为 60.5 mm。

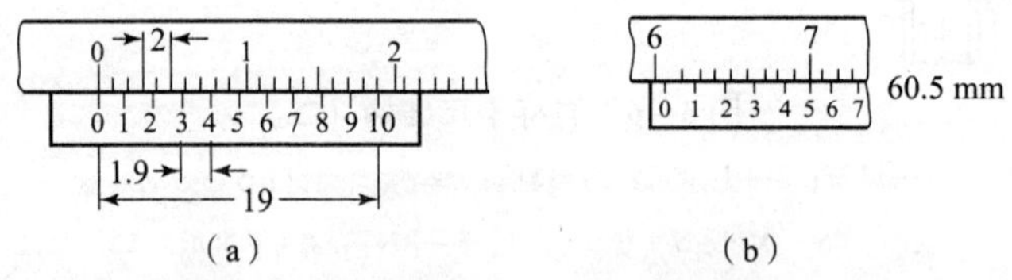

图 3－8　0.1 mm“扩展”游标读数原理

2）***游标读数值为 0.05 mm 的游标卡尺***

如图 3－9（a）所示，主尺每小格 1 mm，当两爪合并时，游标上的 20 格刚好等于主尺的 19 mm，则游标每格间距 = 19 mm ÷ 20 = 0.95 mm。

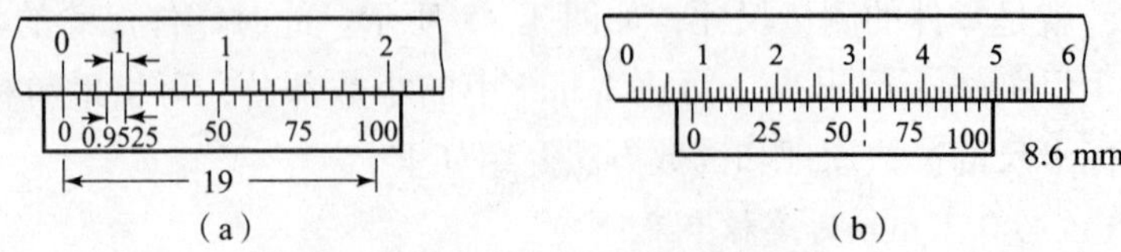

图 3－9　0.05 mm 游标读数原理

主尺每格间距与游标 1 格间距相差 =1 -0. 95 =0. 05 （mm）。0. 05 mm 即为此种游标卡尺的最小读数值，如图 3 -9（b）所示读数为 8. 6 mm。

3）*游标读数值为 0. 02 mm 的游标卡尺*

如图 2 -10（a）所示，主尺每小格 1 mm，当两爪合并时，游标上的 50 格刚好等于主尺上的 49 mm，则游标每格间距 =49 mm ÷50 =0. 98 mm。

主尺每格间距与游标每格间距相差 =1 -0. 98 =0. 02 （mm），0. 02 mm 即为此种游标卡尺的最小读数值。

在图 3 -10（b）中，游标零线在 64 与 65 之间，游标上的 9 格刻线与主尺刻线对准。所以，被测尺寸的整数部分为 64 mm，小数部分为 9 ×0. 02 =0. 18 （mm），被测尺寸为：64 +0. 18 =64. 18 （mm）。

我们希望直接从游标尺上读出尺寸的小数部分，而不要通过上述的换算，为此，把游标的刻线次序数乘其读数值所得的数值，标记在游标上这样读数就方便了。

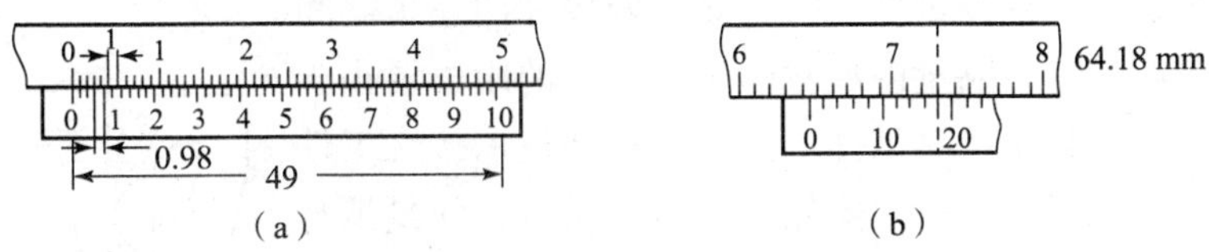

（a）　　（b）

图 3 -10　0. 02 mm 游标读数原理

3. 游标卡尺的使用方法

游标卡尺虽不是高精度的计量器具，但使用时也应注意正确操作，以保证应有的测量精度。使用游标卡尺测量零件尺寸时，必须注意下列几点：

1）*使用前的检查*

测量前应把卡尺擦干净，特别是量爪的测量面；还应注意卡尺应远离强磁场，不能受磁化的影响，还要防潮、防锈蚀和磨损。拉动尺框时，活动要自如，不应有过松或过紧，更不能有晃动现象。轻推尺框，使两外测量面合拢，两测量面接触后不得有明显的透光。同时检查零线是否对齐，如不能对齐应进行修理。如临时测量，可将两量爪闭合数次，如虽不对零，但误差值一致，则可记下该零位系统误差的值，进行修正。如误差值不一致，则需修理。用紧固螺钉固定尺框时，卡尺的读数不应有所改变。在移动尺框时，不要忘记松开固定螺钉，亦不宜过松以免螺钉脱落。不能满足以上要求的卡尺，不得使用，而应进行修理或处理。

2）*测量时的注意事项*

（1）正确选用量爪。卡尺测外尺寸的外量爪有刀口形和平面形两种；卡尺测内尺寸的内量爪有刀口形和圆弧形两种。测圆柱形和平面、端面宜用平面形量爪；测沟槽和凹形弧面宜用刀口形量爪和圆弧形量爪。

（2）正确选择测量位置。测量时，当量爪与被测工件接触后，应当游动一下量爪，使其找到正确的测量位置，测量外尺寸时应找到最小尺寸位置，如图 3 -11（a）所示。测量内尺寸时应找到最大尺寸位置，如图 3 -11（b）、（c）所示。

用深度尺测量深度时，要使主尺端面与被测件上的基准平面贴合，同时深度尺要与该平面垂直，如图 3 -11（d）所示。

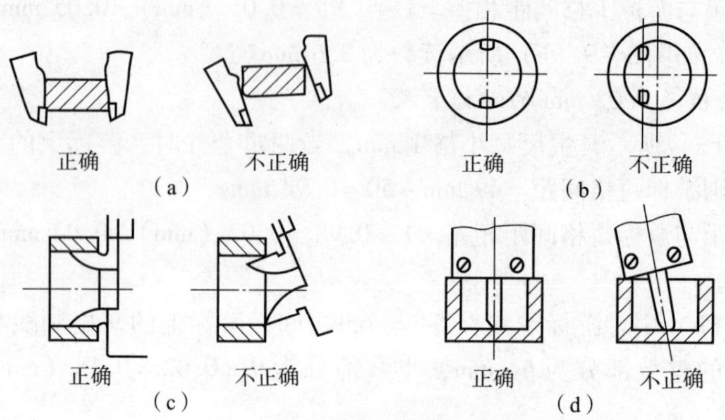

图 3－11　正确选择测量位置

(3) 防止量爪磨损。量爪特别是刀口形量爪容易磨损，磨损后将直接影响使用质量和测量精度。量爪进入工件测量部位时，测量外尺寸两量爪之间的距离要大于被测尺寸；测量内尺寸两量爪之间的距离要小于被测尺寸。先让固定量爪接触工件，再移动活动量爪接触工件并进行测量。测量完毕后，一定要先移动活动量爪，使量爪与工件脱离接触后再拿开卡尺，绝不可从工件上猛力抽下卡尺。绝不能用卡尺去测量运动中的工件，这样不但会严重磨损量爪，还容易造成安全事故。

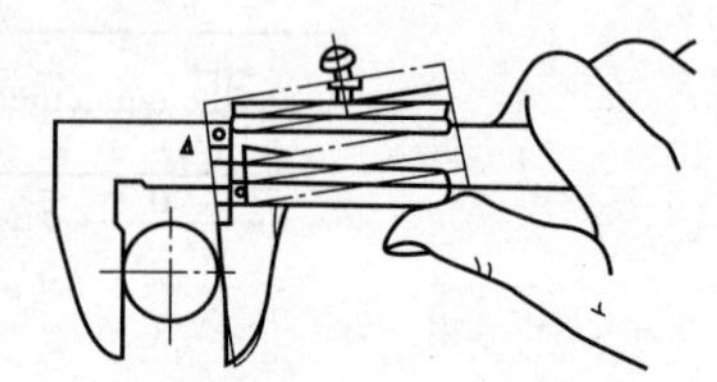

图 3－12　阿贝误差

(4) 适当控制测量力。卡尺没有控制测量力的装置，测量力主要靠测量者的手感来控制。如用力过大，会使尺框倾斜而产生测量误差 Δ（见图 3－12），此误差即阿贝误差。

4. 其他常用游标类量具

1）高度游标卡尺

高度游标卡尺如图 3－13 所示，用于测量零件的高度和精密划线。它的结构特点是用质量较大的基座代替固定量爪，而动的尺框则通过横臂装有测量高度和划线用的量爪，量爪的测量面上镶有硬质合金，提高量爪使用寿命。高度游标卡尺的测量工作，应在平台上进行。当量爪的测量面与基座的底平面位于同一平面时，如在同一平台平面上，主尺与游标的零线相互对准，所以在测量高度时，量爪测量面的高度，就是被测量零件的高度尺寸，它的具体数值与游标卡尺一样可在主尺（整数部分）和游标（小数部分）上读出。应用高度游标卡尺划线时，调好划线高度，用紧固螺钉把尺框锁紧后，也应先在平台上进行调整再进行划线。图 3－14 所示为高度游标卡尺的应用。

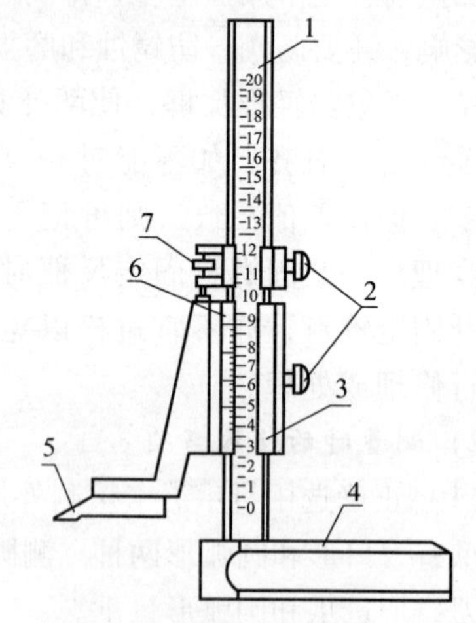

图 3－13　高度游标卡尺

1—主尺；2—紧固螺钉；3—尺框；4—基座；5—固定量爪；6—游标；7—微动装置

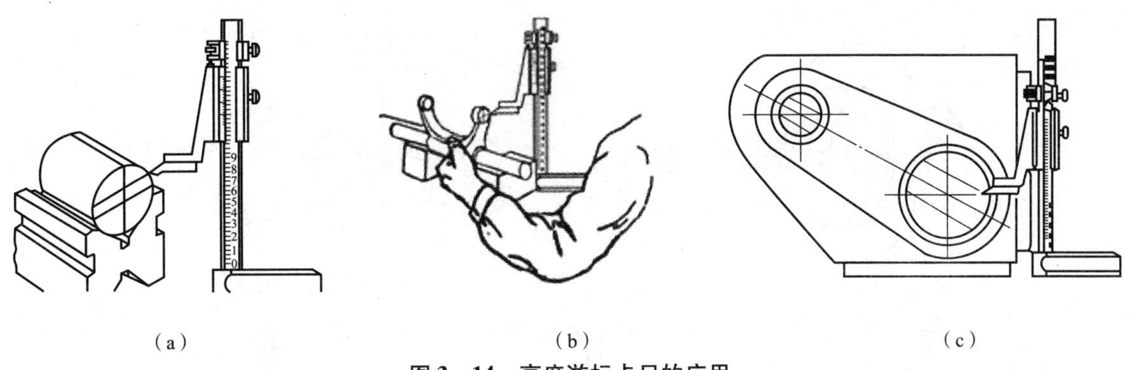

(a)　　(b)　　(c)

图 3-14　高度游标卡尺的应用

(a) 划轴的偏心线；(b) 拨叉轴划线；(c) 箱体划线

2) *深度游标卡尺*

深度游标卡尺如图 3-15 所示，用于测量零件的深度尺寸或台阶高低和槽的深度。它的结构特点是尺框的两个量爪连成一体成为一个带游标的测量基座，基座的端面和尺身的端面就是它的两个测量面。如测量内孔深度时应把基座的端面紧靠在被测孔的端面上，使尺身与被测孔的中心线平行，伸入尺身，则尺身端面至基座端面之间的距离，就是被测零件的深度尺寸。它的读数方法和游标卡尺完全一样。

测量时，先把测量基座轻轻压在工件的基准面上，两个端面必须接触工件的基准面，如图 3-16 (a) 所示。测量轴类等台阶时，测量基座的端面一定要压紧在基准面上，如图 3-16 (b)、(c) 所示，再移动尺身，直到尺身的端面接触到工件的量面（台阶面），然后用紧固螺钉固定尺框，提起卡尺，读出深度尺寸。多台阶小直径的内孔深度测量，注意使尺身的端面贴在要测量的台阶上，如图 3-16 (d) 所示。当基准面是曲线时，如图 3-16 (e) 所示，测量基座的端面必须放在曲线的最高点上，这样测量出的深度尺寸才是工件的实际尺寸，否则会出现测量误差。

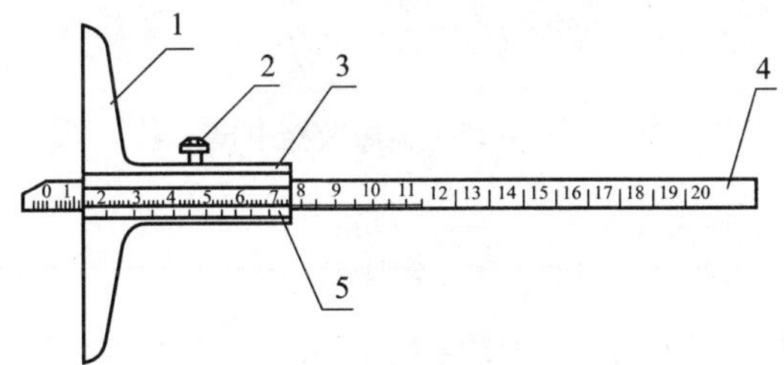

图 3-15　深度游标卡尺

1—测量基座；2—紧固螺钉；3—尺框；4—尺身；5—游标

3) *齿厚游标卡尺*

齿厚游标卡尺（见图 3-17）用来测量齿轮的弦齿厚和弦齿顶。这种游标卡尺由两互相垂直的主尺组成，因此它就有两个游标。*A* 的尺寸由垂直主尺上的游标调整；*B* 的尺寸由水平主尺上的游标调整。刻线原理和读法与一般游标卡尺相同。

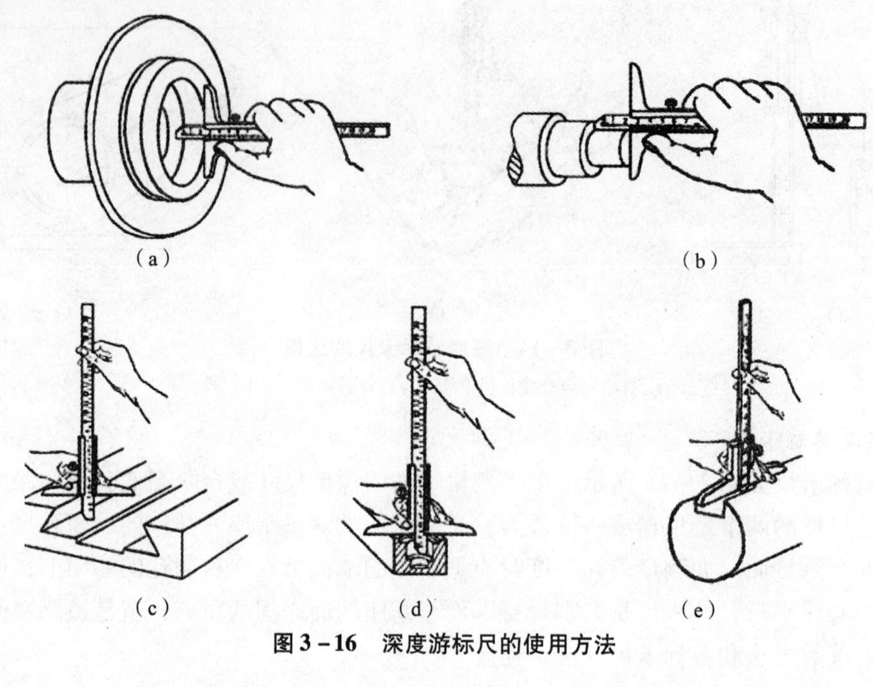

图 3－16　深度游标尺的使用方法

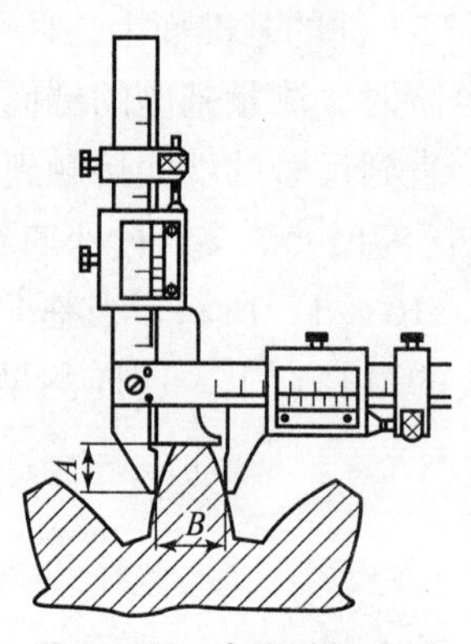

图 3－17　齿厚游标卡尺

二、外径千分尺

外径千分尺（简称千分尺）是指利用螺旋副原理，对尺架上两测量面之间分隔距离进行读数的外尺寸测量器具。外径千分尺使用普遍，是一种重要的精密测量器具。它具有体积小、坚固耐用、测量准确度较高、使用方便、调整容易以及测量力恒定等特点。

外径千分尺可以测量工件的各种外形尺寸，如长度、厚度、外径以及板厚或壁厚等。外径千分尺因受螺旋副制造精度的限制分度值一般为 0. 01 mm，也就是说，测量精度可达百分之一毫米，故也称为百分尺。

外径千分尺由尺架、测微头、测力装置和制动器等组成。图 3－18 所示为测量范围为 0～25 mm 的外径千分尺。

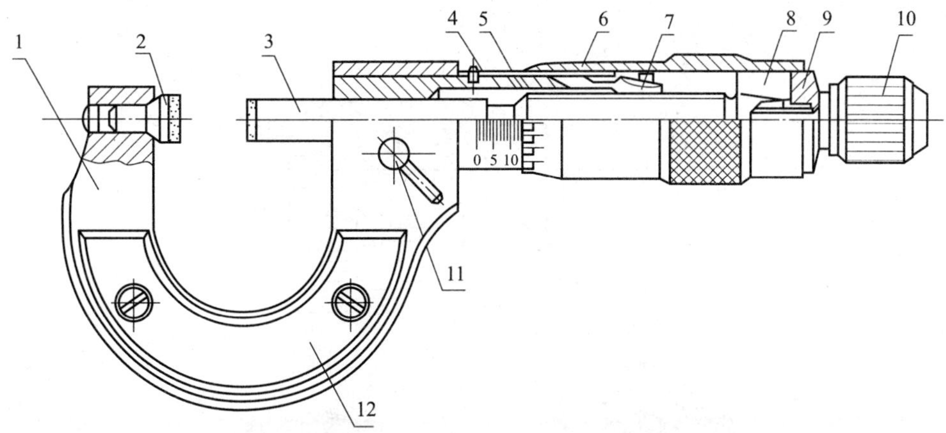

图 3－18　0～25 mm 外径千分尺

1—尺架；2—固定测砧；3—测微螺杆；4—螺纹轴套；5—固定刻度套筒；6—微分筒；7—调节螺母；8—接头；9—垫片；10—测力装置；11—锁紧螺钉；12—绝热板

1. 外径千分尺主要组成部分

尺架：尺架 1 的一端装着固定测砧 2，另一端装着测微头。固定测砧和测微螺杆的测量面上都镶有硬质合金，以提高测量面的使用寿命。尺架的两侧面覆盖着绝热板 12，使用千分尺时，手拿在绝热板上，防止人体的热量影响百分尺的测量精度。

测微头：3～9 是千分尺的测微头部分。带有刻度的固定刻度套筒 5 用螺钉固定在螺纹轴套 4 上，而螺纹轴套又与尺架紧配结合成一体。在固定套筒 5 的外面有一带刻度的活动微分筒 6，它用锥孔通过接头 8 的外圆锥面再与测微螺杆 3 相连。测微螺杆 3 的一端是测量杆，并与螺纹轴套上的内孔定心间隙配合；中间是精度很高的外螺纹，与螺纹轴套 4 上的内螺纹精密配合，可使测微螺杆自如旋转而其间隙极小；测微螺杆另一端的外圆锥与内圆锥接头 8 的内圆锥相配，并通过顶端的内螺纹与测力装置 10 连接。当测力装置的外螺纹旋紧在测微螺杆的内螺纹上时，测力装置就通过垫片 9 紧压接头 8，而接头 8 上开有轴向槽，有一定的胀缩弹性，能沿着测微螺杆 3 上的外圆锥胀大，从而使微分筒 6 与测微螺杆和测力装置结合成一体。当用手旋转测力装置 10 时，就带动测微螺杆 3 和微分筒 6 一起旋转，并沿着精密螺纹的螺旋线方向运动，使百分尺两个测量面之间的距离发生变化。

测力装置：千分尺测力装置的结构如图 3－19 所示，主要依靠一对棘轮 3 和 4 的作用。棘轮 4 与转帽连接成一体，而棘轮 3 可压缩弹簧 2 在轮轴 1 的轴线方向移动，但不能转动。弹簧 2 的弹力是控制测量压力的，螺钉 6 使弹簧压缩到千分尺所规定的测量压力。当我们手握转帽 5 顺时针旋转测力装置时，若测量压力小于弹簧 2 的弹力，转帽的运动就通过棘轮传给轮轴 1（带动测微螺杆旋转），使百分尺两测量面之间的距离继续缩短，即继续卡紧零件；当测量压力达到或略微超过弹簧的弹力时，棘轮 3 与 4 在其啮合斜面的作用下，压缩弹簧 2，使棘轮 4 沿棘轮 3 的啮合斜面滑动，转帽的转动就不能带动测微螺杆旋转，同时发出嘎嘎的棘轮跳动声，表示已达到了额定测量压力，从而达到控制测量压力的目的。当转帽逆时针旋转时，棘轮 4 是用垂直面带动棘轮 3，不会产生压缩弹簧的压力，始终能带动测微螺杆退出被测零件。

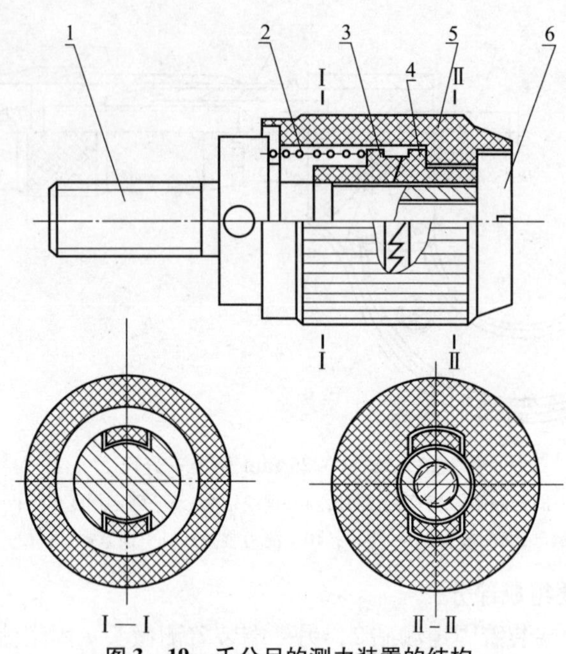

图 3 - 19　千分尺的测力装置的结构

1—轮轴；2—弹簧；3，4—棘轮；5—转帽；6—螺钉

制动器：千分尺的制动器，就是测微螺杆的锁紧装置，其结构如图 3 - 20 所示。制动轴 4 的圆周上，有一个开着深浅不均的偏心缺口，对着测微螺杆 2。当制动轴以缺口的较深部分对着测量杆时，测量螺杆 2 就能在轴套 3 内自由活动，当制动轴转过一个角度，以缺口的较浅部分对着测量杆时，测量杆就被制动轴压紧在轴套内不能运动，达到制动的目的。

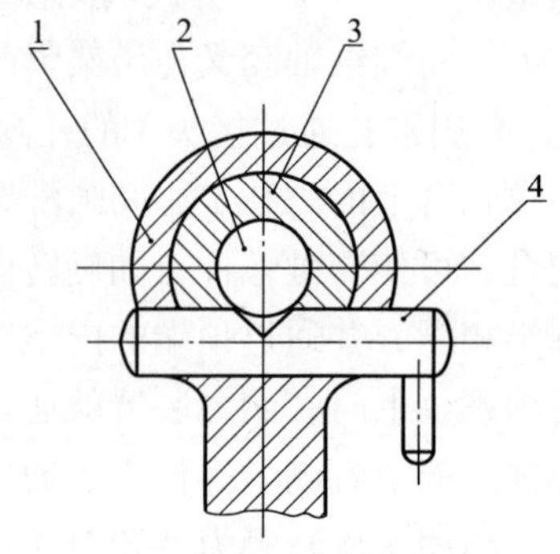

图 3 - 20　千分尺制动器

1—尺架；2—测微螺杆；3—轴套；4—制动轴

2. 千分尺的工作原理和读数方法

如外径千分尺的工作原理就是应用螺旋读数机构，它包括一对精密的螺纹——测微螺杆与螺纹轴套（图 3 - 18 中的 3 和 4）和一对读数套筒——固定套筒与微分筒（图 3 - 18 中的 5 和 6）。用百分尺测量零件的尺寸，就是把被测零件置于百分尺的两个测量面之间，所以两测砧面之间的距离，就是零件的测量尺寸。

当测微螺杆在螺纹轴套中旋转时，由于螺旋线的作用，测量螺杆就有轴向移动，使两测砧面之间的距离发生变化。如测微螺杆按顺时针的方向旋转一周，两测砧面之间的距离就缩小一个螺距。同理，若按逆时针方向旋转一周，则两测砧面的距离就增大一个螺距。常用千分尺测微螺杆的螺距为 0.5 mm。因此，当测微螺杆顺时针旋转一周时，两测砧面之间的距离就缩小 0.5 mm。当测微螺杆顺时针旋转不到一周时，缩小的距离就小于一个螺距，它的具体数值，可从与测微螺杆结成一体的微分筒的圆周刻度上读出。微分筒的圆周上刻有 50 个等分线，当微分筒转一周时，测微螺杆就推进或后退 0.5 mm，微分筒转过它本身圆周刻度的一小格时，两测砧面之间转动的距离为

$$0.5 \div 50 = 0.01\ (\text{mm})$$

由此可知：千分尺上的螺旋读数机构，可以准确读出 0. 01 mm，也就是千分尺的读数值为 0. 01 mm。

在千分尺的固定套筒上刻有轴向中线（见图 3－21），作为微分筒读数的基准线。另外，为了计算测微螺杆旋转的整数转，在固定套筒中线的两侧，刻有两排刻线，刻线间距均为1 mm，上下两排相互错开 0. 5 mm。

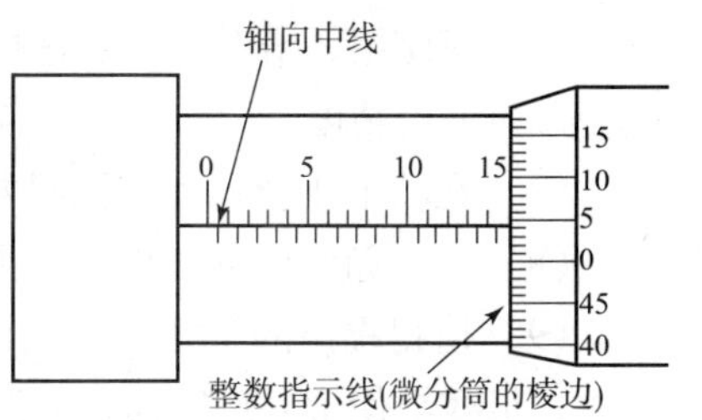

图 3－21　千分尺刻线

千分尺的具体读数方法可分为三步：

（1）读出固定套筒上露出的刻线尺寸，一定要注意不能遗漏应读出的 0. 5 mm 的刻线值。

（2）读出微分筒上的尺寸，要看清微分筒圆周上哪一格与固定套筒的中线基准对齐，将格数乘 0. 01 mm 即得微分筒上的尺寸。

（3）将上面两个数相加，即为百分尺上测得的尺寸。

3. 外径千分尺的使用方法

外径千分尺使用得是否正确，对保持精密量具的精度和保证产品质量的影响很大，使用人员必须重视量具的正确使用，使测量技术精益求精，获得正确的测量结果，确保产品质量。使用千分尺测量零件尺寸时，必须注意下列几点：

（1）使用前，应把千分尺的两个测砧面揩干净，转动测力装置，使两测砧面接触（若测量上限大于 25 mm 时，在两测砧面之间放入校对量杆或相应尺寸的量块），接触面上应没有间隙和漏光现象，同时微分筒和固定套筒要对准零位。

（2）转动测力装置时，微分筒应能自由灵活地沿着固定套筒活动，没有任何轧卡和不灵活的现象。如有活动不灵活的现象，应送计量站及时检修。

（3）测量前，应把零件的被测量表面揩干净，以免有脏物存在时影响测量精度。绝对不允许用千分尺测量带有研磨剂的表面，以免损伤测量面的精度。用千分尺测量表面粗糙的零件亦是错误的，这样易使测砧面过早磨损。

（4）用千分尺测量零件时，应当手握测力装置的转帽来转动测微螺杆，使测砧表面保持标准的测量压力，即听到嘎嘎的声音，表示压力合适，并可开始读数。要避免因测量压力不等而产生测量误差。

绝对不允许用力旋转微分筒来增加测量压力，使测微螺杆过分压紧零件表面，致使精密螺纹因受力过大而发生变形，损坏百分尺的精度。有时用力旋转微分筒后，虽微分筒与测微螺杆间的连接不牢固对精密螺纹的损坏不严重，但是微分筒打滑后，千分尺的零位走动了，就会造成质量事故。

（5）使用千分尺测量零件时（见图 3－22），要使测微螺杆与零件被测量的尺寸方向一致。如测量外径时，测微螺杆要与零件的轴线垂直，不要歪斜。测量时，可在旋转测力装置的同时，轻轻地晃动尺架，使测砧面与零件表面接触良好。

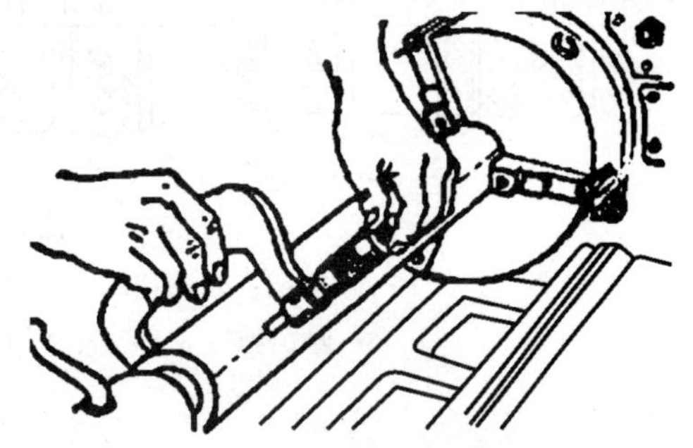

图 3－22　外径千分尺在车床上的使用

(6) 用千分尺测量零件时，最好在零件上进行读数，放松后取出千分尺，这样可减小测砧面的磨损。如果必须取下读数时，应用制动器锁紧测微螺杆后，再轻轻滑出零件，把千分尺当卡规使用是错误的，因这样做不但易使测量面过早磨损，甚至会使测微螺杆或尺架产生变形而失去精度。

(7) 在读取千分尺上的测量数值时，要特别留心不要读错 0.5 mm。

(8) 对于超常温的工件，不要进行测量，以免产生读数误差。

(9) 值得提出的是几种使用外径千分尺的错误方法，比如用千分尺测量旋转运动中的工件，很容易使千分尺磨损，而测量也不准确 [图 3－23 (a)]；又如贪图快一点得出读数，握着微分筒来回转 [图 3－23 (b)] 等，这同碰撞一样，也会破坏千分尺的内部结构。

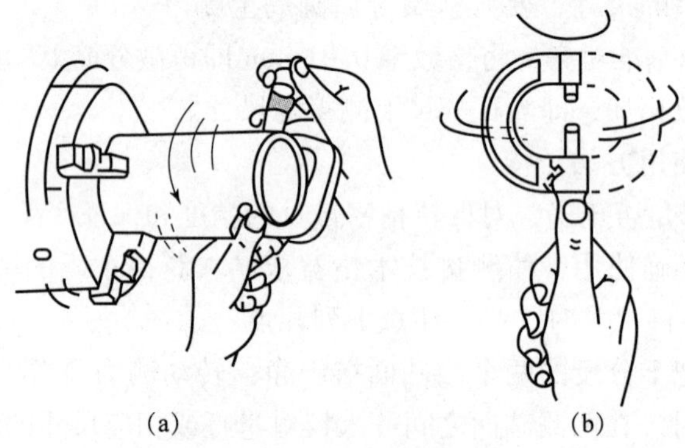

(a)　　(b)

图 3－23　错误的使用方法

4. 其他常用螺旋类量具

1) 内径千分尺

内径千分尺如图 3－24 (a) 所示，其读数方法与外径千分尺相同。内径千分尺主要用于测量大孔径，为适应不同孔径尺寸的测量，可以接上接长杆 [见图 3－24 (b)]。连接时，只需将螺帽 2 旋去，将接长杆的右端（具有内螺纹）旋在千分尺的左端即可。接长杆可以一个接一个地连接起来，测量范围最大可达到 5 000 mm。内径千分尺与接长杆是成套供应的。

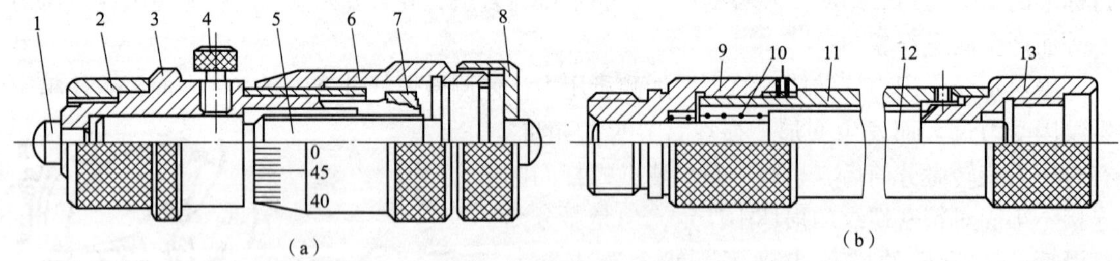

(a)　　(b)

图 3－24　内径千分尺

1—固定测头；2—螺帽；3—固定套筒；4—锁紧装置；5—测微螺杆；6—微分筒；
7—调节螺母；8—后盖；9，13—管接头；10—弹簧；11—套管；12—量杆

(a) 测量头；(b) 接长杆

内径千分尺上，没有测力装置，测量压力的大小完全靠手中的感觉。测量时，把它调整到所测量的尺寸后（见图 3－25），轻轻放入孔内试测其接触的松紧程度是否合适。一端不动，另一端做左、右、前、后摆动。左右摆动，必须细心地放在被测孔的直径方向，以点接

触，即测量孔径的最大尺寸处（最大读数处），前后摆动应在测量孔径的最小尺寸处（即最小读数处）。按照这两个要求与孔壁轻轻接触，才能读出直径的正确数值。测量时，用力把内径千分尺压过孔径是错误的。这样做不但使测量面过早磨损，且易使细长的测量杆弯曲变形，既损伤量具精度，又使测量结果不准确。

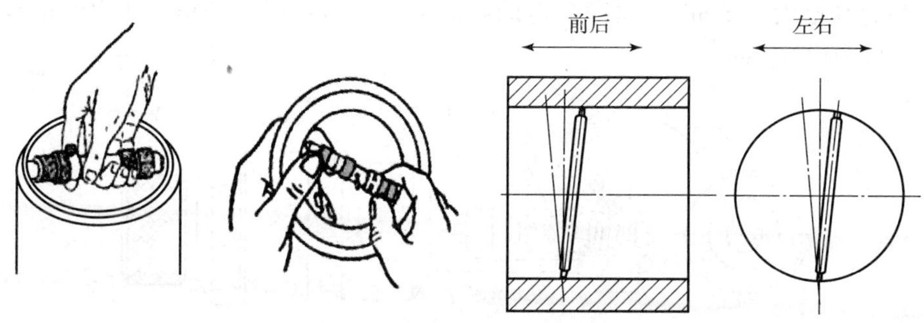

图 3－25 内径千分尺的使用

内径千分尺的示值误差比较大，如测 0～600 mm 的内径千分尺，示值误差就有 ±（0.01～0.02）mm。因此，在测量精度较高的内径时，应把内径千分尺调整到测量尺寸后，放在由量块组成的相等尺寸上进行校准，或把测量内尺寸时的松紧程度与测量量块组尺寸时的松紧程度进行比较，克服其示值误差较大的缺点。

内径千分尺除可用来测量内径外，也可用来测量槽宽和机体两个内端面之间的距离等内尺寸。但不能用于测量 50 mm 以下的尺寸，50 mm 以下尺寸需用内测千分尺测量。

2）内测千分尺

内测千分尺如图 3－26 所示，用于测量小尺寸内径和内侧面槽的宽度，其特点是容易找正内孔直径，测量方便。国产内测千分尺的读数值为 0.01 mm，测量范围有 5～30 mm 和 25～50 mm 两种，图 3－26 所示为 5～30 mm 的内测千分尺。内测千分尺的读数方法与外径千分尺相同，只是套筒上的刻线尺寸与外径千分尺相反，另外它的测量方向和读数方向也都与外径千分尺相反。

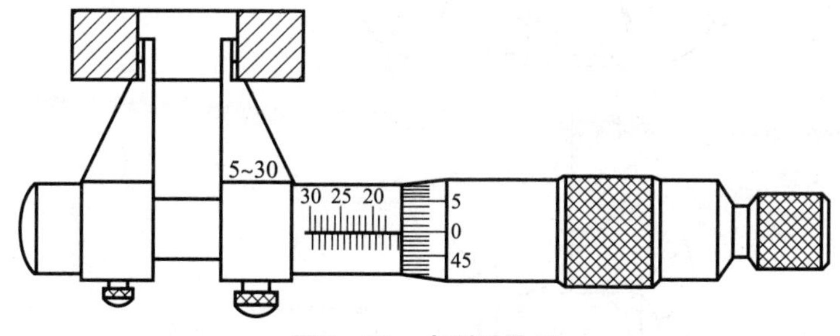

图 3－26 内测千分尺

3）三爪内径千分尺

三爪内径千分尺，适用于测量中小直径的精密内孔，尤其适于测量深孔的直径。测量范围（mm）：6～8，8～10，10～12，12～14，14～17，17～20，20～25，25～30，…，90～100。三爪内径千分尺的零位，必须在标准孔内进行校对。

三爪内径千分尺的工作原理（图 3－27 所示为测量范围为 11～14 mm 的三爪内径千分尺），当顺时针旋转测力装置 6 时，就带动测微螺杆 3 旋转，并使它沿着螺纹轴套 4 的螺旋线方向移动，于是测微螺杆端部的方形圆锥螺纹就推动三个测量爪 1 做径向移动。扭簧 2 的弹力使测量爪紧紧地贴合在方形圆锥螺纹上，并随着测微螺杆的进退而伸缩。三爪内径千分尺的方形圆锥螺纹的径向螺距为 0.25 mm。当测力装置顺时针旋转一周时测量爪 1 就向外移动（半径方向）0.25 mm，三个测量爪组成的圆周直径就要增加 0.5 mm，即微分筒旋转一周时，测量直径增大 0.5 mm，而微分筒的圆周上刻着 100 个等分格，所以它的读数值为 0.5 mm ÷ 100 = 0.005 mm。

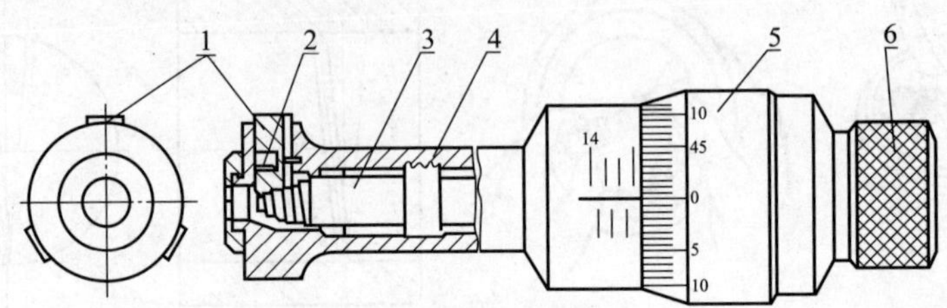

图 3－27　三爪内径千分尺

1—测量爪；2—扭簧；3—测微螺杆；4—螺纹轴套；5—刻度套筒；6—测力装置

4）**公法线长度千分尺**

图 3－28 所示为测量范围为 25 ~ 50 mm 的公法线长度千分尺。公法线长度千分尺主要用于测量外啮合圆柱齿轮的两个不同齿面公法线长度，也可以在检验切齿机床精度时，按被切齿轮的公法线检查其原始外形尺寸。它的结构与外径百分尺相同，所不同的是在测量面上装有两个带精确平面的量钳（测量面）来代替原来的测砧面。

测量范围有（mm）：0 ~ 25、25 ~ 50、50 ~ 75、75 ~ 100、100 ~ 125、125 ~ 150，读数值 0.01（mm），测量模数 m≥1（mm）。

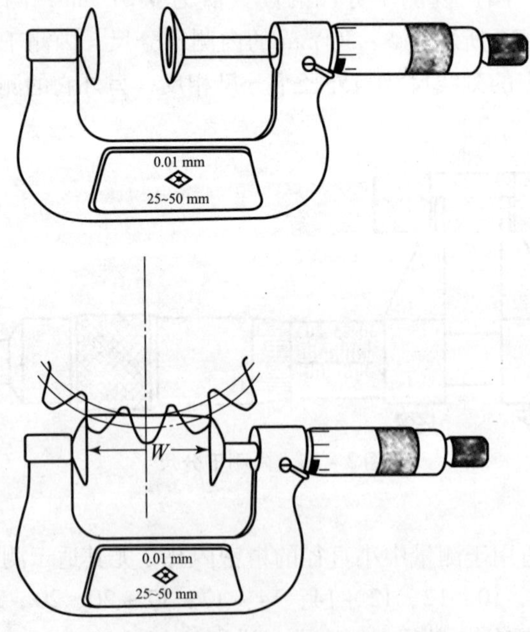

图 3－28　公法线长度千分尺测量

5）深度千分尺

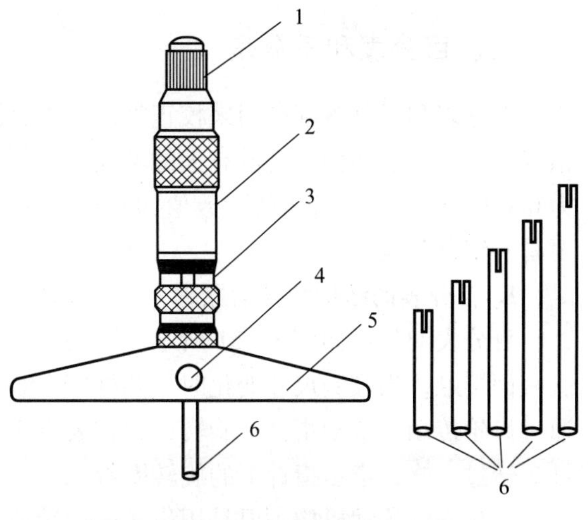

图 3-29 深度千分尺

1—测力装置；2—微分筒；3—固定套筒；4—锁紧装置；5—基座；6—测量杆

深度千分尺如图 3-29 所示，用以测量孔深、槽深和台阶高度等。它的结构，除用基座代替尺架和测砧外，与外径百分尺没有什么区别。深度千分尺的读数范围（mm）：0～25，25～100，100～150，读数值（mm）为 0.01。它的测量杆 6 制成可更换的形式，更换后用锁紧装置 4 锁紧。

深度千分尺校对零位可在精密平面上进行，即当基座端面与测量杆端面位于同一平面时，微分筒的零线正好对准。当更换测量杆时，一般零位不会改变。

深度千分尺测量孔深时，应把基座 5 的测量面紧贴在被测孔的端面上。零件的这一端面应与孔的中心线垂直，且应当光洁平整，使深度百分尺的测量杆与被测孔的中心线平行，保证测量精度。此时，测量杆端面到基座端面的距离就是孔的深度。

6）螺纹千分尺

螺纹千分尺主要是用来测量螺纹中径，其结构（见图 3-30）与外径千分尺相似，不同的是，两个测砧一个是锥形测头，另一个是 V 形测头，两测头分别插入尺架和测微螺杆端部相应的孔内，可以置换。螺纹千分尺测量精度不高，多用于车间的工艺测量。分度值有 0.01 mm、0.005 mm、0.002 mm，和 0.001 mm 四种，测量范围为0～200 mm。

测量时，测头与被测螺纹齿面接触，测头都有一定的可测范围，它与被测螺纹的螺距有关，螺纹千分尺都带有一套可换的测头。缩短锥形测头 8 的工作面长度减短，以减小被测螺纹牙形半角误差和测头本身误差对中径测量的影响。但这种测头为了能与被测螺纹在中径附近接触，要求对每一种尺寸规格的被测螺纹有一对专用的测头，同时这种测头工作面短，易磨损，故使用受到一定的限制。平面测头 9 和小球形测头 10 分别用来测量螺纹的大径和小径，也可测量其他尺寸。

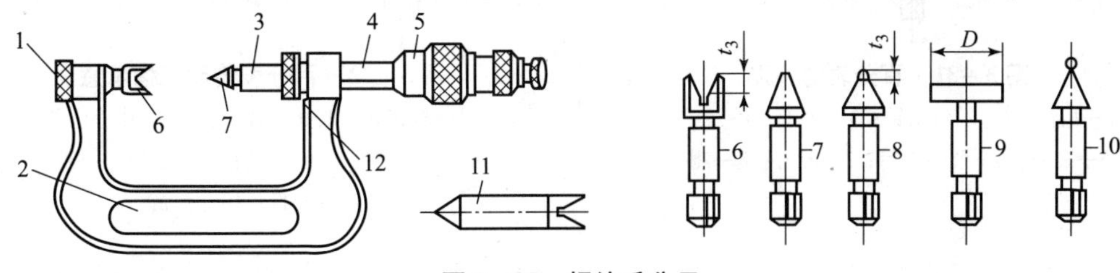

图 3-30 螺纹千分尺

1—调零螺母；2—隔热板；3—测微螺杆；4—固定套管；5—微分筒；6—V 形测头；7—锥形测头；8—缩短锥形测头；9—平面测头；10—小球形测头；11—校对量杆；12—锁紧装置

三、百分表和千分表

百分表和千分表都是用来校正零件或夹具的安装位置，检验零件的形状精度或相互位置精度的。它们的结构原理没有大的不同，就是千分表的读数精度比较高，即千分表的读数值为0.001 mm，而百分表的读数值为0.01 mm。车间里经常使用的是百分表，因此，本节主要是介绍百分表。

1. 百分表的结构和传动原理

百分表的外形如图3－31所示。测头8以螺纹拧装在测杆7的下方，测量时，测头与被测表面接触，当被测尺寸变化时，测杆即在装夹套筒6内平稳地上下滑动，测杆上端的齿条通过齿轮传动，带动指针1旋转，并在表盘3上指示测量结果，指针1转旋转一圈，转数指针2转过一格，指示指针1的旋转圈数。

百分表的传动机构主要是用齿条—齿轮传动（见图3－32），也有用杠杆齿轮和蜗杆蜗轮传动的。齿条—齿轮传动具有结构简单、紧凑、外廓尺寸小、重量轻等优点，是百分表的基本结构形式。

图3－32所示为百分表传动机构示意图。当被测尺寸变化引起测杆9上下移动时，测杆上部的齿条即带动轴齿轮1与同轴的片齿轮2转动，片齿轮2再带动中心齿轮3和同轴的指针5转动，在表盘6上指示值。

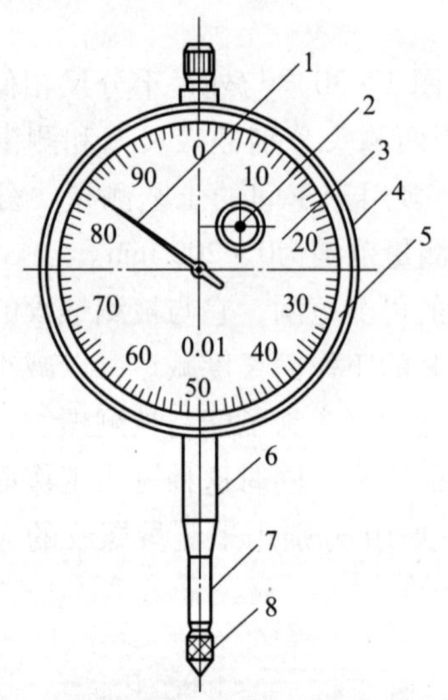

图3－31　百分表的外形

1—指针；2—转数指针；3—表盘；4—表体；5—表圈；6—装夹套筒；7—测杆；8—测头

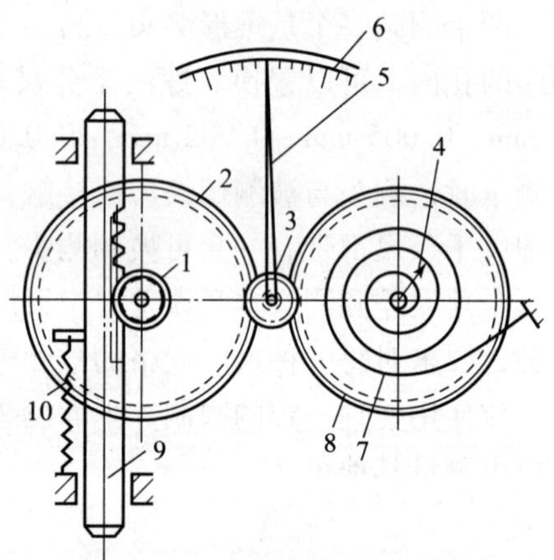

图3－32　百分表传动机构示意图

1—轴齿轮；2，8—片齿轮；3—中心齿轮；4—转数指针；5—指针；6—表盘；7—游丝；9—测杆；10—弹簧

为了消除齿轮传动中因齿侧间隙引起的回程误差，并使传动平衡可靠，与中心齿轮3啮合的还有片齿轮8（与片齿轮2相同），游丝7产生的扭力矩作用在片齿轮8上，并使整个齿轮—齿条传动系统在正反转时都是同一齿侧单面啮合。与片齿轮8同轴安装的转数指针4指示指针5的回转圈数。百分表的测量力由弹簧10产生。图3－33所示为千分表外形与传动机构示意图。

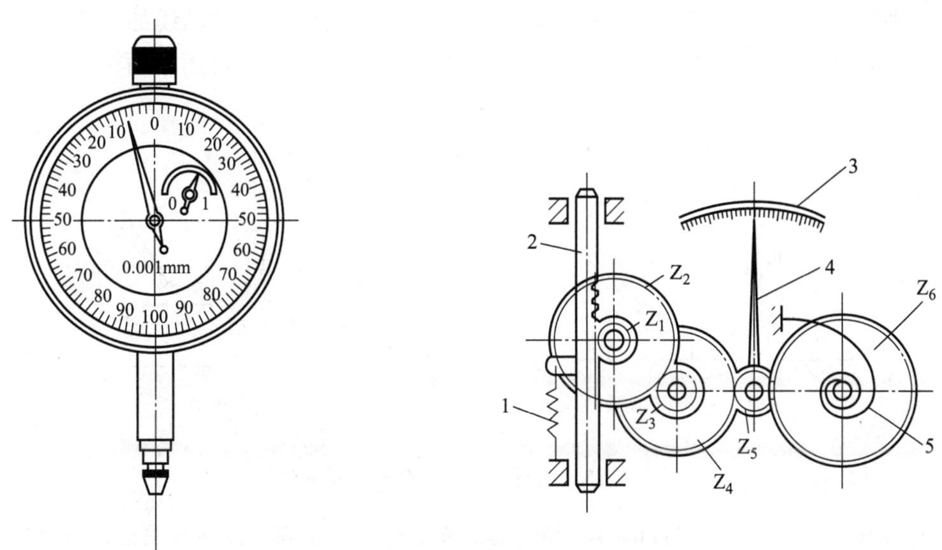

图 3-33　千分表外形与传动机构示意图

1—弹簧；2—测杆；3—表盘；4—指针；5—游丝

2. 百分表与千分表的使用方法

由于千分表的读数精度比百分表高，因此百分表适用于尺寸精度为 IT6 ~ IT8 级零件的校正和检验；千分表则适用于尺寸精度为 IT5 ~ IT7 级零件的校正和检验。百分表和千分表按其制造精度，可分为 0、1 和 2 级三种，0 级精度较高。使用时，应按照零件的形状和精度要求，选用精度等级和测量范围合适的百分表或千分表。

使用百分表和千分表时，必须注意以下几点：

（1）使用前，应检查测量杆活动的灵活性，即轻轻推动测量杆时，测量杆在套筒内的移动要灵活，没有任何轧卡现象，且每次放松后，指针能恢复到原来的刻度位置。

（2）使用百分表或千分表时，必须把它固定在可靠的夹持架上（如固定在万能表架或磁性表座上，如图 3-34 所示），夹持架要安放平稳，以免使测量结果不准确或摔坏百分表。用夹持百分表的套筒来固定百分表时，夹紧力不要过大，以免因套筒变形而使测量杆活动不灵活。

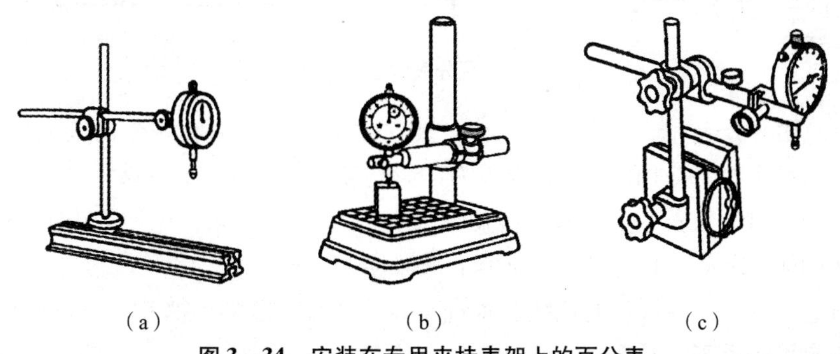

图 3-34　安装在专用夹持表架上的百分表

（a）万能表架；（b）平台式表架；（c）磁性表架

（3）用百分表或千分表测量零件时，测量杆必须垂直于被测量表面，如图 3－35（a）所示。否则将产生测量误差。测量圆柱形工件时测杆轴线要在工件轴线的垂直方向，如图 3－35（b）所示。测量圆柱形零件最好用刀口形测头，测量球面可用平面测头，测量凹面或形状复杂的表面可用尖形测头。

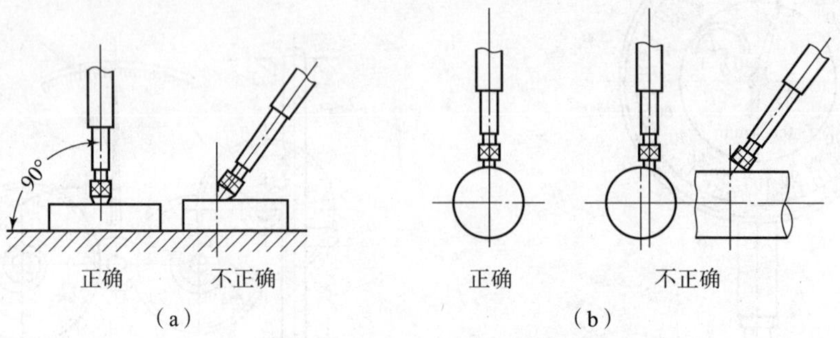

图 3－35　用百分表或千分表测量零件

（4）测量时，不要使测量杆的行程超过它的测量范围；不要使测量头突然撞在零件上；不要使百分表和千分表受到剧烈的振动和撞击，亦不要把零件强迫推入测量头下，免得损坏百分表和千分表的机件而使其失去精度。因此，用百分表测量表面粗糙或有显著凹凸不平的零件是错误的。

（5）用百分表校正或测量零件时，如图 3－36 所示，应当使测量杆有一定的初始测力。即在测量头与零件表面接触时，测量杆应有 0. 3 ~ 1 mm 的压缩量（千分表可小一点，有 0. 1 mm即可），使指针转过半圈左右，然后转动表圈，使表盘的零位刻线对准指针。轻轻地拉动手提测量杆的圆头，拉起和放松几次，检查指针所指的零位有无改变。当指针的零位稳定后，再开始测量或校正零件的工作。如果是校正零件，此时开始改变零件的相对位置，读出指针的偏摆值，就是零件安装的偏差数值。

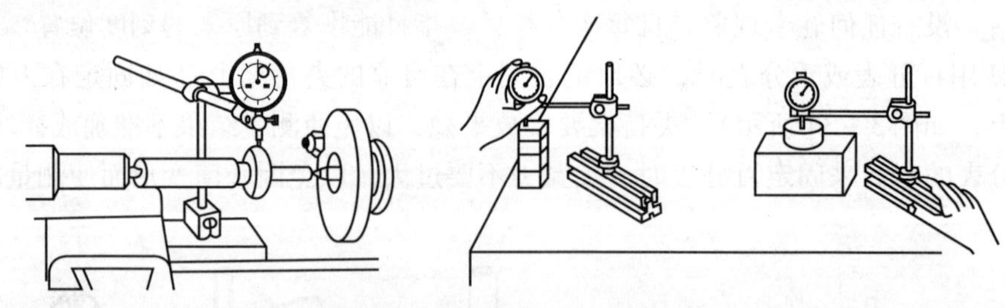

图 3－36　百分表校正与检验方法

（6）在使用百分表和千分表的过程中，要严格防止水、油和灰尘渗入表内，测量杆上也不要加油，免得粘有灰尘的油污进入表内，影响表的灵活性。

（7）百分表和千分表不使用时，应使测量杆处于自由状态，免使表内的弹簧失效。如内径百分表上的百分表，不使用时，应拆下来保存。

（8）测量读数时，测量者的视线要垂直于表盘读数，以减小视差。

3. 其他常用指示表量具

1）*杠杆百分表和杠杆千分表*

杠杆百分表和杠杆千分表（以下统称杠杆表）主要是利用杠杆—齿轮（或杠杆—螺旋）

作传动机构，将反映被测尺寸微小变化的测杆摆动转换为指针回转运动的指示量具。杠杆表的用途和普通的百分表和千分表类似，主要也是用微差比较法测量工件尺寸和直接测量几何误差，但杠杆表体积较小，测杆方向可以调整，使用更为灵便，可测量普通百分表和千分表难以测量的小孔、凹槽和测量空间较小的位置。

一般杠杆百分表分度值为0.01 mm，量程为0.8（±0.4）mm或1 mm（±0.5）mm；杠杆千分表分度值为0.002 mm，量程为0.2 mm。

杠杆表的外形结构有正面式［3－37（a），正对表盘，测杆前后摆动］、侧面式［图3－37（b），正对表盘，测杆左右摆动］和端面式［图3－37（c）］三种形式。

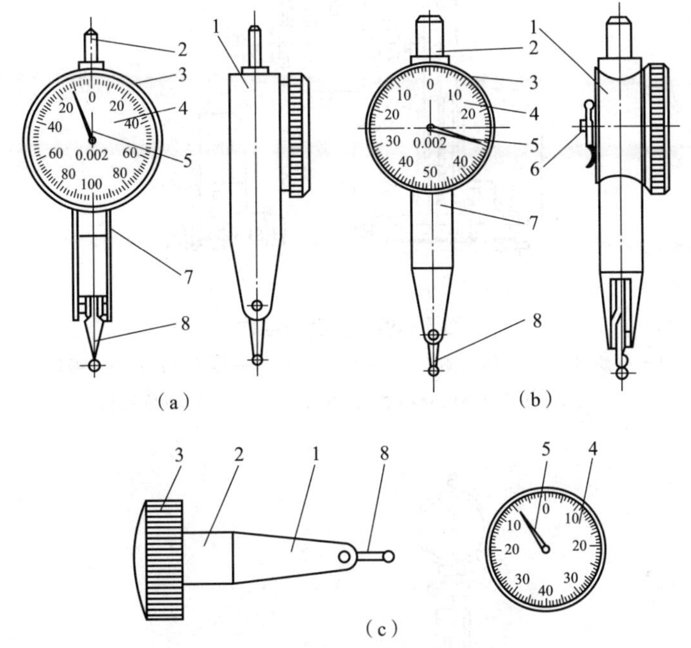

图3－37 杠杆表外形

1—表体；2—夹持柄；3—表圈；4—表盘；5—指针；6—换向器；7—轴套；8—测杆

（a）正面式；（b）侧面式；（c）端面式

2）***内径百分表和内径千分表***

内径表是由指示表和带有杠杆传动或线性传动机构的表架组成，指示表用百分表的称为内径百分表，指示表用千分表的称为内径千分表。内径表都是将被测尺寸的直线位移转换成推动指示表测杆的位移，由指示表指示测量结果。内径表是用测微比较测量法检测内径等各种内尺寸，测量范围一般为10～450 mm。内径结构如图3－38所示。

用内径百分表测量内径是一种比较量法，测量前应根据被测孔径的大小，在专用的环规或千分尺上调整好尺寸（见图3－39）。调整内径千分尺的尺寸时，选用可换测头的长度及其伸出的距离（大尺寸内径百分表的可换测头，是用螺纹旋上去的，故可调整伸出的距离，小尺寸的不能调整），应使被测尺寸在活动测头总移动量的中间位置。内径百分表的示值误差比较大，如测量范围为35～50 mm的，示值误差为±0.015 mm。为此，使用时应当经常在专用环规或百分尺上校对尺寸（习惯上称校对零位），必要时可在由块规附件装夹好的块规组上校对零位，并增加测量次数，以便提高测量精度。

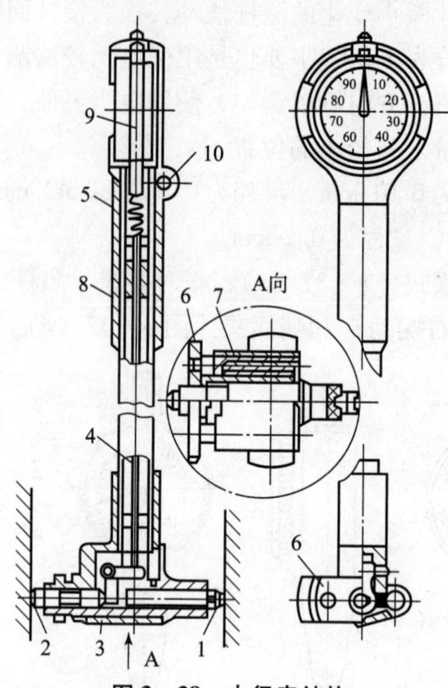

图 3－38　内径表结构

1—可换测头；2—活动测头；3—等臂杠杆；4—传动杆；5，7—弹簧；
6—定位护桥；8—隔热手柄；9—指标表；10—锁紧螺钉

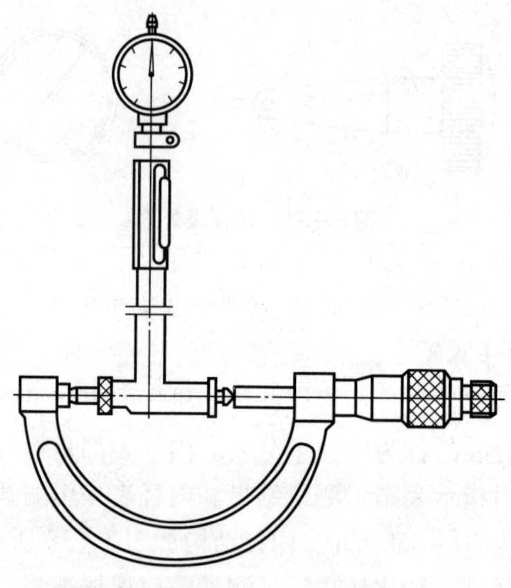

图 3－39　用外径千分尺调整尺寸

四、杠杆—齿轮比较仪

1. 杠杆—齿轮比较仪的结构和传动原理

图 3－40 所示为较典型的一种利用杠杆—齿轮传动作为放大机构的比较仪。

图 3－40（a）的下方有测头拨叉，按动拨叉 2，可使测头 1 连同测杆在小范围内向上移

动，可移动的距离由螺钉 3 调整。图中 4 为装夹套筒（供比较仪座夹持），5 为偏差带指示片（可根据被测零件的偏差设置）。

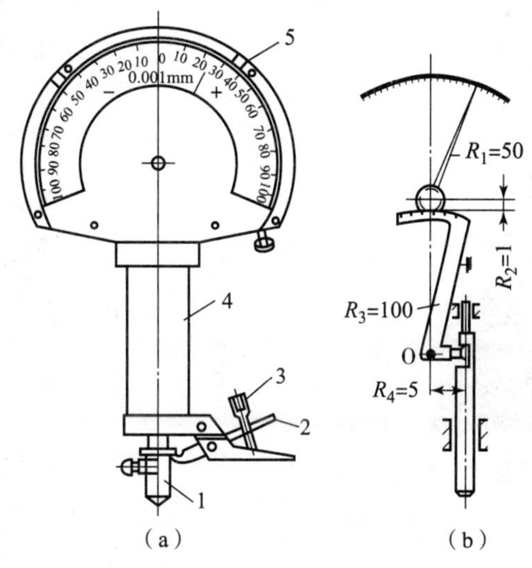

图 3－40　杠杆—齿轮比较仪

（a）外观图；（b）传动示意图

1—测头；2—拨叉；3—螺钉；4—装夹套筒；5—偏差带指示片

由图 3－40（b）可看出，当测杆上下移动时，杠杆短臂 R_4（R_4 = 5 mm）将绕支点回转，与短臂连为一体的扇形齿轮（其分度圆半径 R_3 = 100 mm，为杠杆长臂）带动指针同轴的小齿轮转动，并由指针在表盘上指示值。测量力由套在测杆下端的弹簧（图 3－40 中未画出）产生，图示比较仪的传动比为

$$k=\frac{R_1}{R_2}\times\frac{R_3}{R_4}=\frac{50}{1}\times\frac{100}{5}=1\ 000$$

即比较仪的分度值为 1 μm，表盘上的示值范围为 ±0.1 mm。

2. 杠杆—齿轮比较仪的使用

杠杆—齿轮比较仪按其分度值可分为 0.000 5 mm、0.001 mm 和 0.002 mm 三种，其测量范围按其选用的测量台架而定，一般为 0～180 mm，示值范围有 ±0.05 mm 和 ±0.1 mm 两种。

杠杆—齿轮比较仪主要由测微仪和测量座组成（见图 3－41）。测量时，先用量块研合组成与被测基本尺寸相等的量块组，再用此量块组使测微仪指针对零，然后换上被测工件，测微仪指针指示的即为被测尺寸的偏差值。

杠杆—齿轮比较仪使用时，是以其装夹套筒（外径尺寸为 ϕ28 mm，小型的为 ϕ8 mm）装夹在表座或测量装置相应的孔中。

如图 3－42 所示，比较仪 6 插装在臂架 5 的前孔中，用紧固螺钉 7 紧固。松开紧固螺钉 4，臂架即可水平回转，使比较仪的测头 8 位于工作台 9 上方的某一位置。此时旋转升降螺母 3，可使臂架连同比较仪一起沿立柱 2 上升或下降，以适应不同高度的被测件。四个沿圆周均布的调整螺钉 10 用以调平工作台，使工作台面与比较仪测杆的轴线垂直。

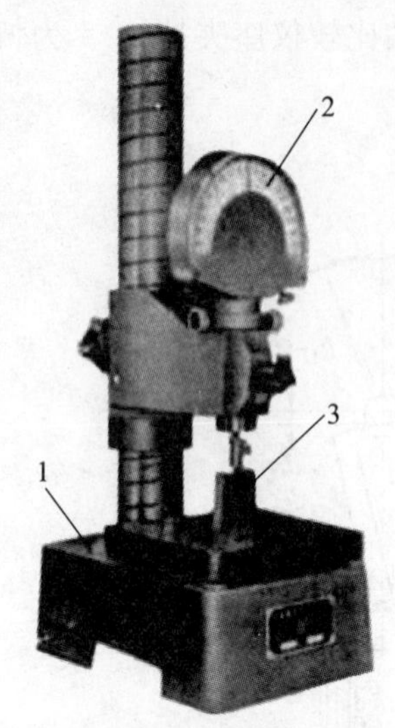

图 3-41　杠杆—齿轮比较仪

1—测量座；2—测微仪；3—量块

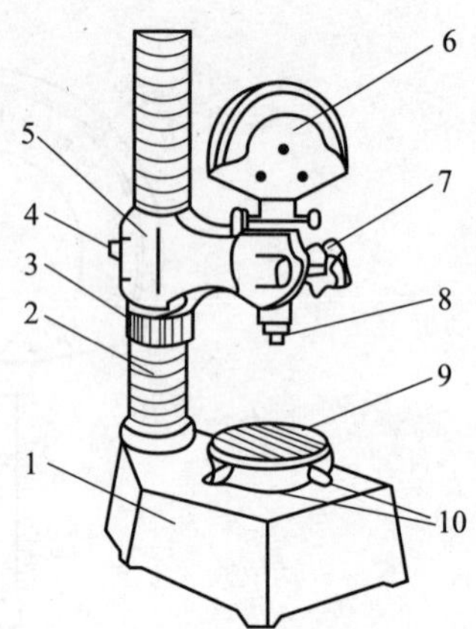

图 3-42　杠杆—齿轮比较仪结构

1—底座；2—立柱；3—升降螺母；4，7—紧固螺钉；
5—臂架；6—比较仪；8—测头；9—工作台；
10—工作台调整螺钉

使用杠杆—齿轮比较仪时应注意以下事项：

（1）测量时，要使测头与量块或被测件缓慢接触，即调整表座的臂架 5（见图 3-42）徐缓下降，以免撞击测量杆，损坏比较仪。升降臂架时，一定要先松开紧固螺钉 4，调好后再拧紧。千万不可先旋下升降螺母 3，后放松紧固螺钉 4，这样势必使测杆猛烈撞击量块或被测工件或工作台，严重时会造成事故。

（2）转动升降螺母 3 时，注意手不要触碰到立柱 2，若碰触到立柱后一定要清洗立柱的碰触处，并再涂上防锈油，否则立柱容易生锈。

（3）测量时，尽可能使用表盘靠近中间示值部分，因为杠杆传动的理论误差，在零值附近最小。

（4）将量块和被测件放上工作台时，一定要先提升比较仪的测头。对零位完毕和测量完毕拿下量块或被测件时，一定要先按下测头拨叉或上升臂架，使测头先脱离接触，否则易使测头磨损，并划伤量块及被测件。

五、立式光学比较仪

立式光学比较仪（也称立式光学计）（见图 3-43）主要用于工件外尺寸的相对测量，是计量室常用的计量仪器之一。它是用量块和被测件比较，从仪器的刻线尺读出被测件的实际偏差值，然后计算被测件的实际尺寸。仪器的示值范围只有 ±0.1 mm。

1. 立式光学比较仪结构及测量原理

立式光学比较仪是利用光学自准原理和机械正切杠杆原理进行测量的，如图 3-44 所示。从物镜焦平面上的焦点 c 发出的光，经物镜后变成一束平行光到达平面反射镜 P，若平面反射镜与主光轴垂直，则光线按原路反射回来，即发光点 c 与像点 c' 重合。若测杆因被测工件尺寸的变化而产生微小的位移 s 使平面反射镜 P 转动 α 角，则反射光束与入射光束间的夹角为 2α，反射光束汇聚于像点 c''。

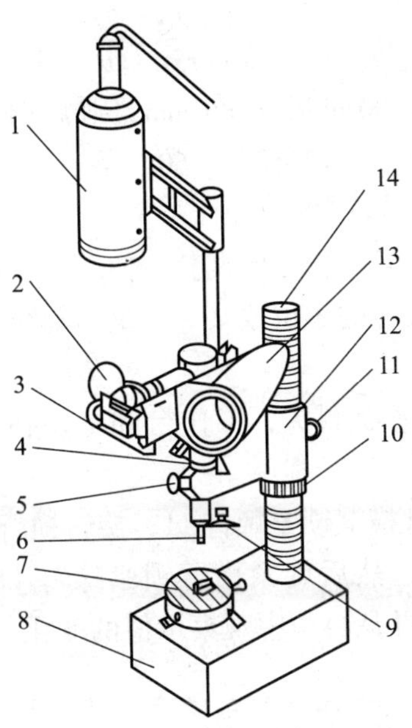

图 3-43 立式光学比较仪

1—光源；2—反光镜；3—微调螺钉；4—细调凸轮螺钉；
5—光管锁紧螺钉；6—测头；7—工作台；
8—底座；9—测头提升杠杆；10—横臂升降螺母；
11—横臂锁紧螺钉；12—横臂；13—投影筒；14—立柱

则
$$\overline{cc''}=f\tan 2\alpha$$

式中 f——物镜的焦距（mm）；

α——偏转角（°）。

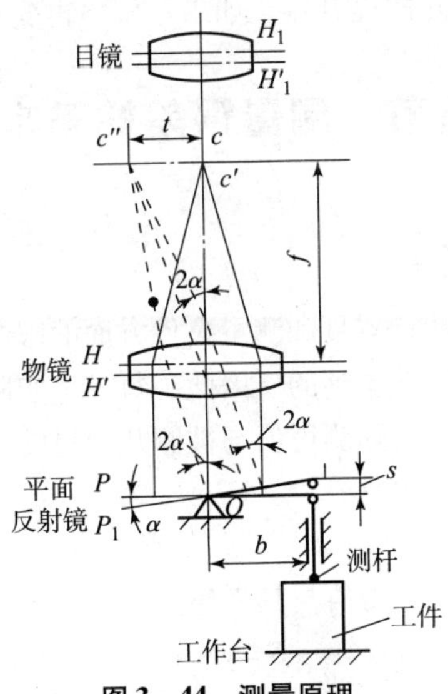

图 3-44 测量原理

测杆的位移为：$s=b\tan\alpha$

式中 b——测杆到支点 O 的水平距离。

光杠杆的放大比为

$$k=\frac{f\tan 2\alpha}{b\tan\alpha}\approx\frac{2f}{b}$$

若镜放大倍数为 12 倍，$f=200$ mm，$b=5$ mm，则 $k=80$，仪器的总放大倍数为

$$12\times 80=960\text{（倍）}$$

2. 立式光学比较仪的使用

仪器的调整包括两方面：一是工作台的调整，使工作台平面与测帽平面保持平行；二是调整零位，就是将目镜中刻线尺像的零位或某一选定的刻线与目镜中固定的指标线重合。

1）**工作台调整**

（1）光学比较仪光管装上平面测头，工作台和量块擦干净后，将量块放在工作台的中央。

（2）如图 3－43 所示，松开横臂锁紧螺钉 11，旋转横臂升降螺母 10，使测头与量块接触直至目镜中出现刻线尺为止，然后旋紧横臂锁紧螺钉 11，转动工作台 7 调整螺钉（4 个），使工作台前后、左右移动并从目镜中观察示值的变化，当示值为最小时，则表示工作台与测帽平面已平行。

2）**零位调整**

（1）根据被测件形状，选择适当的测头，装入测杆。

（2）根据被测件的基本尺寸，选取量块并放在工作台和测帽之间。

（3）松开横臂锁紧螺钉 11，旋转横臂升降螺母 10 使横臂 12 上下移动，让测头和量块接触（接触时不能将测头压紧，应当使测头和量块接触，同时按动测头提升杠杆 9 的按钮，使测头自由上下移动）直至在目镜或投影筒 13 中看到刻线尺为止，轻轻旋紧横臂紧固螺钉 11。若目镜中零位或选定的某一刻线与指标线未重合，可松开光管锁紧螺钉 5；旋转细调凸轮螺钉 4 进行微调。若零位或选定的某一刻线与指标线稍有不重合，可旋转光学计光管上的微调螺钉进行微调。然后按动几次提升器，如果零位不再变动就可进行测量。

第五节　测量误差的基本知识

一、测量误差的基本概念

对于任何测量过程，由于计量器具和测量条件方面的限制，不可避免地会出现或大或小的测量误差，被测量的真值是不能得到的。因此，每一个实际测得值，往往只是在一定程度上接近被测几何量的真值，这种实际测得值与被测几何量的真值之差称为测量误差。测量误差可以用绝对误差或相对误差来表示。

1. 绝对误差

绝对误差是指被测几何量的测得值与其真值之差，即

$$\delta=x-x_0$$

式中　δ——绝对误差；

x——被测几何量的测得值；

x_0——被测几何量的真值。

绝对误差可能是正值，也可能是负值。这样，被测几何量的真值可以用下式来表示

$$x_0 = x \pm |\delta|$$

按照上式，可以由测得值和测量误差来估计真值存在的范围。测量误差的绝对值越小，则被测几何量的测得值就越接近真值，就表明测量精度越高，反之，则表明测量精度越低。对于大小不相同的被测几何量，用绝对误差表示测量精度不方便，所以需要用相对误差来表示或比较它们的测量精度。

2. 相对误差

相对误差是指绝对误差（取绝对值）与真值之比，常用百分数来表示，即

$$\varepsilon = \frac{|x - x_0|}{x_0} \times 100\% = \frac{|\delta|}{x_0} \times 100\% \approx \frac{|\delta|}{x} \times 100\%$$

由于 x_0 无法得到，因此在实际应用中常以被测几何量的测得值代替真值进行估算。

例如，轴颈分别为 $\phi 10$ mm 和 $\phi 100$ mm 的两个零件，测量后的实际尺寸分别为 $\phi 10.021$ mm和 $\phi 100.036$ mm，其绝对误差分别为 0.020 mm 和 0.040 mm。则相对误差分别为

$$\varepsilon_1 = \frac{|\delta_1|}{x_1} \times 100\% = \frac{|0.020|}{10} \times 100\% = 0.2\%$$

$$\varepsilon_2 = \frac{|\delta_2|}{x_2} \times 100\% = \frac{|0.040|}{100} \times 100\% = 0.04\%$$

显然后者的测量精度比前者高。

二、测量误差产生的原因

为了提高测量精度，分析与估算测量误差的大小，就必须了解测量误差的产生原因及其对测量结果的影响。显然，产生测量误差的因素是很多的，归纳起来主要有以下几个方面：

1. 计量器具的误差

计量器具的误差是计量器具本身的误差，包括计量器具的设计、制造和使用过程中的误差，这些误差的总和反映在示值误差和测量的重复性上。

设计计量器具时，为了简化结构而采用近似设计的方法会产生测量误差。例如当设计的计量器具不符合阿贝原则时也会产生测量误差。

计量器具零件的制造和装配误差也会产生测量误差，例如标尺的刻线距离不准确、指示表的分度盘与指针回转轴的安装有偏心等皆会产生测量误差。计量器具在使用过程中零件的变形等会产生测量误差。此外，相对测量时使用的标准量（如长度量块）的制造误差也会产生测量误差。

2. 方法误差

方法误差是指测量方法的不完善（包括计算公式不准确，测量方法选择不当，工件安装、定位不准确等）引起的误差，它会产生测量误差。例如，在接触测量中，由于测头测量力的影响，使被测零件和测量装置产生变形而产生测量误差。

3. 环境误差

环境误差是指测量时环境条件（温度、湿度、气压、照明、振动、电磁场等）不符合标准的测量条件所引起的误差，它会产生测量误差。例如，环境温度的影响：在测量长度时，规定的环境条件标准温度为 20 ℃，但是在实际测量时被测零件和计量器具的温度对标

准温度均会产生或大或小的偏差，而被测零件和计量器具的材料不同时它们的线膨胀系数也不相同，这将产生一定的测量误差。

4. 人员误差

人员误差是测量人员人为的差错，如测量瞄准不准确、读数或估读错误等，都会产生人为的测量误差。

三、测量误差的分类

测量误差按其性质可分为三类，即系统误差、随机误差和粗大误差。

1. 系统误差

系统误差是指在一定测量条件下，多次测取同一量值时，绝对值和符号均保持不变的测量误差，或者绝对值和符号按某一规律变化的测量误差，前者称为定值系统误差，后者称为变值系统误差。例如，在比较仪上用相对法测量零件尺寸时，调整量仪所用量块的误差就会引起定值系统误差；量仪的分度盘与指针回转轴偏心所产生的示值误差会引起变值系统误差。

从理论上讲，当测量条件一定时，系统误差的大小和符号是确定的，因而，也是可以被消除的。但在实际工作中，系统误差不一定能够完全消除，只能减小到一定的限度。

对于定值系统误差应予以消除或修正，即将测得值减去已定系统误差作为测量结果。例如，0 ~25 mm 千分尺两测量面合拢时读数不对准零位，而是 +0. 005 mm，用此千分尺测量零件时，每个测得值都将大 0. 005 mm。此时可用修正值 -0. 005 mm 对每个测量值进行修正。而对定值系统误差应在分析原因发现规律或采用其他手段的基础上，估计误差可能出现的范围，并尽量减小或消除。

在精密测量技术中，误差补偿和修正技术已成为提高仪器测量精度的重要手段之一，并越来越之泛地被采用。

2. 随机误差

随机误差是指在一定测量条件下，多次测取同一量值时，绝对值和符号以不可预定的方式变化着的测量误差。随机误差主要由测量过程中一些偶然性因素或不确定因素引起的。例如，测量仪传动机构的间隙、摩擦、测量力的不稳定以及温度波动等引起的测量误差，都属于随机误差。

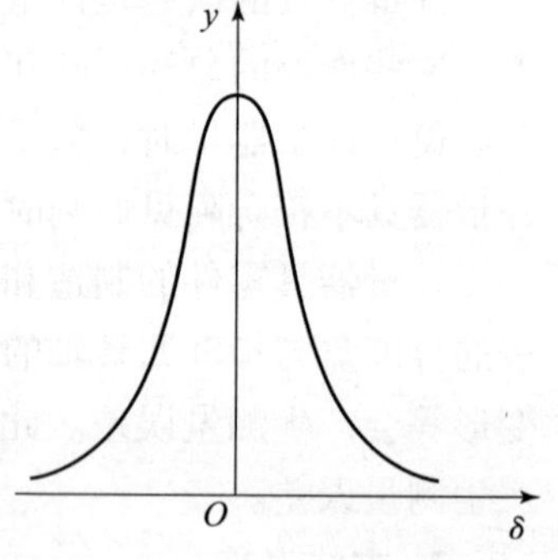

图 3 -45　正态分布曲线

随机误差可用试验方法来确定。任何一次测量中都不可避免地产生随机误差。就某一具体测量，随机误差的大小和符号没有规律，但对同一被测量，在同一测量条件下，重复进行连续多次测量得到的一系列测得值，它们的随机误差总体存在着一定的规律性。实践表明，在大多数情况下，随机误差符合正态分布。如图 3 -45 所示的正态分布曲线横坐标表示随机误差 δ，纵坐标表示概率密度 y。

正态分布的随机误差具有下面四个基本特性。

（1）单峰性。绝对值越小的随机误差出现的概率越大，反之则越小。

（2）对称性。绝对值相等的正、负随机误差出现的概率相等。

（3）有界性。在一定测量条件下，随机误差的绝对值不超过一定界限。

（4）抵偿性。随着测量的次数增加，随机误差的算术平均值趋于零，即各次随机误差的代数和趋于零。这一特性是对称性的必然反映。

正态分布曲线的数学表达式为

$$y=\frac{1}{\delta\sigma\sqrt{2\pi}}\mathrm{e}^{-\left(\frac{\delta^2}{2\sigma^2}\right)}$$

式中 y——概率密度；

σ——标准偏差；

δ——随机误差（δ = 测得值 - 真值，由于真值是未知量，在实际应用中常用测量列中的算术平均值 $\bar{x}$ 作为真值）；

e——自然对数的底，e = 2.718 28。

随机误差的标准偏差 σ 可用下式计算

$$\sigma=\sqrt{\frac{1}{n}\sum_{i=1}^{n}\delta_i^2}=\sqrt{\frac{\sum_{i=1}^{n}(x_i-\bar{x})^2}{n-1}} \qquad \bar{x}=\frac{1}{n}\sum_{i=1}^{n}x_i$$

式中 $\bar{x}$——n 次测量的算术平均值；

n——测量次数，实验时 n 取足够大。

可见 σ 越小则 δ_i 也越小，即随机误差的分布范围也越小，说明测量精度越高。因此标准偏差 σ 的大小反映了随机误差的分散特性和测量精度的高低。

通过计算，随机误差在 $\pm 2\sigma$ 范围内出现的概率为 95.44%，在 $\pm 3\sigma$ 范围内出现的概率为 99.73%（即在 370 次测量中只有一次测量的误差不在此范围内），可认为不会发生超过现象。所以，通常评定误差时就以 $\pm 3\sigma$ 作为单次测量的极限误差，即

$$\delta_{\lim}=\pm 3\sigma$$

3. 粗大误差

粗大误差是指超出在一定测量条件下预计的测量误差，就是对测量结果产生明显歪曲的测量误差。含有粗大误差的测得值称为异常值，它的数值比较大。粗大误差的产生有主观和客观两方面的原因，主观原因如测量人员疏忽造成的读数误差，客观原因如外界突然振动引起的测量误差。由于粗大误差明显歪曲测量结果，因此在处理测量数据时，应根据判别粗大误差的准则设法将其剔除。

四、测量结果的数据处理

前面介绍的三类误差中，系统误差中的定值系统误差可以消除或修正，变值系统误差可以按一定方法予以处理，有时也把它作为随机误差对待，粗大误差则可剔除。因此，随机误差的处理就成为测量误差研究的中心问题。

随机误差的处理原则是设法减小它对测量结果的影响，并运用概率统计的方法估算其误差范围。数据处理时应计算如下参数：

例 3-1 用立式光学比较仪对一个直径为 $\phi 25_{-0.006}^{\ 0}$ mm 的轴，在某一截面上做等精度测量，重复测量 10 次，测得值 x_i 列于表中。假设系统误差已消除，粗大误差已剔除，试确定测量结果。

解 （1）计算测量列的算术平均值 x_i

$$\bar{x}=\frac{\sum_{i=1}^{n}x_i}{n}=\frac{x_1+x_2+\cdots+x_{10}}{10}=\frac{249.997}{10}=24.9997\ (\text{mm})$$

（2）列表 3－4 并计算残差 vi

表 3－4 测量数据整理

序号	系列测得值 x_i/mm	残余误差 v_i/μm $v_i=x_i-\bar{x}$	残余误差的平方 v_i^2/μm^2
1	24.999 4	−0.3	0.09
2	24.999 9	+0.2	0.04
3	24.999 9	+0.2	0.04
4	24.999 4	−0.3	0.09
5	24.999 9	+0.2	0.04
6	24.999 8	+0.1	0.01
7	24.999 6	−0.1	0.01
8	24.999 8	+0.1	0.01
9	24.999 8	+0.1	0.01
10	24.999 5	−0.2	0.04
	算术平均值 $\bar{x}=24.9997$	$\sum_{i=1}^{n}v_i=0$（无系统误差）	$\sum_{i=1}^{n}v_i^2=0.38$

（3）计算测量列单次测量的标准偏差

$$\sigma\approx s=\sqrt{\frac{\sum_{i=1}^{n}v_i^2}{n-1}}=\sqrt{\frac{0.38}{9}}\ \mu\text{m}=0.21\ \mu\text{m}$$

（4）计算算术平均值的标准偏差

$$\sigma_{\bar{x}}=\frac{\sigma}{\sqrt{n}}=\frac{0.21}{\sqrt{10}}\ \mu\text{m}=0.0664\ \mu\text{m}$$

（5）测量列单次测量的极限误差 $\delta_{\lim}$

$$\delta_{\lim}=\pm3\sigma=\pm3s=\pm3\times0.21=\pm0.63\ \mu\text{m}\approx\pm0.0006\ \text{mm}$$

（6）测量列算术平均值的极限误差 $\delta_{\lim(\bar{x})}$

$$\delta_{\lim(\bar{x})}=\pm3\sigma_{\bar{x}}=\pm3\times0.0664=\pm0.199\ \mu\text{m}\approx\pm0.0002\ \text{mm}$$

（7）测量结果

① 用平均值表示：$x=\bar{x}\pm3\sigma_{\bar{x}}=(24.9997\pm0.0002)$ mm

② 用单次测量值表示：$x'_7 = x_7 \pm 3\sigma =$ （24.996 ±0.000 6） mm

比较两式可以看出，单次测量结果的误差大，测量的可靠性差，因此精密测量中常用重复测量的算术平均值作为测量结果，用算术平均值的标准偏差或算术平均值的极限误差评定算术平均值的精密度。

五、关于测量精度的几个概念

测量精度是指测得值与真值的接近程度。精度是误差的相对概念。由于误差分系统误差和随机误差，此笼统的精度概念不能反映上述误差的差异，从而引出如下概念：

（1）精密度表示测量结果中随机误差大小的程度，精密度可简称“精度”。

（2）正确度表示测量结果中系统误差大小的程度，是所有系统误差的综合。

（3）精确度指测量结果受系统误差与随机误差综合影响的程度，也就是说，它表示测量结果与真值的一致程度，精确度亦称为准确度。

在具体测量中，精密度高，正确度不一定高；正确度高，精密度不一定高。精密度和正确度都高，则精确度就高。

以射击打靶为例加以说明，如图 3－46（a）所示，表示打靶精密度高而正确度低，即随机误差小而系统误差大；如图 3－46（b）所示打靶正确度高而精密度低，即系统误差小而随机误差大；如图 3－46（c）所示打靶准确度高，即系统误差和随机误差都小；如图 3－46（d）所示打靶准确度低，即系统误差和随机误差都大。

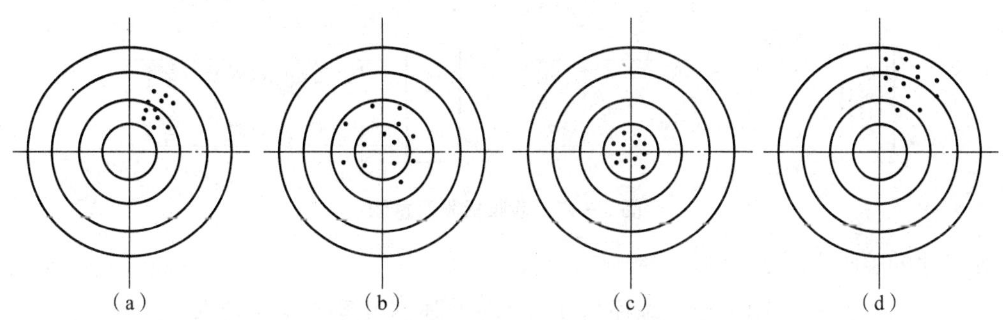

图 3－46　精密度、正确度和准确度

（a）精密度高；（b）正确度高；（c）准确度高；（d）准确度低

第六节　验收极限和计量器具的选用

加工完的工件其实际尺寸应位于最大和最小极限尺寸之间，包括实际尺寸正好等于最大或最小极限尺寸，都应该认为是合格的。但由于测量误差的存在，实际尺寸并非工件尺寸的真值，特别是实际尺寸在极限尺寸附近时，加上形状误差的影响极易造成错误判断。特别是在批量生产时，一般不可能采用多次测量取平均值的办法来减小随机误差并以此来提高测量精度，也不会对温度、湿度等环境因素引起的测量误差进行修正。通常只进行一次测量来判断工件尺寸是否合格。因此，若根据实际尺寸是否超出极限尺寸来判断其合格性，即以孔、轴的极限尺寸作为孔、轴尺寸的验收极限，则当测得值在工件最大、最小极限尺寸附近时，就有可能将真实尺寸处于公差带之内的合格品判为废品，称为误废；或将真实尺寸处于公差带之外的废品判为合格品，称为误收。误收会影响产品质量，误废会造成经济损失。因此，在测量工件尺寸时，必须正确确定验收极限。

为了保证产品质量，国家标准《光滑工件尺寸的检验》GB/T 3177—1997 对验收原则、验收极限、检验尺寸用的计量器具的选择以及仲裁等做出了规定，以保证验收合格的尺寸位于根据零件功能要求而确定的尺寸极限内。该标准适用于车间使用的普通计量器具（如各种千分尺、游标卡尺、比较仪、指示计等）、公差等级 IT6 ~ IT18，以及一般公差（未注公差）尺寸的检验。

一、验收极限和安全裕度 A

《光滑工件尺寸的检验》GB/T 3177—1997 规定的验收原则是：所有验收方法应只接收位于规定的尺寸极限之内的工件，即允许有误废而不允许有误收。为了保证零件既满足互换性要求，又将误废减至最少，国家标准规定了验收极限。

1. 验收极限方式的确定

验收极限是指检验工件尺寸时判断其尺寸合格与否的尺寸界限。国家标准规定了两种验收极限方式，并明确了相应的计算公式。

1） *内缩的验收极限*

内缩的验收极限是从规定的最大极限尺寸和最小极限尺寸分别向工件公差带内移动一个安全裕度（A）来确定的，如图 3－47 所示。

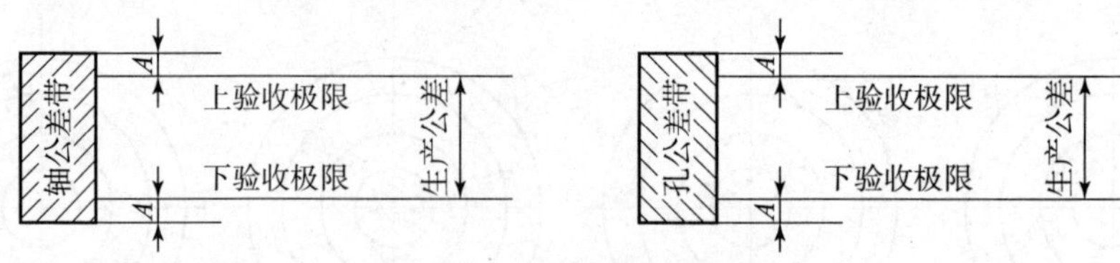

图 3－47　验收极限示意图

孔尺寸的验收极限：

上验收极限＝最小实体尺寸（最大极限尺寸）－安全裕度（A）

下验收极限＝最大实体尺寸（最小极限尺寸）＋安全裕度（A）

轴尺寸的验收极限：

上验收极限＝最大实体尺寸（最大极限尺寸）－安全裕度（A）

下验收极限＝最小实体尺寸（最小极限尺寸）＋安全裕度（A）

按内缩方案验收工件，并合理地选择内缩的安全裕度（A），将会没有或很少有误收，并能将误废量控制在所要求的范围内。

生产上，要按去掉安全裕度（A）的公差进行工件加工。一般称去掉安全裕度（A）的工件公差为生产公差（图 3－47），它小于工件公差。

安全裕度 A 值的确定，应综合考虑技术和经济两方面因素。A 值较大时，虽可用较低精度的测量器具进行检验，但减少了生产公差，故加工经济性较差；A 值较小时，加工经济性较好，但要使用精度高的测量器具，故测量器具成本高，所以也提高了生产成本。因此，A 值应按被检验工件的公差大小来确定，一般为工件公差的 1/10。国家标准 GB/T 3177—1997 对 A 值有明确的规定，见表 3－5。

表 3－5　安全裕度(A)与计量器具不确定度允许值(μ_1)

μm

公差等级		6					7					8					9					10					11				
基本尺寸/mm		T	A	μ_1			T	A	μ_1			T	A	μ_1			T	A	μ_1			T	A	μ_1			T	A	μ_1		
大于	至			Ⅰ	Ⅱ	Ⅲ			Ⅰ	Ⅱ	Ⅲ			Ⅰ	Ⅱ	Ⅲ			Ⅰ	Ⅱ	Ⅲ			Ⅰ	Ⅱ	Ⅲ			Ⅰ	Ⅱ	Ⅲ
—	3	6	0.6	0.54	0.9	1.4	10	1.0	0.9	1.5	2.3	14	1.4	1.3	2.1	3.2	25	2.5	2.3	3.8	5.6	40	4.0	3.6	6.0	9.0	60	6.0	5.4	9.0	14
3	6	8	0.8	0.72	1.2	1.8	12	1.2	1.1	1.8	2.7	18	1.8	1.6	2.7	4.1	30	3.0	2.7	4.5	6.8	48	4.8	4.3	7.2	11	75	7.5	6.8	11	1.7
6	10	9	0.9	0.81	1.4	2.0	15	1.5	1.4	2.3	3.4	22	2.2	2.0	3.3	5.0	36	3.6	3.3	5.4	8.1	58	5.8	5.2	8.7	13	90	9.0	8.1	14	20
10	18	11	1.1	1.0	1.7	2.5	18	1.8	1.7	2.7	4.1	27	2.7	2.4	4.1	6.1	43	4.3	3.9	6.5	9.7	70	7.0	6.3	11	16	110	11	10	17	25
18	30	13	1.3	1.2	2.0	2.9	21	2.1	1.9	32	4.7	33	3.3	3.0	5.0	7.4	52	5.2	4.7	7.8	12	84	8.4	7.6	13	19	130	13	12	20	29
30	50	16	1.6	1.4	2.4	3.6	25	2.5	2.3	3.8	5.6	39	3.9	3.5	5.9	8.8	62	6.2	5.6	9.3	14	100	10	9.0	15	23	160	16	14	24	36
50	80	19	1.9	1.7	2.9	4.3	30	3.0	2.7	4.5	6.8	46	4.6	4.1	6.9	10	74	7.4	6.7	11	17	120	12	11	18	27	190	19	17	29	43
80	120	22	2.2	2.0	3.3	5.0	35	3.5	3.2	5.3	7.9	54	5.4	4.9	8.1	12	87	8.7	7.8	13	20	140	14	13	21	32	220	22	20	33	50
120	180	25	2.5	2.3	3.8	5.6	40	4.0	3.6	6.0	9.0	63	6.3	5.7	9.5	14	100	10	9.0	15	23	160	16	15	24	36	250	25	23	38	56
180	250	29	2.9	2.6	4.4	6.5	46	4.6	4.1	6.9	10	72	7.2	6.5	11	16	115	12	10	17	26	185	18	17	28	42	290	29	26	44	65
250	315	32	3.2	2.9	4.8	7.2	52	5.2	4.7	7.8	12	81	8.1	7.3	12	18	130	13	12	19	29	210	21	19	32	47	320	32	29	48	72
315	400	36	3.6	3.2	5.4	8.1	57	5.7	5.1	8.4	13	89	8.9	8.0	13	20	140	14	13	21	32	230	23	21	35	52	360	36	32	54	81
400	500	40	4.0	3.6	6.0	9.0	63	6.3	5.7	9.5	14	97	9.7	8.7	15	22	155	16	14	23	35	250	25	23	38	56	400	40	36	60	90

续表

公差等级		12				13				14				15				16				17				18			
基本尺寸/ mm		T	A	μ_1		T	A	μ_1		T	A	μ_1		T	A	μ_1		T	A	μ_1		T	A	μ_1		T	A	μ_1	
大于	至			Ⅰ	Ⅱ			Ⅰ	Ⅱ			Ⅰ	Ⅱ			Ⅰ	Ⅱ			Ⅰ	Ⅱ			Ⅰ	Ⅱ			Ⅰ	Ⅱ
—	3	100	10	9.0	15	140	14	13	21	250	25	23	38	400	40	36	60	600	60	54	90	1 000	100	90	150	1 400	140	125	210
3	6	120	12	11	18	180	18	16	27	300	30	27	45	480	48	43	72	750	75	68	110	1 200	120	110	180	1 800	180	160	270
6	10	150	15	14	23	220	22	20	33	360	36	32	54	580	58	52	87	900	90	81	140	1 500	150	140	230	2 200	220	200	330
10	18	180	18	16	27	270	27	24	41	460	43	39	65	700	70	63	110	1 100	110	100	170	1 800	180	160	270	2 700	270	240	400
18	30	210	21	19	32	330	33	30	50	520	52	47	78	840	84	76	120	1 300	130	120	200	2 100	210	190	320	3 300	330	300	490
30	50	250	25	23	38	390	39	35	59	620	62	56	93	1 000	100	90	150	1 600	160	140	240	2 500	250	220	380	3 900	390	350	580
50	80	300	30	27	45	460	46	41	69	740	74	69	110	1 200	120	110	180	1 900	190	170	290	3 000	300	270	450	4 600	460	410	690
80	120	350	35	32	53	540	54	49	81	870	87	78	130	1 400	140	130	210	2 200	220	200	330	3 500	350	320	530	5 400	540	480	810
120	180	400	40	36	60	630	63	57	95	1 000	100	90	150	1 600	160	150	240	2 500	250	230	380	4 000	400	360	600	6 300	630	570	940
180	250	460	46	41	69	720	72	66	110	1 150	115	100	170	1 850	180	170	280	2 900	290	260	440	4 600	460	410	690	7 200	720	650	1 080
250	315	520	52	47	78	810	81	73	120	1 300	130	120	190	2 100	210	190	320	3 200	320	290	480	5 200	520	470	780	8 100	810	730	1 210
315	400	570	57	51	86	890	89	80	130	1 400	140	130	210	2 300	230	210	350	3 600	360	320	540	5 700	570	510	860	8 900	890	800	1 330
400	500	630	63	57	95	970	97	87	150	1 500	150	140	230	2 500	250	230	380	4 000	400	360	600	6 300	630	570	950	9 700	970	870	1 450

2）**不内缩方案**

验收极限等于规定的最大实体尺寸和最小实体尺寸，即安全裕度 $A=0$。此方案使误收和误废都有可能发生。

2. 验收方式的选择

验收极限方式的选择要结合尺寸功能要求及其重要程度、尺寸公差等级、测量不确定度和工艺能力等因素综合考虑。

（1）对遵循包容要求的尺寸、公差等级高的尺寸，其验收极限要选内缩方式。

（2）对非配合和一般公差的尺寸，其验收极限选不内缩方式。

二、计量器具的选择原则

选择测量器具时要综合考虑其技术指标和经济指标，以综合效果最佳为原则。具体选用时，可按国家标准《光滑工件尺寸的检验》（GB/T 3177—1997）中规定的方法进行。

选择原则的具体要求如下：

（1）选择计量器具应与被测工件的外形、位置、尺寸的大小及被测参数特性相适应，使所选计量器具的测量范围能满足工件的要求。

（2）选择计量器具应考虑工件的尺寸公差，使所选计量器具的不确定度值既保证测量精度要求，又符合经济性要求。

国家标准规定：按照计量器具的测量不确定度允许值 μ_1，选择计量器具。μ_1 值大小分为Ⅰ、Ⅱ、Ⅲ挡，分别约为工件公差的1/10、1/6 和 1/4 的 0.9 倍。对于 IT6 ~ IT11，μ_1 值分为Ⅰ、Ⅱ、Ⅲ挡，对于 IT12 ~ IT18，μ_1 值分为Ⅰ挡、Ⅱ挡。一般情况下，优先选用Ⅰ挡，其次为Ⅱ挡、Ⅲ挡。在选择计量器具时，所选用的计量器具的不确定度应小于或等于计量器具不确定度的允许值。表 3 – 6 所示为千分尺和游标卡尺的不确定度，表 3 – 7 所示为比较仪的不确定度，表 3 – 8 所示为指示表的不确定度。

例 3 – 2 被检验零件的尺寸为 $\phi35e9$ Ⓔ，试确定验收极限并选择适当的计量器具。

解 （1）由表 2 – 1 与表 2 – 6 查得 $\phi35e9=\phi35\left(^{-0.050}_{-0.112}\right)$ mm，画出公差带图，如图 3 – 48 所示。

（2）由表 3 – 6 查得安全裕度 $A=6.2$ μm，因此零件遵守包容原则，应按照内缩的验收极限（方式 1）确定验收极限，则：

$$上验收极限=\phi35-0.050-0.0062=\phi34.9438\ (\text{mm})$$

$$下验收极限=\phi35-0.112+0.0062=\phi34.8942\ (\text{mm})$$

（3）由表 3 – 5 中按优先选用Ⅰ挡的原则查得计量器具不确定度允许值 $\mu_1=5.6$ μm。由表 3 – 6 查得分度值为 0.01 mm 的外径千分尺，尺寸范围在 0 ~ 50 mm 内，不确定度数值为 0.004 mm。因 0.004 mm $<\mu_1=0.0056$ mm，故可满足使用要求。

例 3 – 3 某轴的长度为 100 mm，其加工精度为线性尺寸的一般公差中等级，即 GB/T 1804—m。试确定其验收极限，并选择适当的计量器具。

解 （1）由表 2 – 10 查得该尺寸的极限偏差为 ±0.3 mm，则该尺寸为（100 ±0.3）mm。画出尺寸公差带图，如图 3 – 49 所示。

表 3-6　千分尺和游标卡尺的不确定度

mm

<table>
<tr><td colspan="2" rowspan="2">尺寸范围</td><td colspan="4">计量器具类型</td></tr>
<tr><td>分度值 0.01
外径千分表</td><td>分度值 0.01
内径千分表</td><td>分度值 0.02
游标卡尺</td><td>分度值 0.05
游标卡尺</td></tr>
<tr><td>大于</td><td>至</td><td colspan="4">测量不确定度</td></tr>
<tr><td>0</td><td>50</td><td>0.004</td><td rowspan="3">0.008</td><td rowspan="6">0.020</td><td rowspan="4">0.050</td></tr>
<tr><td>50</td><td>100</td><td>0.005</td></tr>
<tr><td>100</td><td>150</td><td>0.006</td></tr>
<tr><td>150</td><td>200</td><td>0.007</td><td rowspan="3">0.013</td></tr>
<tr><td>200</td><td>250</td><td>0.008</td><td rowspan="8">0.100</td></tr>
<tr><td>250</td><td>300</td><td>0.009</td></tr>
<tr><td>300</td><td>350</td><td>0.010</td><td rowspan="3">0.020</td><td rowspan="7">—</td></tr>
<tr><td>350</td><td>400</td><td>0.011</td></tr>
<tr><td>400</td><td>450</td><td>0.012</td></tr>
<tr><td>450</td><td>500</td><td>0.013</td><td>0.025</td></tr>
<tr><td>500</td><td>600</td><td rowspan="3">—</td><td rowspan="3">0.030</td></tr>
<tr><td>600</td><td>700</td></tr>
<tr><td>700</td><td>1 000</td><td>0.150</td></tr>
</table>

表 3-7　比较仪的不确定度

mm

<table>
<tr><td colspan="2" rowspan="2">尺寸范围</td><td colspan="4">所使用的计量器具</td></tr>
<tr><td>分度值为 0.000 5 mm
（相当于放大倍数
2 000 倍）的比较仪</td><td>分度值为 0.001 mm
（相当于放大倍数
1 000 倍）的比较仪</td><td>分度值为 0.002 mm
（相当于放大倍数
400 倍）的比较仪</td><td>分度值为 0.005 mm
（相当于放大倍数
250 倍）的比较仪</td></tr>
<tr><td>大于</td><td>至</td><td colspan="4">不确定度</td></tr>
<tr><td>—</td><td>25</td><td>0.000 6</td><td rowspan="2">0.001 0</td><td>0.001 7</td><td rowspan="6">0.003 0</td></tr>
<tr><td>25</td><td>40</td><td>0.000 7</td><td rowspan="3">0.001 8</td></tr>
<tr><td>40</td><td>65</td><td>0.000 8</td><td rowspan="2">0.001 1</td></tr>
<tr><td>65</td><td>90</td><td>0.000 8</td></tr>
<tr><td>90</td><td>115</td><td>0.000 9</td><td>0.001 2</td><td rowspan="2">0.001 9</td></tr>
<tr><td>115</td><td>165</td><td>0.001 0</td><td>0.001 3</td></tr>
<tr><td>165</td><td>215</td><td>0.001 2</td><td>0.001 4</td><td>0.002 0</td><td rowspan="3">0.003 5</td></tr>
<tr><td>215</td><td>265</td><td>0.001 4</td><td>0.001 6</td><td>0.002 1</td></tr>
<tr><td>265</td><td>315</td><td>0.001 6</td><td>0.001 7</td><td>0.002 2</td></tr>
</table>

注：测量时，使用的标准器由 4 块 1 级（或 4 等）量块组成。

表 3－8　指示表的不确定度　　mm

<table>
<tr><td colspan="2" rowspan="2">尺寸范围</td><td colspan="4">所使用的计量器具</td></tr>
<tr><td>分度值为 0. 001 mm 的千分表（0 级在全程范围内，1 级在 0. 2 mm 内）分度值为 0. 002 mm 的千分表（在 1 转范围内）</td><td>分度值为 0. 001 mm、0. 002 mm、0. 005 mm 的千分表（1 级在全程范围内）分度值为 0. 01 mm 的百分表（0 级在任意 1 mm 内）</td><td>分度值为 0. 01 mm 的百分表（0 级在全程范围内，1 级在任意 1 mm 内）</td><td>分度值为 0. 01 mm 的百分表（1 级在全程范围内）</td></tr>
<tr><td>大于</td><td>至</td><td colspan="4">不确定度</td></tr>
<tr><td>—</td><td>25</td><td rowspan="5">0. 002</td><td rowspan="9">0. 010</td><td rowspan="9">0. 018</td><td rowspan="9">0. 030</td></tr>
<tr><td>25</td><td>40</td></tr>
<tr><td>40</td><td>65</td></tr>
<tr><td>65</td><td>90</td></tr>
<tr><td>90</td><td>115</td></tr>
<tr><td>115</td><td>165</td><td rowspan="4">0. 006</td></tr>
<tr><td>165</td><td>215</td></tr>
<tr><td>215</td><td>265</td></tr>
<tr><td>265</td><td>315</td></tr>
</table>

注：测量时，使用的标准器由 4 块 1 级（或 4 等）量块组成。

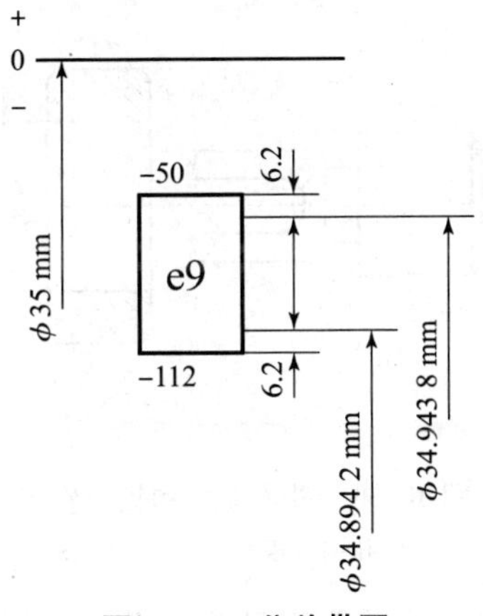

图 3－48　公差带图

（2）因该尺寸属于一般公差尺寸。按标准规定，应按方法 2 确定验收极限，即取安全裕度 $A=0$，则

$$上验收极限 = 100 + 0.3 = 100.3\ (\text{mm})$$

$$下验收极限 = 100 - 0.3 = 99.7\ (\text{mm})$$

（3）一般公差的 m 级相当于 IT14 级，由表 3－5 可查得，按Ⅰ挡 $\mu_1=78$，从表 3－7 中查得相应尺寸范围的分度值为 0.05 mm 的游标卡尺的不确定度为 0.05 mm，因 $0.05<0.078=\mu_1$，故满足要求。

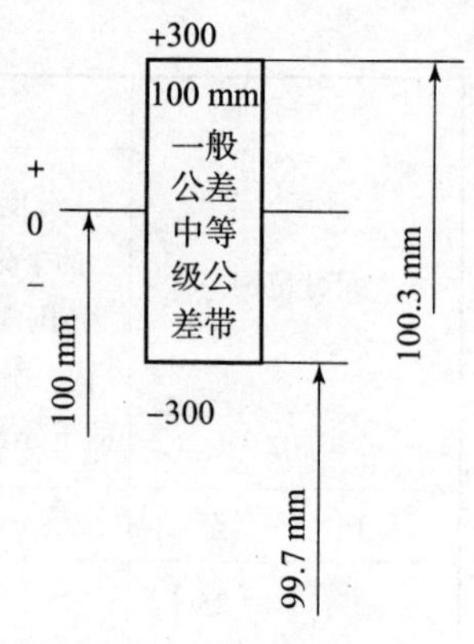

图 3－49　公差带图

要进行检测就必须保证计量单位的统一，在全国范围内规定严格的量值传递系统以及相应的测量方法和测量器具，以保证必要的测量精度。测量精度和测量误差是从两个不同角度说明了同一个概念。造成测量误差的因素主要有计量器具误差、测量方法误差和测量环境误差等。测量误差可以分为随机误差、系统误差和粗大误差。随机误差和系统误差各有特定的规律，是不可避免、只能减小的测量误差。粗大误差是可以避免产生的。由于测量误差的存在，必须对测量结果进行数据处理，找出被测量中最可信的数值以及评定这一数值所包含的误差。保证测量结果的置信概率通常取为 99.73%。

第七节　光滑极限量规

一、光滑极限量规

光滑极限量规是一种没有刻度的专用检验工具，检验零件时，只能判断零件是否在规定的验收极限范围内，而不能测出零件实际尺寸和几何误差的数值。

1. 有关于量规的术语与定义

塞规：检验孔的量规，由通规和止规组成，如图 3－50 所示。

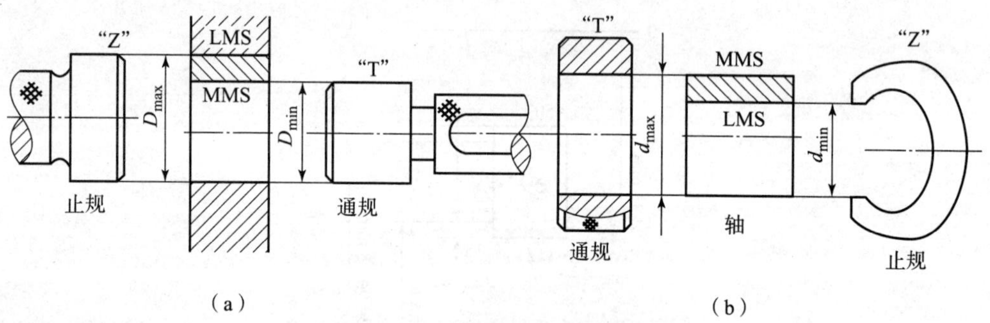

图 3－50　孔用量规和轴用量规

（a）孔用量规；（b）轴用量规

通规：按孔的最小极限尺寸设计，作用是防止孔的作用尺寸小于其最小极限尺寸；止规：是按孔的最大极限尺寸设计的，作用是防止孔的实际尺寸大于其最大极限尺寸。

卡规：检验轴的量规。

通规：按轴的最大极限尺寸设计的，其作用是防止轴的作用尺寸大于其最大极限尺寸。

止规是按照轴的最小极限尺寸设计的，作用是防止轴的实际尺寸小于其最小极限尺寸。

2. 量规的用途与分类

1）**工作量规**

工作量规是工人在零件制造过程中，用来检验工件时使用的量规。它的通规和止规分别用代号“T”和“Z”表示。

2）验收量规

验收量规是检验部门或用户代表验收产品时使用的量规。它也有通规和止规之分。

3）校对量规

校对量规是检验、校对轴用工作量规（环规或卡规）。因为轴用工作量规在制造或使用过程中经常会发生碰撞、变形，且通规经常通过零件，容易磨损，所以轴用工作量规必须进行定期校对。

校对量规有三种：

（1）校通—通（代号 TT）。该量规是制造轴用通规时使用的量规，其作用是检验通规尺寸是否小于下极限尺寸，检验时应通过。

（2）校止—通（代号 ZT）。该量规是制造轴用止规时使用的量规，其作用是检验止规尺寸是否小于下极限尺寸，检验时也应通过。

（3）校通—损（代号 TS）。该量规是校对轴用通规的量规，其作用是校对轴用通规是否已磨损到磨损极限，校对时不应通过。如通过，则表明轴用通规已磨损到磨损极限，不能再用，应予废弃。

二、量规尺寸公差带

1. 工作量规基本尺寸

工作量规中的通规是用来检验工件的作用尺寸是否超过最大实体尺寸（轴的最大极限尺寸或者孔的最小极限尺寸），工作量规中的止规是检验工件的实际尺寸是否超过最小实体尺寸（轴的最小极限尺寸或孔的最大极限尺寸），各种量规即以被检验的极限尺寸为基本尺寸。

2. 工作量规公差带

通规有一定的磨损储量和磨损极限；止规只规定了制造公差。

（1）制造公差：量规的公差带不得超越工件的公差带。通规的制造公差带对称于 Z 值（磨损储量，即公差带位置要素），其允许磨损量以工件的最大实体尺寸为极限；止规的制造公差带是从工件的最小实体尺寸算起，分布在尺寸公差带之内。其公差带分布如图 3－51 所示。

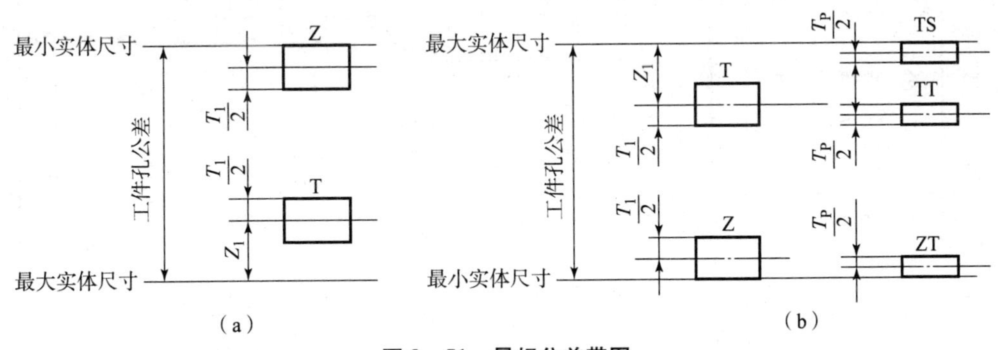

图 3－51　量规公差带图

（2）磨损极限：通规的磨损极限尺寸就是零件的最大实体尺寸。

IT6～IT16 级工作量规制造公差和位置要素见表 3－9。

表 3-9 IT6~IT16 级工作量规制造公差和位置要素(摘录)

μm

工件基本尺寸 D/m	IT6			IT7			IT8			IT9			IT10			IT11			IT12			IT13			IT14			IT15			IT16		
	IT6	T	Z	IT7	T	Z	IT8	T	Z	IT9	T	Z	IT10	T	Z	IT11	T	Z	IT12	T	Z	IT13	T	Z	IT14	T	Z	IT15	T	Z	IT16	T	Z
~3	6	1	1	10	1.2	1.6	14	1.6	2	25	2	3	40	24	4	50	3	6	100	4	9	140	6	14	250	9	20	400	14	30	600	20	40
>3~6	8	1.2	1.4	12	1.4	2	18	2	2.6	30	2.4	4	48	3	5	75	4	8	120	5	11	180	7	16	300	11	25	480	16	35	750	25	50
>6~10	9	1.4	1.6	15	1.8	2.4	22	2.4	3.2	36	2.8	5	58	3.6	6	90	5	9	150	6	13	220	8	20	360	13	30	580	20	40	900	30	60
>10~18	11	1.6	2	18	2	2.8	27	2.8	4	43	3.4	6	70	4	8	110	6	11	180	7	15	270	10	24	430	15	35	700	24	50	1 100	35	75
>18~30	13	2	2.4	21	2.4	3.4	33	3.4	5	52	4	7	84	5	9	130	7	13	210	8	18	330	12	28	520	18	40	840	28	60	1 300	40	90
>30~50	16	2.4	2.8	25	3	4	39	4	6	62	5	8	100	6	11	160	8	16	250	10	22	390	14	34	620	22	50	1 000	34	75	1 600	50	110
>50~80	19	2.8	3.4	30	3.6	4.6	46	4.6	7	74	6	9	120	7	13	190	9	19	300	12	26	460	16	40	740	26	60	1 200	40	90	1 900	60	130
>80~120	22	3.2	3.8	35	4.2	5.4	54	5.4	8	87	7	10	140	8	15	220	10	22	350	14	30	540	20	46	870	30	70	1 400	46	100	2 200	70	150
>120~180	25	3.8	4.4	40	4.8	6	63	6	9	100	8	12	160	9	18	250	12	25	400	16	35	630	22	52	1 000	35	80	1 600	52	120	2 500	80	180
>180~250	29	4.4	5	46	5.4	7	72	7	10	115	9	14	185	10	20	290	14	29	460	18	40	720	26	60	1 150	40	90	1 850	60	130	2 900	90	200
>250~315	32	4.8	5.6	52	6	8	81	8	11	130	10	16	210	12	22	320	16	32	520	20	45	810	28	66	1 300	45	100	2 100	66	150	3 200	100	220
>315~400	36	5.4	6.2	57	7	9	89	9	12	140	11	18	230	14	25	360	18	36	570	22	50	890	32	74	1 400	50	110	2 300	74	170	3 600	110	250
>400~500	40	6	7	63	8	10	97	10	14	155	12	20	250	16	28	400	20	40	630	24	55	970	36	80	1 550	55	120	2 500	84	190	4 000	120	280

3. 验收量规公差带

在量规国家标准中，没有单独规定验收量规公差带。但规定了验收部门应该使用磨损较多的通规，用户代表应使用接近工件最大实体尺寸的通规以及接近工件最小实体尺寸的止规。

三、量规设计

1. 量规设计的原则及其结构

光滑极限量规的设计应符合极限尺寸判断原则（泰勒原则），即孔或轴的体外作用尺寸不允许超过最大实体尺寸，并且在任何位置上的实际尺寸不允许超过最小实体尺寸。

根据泰勒原则，通规应设计成全形的，但在实际应用中，为了便于使用和制造，极限量规常偏离了泰勒原则。例如，为了用已标准化的量规，标准通规的长度常常不等于工件的配合长度；对大尺寸的孔和轴，常用非全形塞规（杆规和卡规）检验，以代替笨重的全形塞规。因环规通规不能检验正在顶尖上加工的工件及曲轴，而允许用卡规代替。对于止规，由于测量时，点接触易于磨损，故止规不得不采用小平面、圆柱面或者球面代替。检验小孔用的止规，为制造和增加刚度，常常采用全形塞规；检验薄壁工件时，为了防止两点状止规造成工件变形，也采用全形止规。

1）**量规的种类**

（1）全形塞规：具有外圆柱测量面，如图 3 – 52（a）所示。

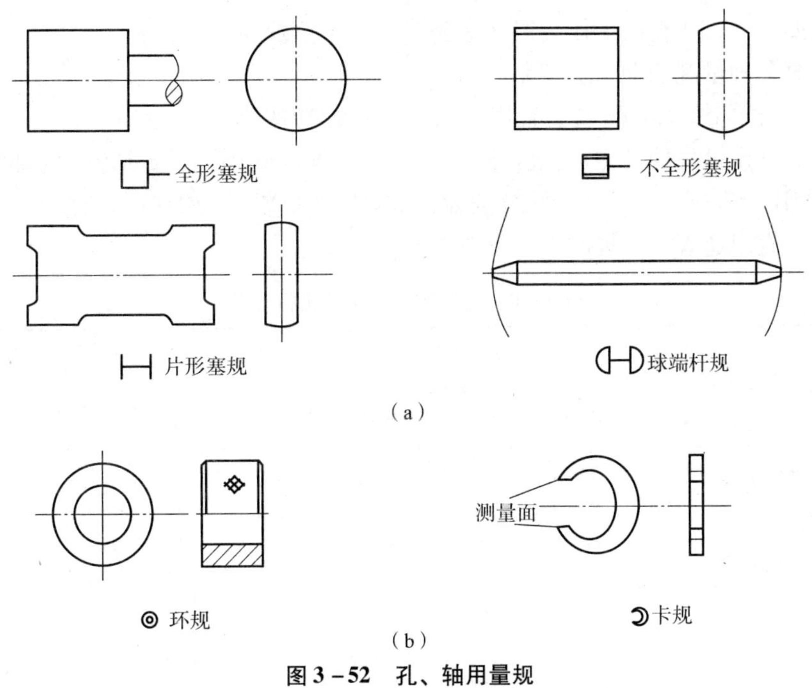

图 3 – 52 孔、轴用量规

（a）孔用量规；（b）轴用量规

（2）不全形塞规：具有部分外圆柱测量面。该塞规是从圆柱体上切掉两个轴向部分而形成的，主要是为了减小质量，如图 3 – 52（a）所示。

（3）片形塞规：具有较少部分外圆柱测量面。为了避免使用中的变形，片形塞规应具有一定的厚度，所以做成板形，如图 3-52（a）所示。

（4）球端杆规：具有球形的测量面，每一端测量面与工件的接触半径不得大于工件下极限尺寸之半，如图 3-52（a）所示。

2）量规形式的选择

量规形式的选择按照图 3-53 所示选取，其中左边纵向的“1”“2”表示推荐顺序，推荐优先选用“1”行。量规的具体结构设计还可参看相关的工具专业标准及有关资料。

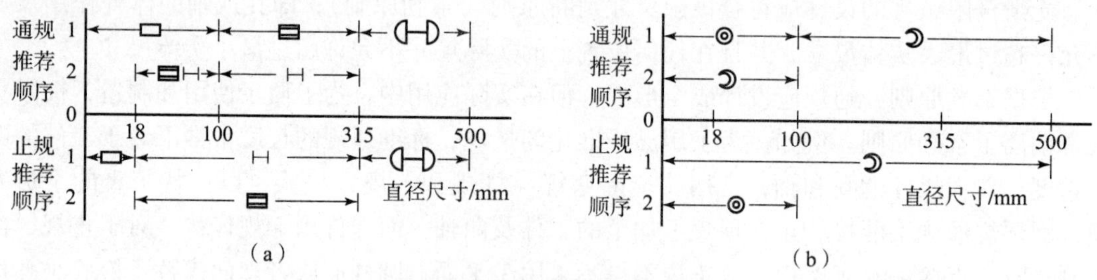

图 3-53　量规的形式及应用

（a）孔用量规；（b）轴用量规

3）量规极限偏差的计算

量规极限偏差计算的一般步骤如下：

（1）按照公差与配合国标确定孔、轴的上、下偏差；

（2）按照表 3-10 查出工作量规制造公差 T 值，位置要素 Z 值；

（3）计算各种量规的上、下偏差，画出公差带图。

例 3-4　计算 ϕ25H8/f7 孔、轴用工作量规的极限偏差。

解　（1）确定量规的类型。检验 ϕ25H8 的孔用全形塞规，检验 ϕ25f7 的轴用卡规。

（2）ϕ25H8/f7 孔、轴尺寸标注分别为：$\phi25H8\left(^{+0.033}_{\ \ 0}\right)$、$\phi25f7\left(^{-0.020}_{-0.041}\right)$。

（3）列表查出通规、止规的上、下偏差及有关尺寸。

表 3-10　ϕ25H8/f7 各项指标参数

参　数	$\phi25H8\left(^{+0.033}_{\ \ 0}\right)$		$\phi25f7\left(^{-0.020}_{-0.041}\right)$	
	通规	止规	通规	止规
量规公差带参数	$T=0.003\ 4$	$Z=0.005$	$T=0.024$	$Z=0.034$
基本尺寸	25	25.033	24.98	24.959
量规公差带上偏差	0.006 7	0.033	-0.022 2	-0.038 6
量规公差带下偏差	0.003 3	0.029 6	-0.024 6	-0.041
量规最大极限尺寸	25.006 7	25.033	24.977 8	24.961 4

（4）绘制工作量规的公差带图（见图 3-54）

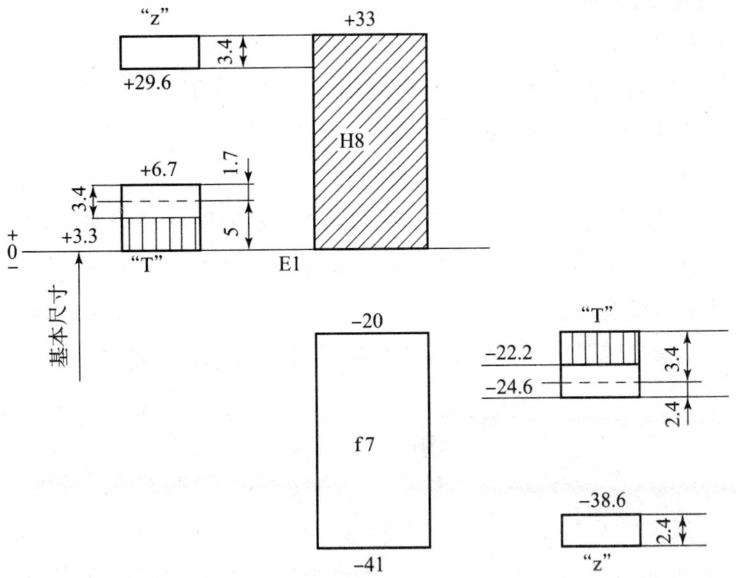

图 3－54　孔、轴工作量规公差带图

（5）量规的标注方法如图 3－55 所示。

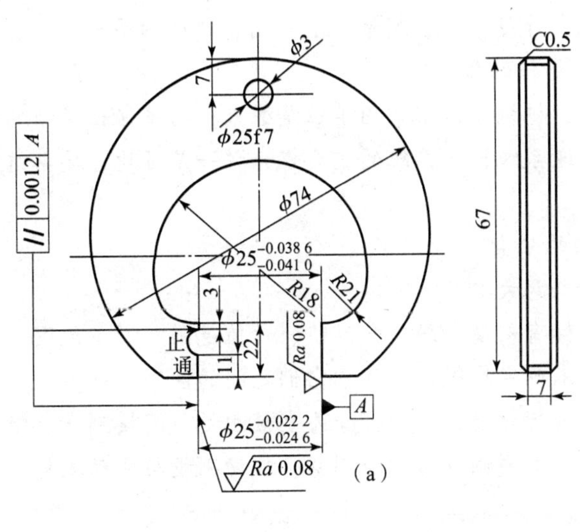

（a）

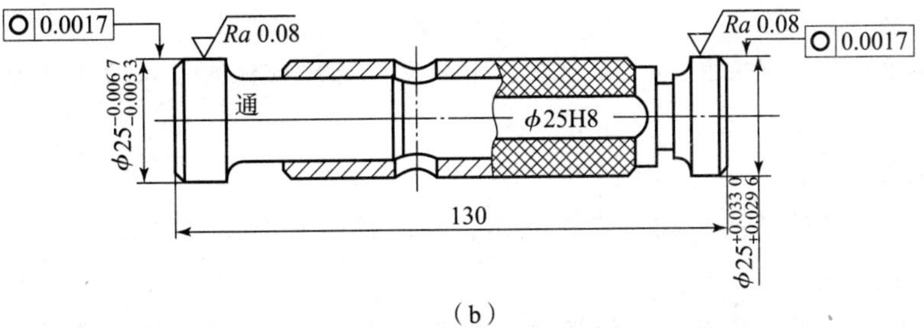

（b）

图 3－55　量规的标注方法

2. 量规的其他技术要求

1）量规的材料

量规的材料可用淬硬钢（碳素工具钢、合金工具钢）和硬质合金，也可在测量面上镀以磨损材料，测量硬度为HRC58～65。

2）量规的几何公差

量规的几何公差应控制在尺寸公差带内，形状公差为尺寸公差的50%，当量规尺寸小于或等于0.001 mm时，其形状公差仍取0.001 mm。

3）量规测量面粗糙度

一般量规工作面的粗糙度，应比被检工件的粗糙度要求严格些。

小　结

技术测量是研究零件几何参数进行测量和检验的问题，检验和测量可以统称为检测。正确地进行检测，是保证产品质量及互换性生产的手段。本章重点介绍了技术测量的基本概念、测量方法、测量误差与数据处理和常用量仪的使用方法。

1. 技术测量概述

测量过程包括被测对象、计量单位、测量方法和测量精度四个要素。

2. 长度计量单位和基准量值的传递

长度计量基本单位是米，机械制造中常用单位是毫米；为了保证量值的统一，规定了米的定义并建立了长度量值传递系统；该系统的重要媒介之一是量块，要熟练掌握量块的使用方法。

3. 计量器具和测量方法的分类

计量器具分为量具和量仪两大类。

计量器具的主要度量指标有刻度间距、分度值、示值范围、测量范围、示值误差、回程误差、测量力和计量器具的不确定度等，要注意它们之间的区别和联系。

测量方法可按不同特征进行分类，一般可分为直接测量与间接测量、绝对测量和相对测量、接触测量与非接触测量、单项测量与综合测量、被动测量与主动测量、静态测量与动态测量等。

4. 常用量仪

介绍了游标类、螺旋类量具、百分表、千分表以及比较仪等量仪的测量原理、基本结构与使用方法。

5. 测量误差

测量误差可用绝对误差和相对误差表示，按其性质可分为随机误差、系统误差和粗大误差。

随机误差和系统误差各有特定的规律，是不可避免、只能减小的测量误差。粗大误差是可以避免产生的。由于测量误差的存在，必须对测量结果进行数据处理，找出被测量中最可信的数值以及评定这一数值所包含的误差。

随机误差具有单峰性、对称性、有界性和抵偿性四大特性，其分布曲线一般为正态分布曲线，可用标准偏差作为随机误差分布特性的评定指标。一般 $\pm 3\sigma_{\bar{x}}$ 作为随机误差的极限误差，测量结果表示为

$$\delta_{\lim(\bar{x})} = \pm 3\sigma_{\bar{x}}$$

6. 验收极限和计量器具的选用

为了避免“误收”，工件尺寸验收极限从其最大实体极限和最小实体极限分别向工件尺寸公差带内移动了一个安全裕度 A。

光滑极限量规是按工件的不同尺寸及精度等级设定制造的无刻线专用量具。塞规用于测孔（或内表面）；环规或卡规由于测轴（或外表面），由通规与止规组成。

“通规”通过表示工件的作用尺寸没有超过最大实体尺寸；“止规”不通过表示工件没超过最小实体尺寸，则为合格品。

生产加工中只用工作量规，量规设计见例题。

本例所有量规尺寸公差的标注方法，可使量规检测时所用组合的量块数目最少，因此测量精度高。

思考题

1. 测量的实质是什么？一个测量过程包括哪些要素？我国长度测量的基本单位及其定义如何？

2. 量块的作用是什么？其结构上有何特点？量块的“等”和“级”有何区别？说明按“等”和“级”使用时，各自的测量精度如何。

3. 试从 83 块一套的量块中同时组合下列尺寸：48.98 mm、29.875 mm、10.56 mm。

4. 以光学比较仪为例说明计量器具有哪些基本计量参数（指标）。

5. 试说明分度值、分度间距和灵敏度三者有何区别。

6. 试举例说明测量范围与示值范围的区别。

7. 试说明绝对测量方法与相对测量方法、绝对误差与相对误差的区别。

8. 试述测量误差的分类、特性及其处理原则。

9. 为什么要用多次重复测量的算术平均值表示测量结果？这样表示测量结果可减小哪一类测量误差对测量结果的影响？

10. 在立式光学计上对轴类零件进行比较测量，共重复测量 12 次，测得值如下（单位为 mm)：20.015，20.013，20.016，20.012，20.015，20.014，20.017，20.018，20.014，20.016，20.014，20.015。试求出该零件的测量结果。

11. 已知某轴尺寸为 ϕ20f10 Ⓔ，试选择测量器具并确定验收极限。

12. 光滑极限量规的通端和止端分别控制工件的什么尺寸？

13. 量规的基本特征是什么？

14. 计算 ϕ30H7/f6 配合的孔、轴工作量规的极限偏差，并画出公差带图。

第四章　几何公差与检测

本章要点

1. 各项几何公差符号及其公差带的含义；如何正确选用和标注几何公差。
2. 公差原则的含义、应用要素、功能要求、控制边界及检测方法。
3. 几何误差的检测原则及其应用。

第一节　概　述

一、几何误差对零件使用性能的影响

零件在加工过程中，机床—夹具—刀具组成的工艺系统本身的误差，以及加工中工艺系统的受力变形、振动、磨损等因素，都会使加工后的零件的形状及其构成要素之间的位置与理想的形状和位置存在一定的差异，这种差异即几何误差。零件的几何误差直接影响零件的使用性能，主要表现在以下几个方面：

1. 影响零件的配合性质

例如圆柱表面的形状误差，在有相对运动的间隙配合中，会使间隙大小沿结合面长度方向分布不均，造成局部磨损加剧，从而降低运动精度和零件的寿命；在过盈配合中，会使结合面各处的过盈量大小不一，影响零件的连接强度。

2. 影响零件的功能要求

例如机床导轨的直线度误差，会影响运动部件的运动精度；变速箱中的两轴承孔的平行度误差，会使相互啮合的两齿轮的齿面接触不良，降低承载能力。

3. 影响零件的可装配性

例如在孔轴结合中，轴的几何误差都会使孔轴无法装配，如图 4 – 1 所示。

因此，为了保证零件几何要素的互换性，除了必须规定其各尺寸的公差，还应对各要素的形状及其相互位置的精度提出一定的要求，即规定适当的几何公差。

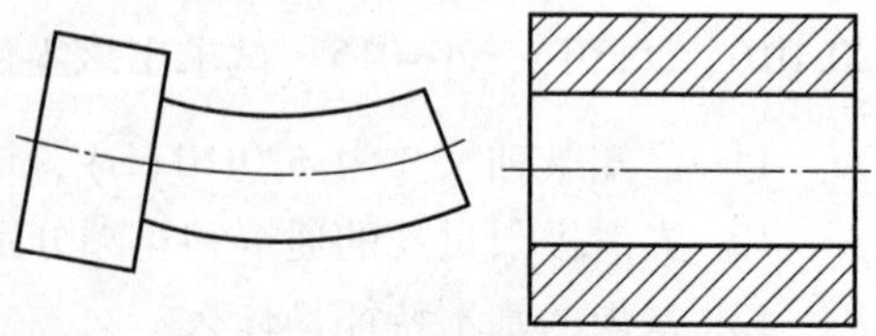

图 4 – 1　几何误差对零件装配性的影响

二、几何要素及其分类

几何公差的研究对象是几何要素，简称要素。

几何要素就是构成零件几何特征的点、线、面。例如，图 4 – 2 所示零件的要素有：球心、锥顶（点）、圆柱和圆锥的素线、轴线端平面、球面、圆锥面、圆柱面（面）等。

几何要素可从不同角度分类：

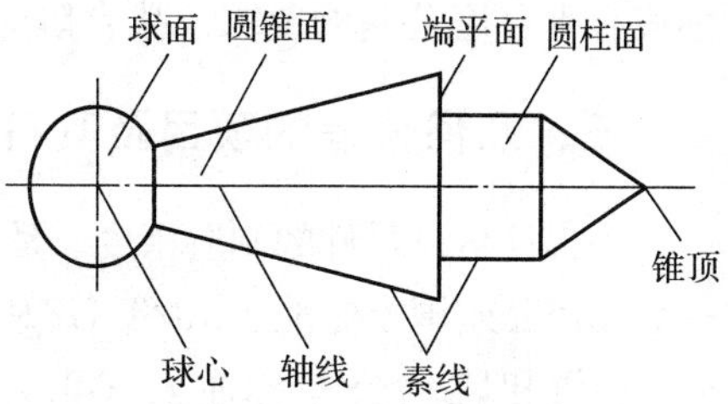

1. 按结构特征分类

1）**组成要素**

组成要素构成零件外形，为人们直接感觉到的点、线、面。

图4-2　几何要素

2）**导出要素**

导出要素由一个或几个组成要素得到的中心点、中心线或中心面，即对称中心所表示的点、线、面。其特点是它不能为人们直接感觉到，而是通过相应的组成要素才能体现出来，如零件上的中心面、中心线、中心点等。

2. 按存在状态分类

1）**实际（组成）要素**

由接近实际（组成）要素所限定的工件实际表面的组成要素部分，即零件上实际存在的要素，可以通过测量反映出来的要素。

2）**理想要素**

由技术制图或其他方法确定的理论正确组成要素。它是具有几何意义的要素，是按设计要求，由图样给定的点、线、面的理想形态。它不存在任何误差，是绝对正确的几何要素。理想要素作为评定实际要素的依据，在生产中是不可能得到的。

3. 按所处部位分类

1）**被测要素**

被测要素即图样中给出了几何公差要求的要素，是测量的对象。如图4-3（a）中 ϕd_2 的圆柱面和 ϕd_1 的轴线与台阶面，图4-3（b）中的 $\phi 40$ 的轴线。

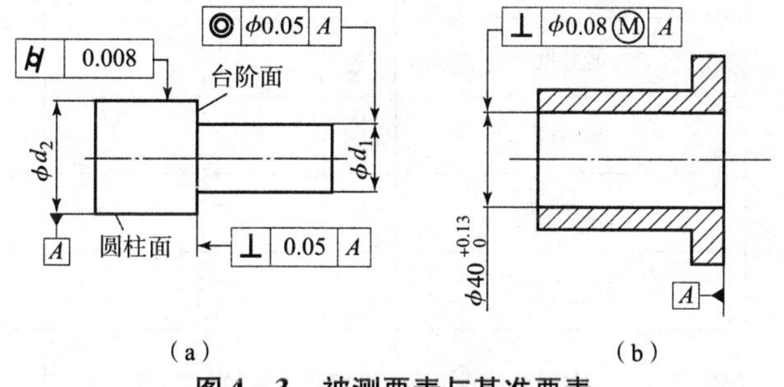

图4-3　被测要素与基准要素

2）**基准要素**

基准要素是用来确定被测要素方向和位置的要素。基准要素在图样上都标有基准符号或基准代号，如图4-3（a）中 ϕd_2 的轴线，图4-3（b）中的右端平面。

4. 按功能关系分类

1）**单一要素**

单一要素是指仅对被测要素本身给出形状公差的要素。如图4-3（a）中的 ϕd_2 的圆柱面的圆柱度公差。

2）**关联要素**

关联要素是与零件基准要素有功能要求的要素。如图4-3（a）中的 ϕd_1 的轴线相对于 ϕd_2 的轴线有同轴度公差要求，此时，ϕd_1 的轴线属关联要素。同理，台阶面相对于 ϕd_2 的轴线有垂直度公差的要求，故台阶面属关联要素。

三、几何公差的项目及其符号

为提高机械零件的制造精度、延长机器设备的使用寿命、保证互换性生产，我国已制定了一套几何公差国家标准：GB/T 1182—2008《产品几何技术规范（GPS）几何公差 形状、方向、位置和跳动公差标注》，GB/T 1184—1996《形状和位置公差 未注公差值》，GB/T 4249—2009《公差原则》，GB/T 16671—2009《几何公差 最大实体要求、最小实体要求和可逆要求》，GB/T 17851—1999《形状和位置公差 基准和基准体系》等。在标准中，将几何公差分为 19 种，其名称、符号见表 4－1。

表 4－1 几何特征符号

公差类型	几何特征	符号	有无基准
形状公差	直线度	—	无
	平面度	▱	无
	圆度	○	无
	圆柱度	⌭	无
	线轮廓度	⌒	无
	面轮廓度	⌓	无
方向公差	平行度	//	有
	垂直度	⊥	有
	倾斜度	∠	有
	线轮廓度	⌒	有
	面轮廓度	⌓	有
位置公差	位置度	⌖	有或无
	同心度（用于中心点）	◎	有
	同轴度（用于轴线）	◎	有
	对称度	⌯	有
	线轮廓度	⌒	有
	面轮廓度	⌓	有
跳动公差	圆跳动	↗	有
	全跳动	⌰	有

四、几何公差的意义和特征

几何公差带用来限制被测提取要素变动的区域。只要被测提取要素的点、线、面在空间的变动量不超出给定的公差带，就表示实际要素的形状和位置符合设计要求。

用图示法表示的限制被测提取要素变动的区域称为几何公差带。公差带的形状是多样的，它取决于被测提取要素的公称组成要素和设计要求，并以此评定几何误差。若被测提取要素全部位于几何公差带内，则零件合格，反之则不合格。

几何公差带具有形状、大小、方向和位置四个特征，这四个特征将在图样标注中体现出来。分别叙述如下：

(1) 几何公差带的形状取决于被测提取要素的公称组成要素和设计要求，具有最小包容区的形状。根据被测提取要素的特征和结构尺寸，公差带有表 4-2 列出的 9 种主要形状，它们都是几何图形。几何公差带是按几何概念定义的（除跳动公差代外），与测量方法无关。在生产中可以采用任何测量方法来测量和评定某一实际被测要素是否满足设计要求。跳动公差带是按特定的测量方法定义的，其特征则与测量方法有关。

表 4-2　几何公差带的主要形状

序号	公差带	主要形状	应用项目	
			形状公差带	位置公差带
1	两平行直线	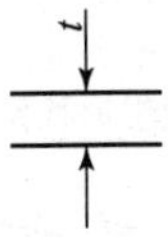 t	给定平面内的直线	平行度、垂直度、倾斜度、对称度和位置度等
2	两等距曲线	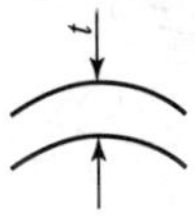 t	无基准要求的线轮廓度	有基准要求的线轮廓度
3	两同心圆	 t	圆度	径向圆跳动
4	两平行平面	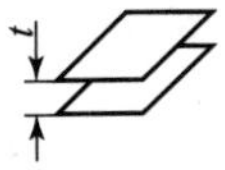 t	直线度、平面度	平行度、垂直度、倾斜度、对称度、位置度和全跳动等
5	两等距曲面	 t	无基准要求的面轮廓度	有基准要求的面轮廓度
6	一个圆柱	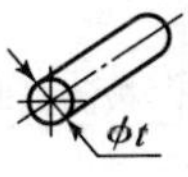 ϕt	轴线的直线度	平行度、垂直度、倾斜度、同轴度、位置度等

续表

序号	公差带	主要形状	应用项目	
			形状公差带	位置公差带
7	两同轴圆柱	t	圆柱度	径向全跳动
8	一个圆	ϕt	平面内点的位置度、同轴（心）度	
9	一个球	$S\phi t$	空间点的位置度	

（2）公差带大小由设计者在框格中给定，公差值用线性值 t 的数值表示。如公差带是圆形或圆柱形的，则在公差值前加注“ϕ”；如是球形的，则加注“$S\phi$”。

（3）方向公差带的宽度方向就是给定的方向或垂直于被测提取要素的方向。

① 形状公差带的方向是指组成公差带的几何要素的延伸方向。从图样上看，是与指引线箭头方向相垂直的方向。

例如：直线度公差带的方向为水平方向，而形状公差带的实际方向由最小条件决定，如图 4－4 所示。

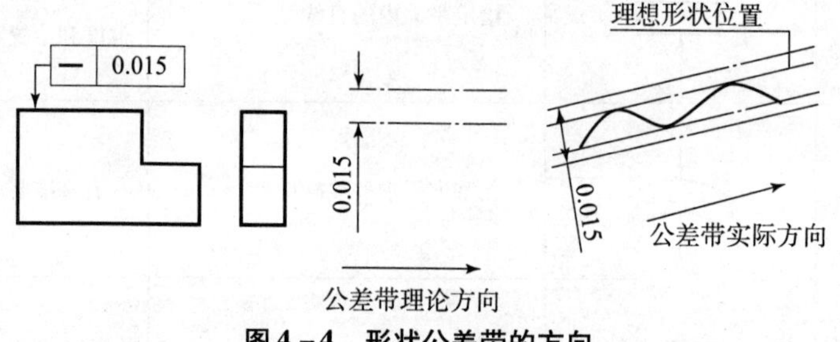

图 4－4　形状公差带的方向

② 定向公差带的方向由基准确定，如被测提取要素为零件的上表面，设计要求上表面对基准面有平行度要求，则公差带的形状为平行于基准面的两平行平面，距离为公差值的两平行平面必须与基准平行，如图 4－5 所示。

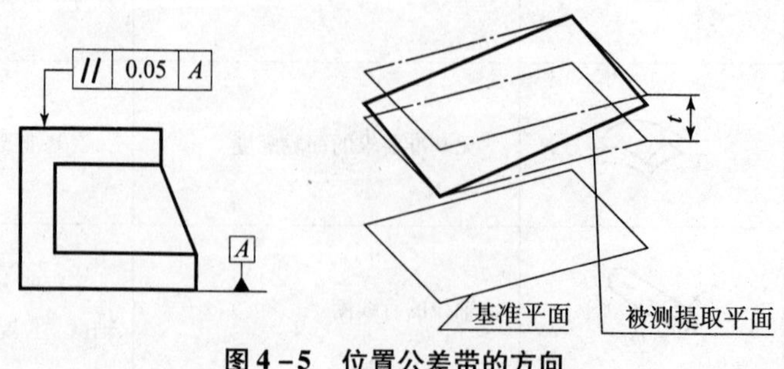

图 4－5　位置公差带的方向

③ 定位公差带的方向与位置由基准确定。

（4）位置是指公差带位置是固定的还是浮动的。所谓固定的是指公差带的位置不随实际尺寸的变动而变化，如一切导出要素的公差带位置均是固定的。所谓浮动的，是指公差带的位置随实际尺寸的变化（上升或下降）而浮动，如一般轮廓要素的公差带位置都是浮动的。

五、形状误差的评定原则——最小条件

1. 形状误差的评定

国家标准规定，最小条件是评定形状误差的基本准则。所谓最小条件是：被测提取要素对其拟合要素的最大变动量为最小。

评定形状误差须在被测提取要素上找出拟合要素的位置。这要求遵循一条原则，即使理想要素的位置符合最小条件。如图 4－6 所示，被测提取组成要素不直，评定它的误差可用 A_1B_1、A_2B_2、A_3B_3 三对平行的拟合要素直线包容被测提取要素，它们的距离分别为 h_1，h_2，h_3。拟合要素直线的位置还可以作出无限个，但其中必有一对平行直线之间的距离最小。如图 4－6 中的 h_1，这时就说 A_1B_1 的位置符合最小条件。由 A_1B_1 及与之平行的另一条直线紧紧包容了被测提取要素。相比其他情况，这个包容区域也是最小的，故叫最小区域。因此，$h_1=f$ 可定为直线度误差。

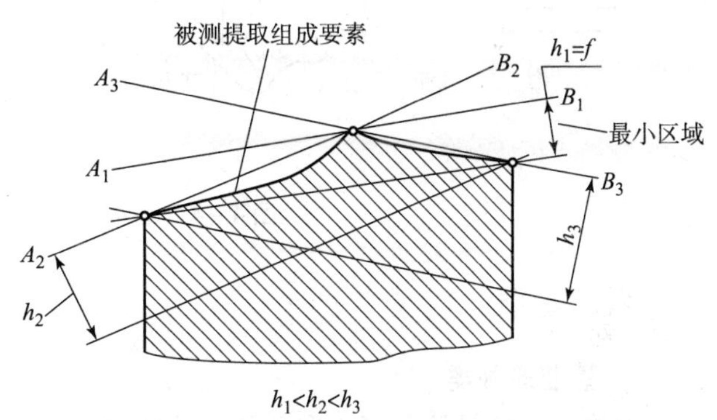

图 4－6　最小条件与最小区域

如图 4－7 所示，被测提取组成要素不圆。评定它的误差也可用多组的拟合要素圆。图中画出了 C_1 和 C_2 两组，其中 C_1 组同心圆包容区域的半径差 Δr_1 小于任何一组同心圆包容区域的半径差（当然也包括 C_2 组的 Δr_2）。这时，认为 C_1 组的位置符合最小条件，其区域是最小区域，区域的宽度 $\Delta r_1=f$ 可定为圆度误差。

最小条件是评定形状误差的基本原则，相对其他评定方法来说，评定的数据是最小的，结果也是唯一的。但在实际检测时，在满足功能要求的前提下，允许采用其他近似的方法。

2. 位置误差的评定

位置误差是关联被测提取组成要素对其拟合理想要素的变动量，理想要素的方向或位置由基准确定。评定位置误差的大小，常采用定向或定位最小包容区域去包容被测实际要素，但这个最小包容区域与形状误差的最小包容区域有所不同，其区别在于它必须在与基准保持给定几何关系的前提下使包容区域的宽度或直径最小。如图 4－8（a）所示，

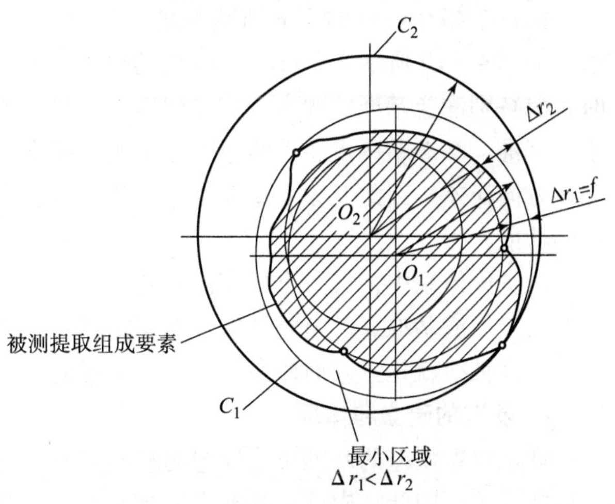

图 4－7　最小条件与最小区域

面对面的垂直度误差是包容被测实际平面并包得最紧且与基准平面保持垂直的两平行平面之间的距离，这个包容区称为定向最小包容区。图4－8（b）所示为台阶轴，被测轴线的同轴度误差是包容被测实际轴线并包得最紧且与基准轴线同轴的圆柱面的直径，这个包容区称为定位最小包容区。定向、定位最小包容区的形状与其对应的公差带的形状相同。当最小包容区的宽度或直径小于公差值时，被测要素是合格的。

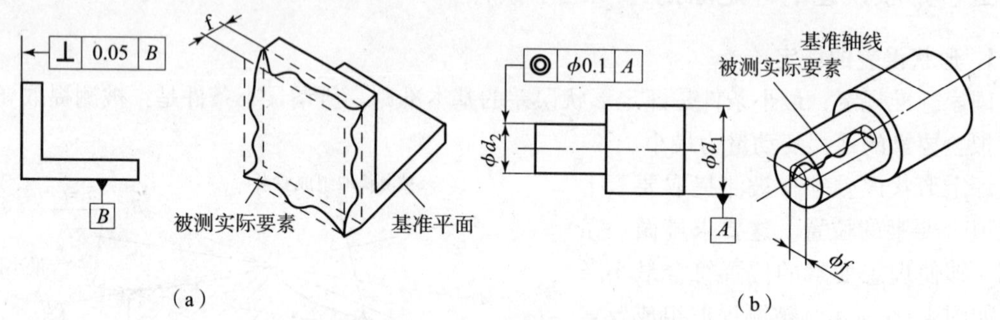

图4－8　定向和定位最小包容区域

六、基准

1. 基准的种类

基准是确定被测要素方向和位置的依据，图样上标出的基准通常分为以下三种。

1）**单一基准**

由一个要素建立的基准称为单一基准。图4－8（a）所示为由一个平面 B 建立的基准，图4－8（b）由 ϕd_1 圆柱轴线建立的基准 A。

2）**组合基准（公共基准）**

由两个或两个以上的要素建立的一个独立基准称为组合基准或公共基准，如图4－9所示，同轴度误差的基准是由两段轴线建立的组合基准 A—B。

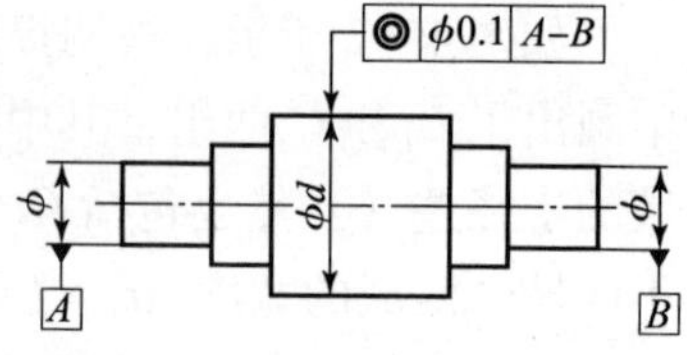

图4－9　组合（公共）基准

3）**基准体系（三基面体系）**

由三个相互垂直的平面所构成的基准体系——三基面体系，如图4－10所示 $2\times\phi12H9$ 轴线的位置度标注示例的基准 A，B，C。应用三基面体系时，要特别注意基准的顺序。填在框格第三格的称作第一基准，填在其后的依次称作第二、第三基准。基准顺序重要性的原因在于实际基准要素自身存在形状误差，实际基准要素之间存在方向误差；因此仅改变基准顺序，就可能造成零件加工工艺的改变，当然也会影响到零件的功能。

三基面体系中，每一个平面都是基准平面。每两个基准平面的交线构成基准轴线，三轴线的交点构成基准点。由此可见，上面提到的单一基准平面就是三基面体系中的一个基准平面；基准轴线就是三基面体系中两个基准平面的交线。

2. 基准的建立和体现

评定位置误差的基准应是理想的基准要素，但基准要素本身也是实际加工出来的，也存在形状误差。因此，应该用基准实际要素的理想要素来建立基准，理想要素的位置应符合最小条件。

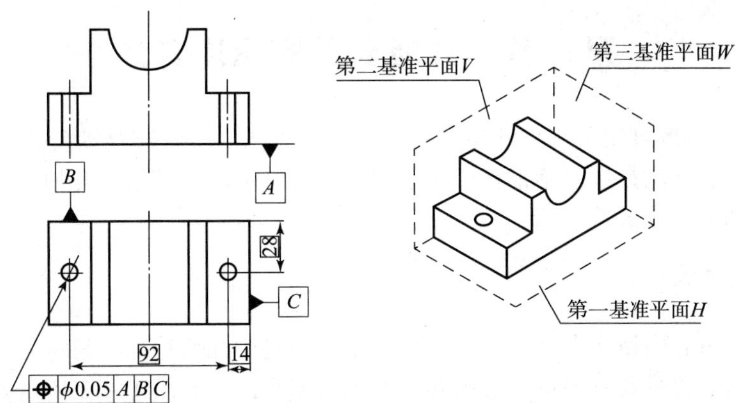

图 4－10　三基面体系

在实际检测中，基准的体现方法有模拟法、直接法、分析法和目标法四种，其中用得最广泛的是模拟法。

模拟法是用形状足够精确的表面模拟基准。例如以心轴表面体现基准孔的轴线，如图 4－11（a）所示；以平板表面体现基准平面，如图 4－11（b）所示；以两顶尖体现基准轴线，如图 4－11（c）所示等。

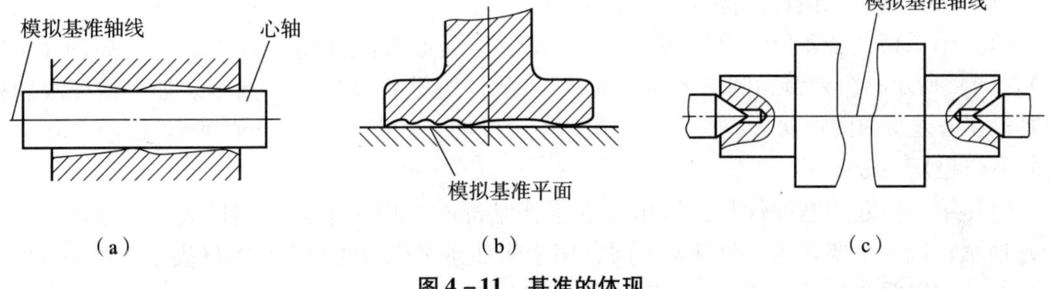

图 4－11　基准的体现

（a）以心轴表面体现基准孔的轴线；（b）以平板表面体现基准平面；（c）以两顶尖体现基准轴线

用模拟法体现基准时，应符合最小条件。一般地说，当基准实际要素与模拟基准之间稳定接触时，自然形成符合最小条件的相对位置关系，如图 4－12（a）所示；当基准实际要素与模拟基准之间非稳定接触时，如图 4－12（b）所示，一般不符合最小条件，应通过调整使基准实际要素与模拟基准之间尽可能符合最小条件的相对位置关系，如图 4－12（c）所示。

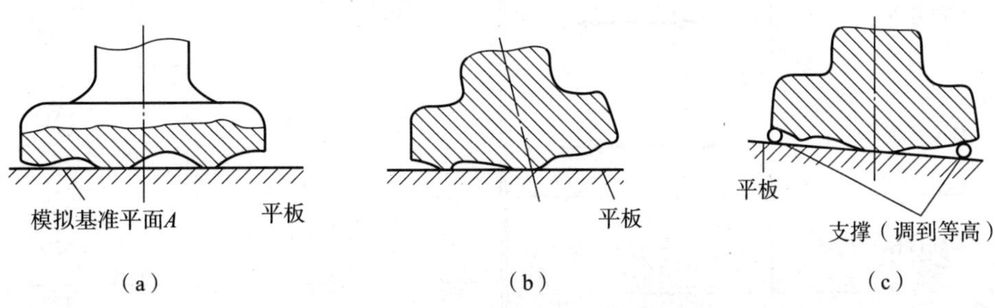

图 4－12　稳定接触和非稳定接触

（a）稳定接触；（b）非稳定接触；（c）调到等高

第二节　几何公差的标注方法

GB/T1182—2008 规定了工件几何公差（形状、方向、位置和跳动公差）标注的基本要求和方法。几何公差的标注包括框格、指引线、几何特征项目符号、几何公差数值及有关符号、基准符号和相关要求符号等。

一、公差框格

几何公差框格有两格或多格等形式，按规定，框格中几何特征项目符号、几何公差数值及有关符号、基准符号及有关符号等内容从左到右填写次序如图 4-13 所示。

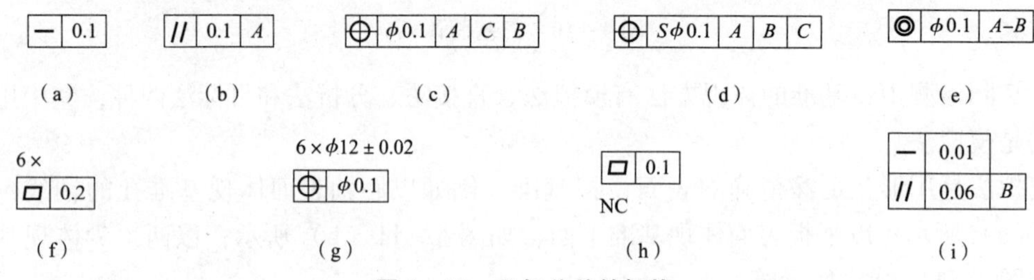

图 4-13　几何公差的框格

（1）第一格：几何特征符号（见表 4-1）。

（2）第二格：公差值，单位为 mm，公差带为圆形或圆柱用"ϕt"表示，如图 4-13（c）、（e）所示；公差带为圆球形用"$S\phi t$"表示，如图 4-13（d）所示。如果需要限制被测要素在公差带内的形状，应在公差框格的下方注明，如图 4-13（h）所示（注：NC 表示表面不凸起）。

（3）第三格起为基准代号：以单个要素作基准时，用一个大写字母表示，如图 4-13（b）所示；以两个要素建立公共基准时，用中间加连字符的两个大写字母表示，如图 4-13（e）所示；以两个或三个基准建立基准体系（即采用多基准）时，表示基准的大写字母按基准的优先顺序自左至右填写在各框格内，如图 4-13（c）、（d）所示。

附加符号见表 4-3。

表 4-3　附加符号

说明	符号	说明	符号
被测要素		延伸公差带	Ⓟ
基准要素	A　A	最大实体要求	Ⓜ
基础目标	ϕ2 / A1	最小实体要求	Ⓛ
理论正确尺寸	50	自由状态条件（非刚性零件）	Ⓕ

续表

说明	符号	说明	符号
全周（轮廓）		中径、节径	PD
包容要求	Ⓔ	线素	LE
公共公差带	CZ	不凸起	NC
小径	LD	任意横截面	ACS
大径	MD		

注：1. GB/T 1182—1996 中规定的基准符号为 Ⓐ。

2. 如需标注可逆要求，可采用符号Ⓡ，见 GB/T 16671—2009。

二、被测要素

用带箭头的指引线将公差框格与被测要素相连，指引线的箭头指向被测要素，箭头的方向为公差带的宽度方向或直径方向。指引线可以从框格的任意一端引出，引出框格时必须垂直于框格，而引向被测要素时允许弯折，但不得多于两次。其标注方法如下：

（1）当公差涉及轮廓线或轮廓面时，箭头指向该要素的轮廓线或其延长线（应与尺寸线明显错开），如图 4－14（a）、（b）所示；箭头也可指向引出线的水平面，引出线引自被测面如图 4－14（c）所示。

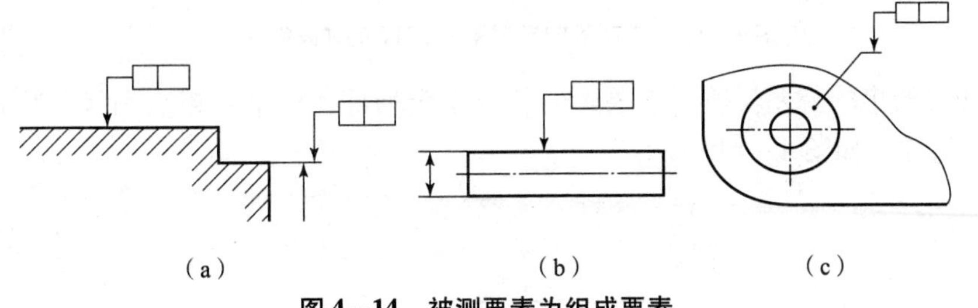

（a）　（b）　（c）

图 4－14　被测要素为组成要素

（2）当公差涉及要素的中心线、中心面或中心点时，箭头应位于相应尺寸线的延长线上，如图 4－15 所示。

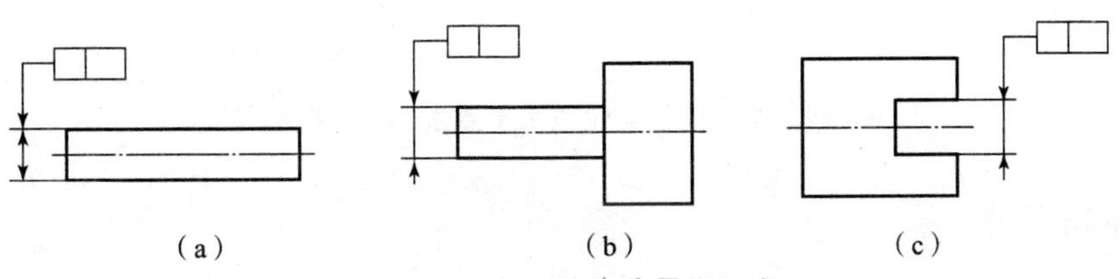

（a）　（b）　（c）

图 4－15　被测要素为导出要素

（3）若干个分离要素给出单一公差带时，可在公差框格内公差值的后面加注公共公差带的符号 CZ，如图 4 - 16 所示。

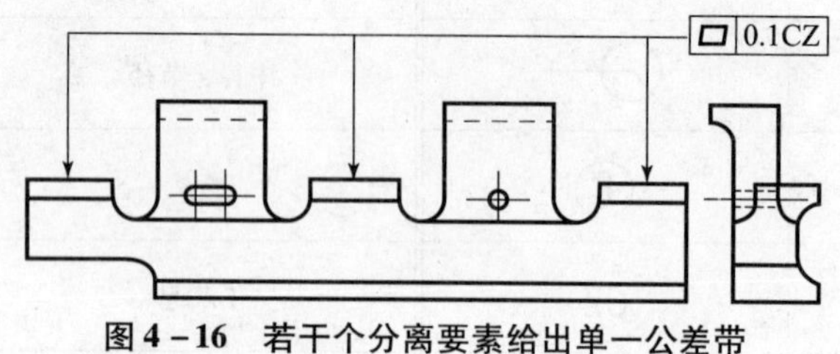

图 4 - 16　若干个分离要素给出单一公差带

（4）一个公差框格可以用于具有相同几何特征和公差值的若干个分离要素，如图 4 - 17 所示。

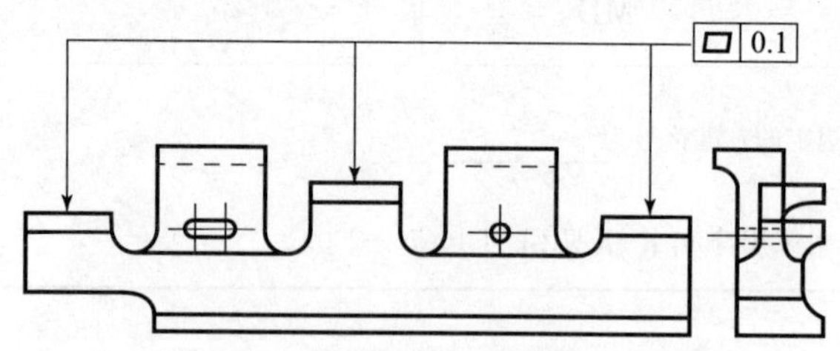

图 4 - 17　具有相同几何特征和公差值

（5）需要对整个被测要素上任意限定范围标注同样几何特征的公差时，可在公差值的后面加注限定范围的线性尺寸值，并在两者间用斜线隔开［见图 4 - 18（a）］。如果标注的是两项或两项以上同样几何特征的公差，可直接在整个要素公差框格的下方放置另一个公差框格，如图 4 - 18（b）所示。

图 4 - 18　任意限定范围标注同样几何特征的公差

（6）如果给出的公差仅适用于要素的某一指定局部，应采用粗点画线示出该局部的范围，并加注尺寸，如图 4 - 19 所示。

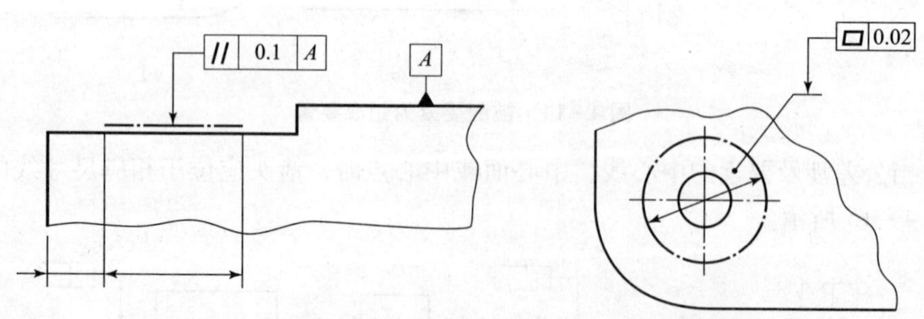

图 4 - 19　给出的公差仅适用于要素的某一指定局部

三、基准要素

与被测要素相关的基准用一个大写字母表示。字母标注在基准方格内，与一个涂黑的或空白的三角形相连以表示基准（见图 4－20）；表示基准的字母还应标注在公差框格内。涂黑的和空白的基准三角形含义相同。

图 4－20　基准符号

（1）当基准要素是轮廓线或轮廓面时，基准三角形放置在要素的轮廓线或其延长线上（与尺寸线明显错开），如图 4－21（a）所示；基准三角形也可放置在该轮廓面引出线的水平线上，如图 4－21（b）所示。

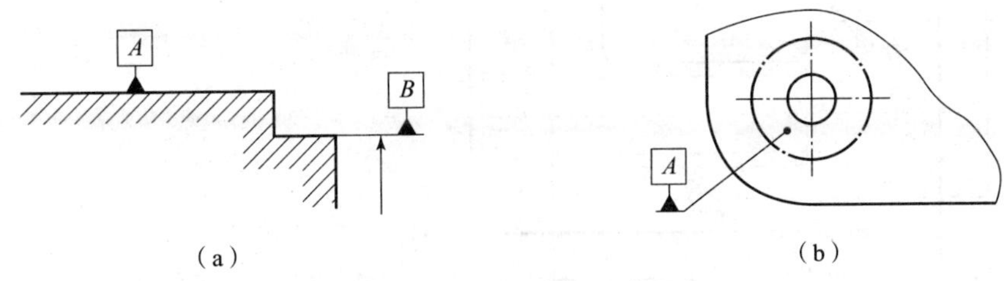

图 4－21　基准要素为组成要素

（2）当基准是尺寸要素确定的轴线、中心平面或中心点时，基准三角形应放置在该尺寸线的延长线上（见图 4－22）。如果没有足够的位置标注基准要素尺寸的两个尺寸箭头，则其中一个箭头可用基准三角形代替，如图 4－22（b）、（c）所示。

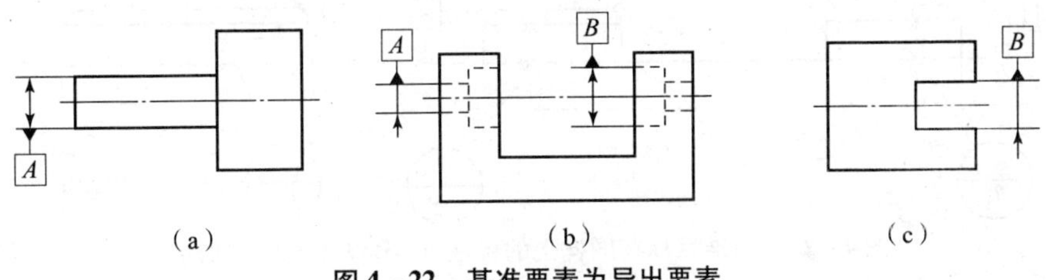

图 4－22　基准要素为导出要素

（3）如果只以要素的某一局部作基准，则应用粗点画线示出该部分并加注尺寸，如图 4－23 所示。

（4）基准目标。

就一个表面而言，基准要素可能大大偏离其理想形状，所以若用整个表面作基准要素，则会在加工或检测过程中带来较大的误差或缺乏再现性，因此，需要引入基准目标。

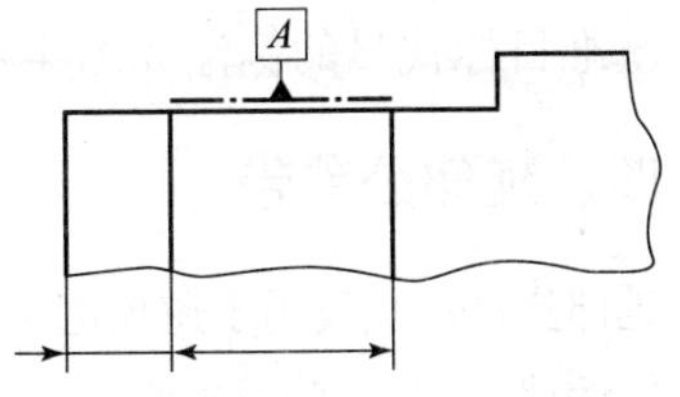

图 4－23　要素的某一局部作基准

当需要在基准要素上指定某些点、线或局部表面而用来体现各基准平面时，应标注基准目标。基准目标按下列方法标在图样上：

① 当基准目标为点时，用“×”表示，如图 4－24（a）所示。

② 当基准目标为线时，用点画线表示，并在棱边上加“×”，如图 4－24（b）所示。

③ 当基准目标为局部表面时，用点画线绘出该局部表面的图形，并画上与水平成 45°的剖面线，如图 4－24（c）所示。

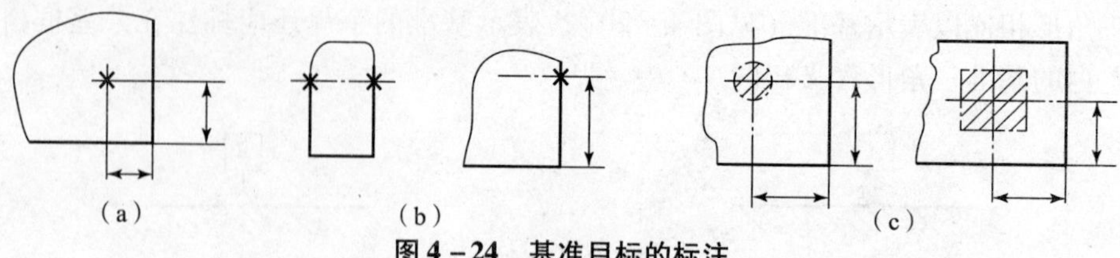

图 4-24 基准目标的标注

基准目标在图样上的标注如图 4-25 所示。

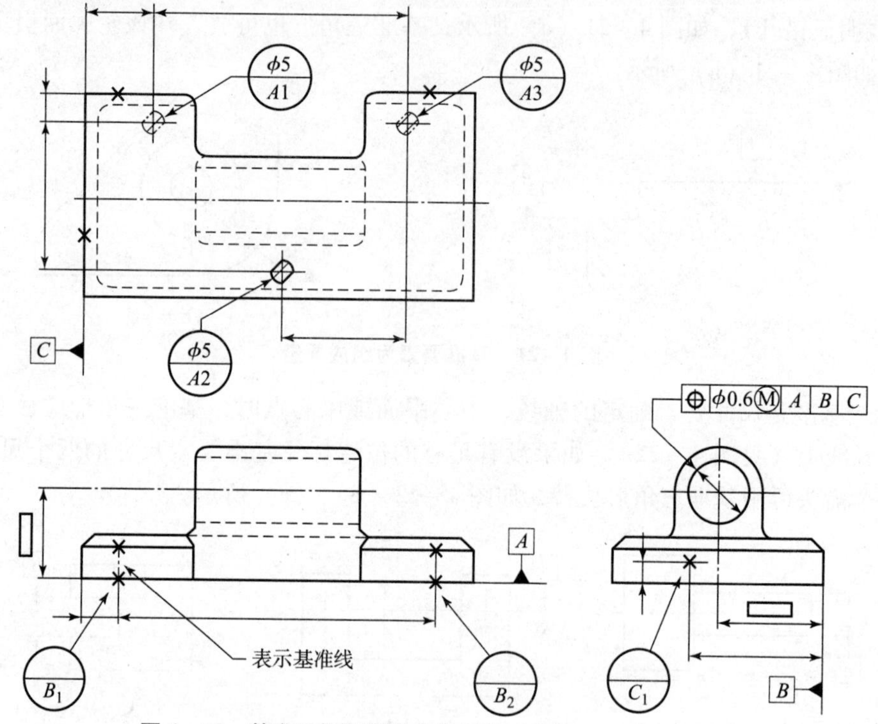

图 4-25 基准目标在图样上的标注（GB/T 17851—2010）

基准目标：“A1”“A2”和“A3”体现基准“A”；基准目标“B1”和“B2”体现基准“B”；基准目标“C1”体现基准“C”，如图 4-25 所示。

基准目标代号的标注如图 4-26 所示。

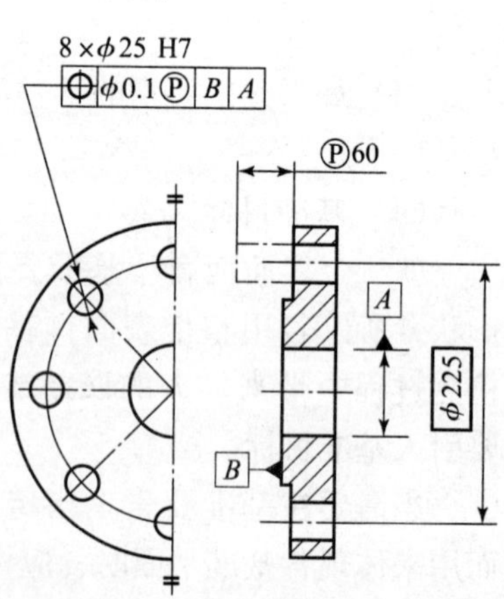

图 4-26 基准目标代号的标注

四、延伸公差带

延伸公差带一般用于避免键和螺栓、螺柱、螺钉、销等紧固件在装配时产生干涉。延伸公差带必须与几何公差联合使用。

五、理论正确尺寸

当给出一个或一组要素的位置、方向或轮廓度公差时，分别用来确定其理论正确位置、方向或轮廓的尺寸称为理论正确尺寸（TED）。

（1）理论正确尺寸也用于确定基准体系中各基准之间的方向、位置关系。

（2）理论正确尺寸没有公差，并标注在一个方框中，如图 4-27 所示。

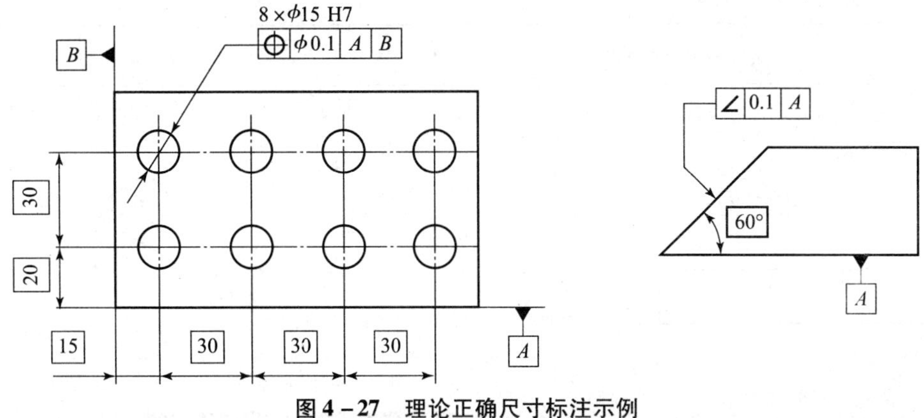

图 4－27 理论正确尺寸标注示例

第三节 几何公差带

一、几何公差带的概念

几何公差是指实际要素允许的变动量。几何公差包括：

(1) 形状公差是指实际单一要素的形状所允许的变动全量。

(2) 定向公差是关联实际要素对基准在方向上允许的变动全量。

(3) 定位公差是关联实际要素对基准在位置上所允许的变动全量。

(4) 跳动公差是关联实际要素绕基准轴线回转一周或连续回转时所允许的最大跳动量。

几何公差带是用来限制被测实际要素变动的区域。这个区域可以是平面区域或空间区域。只要被测实际要素能全部落在给定的公差带内，就表明该被测实际要素合格。

二、形状公差带的特点及定义

形状公差带的特点不涉及基准，其方向和位置随实际要素不同而浮动。

几何公差带具有形状、大小、方向和位置四个特征，这四个特征将在图样标注中体现出来。

形状公差带的定义、标注示例和解释见表 4－4。

表 4－4 形状公差带的定义、标注示例和解释

项目	标注示例和解释	公差带定义
直线度	在任一平行于图示投影面的平面内，上平面的提取（实际）线应限定在间距等于 0.05 的两平行线之间 0.05	给定平面内和给定方向上，间距等于公差值 t 的两平行直线所限定的区域 t a a：任一距离

续表

项目	标注示例和解释	公差带定义
直线度	提取（实际）的棱边应限定在间距等于 0.1 的两平行平面之间 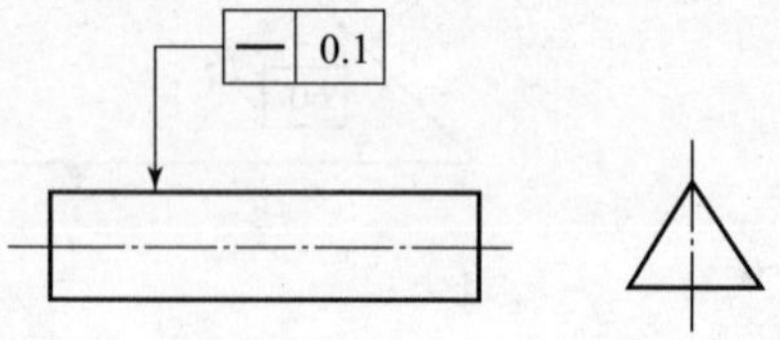 — 0.1	公差带为间距等于公差值 t 的两平行平面所限定的区域 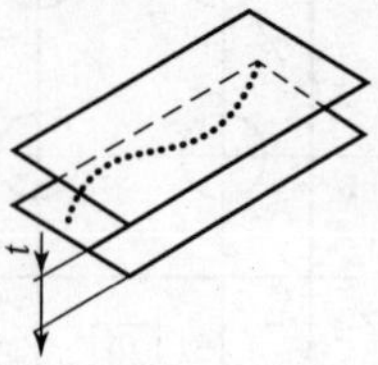 t
直线度	外圆柱面提取（实际）中心线应限定在直径等于 $\phi0.08$ 的圆柱面内 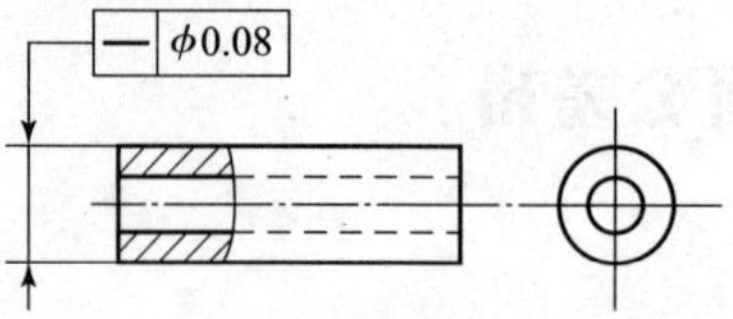 — $\phi0.08$	由于公差值前加注了符号 ϕ，公差带为直径等于公差值 ϕt 的圆柱面所限定的区域 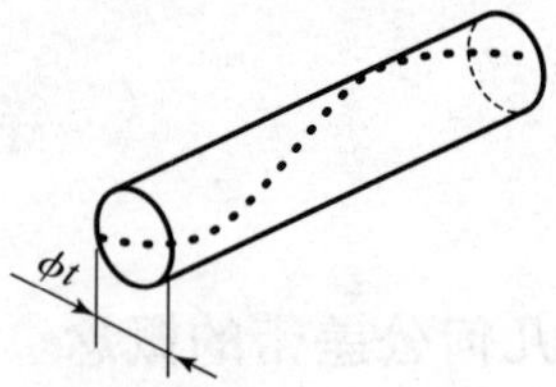 ϕt
平面度	提取（实际）表面应限定在间距等于 0.08 的两平行平面之间 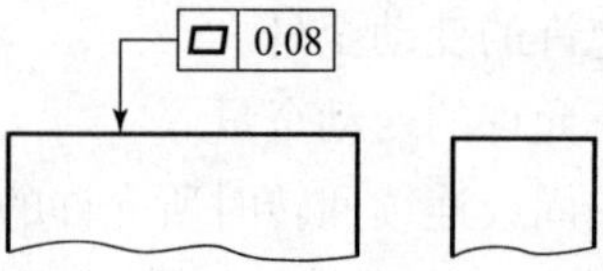 ▱ 0.08	公差带为间距等于公差值 t 的两平行平面所限定的区域 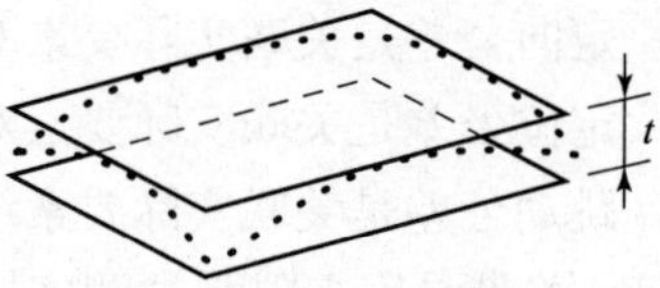 t
圆度	在圆柱面和圆锥面的任意横截面内，提取（实际）圆周应限定在半径差等于 0.03 的两共面同心圆之间 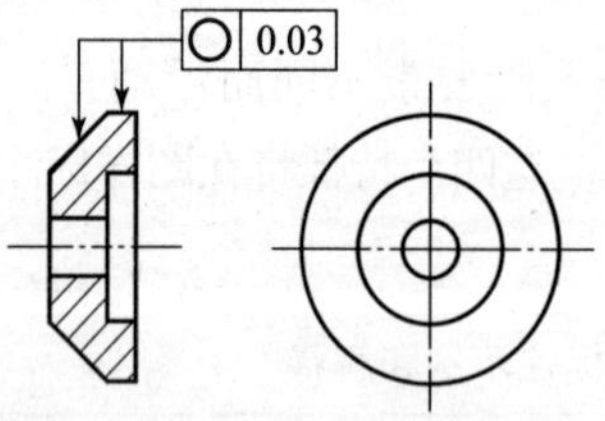 ○ 0.03 注：提取圆周的定义尚未标准化	公差带为在给定横截面内，半径差等于公差值 t 的两同心圆限定的区域 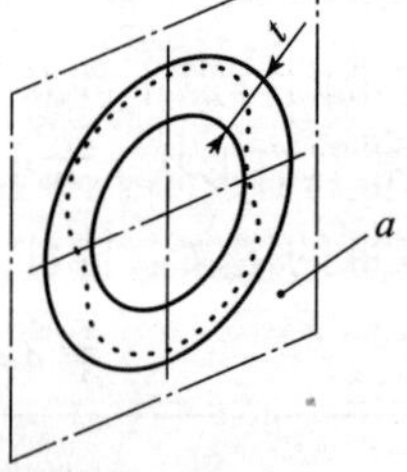 t a a：任一横截面
圆柱度	提取（实际）圆柱面应限定在半径差等于公差值 0.1 的两同轴圆柱面之间 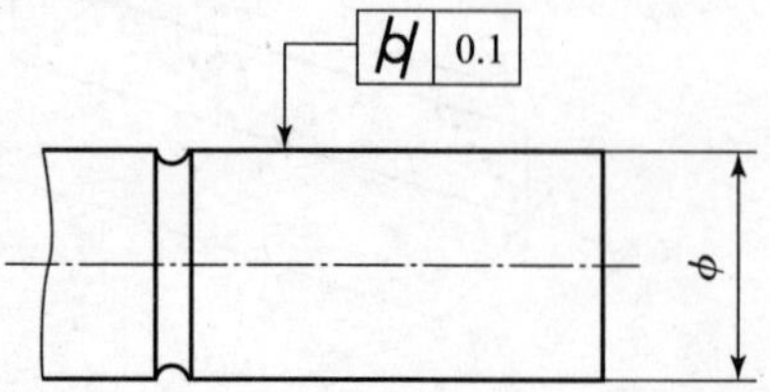 ⌭ 0.1 ϕ	公差带是半径差等于公差值 t 的两同轴圆柱面所限定的区域 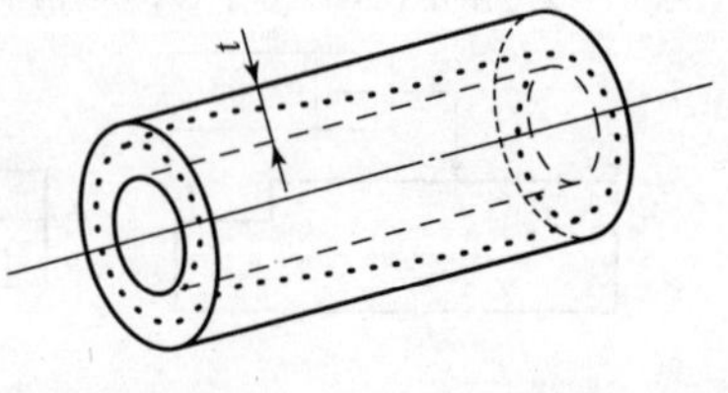 t

续表

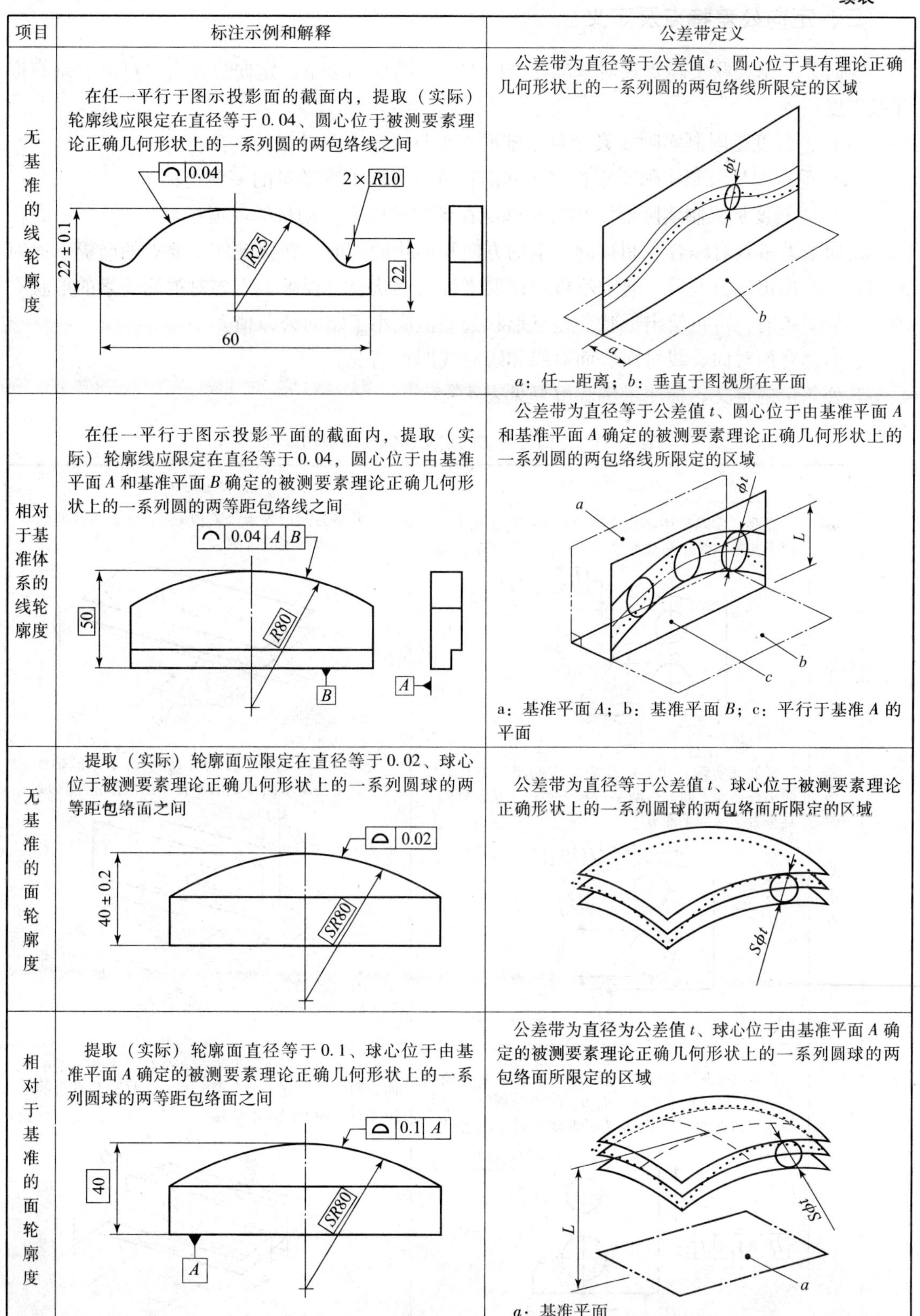

项目	标注示例和解释	公差带定义
无基准的线轮廓度	在任一平行于图示投影面的截面内，提取（实际）轮廓线应限定在直径等于0.04、圆心位于被测要素理论正确几何形状上的一系列圆的两包络线之间	公差带为直径等于公差值 t、圆心位于具有理论正确几何形状上的一系列圆的两包络线所限定的区域 a：任一距离；b：垂直于图视所在平面
相对于基准体系的线轮廓度	在任一平行于图示投影平面的截面内，提取（实际）轮廓线应限定在直径等于0.04，圆心位于由基准平面 A 和基准平面 B 确定的被测要素理论正确几何形状上的一系列圆的两等距包络线之间	公差带为直径等于公差值 t、圆心位于由基准平面 A 和基准平面 A 确定的被测要素理论正确几何形状上的一系列圆的两包络线所限定的区域 a：基准平面 A；b：基准平面 B；c：平行于基准 A 的平面
无基准的面轮廓度	提取（实际）轮廓面应限定在直径等于0.02、球心位于被测要素理论正确几何形状上的一系列圆球的两等距包络面之间	公差带为直径等于公差值 t、球心位于被测要素理论正确形状上的一系列圆球的两包络面所限定的区域
相对于基准的面轮廓度	提取（实际）轮廓面直径等于0.1、球心位于由基准平面 A 确定的被测要素理论正确几何形状上的一系列圆球的两等距包络面之间	公差带为直径为公差值 t、球心位于由基准平面 A 确定的被测要素理论正确几何形状上的一系列圆球的两包络面所限定的区域 a：基准平面

三、定向公差特点及定义

定向公差是关联实际要素对基准在方向上允许的变动全量。定向公差有平行度、垂直度和倾斜度三项。

（1）平行度是限制实际要素相对于基准在平行方向上变动量的一项指标。

（2）垂直度是限制实际要素相对于基准在垂直方向上变动量的一项指标。

（3）倾斜度是限制实际要素相对于基准在倾斜方向上变动量的一项指标。

定向公差带具有综合控制被测要素的方向和形状的功能。在保证使用要求的前提下，对被测要素给出定向公差后，通常不再对该要素提出形状公差要求。需要对被测要素的形状有进一步的要求时，可再给出形状公差且形状公差值应小于定向公差值。

它们都有面对面、线对面、面对线和线对线四种情况。

其公差带的定义、标注示例和解释见表 4－5。

表 4－5　定向公差带的定义、标注示例和解释

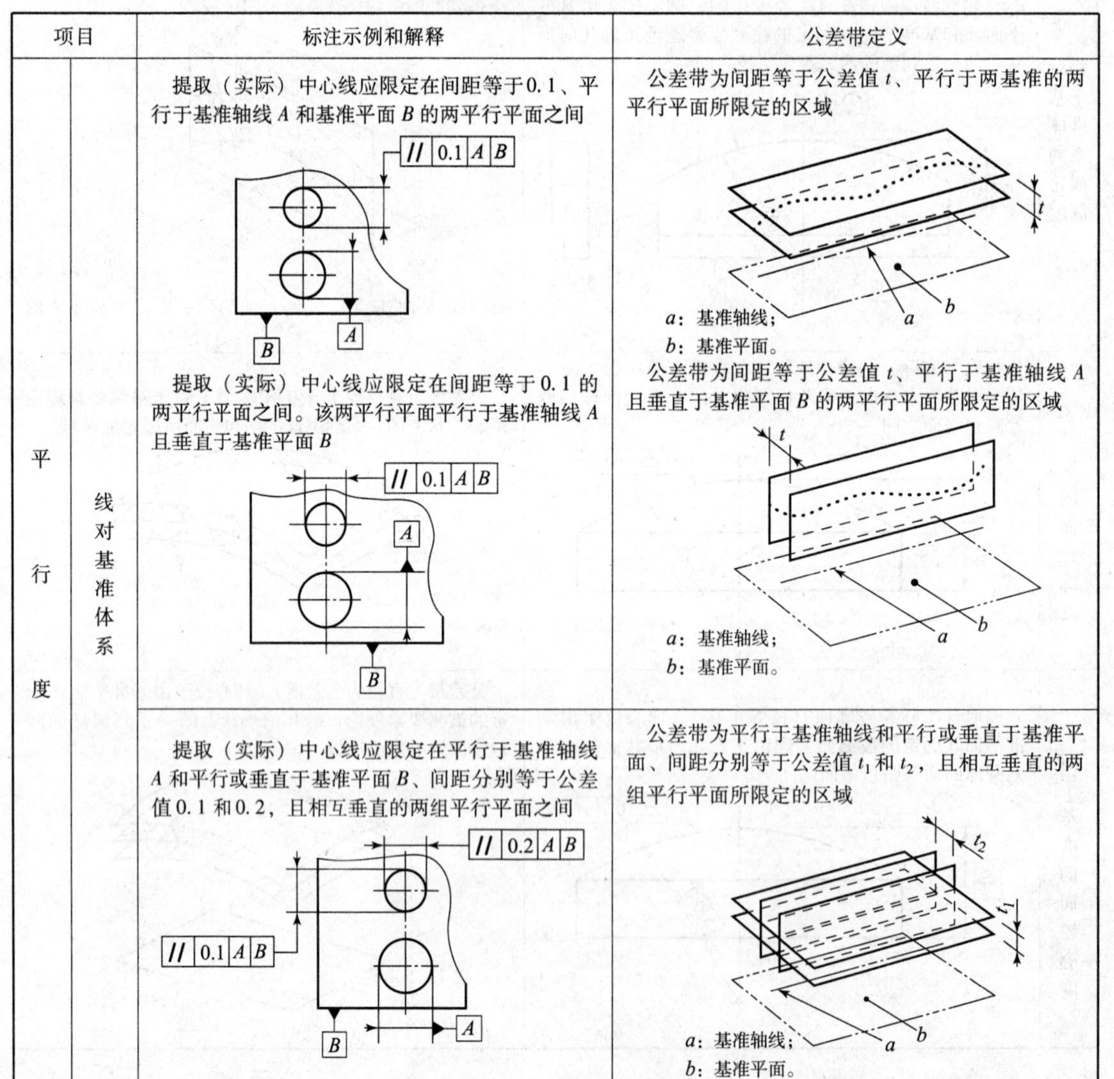

项目		标注示例和解释	公差带定义
平行度	线对基准体系	提取（实际）中心线应限定在间距等于0.1、平行于基准轴线 *A* 和基准平面 *B* 的两平行平面之间	公差带为间距等于公差值 *t*、平行于两基准的两平行平面所限定的区域 *a*：基准轴线； *b*：基准平面。
		提取（实际）中心线应限定在间距等于 0.1 的两平行平面之间。该两平行平面平行于基准轴线 *A* 且垂直于基准平面 *B*	公差带为间距等于公差值 *t*、平行于基准轴线 *A* 且垂直于基准平面 *B* 的两平行平面所限定的区域 *a*：基准轴线； *b*：基准平面。
		提取（实际）中心线应限定在平行于基准轴线 *A* 和平行或垂直于基准平面 *B*、间距分别等于公差值 0.1 和 0.2，且相互垂直的两组平行平面之间	公差带为平行于基准轴线和平行或垂直于基准平面、间距分别等于公差值 t_1 和 t_2，且相互垂直的两组平行平面所限定的区域 *a*：基准轴线； *b*：基准平面。

续表

项目		标注示例和解释	公差带定义
平行度	线对基准线	提取（实际）中心线应限定在平行于基准轴线 A、直径等于 $\phi 0.03$ 的圆柱面内 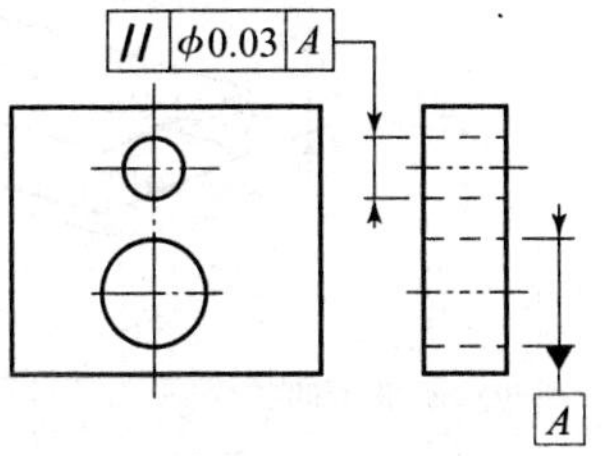	公差带是距离为公差值 0.01 mm，且平行于基准平面的两平行平面间的区域 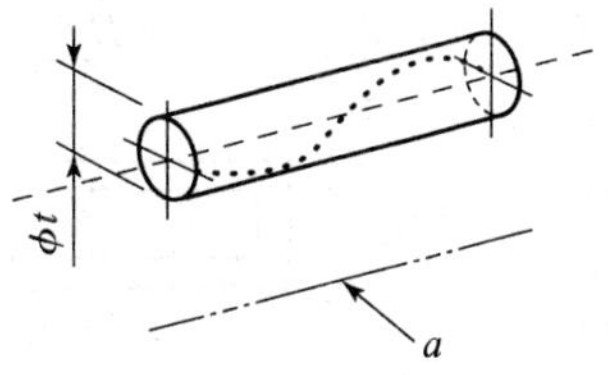 a：基准轴线
	线对基准面	提取（实际）中心线应限定在平行于基准平面 B、间距等于 0.01 的两平行平面之间 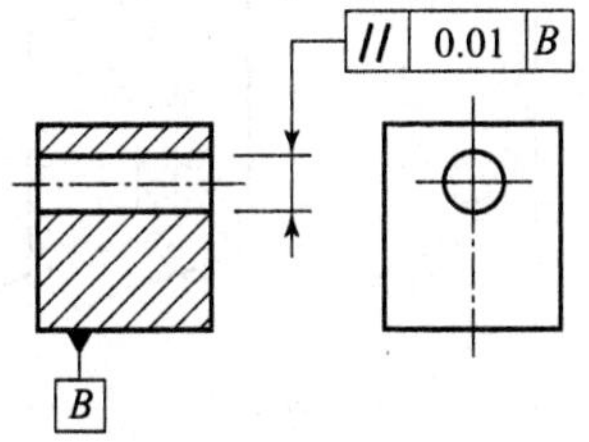	公差带为平行于基准平面、间距等于公差值 t 的两平行平面所限定的区域 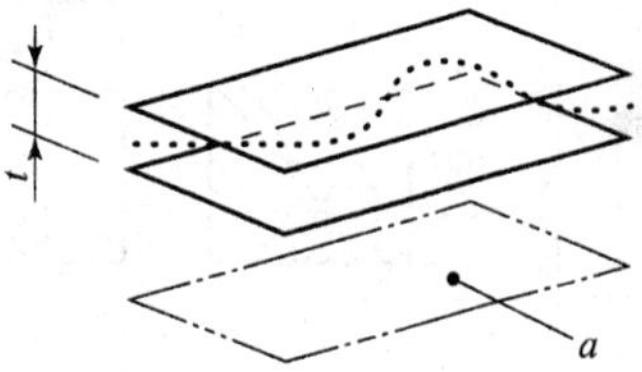 a：基准平面
	线对基准体系	提取（实际）线应限定在间距等于 0.02 的两平行直线之间。该两平行直线平行于基准平面 A 且处于平行于基准平面 B 的平面内 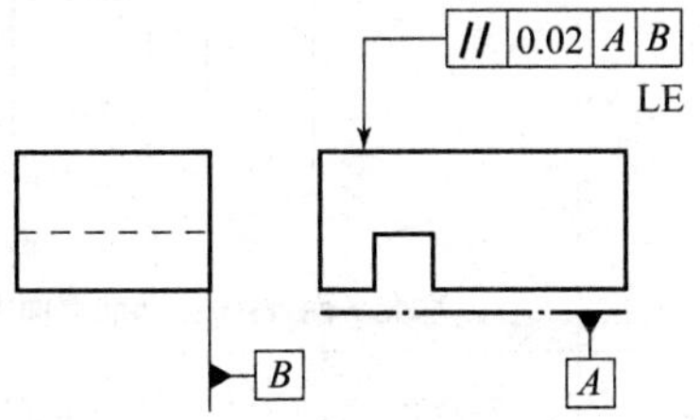	公差带为间距等于公差值 t 的两平行直线所限定的区域。该两平行直线平行于基准平面 A 且处于平行于基准平面 B 的平面内 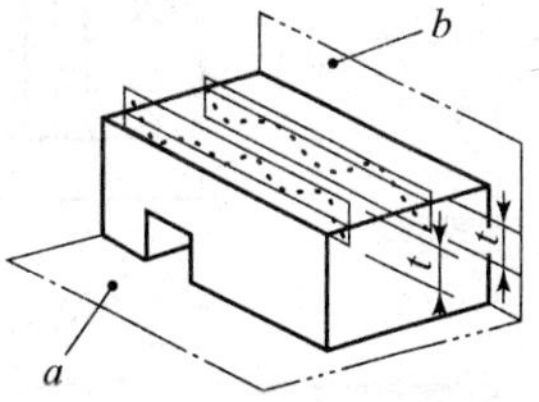 a：基准平面 A；b：基准平面 B
	面对基准线	提取（实际）表面应限定在间距等于 0.1、平行于基准轴线 C 的两平行平面之间 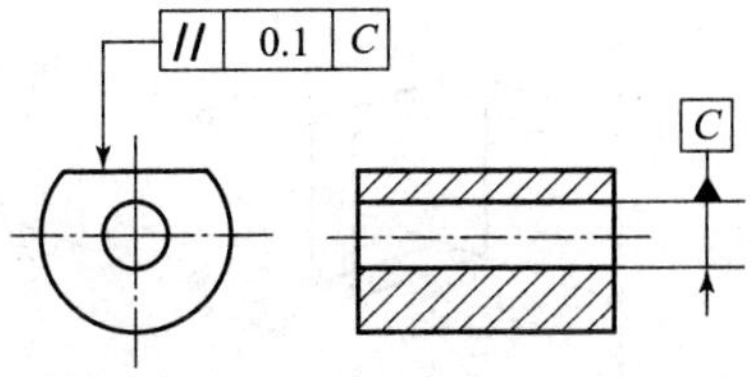	公差带为间距等于公差值 t、平行于基准轴线的两平行平面所限定的区域 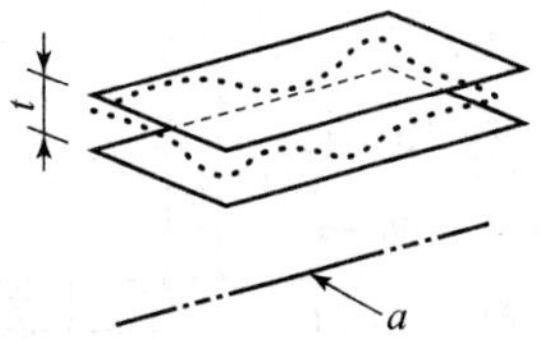 a：基准轴线

续表

项目		标注示例和解释	公差带定义
平行度	面对基准面	提取（实际）表面应限定在间距等于0.01、平行于基准 D 的两平行平面之间 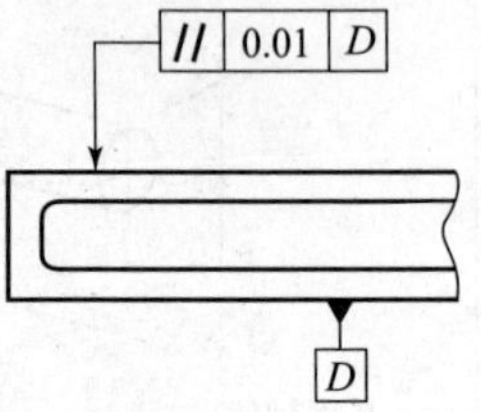 // 0.01 D D	公差带为间距等于公差值 t、平行于基准平面的两平行平面所限定的区域 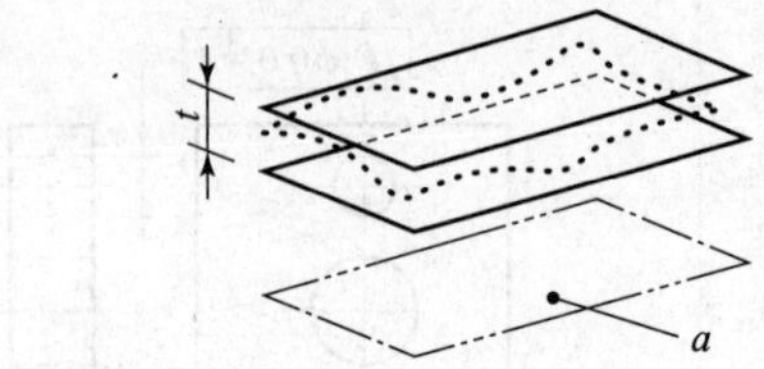 a a：基准平面
垂直度	线对基准线	提取（实际）中心线应限定在间距等于0.06、垂直于基准轴线 A 的两平行平面之间 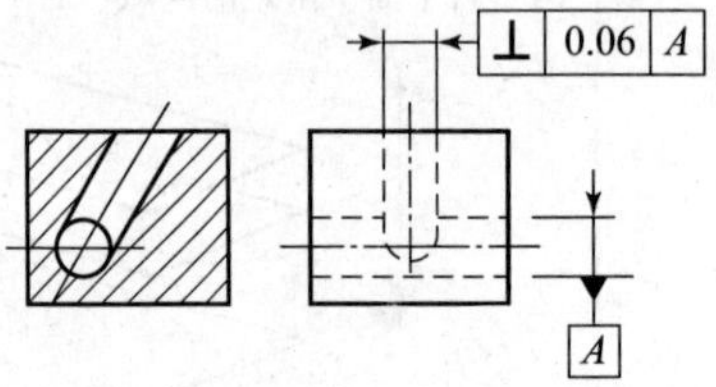 ⊥ 0.06 A A	公差带为间距等于公差值 t、垂直于基准线的两平行平面所限定的区域 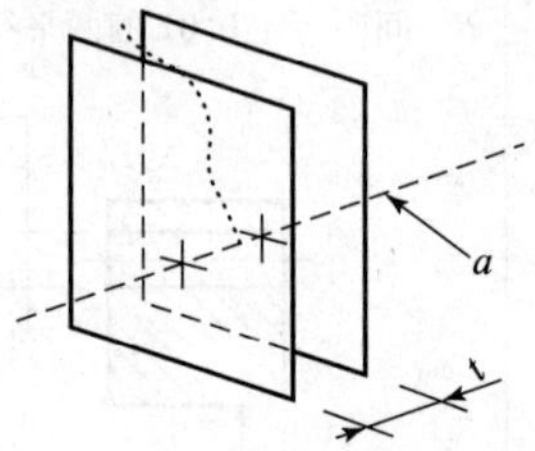 a t a：基准线
	线对基准体系	圆柱面的提取（实际）中心线应限定在间距等于0.1的两平行平面之间。该两平行平面垂直于基准平面 A，且平行于基准平面 B 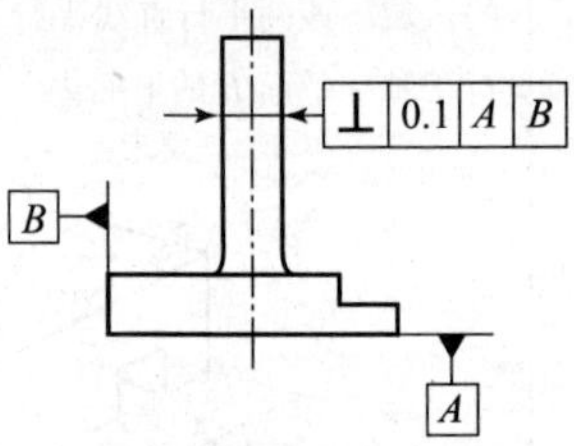 ⊥ 0.1 A B B A	公差带为间距等于公差值 t 的两平行平面所限定的区域。该两平行平面垂直于基准平面 A，且平行于基准平面 B 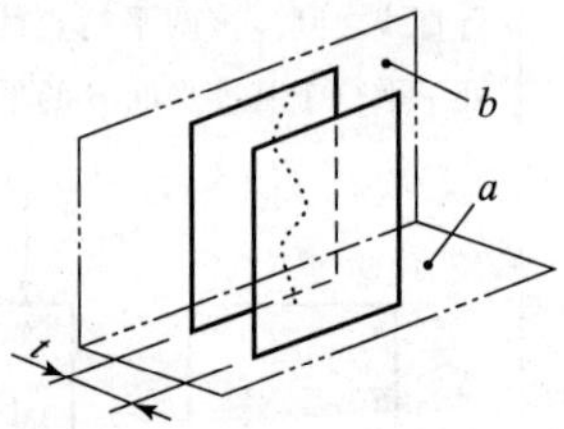 b a t a：基准平面 A；b：基准平面 B
		圆柱面的提取（实际）中心线应限定在间距等于0.1和0.2，且相互垂直的两组两平行平面内。该两组平行平面垂直于基准平面 A 且垂直于或平行于基准平面 B ⊥ 0.2 A B B A ⊥ 0.1 A B 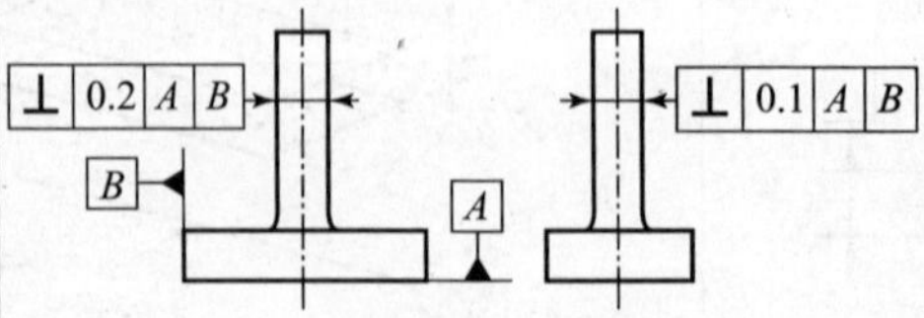	公差带为间距分别等于公差值 t_1 和 t_2，且互相垂直的两组平行平面所限定的区域。该两组平行平面都垂直于基准平面 A。其中一组平行平面垂直于基准平面 B，另一组平行平面平行于基准平面 B 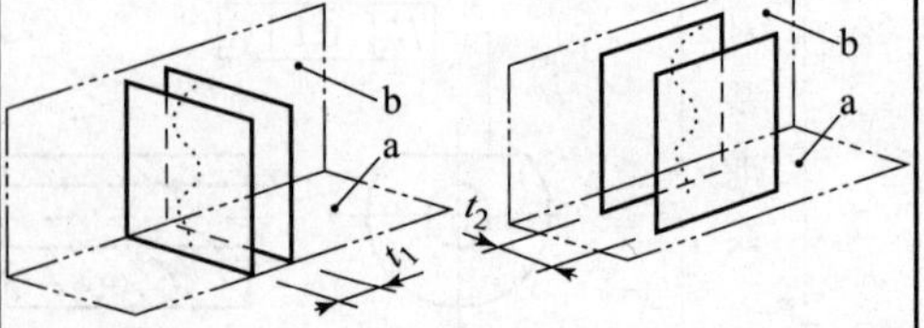 b a t_1 t_2 b a a：基准平面 A；b：基准平面 B

续表

<table>
<tr><th colspan="2">项目</th><th>标注示例和解释</th><th>公差带定义</th></tr>
<tr><td>垂直度</td><td>线对基准面</td><td>圆柱面的提取（实际）中心线应限定在直径等于 ϕ0.01、垂直于基准平面 A 的圆柱面内 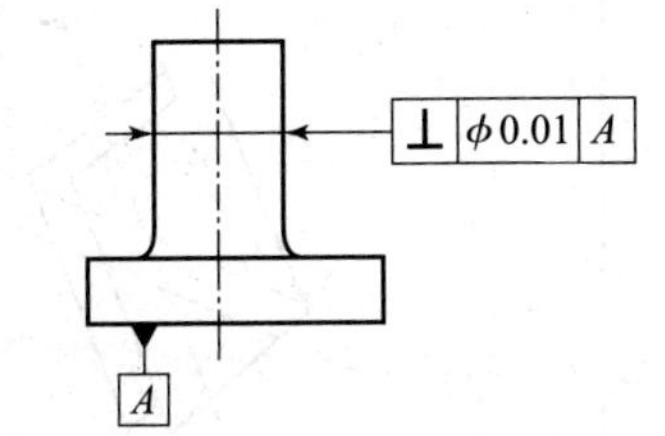
⊥ ϕ0.01 A
A</td><td>若公差值前加注符号 ϕ，公差带直径等于公差值 ϕt、轴线垂直于基准平面的圆柱面所限定的区域 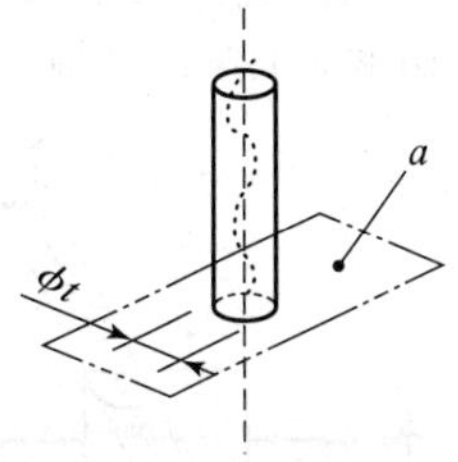
ϕt　a
a：基准平面</td></tr>
<tr><td rowspan="2">垂直度</td><td>面对基准线</td><td>提取（实际）表面应限定在间距等于 0.08 的两平行平面之间。该两平行平面垂直于基准轴线 A 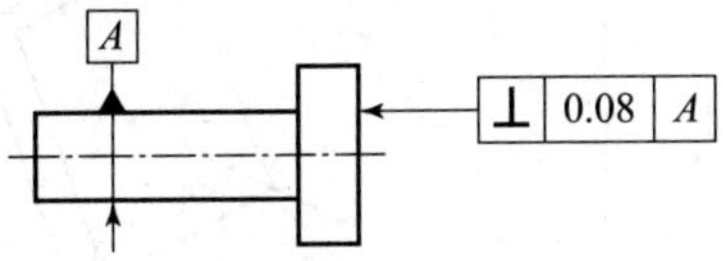
A
⊥ 0.08 A</td><td>公差带为间距等于公差值 t 且垂直于基准轴线的两平行平面所限定的区域 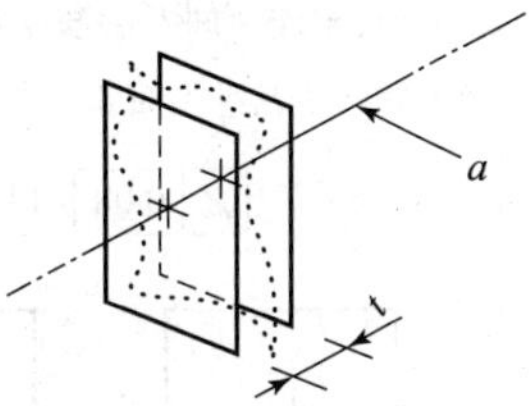
a　t
a：基准轴线</td></tr>
<tr><td>面对基准面</td><td>提取（实际）表面应限定在间距等于 0.08、垂直于基准平面 A 的两平行平面之间 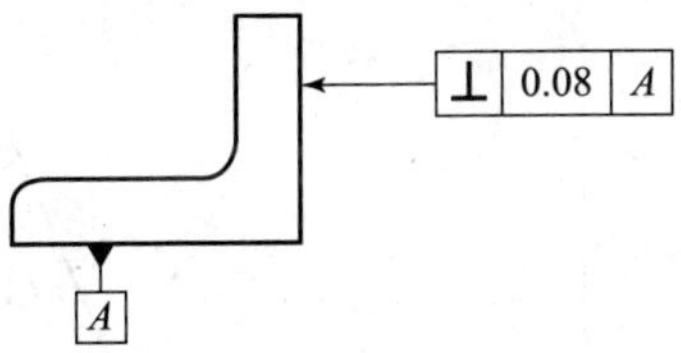
⊥ 0.08 A
A</td><td>公差带为间距等于公差值 t、垂直于基准平面的两平行平面所限定的区域 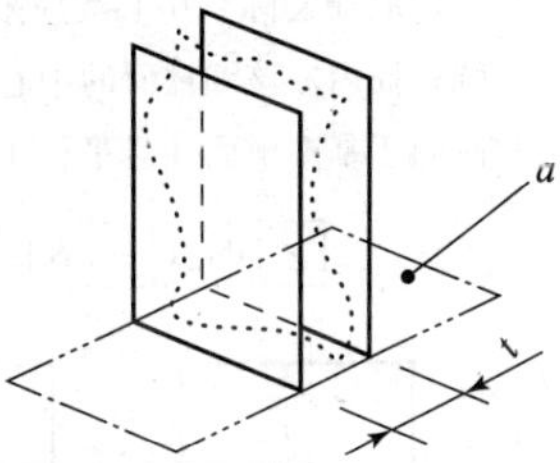
a　t
a：基准平面</td></tr>
<tr><td>倾斜度</td><td>线对基准线</td><td>（1）被测线与基准线在同一平面上
提取（实际）中心线应限定在间距等于 0.08 的两平行平面之间。该两平行平面按理论正确角度 60°倾斜于公共基准轴线 A—B 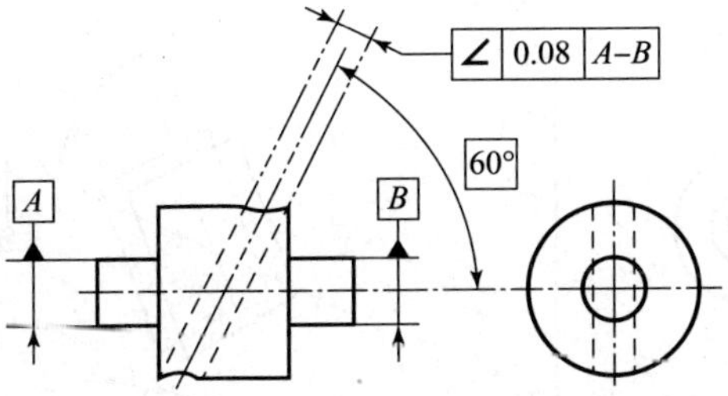
∠ 0.08 A-B
60°
A　B</td><td>公差带为间距等于公差值 t 的两平行平面所限定的区域。该两平行平面按给定角度倾斜于基准轴线 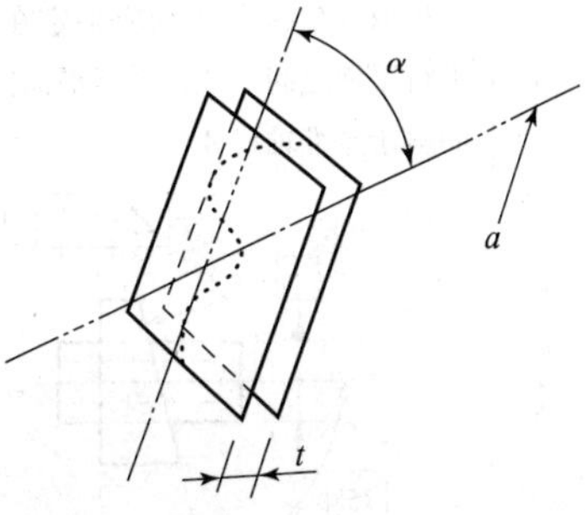
α　a　t
a：基准轴线</td></tr>
</table>

续表

项目		标注示例和解释	公差带定义
倾斜度	线对基准线	（2）被测线与基准线不在同一平面上 提取（实际）中心线应限定在间距等于 0.08 的两平行平面之间。该两平行平面按理论正确角度 60°倾斜于公共基准轴线 $A—B$ 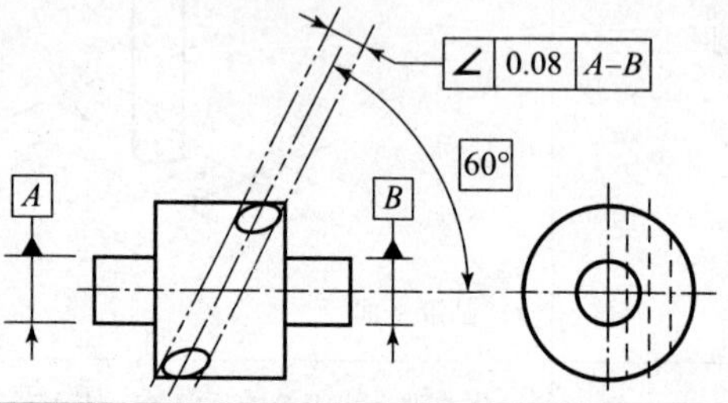 ∠ 0.08 A–B；60°；A；B	公差带为间距等于公差值 t 的两平行平面所限定的区域。该两平行平面按给定角度倾斜于基准轴线 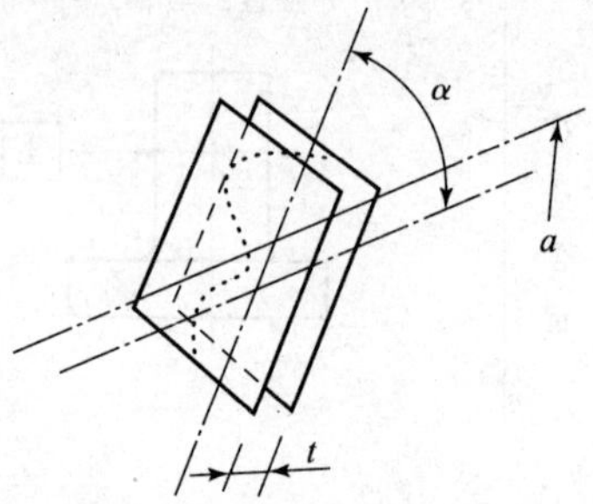 α；a；t a：基准轴线
	线对基准面	提取（实际）中心线应限定在间距等于 0.08 的两平行平面之间。该两平行平面按理论正确角度 60°倾斜于基准平面 A 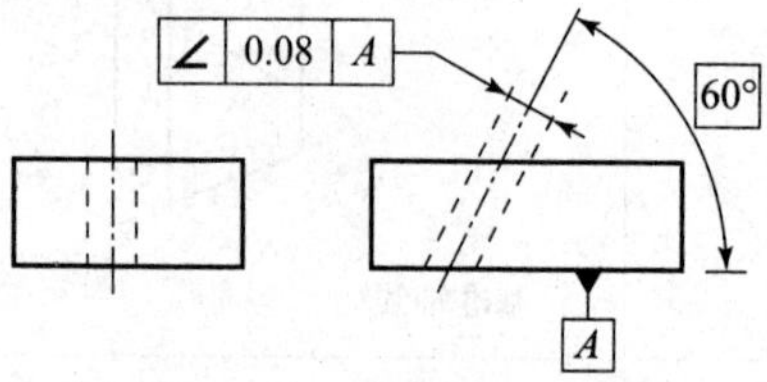 ∠ 0.08 A；60°；A	公差带为间距等于公差值 t 的两平行平面所限定的区域。该两平行平面按给定角度倾斜于基准平面 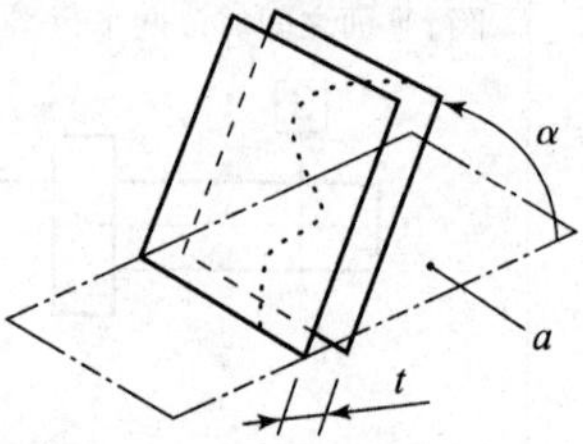 α；a；t a：基准平面
		提取（实际）中心线应限定在直径等于 ϕ0.1 的圆柱面内。该圆柱面的中心线按理论正确角度 60°倾斜于基准平面 A 且平行于基准平面 B 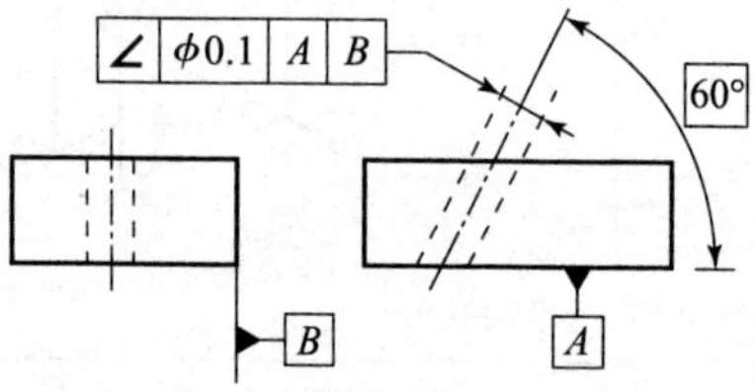 ∠ ϕ0.1 A B；60°；B；A	公差值前加注符号 ϕ，公差带的直径等于 ϕt 的圆柱面所限定的区域。该圆柱面公差带的轴线按给定角度倾斜于基准平面 A 且平行于基准平面 B 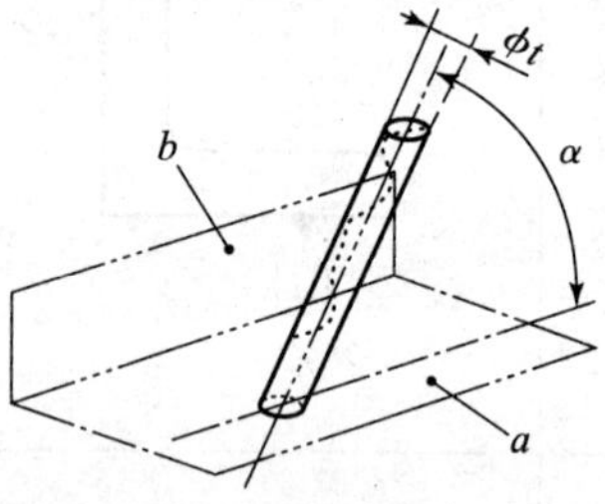 ϕt；b；α；a a：基准平面 A；b：基准平面 B
	面对基准线	提取（实际）表面应限定在间距等于 0.1 的两平行平面之间。该两平行平面按理论正确角度 75°倾斜于基准轴线 A 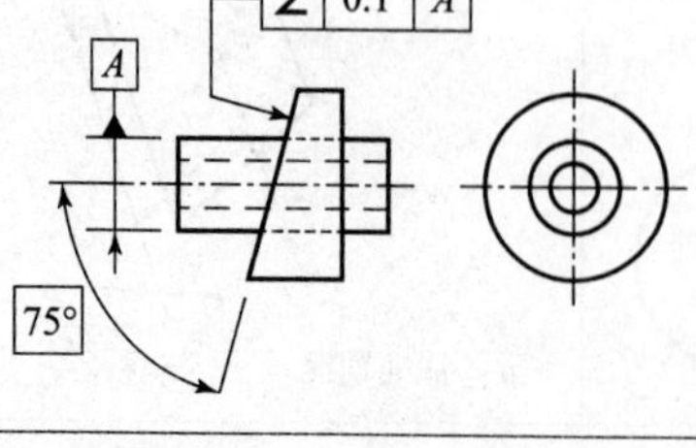 ∠ 0.1 A；A；75°	公差带为间距等于公差值 ϕt 的两平行平面所限定的区域。该两平行平面按给定角度倾斜于基准直线 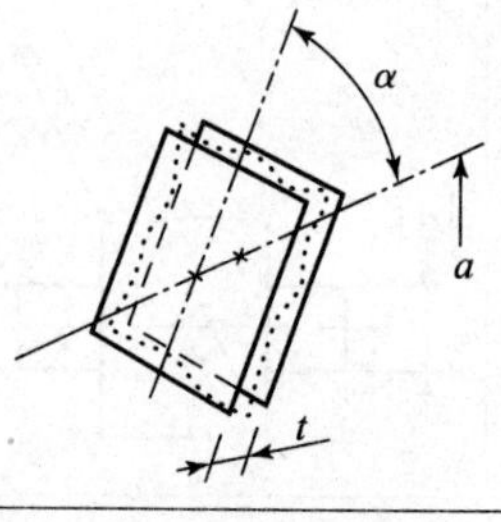 α；a；t

续表

项目		标注示例和解释	公差带定义
倾斜度	面对基准面	提取（实际）表面应限定在间距等于0.08的两平行平面之间。该两平行平面按理论正确角度40°倾斜于基准平面 *A* 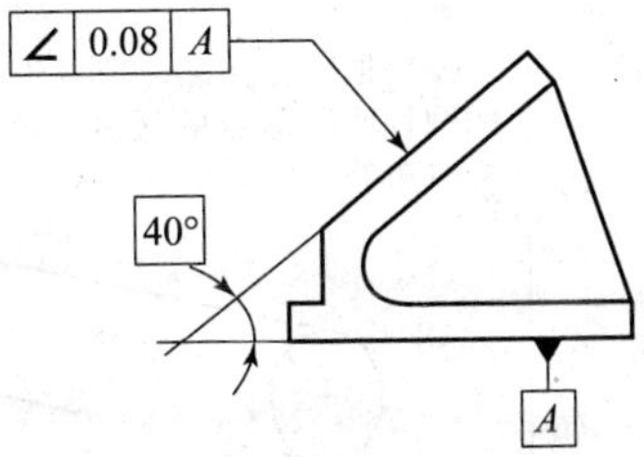	公差带为间距等于公差值 *t* 的两平行平面所限定的区域。该两平行平面按给定角度倾斜于基准平面 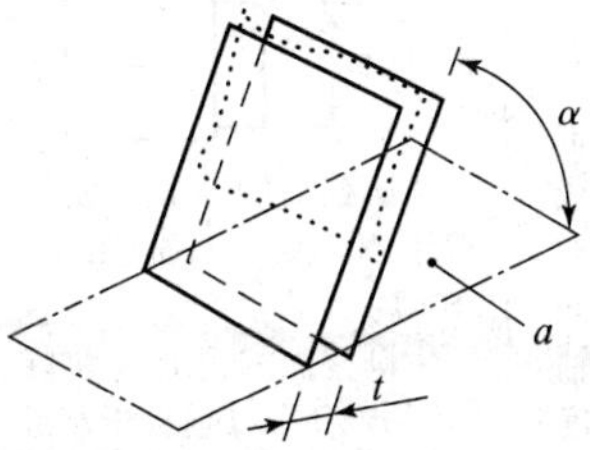

四、定位公差的特点及定义

定位公差是关联实际要素对基准在位置上所允许的变动全量，它分为同轴度、对称度和位置度三种。

（1）同轴度公差是限制被测轴线偏离基准轴线的一项指标。

（2）对称度是限制被测中心要素相对于基准中心要素的位置偏离量的一项指标。

（3）位置度公差是限制被测实际要素相对于其理想位置变动量的一项指标。

定位公差带具有综合控制被测要素位置、方向和形状的功能。在满足使用要求的前提下，对被测要素给出定位公差后，通常对该要素不再给出定向公差和形状公差。如果需要对方向和形状有进一步要求时，则可另行给出定向或（和）形状公差，但其数值应小于定位公差值。

定位公差带的定义、标注示例和解释见表4－6。

表4－6 定位公差带的定义、标注示例和解释

项目		标注示例和解释	公差带定义
同心度和同轴度	点的同心度	在任意横截面内，内圆的提取（实际）中心应限定在直径等于 $\phi 0.1$，以基准点 *A* 为圆心的圆周内 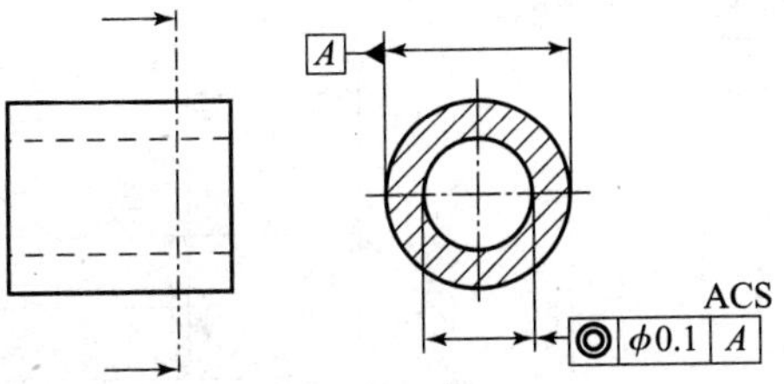	公差值前标注符号 ϕ，公差带为直径等于公差值 ϕt 的圆周所限定的区域。该圆周的圆心与基准点重合 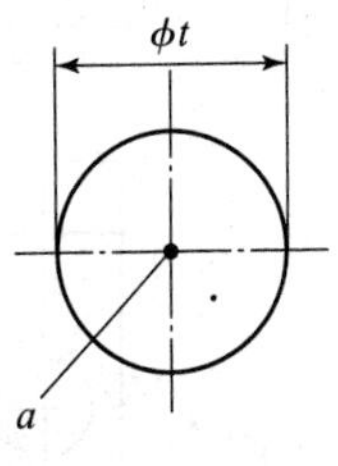 *a*：基准点

续表

项目		标注示例和解释	公差带定义
同心度和同轴度	轴线的同轴度	大圆柱面的提取（实际）中心线应限定在直径等于 $\phi0.08$、以公共基准轴线 $A—B$ 为轴线的圆柱面内 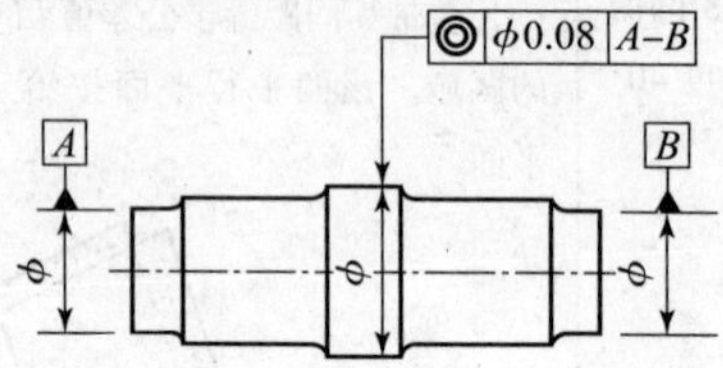 大圆柱面的提取（实际）中心线应限定在直径等于 $\phi0.1$、以基准轴线 A 为轴线的圆柱面内（见图 a）。 大圆柱面的提取（实际）中心线应限定在直径等于 $\phi0.1$、以垂直于基准平面 A 的基准轴线 B 为轴线的圆柱面内（见图 b） 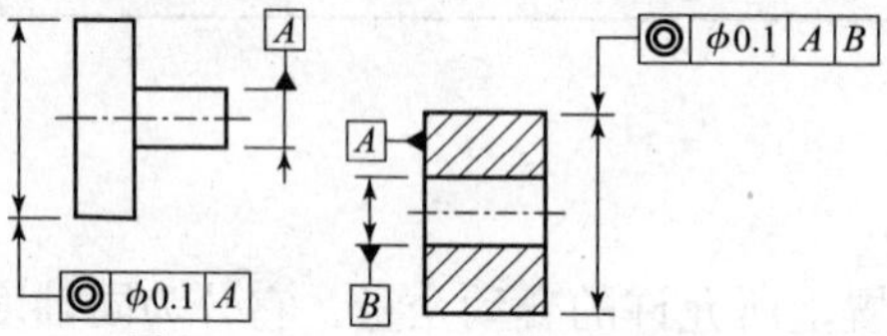 图a　图b	公差值前标注 ϕ，公差带为直径等于公差值 ϕt 的圆柱面所限定的区域。该圆柱面的轴线与基准轴线重合 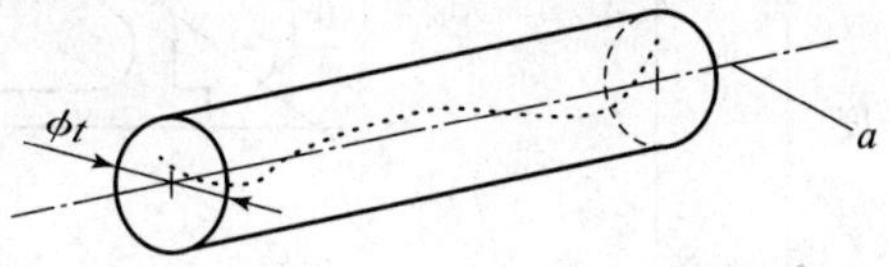
中心平面的对称度		提取（实际）中心面应限定在间距等于 0.08、对称于基准中心平面 A 的两平行平面之间 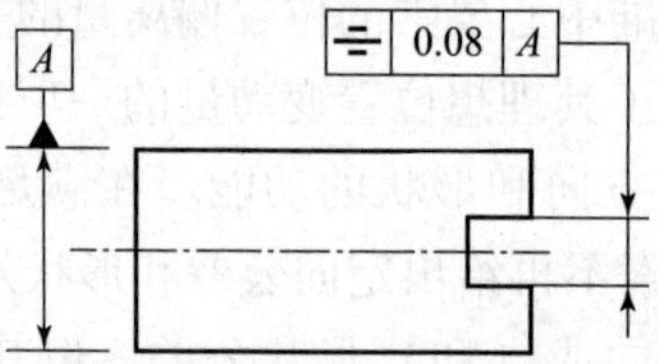 提取（实际）中心面应限定在间距等于 0.08、对称于公共基准中心平面 $A—B$ 的两平行平面之间 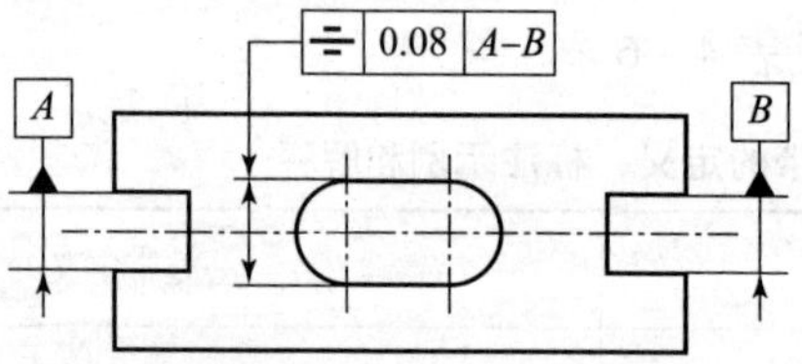	公差带为间距等于公差值 t、对称于基准中心平面的两平行平面所限定的区域 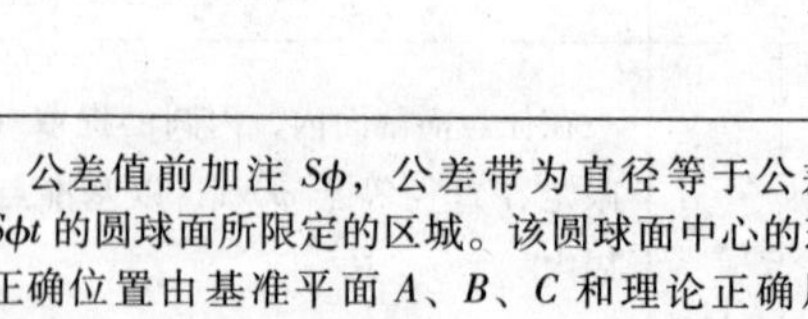 a：基准中心平面
位置度	点的位置度	提取（实际）球心应限定在直径等于 $S\phi0.3$ 的圆球面内，该圆球面的中心由基准平面 A、基准平面 B、基准中心平面 C 和理论正确尺寸 30、25 确定 注：提取（实际）球心的定义尚未标准化 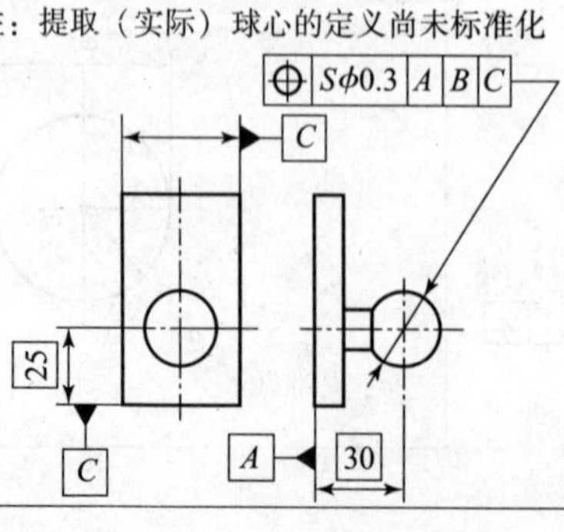	公差值前加注 $S\phi$，公差带为直径等于公差值 $S\phi t$ 的圆球面所限定的区域。该圆球面中心的理论正确位置由基准平面 A、B、C 和理论正确尺寸确定 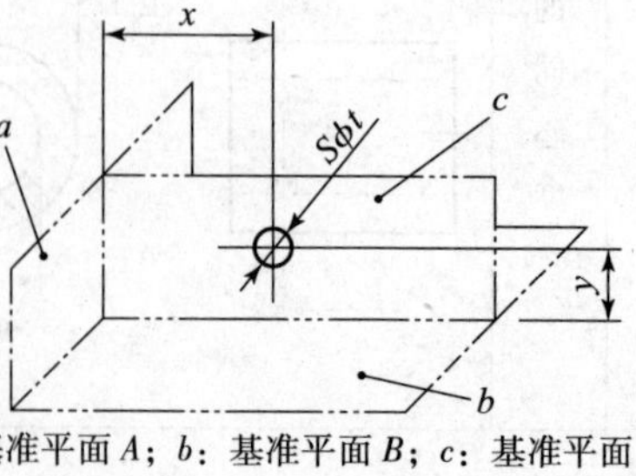 a：基准平面 A；b：基准平面 B；c：基准平面 C

续表

项目		标注示例和解释	公差带定义
位置度	线的位置度	各条刻线的提取（实际）中心线应限定在间距等于0.1、对称于基准平面A、B和理论正确尺寸25、10确定的理论正确位置的两平行平面之间 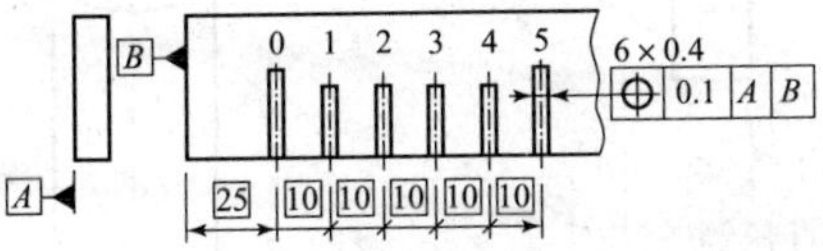 0 1 2 3 4 5 6×0.4 ⌖ 0.1 A B B A 25 10 10 10 10 10	给定一个方向的公差时，公差带为间距等于公差t、对称于线的理论正确位置的两平行平面所限定的区域。线的理论正确位置由基准平面A、B和理论正确尺寸确定。公差只在一个方向给定 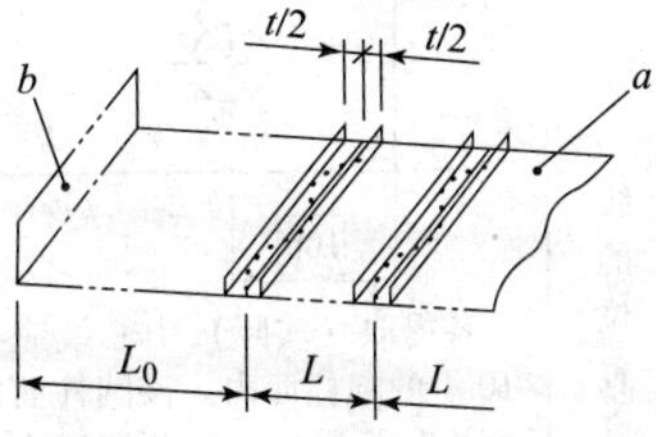 t/2 t/2 b a L_0 L L a：基准平面A；b：基准平面B
		各孔的测得（实际）中心线在给定方向上应各自限定在间距等于0.05和0.2且相互垂直的两对平行平面内。每对平行平面对称于由基准平面C、A、B和理论工确尺寸20、15、30确定的各孔轴线的理论正确位置 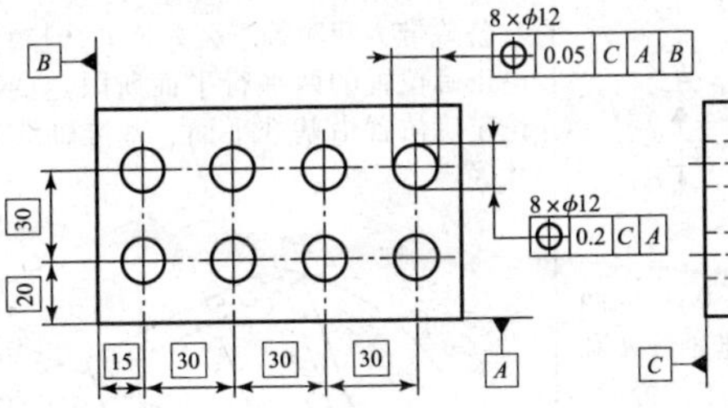 8×ϕ12 ⌖ 0.05 C A B 8×ϕ12 ⌖ 0.2 C A B 30 20 15 30 30 30 A C	给定两个方向的公差时，公差带为间距分别等于公差值t_1和t_2、对称于线的理论正确（理想）位置的两对相互垂直的平行平面所限定的区域。线的理论正确位置由平面C、A和B及理论正确尺寸确定。该公差在基准体系的两个方向上给定 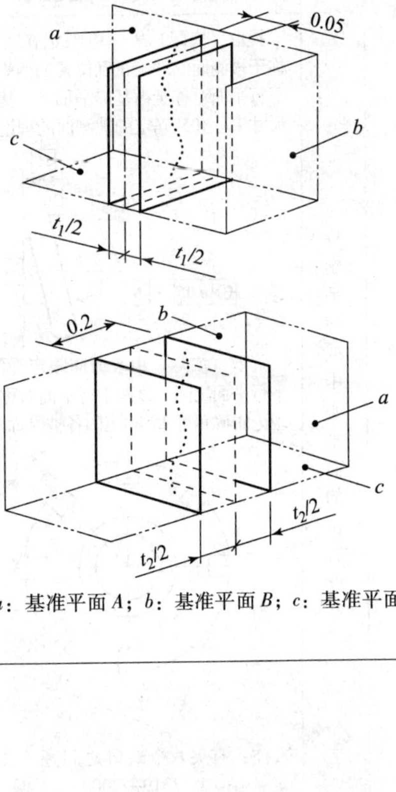 a 0.05 b c $t_1/2$ $t_1/2$ 0.2 b a c $t_2/2$ $t_2/2$ a：基准平面A；b：基准平面B；c：基准平面C

续表

<table>
<tr><th colspan="2">项目</th><th>标注示例和解释</th><th>公差带定义</th></tr>
<tr><td rowspan="2">位置度</td><td>线的位置度</td><td>提取（实际）中心线应限定在直径等于 $\phi0.08$ 的圆柱面内。该圆柱面的轴线的位置应处于由基准平面 C、A、B 和理论正确尺寸 100、68 确定的理论正确位置上 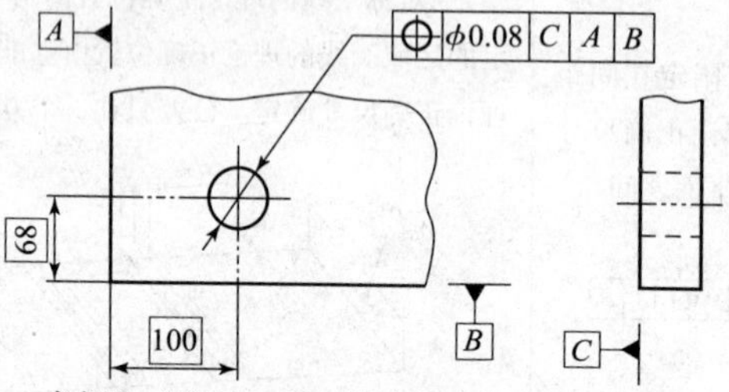

各提取（实际）中心线应各自限定在直径等于 $\phi0.1$ 的圆柱面内。该圆柱面的轴线的位置应处于由基准平面 C、A、B 和理论正确尺寸 20、15、30 确定的各孔轴线的理论正确位置上 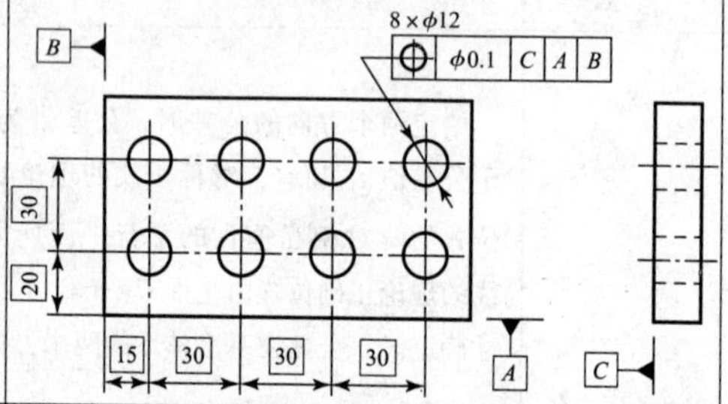</td><td>公差值前加注符号 ϕ，公差带为直径等于公差值 ϕt 的圆柱面限定的区域。该圆柱面的轴线的位置由基准平面 C、A、B 和理论正确尺寸确定 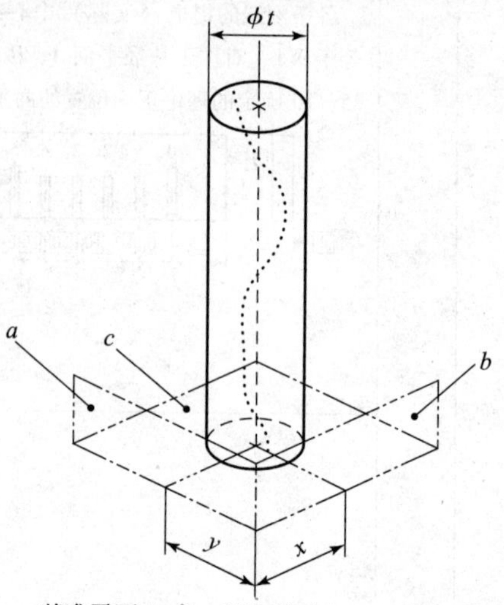

a：基准平面 A；b：基准平面 B；c：基准平面 C</td></tr>
<tr><td>轮廓平面或中心平面的位置度</td><td>提取（实际）表面应限定在间距等于 0.05，且对称于被测面的理论正确位置的两平行平面之间。该两平行平面对称于由基准平面 A、基准轴线和理论正确尺寸 15、105°确定的被测面的理论正确位置 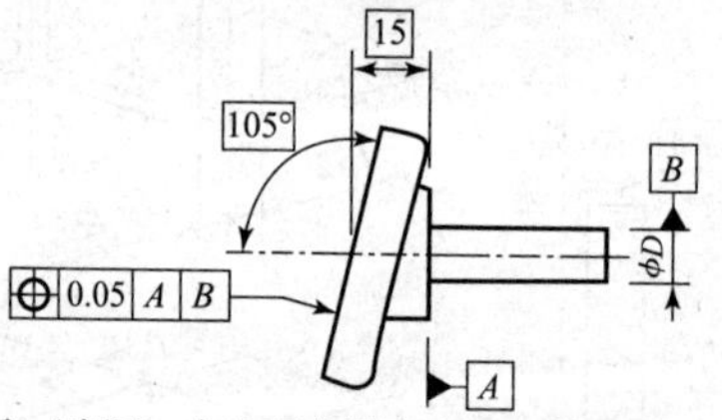

提取（实际）中心面应限定在间距等于 0.05 的两平行平面之间。该两平行平面对称于由基准轴线 A 和理论正确角度 45°确定的各被测面的理论正确位置 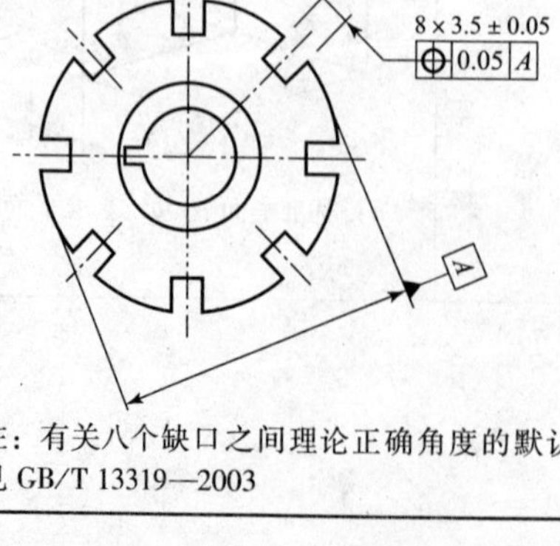

注：有关八个缺口之间理论正确角度的默认规定见 GB/T 13319—2003</td><td>公差带为间距等于公差值 t，且对称于被测面理论正确位置的两平行平面所限定的区域。面的理论正确位置由基准平面、基准轴线和理论正确尺寸确定 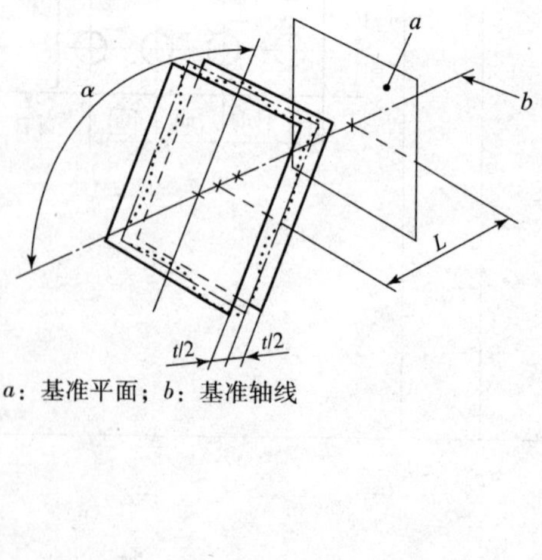

a：基准平面；b：基准轴线</td></tr>
</table>

五、跳动公差的特点及定义

跳动公差是关联实际要素绕基准轴线回转一周或连续回转时所允许的最大跳动量，它分为圆跳动和全跳动。

（1）圆跳动是指被测要素在某个测量截面内相对于基准轴线的变动量。

（2）全跳动是指整个被测要素相对于基准轴线的变动量。

与定向、定位公差不同，跳动公差是针对特定的检测方式而定义的公差特征项目。它是被测要素绕基准要素回转过程中所允许的最大跳动量，也就是指示器在给定方向上指示的最大读数与最小读数之差的允许值。

跳动公差具有综合控制被测要素的位置、方向和形状的作用。例如，端面全跳动公差可同时控制端面对基准轴线的垂直度和它的平面度误差；径向全跳动公差可控制同轴度、圆柱度误差。

其公差带的定义、标注示例和解释见表 4－7。

表 4－7　跳动公差带的定义、标注示例和解释

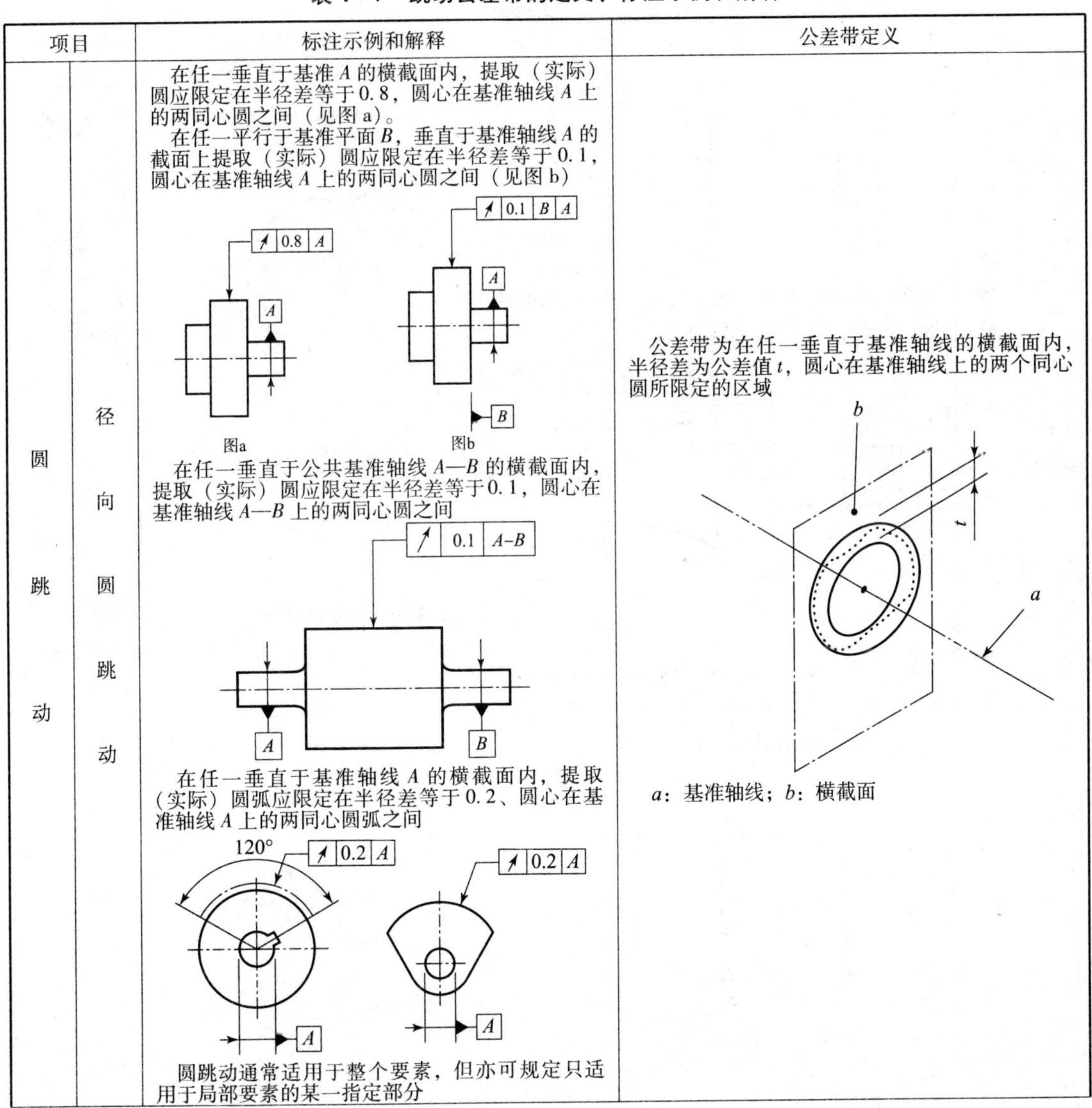

项目		标注示例和解释	公差带定义
圆跳动	径向圆跳动	在任一垂直于基准 A 的横截面内，提取（实际）圆应限定在半径差等于 0.8，圆心在基准轴线 A 上的两同心圆之间（见图 a）。 在任一平行于基准平面 B，垂直于基准轴线 A 的截面上提取（实际）圆应限定在半径差等于 0.1，圆心在基准轴线 A 上的两同心圆之间（见图 b） 在任一垂直于公共基准轴线 A—B 的横截面内，提取（实际）圆应限定在半径差等于 0.1，圆心在基准轴线 A—B 上的两同心圆之间 在任一垂直于基准轴线 A 的横截面内，提取（实际）圆弧应限定在半径差等于 0.2、圆心在基准轴线 A 上的两同心圆弧之间 圆跳动通常适用于整个要素，但亦可规定只适用于局部要素的某一指定部分	公差带为在任一垂直于基准轴线的横截面内，半径差为公差值 t，圆心在基准轴线上的两个同心圆所限定的区域 a：基准轴线；b：横截面

续表

<table>
<tr><th colspan="2">项目</th><th>标注示例和解释</th><th>公差带定义</th></tr>
<tr><td rowspan="3">圆跳动</td><td>轴向圆跳动</td><td>在与基准轴线 D 同轴的任一圆柱形截面上，提取（实际）圆应限定在轴向距离等于 0.1 的两个等圆之间
↗ 0.1 D</td><td>公差带为与基准轴线同轴的任一半径的圆柱截面上，间距等于公差值 t 的两圆所限定的圆柱面区域</td></tr>
<tr><td>斜向圆跳动</td><td>在与基准轴线 C 同轴的任一圆锥截面上，提取（实际）线应限定在素线方向间距等于 0.1 的两个不等圆之间
↗ 0.1 C
当标注公差的素线不是直线时，圆锥截面的锥角要随所测圆的实际位置而改变
↗ 0.1 C</td><td>公差带为与基准轴线同轴的某一圆锥截面上，间距等于公差值 t 的两圆所限定的圆锥面区域。
除非另有规定，测量方向应沿被测表面的法向
a：基准轴线；b：公差带</td></tr>
<tr><td>给定方向的斜向圆跳动</td><td>在与基准轴线 C 同轴且具有给定角度 60°的任一圆锥截面上，提取（实际）圆应限定在素线方向间距等于 0.1 的两不等圆之间
↗ 0.1 C
60°</td><td>公差带为与基准轴线同轴的具有给定锥角的任一圆锥截面上，间距等于公差值 t 的两不等圆所限定的区域
a：基准轴线；b：公差带</td></tr>
</table>

续表

项目		标注示例和解释	公差带定义
全跳动	径向全跳动	提取（实际）表面应限定在半径差等于0.1，与公共基准轴线A—B同轴的两圆柱面之间 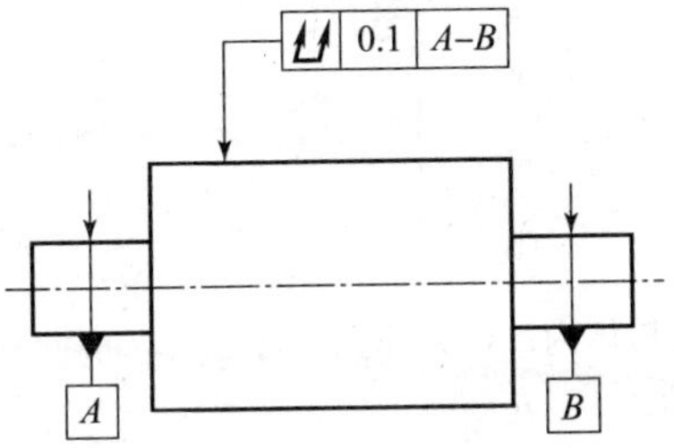 0.1 A–B A B	公差带为半径差等于公差值t，与基准轴线同轴的两圆柱面所限定的区域 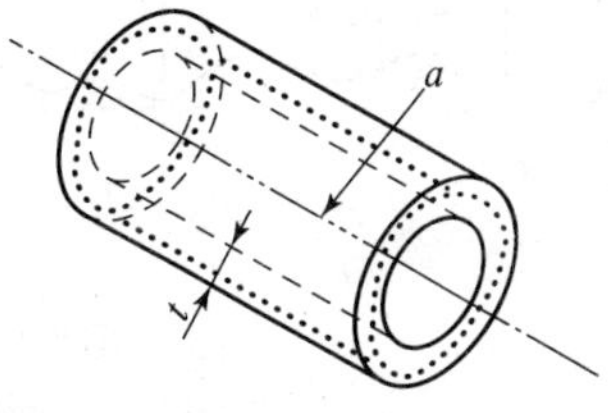 a t a：基准轴线
	端面全跳动	提取（实际）表面应限定在间距等于0.1，垂直于基准轴线D的两平行平面之间 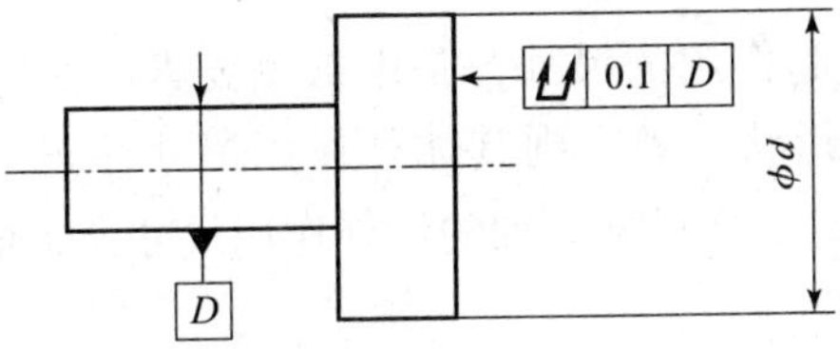 0.1 D ϕd D	公差带为间距等于公差值t，垂直于基准轴线的两平行平面所限定的区域 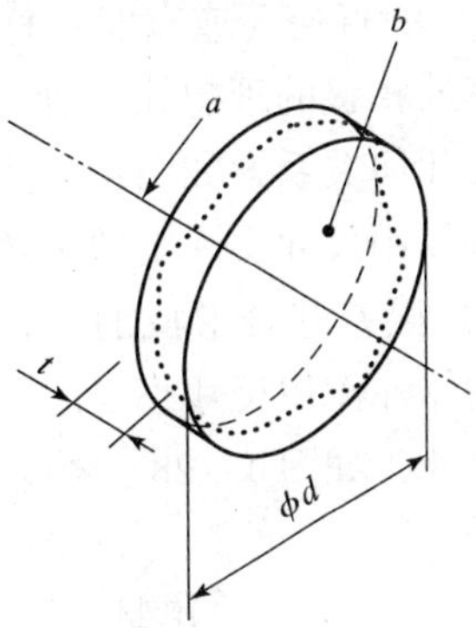 b a t ϕd a：基准轴线；b：提取表面

第四节　公 差 原 则

为了实现互换性，保证满足其功能要求，在零件设计时对某些被测要素有时要同时给定尺寸公差和几何公差，这就产生了如何处理两者之间关系的问题。所谓公差原则是处理几何公差与尺寸公差关系的基本原则。

公差原则有独立原则和相关原则，相关原则又可分成包容要求、最大实体要求（及其可逆要求）和最小实体要求（及其可逆要求）。

一、有关公差原则的术语及定义

1. 局部实际尺寸（简称实际尺寸）(D_a、d_a)

在实际要素的任意正截面上，两对应点之间测得的距离称为局部实际尺寸，简称实际尺寸。内、外表面的实际尺寸分别用D_a、d_a表示。要素各处的实际尺寸往往是不同的，如图4－28所示。

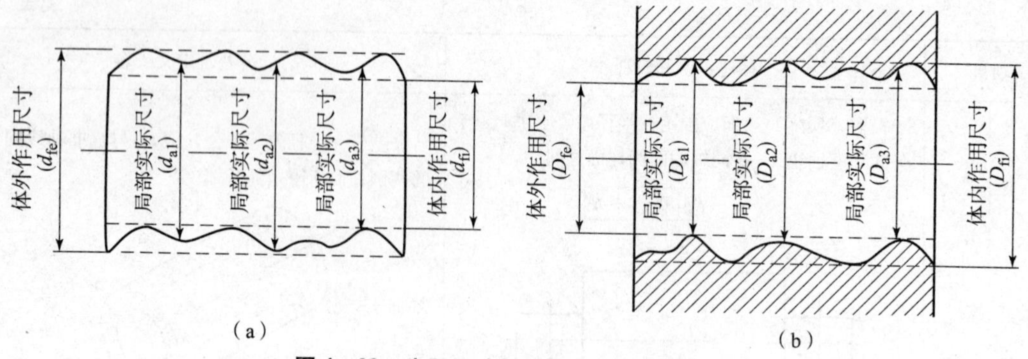

图 4－28　实际尺寸与体内、体外作用尺寸

(a) 轴；(b) 孔

2. 体外作用尺寸

在被测要素的给定长度上，与实际轴（外表面）体外相接的最小理想孔（内表面）的直径（或宽度）称为孔的体外作用尺寸 D_{fe}；与实际孔（内表面）体外相接的最大理想轴（外表面）的直径（或宽度）称为轴的体外作用尺寸 d_{fe}，如图 4－28 所示。对于关联实际要素，该体外相接的理想孔（轴）的轴线（非圆形孔、轴则为中心平面）必须与基准保持图样给定的几何关系，如图 4－28 所示。

体外作用尺寸实际上即为零件装配时起作用的尺寸，是由被测要素的实际尺寸和形状（或位置）误差综合形成的。若零件没有形状误差，则其体外作用尺寸等于实际尺寸，否则，孔的体外作用尺寸小于该孔的最小局部实际尺寸，轴的体外作用尺寸大于该轴的最大局部实际尺寸，如图 4－28、图 4－29 所示。

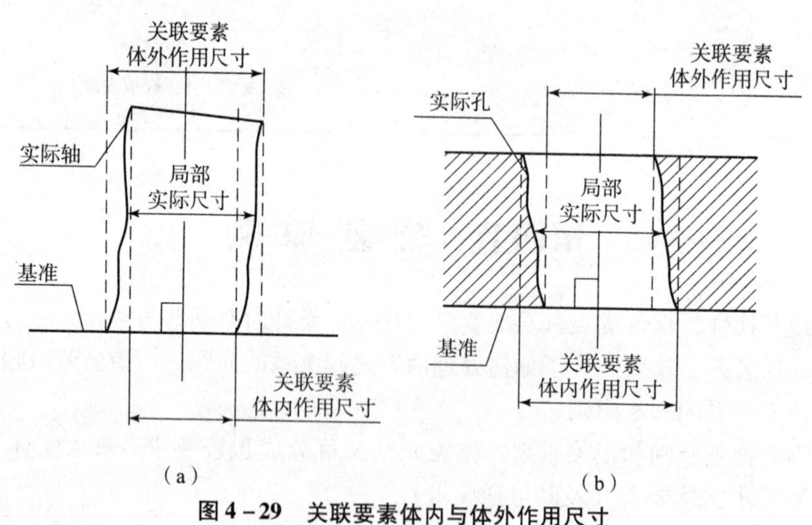

图 4－29　关联要素体内与体外作用尺寸

(a) 轴；(b) 孔

3. 体内作用尺寸

在被测要素的给定长度上，与实际轴（外表面）体内相接的最大理想孔（内表面）的直径（或宽度）称为孔的体内作用尺寸 D_{fi}；与实际孔（内表面）体内相接的最小理想轴（外表面）的直径（或宽度）称为轴的体内作用尺寸 d_{fi}，如图 4－28 所示。对于关联实际要素，该体内相接的理想孔（轴）的轴线（非圆形孔、轴则为中心平面）必须与基准保持图样给定的几何关系，如图 4－28 所示。

体内作用尺寸实际上即为零件连接强度起作用的尺寸，也是由被测要素的实际尺寸和形状（或位置）误差综合形成的，孔的体外作用尺寸大于该孔的最大局部实际尺寸，轴的体外作用尺寸小于该轴的最小局部实际尺寸，如图 4－28、图 4－29 所示。

4. 最大实体状态和最大实体尺寸

最大实体状态 MMC 是实际要素在给定长度上，处处位于极限尺寸之间并且实体最大时（占有材料量最多）的状态。最大实体状态对应的极限尺寸称为最大实体尺寸 MMS。

轴的最大实体尺寸 d_M 就是轴的最大极限尺寸 d_{max}，即

$$d_M = d_{max}$$

孔的最大实体尺寸 D_M 就是孔的最小极限尺寸 D_{min}，即

$$D_M = D_{min}$$

5. 最小实体状态和最小实体尺寸

最小实体状态 LMC 是实际要素在给定长度上，处处位于极限尺寸之间并且实体最小时（占有材料量最少）的状态。最小实体状态对应的极限尺寸称为最小实体尺寸 LMS。

轴的最小实体尺寸 d_L 就是轴的最小极限尺寸 d_{min}，即

$$d_L = d_{min}$$

孔的最小实体尺寸 D_L 就是孔的最大极限尺寸 D_{max}，即

$$D_L = D_{max}$$

6. 最大实体实效状态和最大实体实效尺寸

最大实体实效状态 MMVC 是在给定长度上，实际要素处于最大实体状态，且其中心要素的形状或位置误差等于给出公差值时的综合极限状态。最大实体实效状态对应的体外作用尺寸称为最大实体实效尺寸 MMVS。对于轴，它等于最大实体尺寸 d_M 加上带有 Ⓜ 的几何公差值 t，即

$$d_{MV} = d_M + t \text{ Ⓜ}$$

对于孔，它等于最大实体尺寸 D_M 减去带有 Ⓜ 的几何公差值 t，即

$$D_{MV} = D_M - t \text{ Ⓜ}$$

关联要素的最大实体实效尺寸和最大实体实效状态如图 4－30 所示。

7. 最小实体实效状态和最小实体实效尺寸

最小实体实效状态 LMVC 是在给定长度上，实际要素处于最小实体状态，且其中心要素的形状或位置误差等于给出公差值时的综合极限状态。最小实体实效状态对应的体内作用尺寸称为最小实体实效尺寸 LMVS。对于轴，它等于最小实体尺寸 d_L 减去带有 Ⓛ 的几何公差值 t，即

$$d_{LV} = d_L - t \text{ Ⓛ}$$

对于孔，它等于最小实体尺寸 D_L 加上带有 Ⓛ 的几何公差值 t，即

$$D_{LV} = D_L + t \text{ Ⓛ}$$

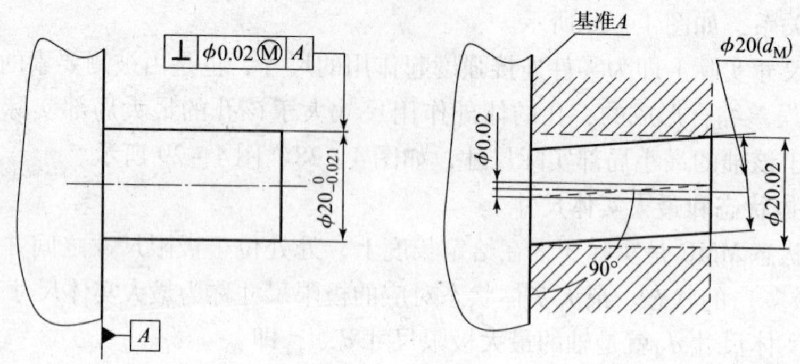

图 4-30 关联要素的最大实体实效尺寸和最大实体实效状态

单一要素的最大实体实效尺寸和最大实体实效状态如图 4-31 所示。

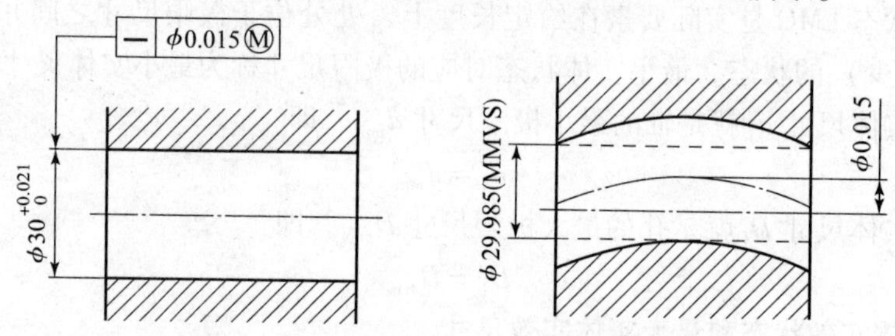

图 4-31 单一要素的最大实体实效尺寸和最大实体实效状态

关联要素的最小实体实效尺寸和最小实体实效状态如图 4-32 所示。

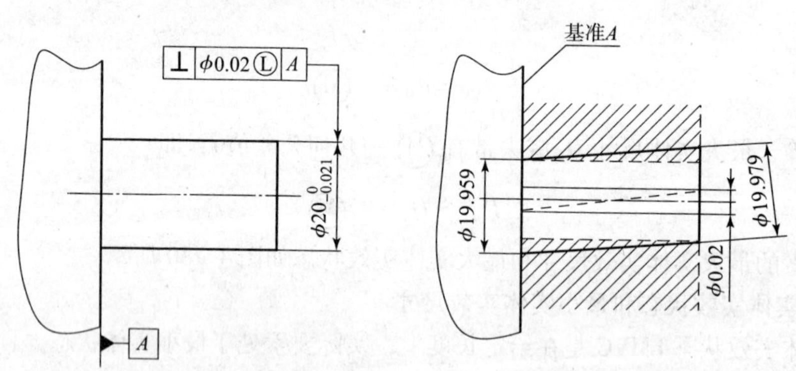

图 4-32 关联要素的最小实体实效尺寸和最小实体实效状态

单一要素的最小实体实效尺寸和最小实体实效状态如图 4-33 所示。

8. 理想边界

理想边界是设计所给定的具有理想形状的极限包容面。这里需要注意，孔（内表面）的理想边界是一个理想轴（外表面）；轴（外表面）的理想边界是一个理想孔（内表面）。依据极限包容面的尺寸，理想边界有最大实体边界 MMB、最小实体边界 LMB、最大实体实效边界 MMVB 和最小实体实效边界 LMVB，如图 4-34、图 4-35 所示。

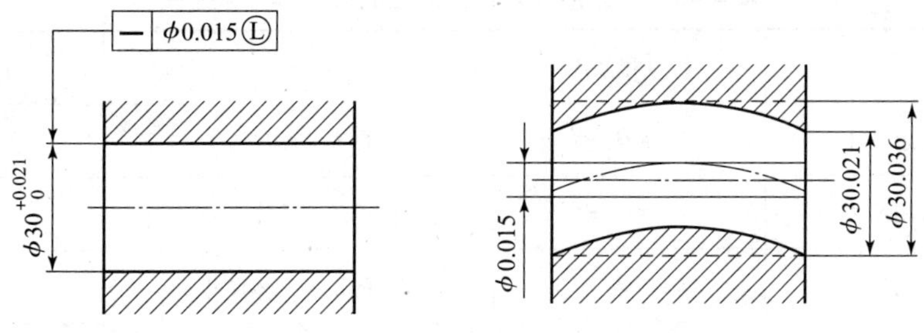

$D_{LV}=D_L+t$Ⓛ$=\phi30.021+\phi0.015=\phi30.036$(mm)

图 4－33　单一要素的最小实体实效尺寸和最小实体实效状态

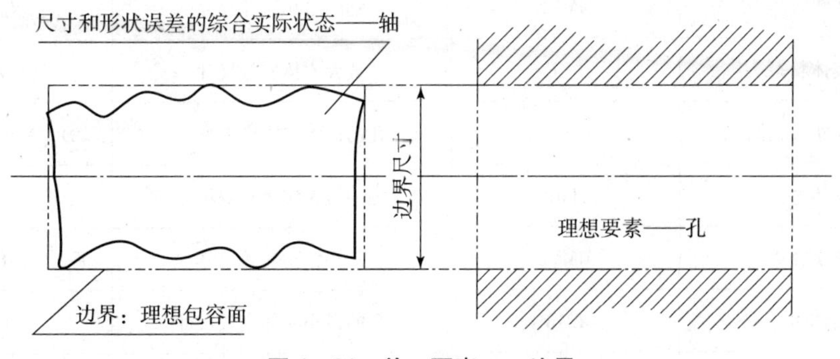

图 4－34　单一要素——边界

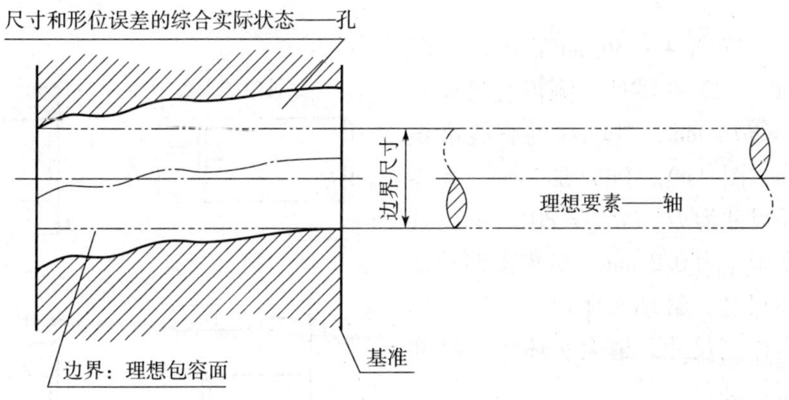

图 4－35　关联要素——边界

边界用于综合控制实际要素的尺寸和几何误差。根据零件的功能及经济性要求，可以给出以下边界：

（1）最大实体边界尺寸为最大实体尺寸的边界，称为最大实体边界。

（2）最小实体边界尺寸为最小实体尺寸的边界，称为最小实体边界。

（3）最大实体实效边界尺寸为最大实体实效尺寸的边界，称为最大实体实效边界。

（4）最小实体实效边界尺寸为最小实体实效尺寸的边界，称为最小实体实效边界。

为方便记忆，将以上有关公差原则的术语及表示符号和公式列于表 4－8。

表 4-8 公差原则术语及对应的表示符号和公式

术语	符号和公式	术语	符号和公式
孔的体外作用尺寸	$D_{fe}=D_a-f$	最大实体尺寸	MMS
轴的体外作用尺寸	$d_{fe}=d_a+f$	孔的最大实体尺寸	$D_M=D_{min}$
孔的体内作用尺寸	$D_{fi}=D_a+f$	轴的最大实体尺寸	$d_M=d_{max}$
轴的体内作用尺寸	$d_{fi}=d_a-f$	最小实体尺寸	LMS
最大实体状态	MMC	孔的最小实体尺寸	$D_L=D_{max}$
最大实体实效状态	MMVC	轴的最小实体尺寸	$d_L=d_{min}$
最小实体状态	LMC	最大实体实效尺寸	MMVS
最小实体实效状态	LMVC	孔的最大实体实效尺寸	$D_{MV}=D_{min}-t$ Ⓜ
最大实体边界	MMB	轴的最大实体实效尺寸	$d_{MV}=d_{max}+t$ Ⓜ
最大实体实效边界	MMVB	最小实体实效尺寸	LMVS
最小实体边界	LMB	孔的最小实体实效尺寸	$D_{LV}=D_{max}+t$ Ⓛ
最小实体实效边界	LMVB	轴的最小实体实效尺寸	$d_{LV}=d_{min}-t$ Ⓛ

例 4-1 按图 4-36 加工零件，图（a）、（b）加工轴、孔零件，测得直径尺寸为 D_a（d_a）$=\phi16$ mm，其轴线的直线度误差为 0.02 mm；图（c）、（d）加工轴、孔零件，测得直径尺寸为 D_a（d）$_a=\phi16$ mm，其轴线的垂直度误差为 0.2 mm。试求出四种情况的最大实体尺寸、最小实体尺寸、体外作用尺寸、体内作用尺寸、最大实体实效尺寸和最小实体实效尺寸。

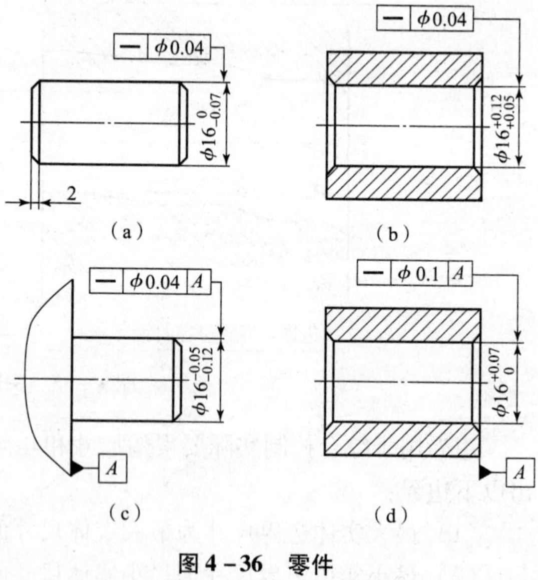

（a） （b） （c） （d）

图 4-36 零件

解 （1）图 4-36（a）所示为轴，根据前面所学公式：

最大实体尺寸

$$d_M=d_{max}=\phi16\ \text{(mm)}$$

最小实体尺寸

$d_L=d_{min}=16+(-0.07)=\phi15.93$（mm）

体外作用尺寸 $d_{fe}=d_a+f=16+0.02=\phi16.02$（mm）

体内作用尺寸 $d_{fi}=d_a-f=16-0.02=15.98$（mm）

最大实体实效尺寸 $d_{MV}=d_M+t$ Ⓜ $=16+0.04=\phi16.04$（mm）

最小实体实效尺寸　　$d_{LV}=d_L-t$ Ⓛ $=15.93-0.04=\phi15.89$（mm）

（2）图 4-36（b）所示为孔：

最大实体尺寸　　$D_M=D_{min}=16+(+0.05)=\phi16.05$（mm）

最小实体尺寸　　$D_L=D_{max}=16+(+0.12)=\phi16.12$（mm）

体外作用尺寸　　$D_{fe}=D_a-f=16-0.02=\phi15.98$（mm）

体内作用尺寸　　$D_{fi}=D_a+f=16+0.02=\phi16.02$（mm）

最大实体实效尺寸　　$D_{MV}=D_M-t$ Ⓜ $=16.05-0.04=\phi16.01$（mm）

最小实体实效尺寸　　$D_{LV}=D_L+t$ Ⓛ $=16.12+0.04=\phi16.16$（mm）

（3）图 4-36（c）所示为轴，同理可算出：

$d_M=d_{max}=\phi15.95$ mm；$d_L=d_{min}=\phi15.88$ mm；$d_{fe}=d_a+f=\phi16.2$ mm；

$d_{fi}=d_a-f=\phi15.8$ mm；$d_{MV}=d_M+t$ Ⓜ $=\phi20.05$ mm；$d_{LV}=d_L-t$ Ⓛ $=\phi15.78$ mm

（4）图 4-36（d）所示为孔，同理可算出：

$D_M=D_{min}=\phi16$ mm；$D_L=D_{max}=\phi16.07$ mm；$D_{fe}=D_a-f=\phi15.8$ mm

$D_{fi}=D_a+f=\phi16.2$ mm；$D_{MV}=D_M-t$ Ⓜ $=\phi15.9$ mm；$D_{LV}=D_L+t$ Ⓛ $=\phi16.17$ mm

二、独立原则

1. 独立原则的含义和图样标注

图样上给定的尺寸公差与几何公差各自独立、相互无关、分别满足要求的公差原则，称为独立原则。采用独立原则时，尺寸公差与几何公差之间相互无关，即尺寸公差只控制实际尺寸的变动量，与要素本身的几何误差无关，几何公差只控制要素的几何误差，与要素本身的尺寸误差无关，要素只需要分别满足尺寸公差和几何公差要求即可。

独立原则的适用范围较广，尺寸公差、几何公差二者要求都严、一严一松、二者要求都松的情况下，使用独立原则都能满足要求。如印刷机滚筒几何公差要求严、尺寸公差要求松；通油孔几何公差要求松、尺寸公差要求严；连杆的小头孔尺寸公差、几何公差二者要求都严。

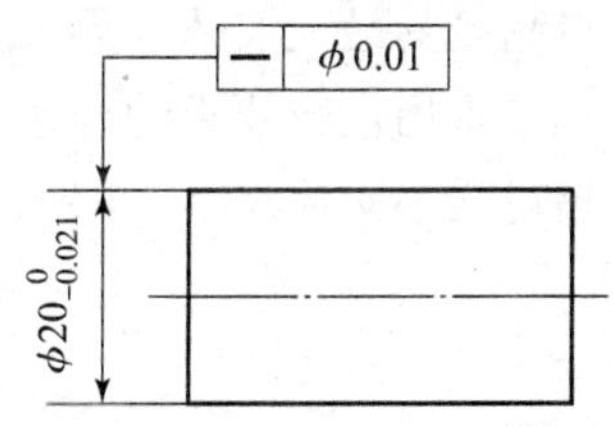

图 4-37　独立原则及标注

独立原则的图样标注如图 4-37 所示，图样上不需加注任何关系符号。

如图 4-37 所示，轴的直径公差与其轴线的直线度公差采用独立原则。只要轴的实际尺寸在 $\phi9.979\sim\phi30$ mm，其轴线的直线度误差不大于 $\phi0.12$ mm，零件便合格。

2. 遵守独立原则零件的合格条件

对于内表面　　$D_{min}\leqslant D_a\leqslant D_{max}$

对于外表面　　$d_{min}\leqslant d_a\leqslant d_{max}$

即实际尺寸必须在极限尺寸范围之内。

对于几何误差　　$f_{形位}\leqslant t_{形位}$

即几何误差必须小于或等于几何公差。

检验时，实际尺寸只能用两点法测量（如用千分尺、卡尺等通用量具）。几何误差只能用几何误差的测量方法单独测量。

3. 独立原则的应用

（1）对尺寸公差无严格要求、对几何公差有较高要求时可采用独立原则。

例如，印刷机的滚筒，重要的是控制其圆柱度误差，以保证印刷时与纸面接触均匀，使图文清晰，而滚筒的直径大小对印刷质量没有影响。故可按独立原则给出圆柱度公差，而尺寸公差按一般公差处理，这样可获得最佳的技术经济效益。倘若圆柱度要求是通过严格控制滚筒直径的变动量来达到的，就需要给出严格的尺寸公差，因而增加了工艺上的难度，经济性较差。

（2）为了保证运动精度要求，可采用独立原则。

例如，当孔和轴配合后有轴向运动精度和回转精度要求时，除了给出孔和轴的直径公差外，还需给出直线度公差以满足轴向运动精度要求，给出圆度（或圆柱度）公差以满足回转精度要求，并且不允许随着孔和轴的实际尺寸变化而使直线度误差和圆度（或圆柱度）误差超过给定的公差值。这时要求尺寸公差和形状公差相互独立，彼此无关，可采用独立原则。

（3）对于非配合要求的要素，采用独立原则。

例如，各种长度尺寸、退刀槽、间距、圆角和侧角等。

三、包容要求

1. 包容要求的含义和图样标注

包容要求是相关公差原则中的三种要求之一，包容要求是指实际要素遵守其最大实体边界，且其局部实际尺寸不得超出其最小实体尺寸的一种公差要求。也就是说，无论实际要素的尺寸误差和几何误差如何变化，其实际轮廓得超越其最大实体边界，即其体外作用尺寸不得超越其最大实体边界尺寸，且其实际尺寸不超越其最小实体尺寸。

采用包容要求的合格条件为：体外作用尺寸不得超过最大实体尺寸，局部实际尺寸不得超过最小实体尺寸。即

轴　$d_{fe} \leqslant d_M = d_{max}$　　　$d_a \geqslant d_L = d_{min}$

孔　$D_{fe} \geqslant D_M = D_{min}$　　　$D_a \leqslant D_L = D_{max}$

采用包容要求时，必须在图样上尺寸公差带或公差值后面加注符号 Ⓔ，如图 4 - 38（a）所示，该轴的尺寸为 $\phi 20_{-0.013}^{\ 0}$ mm。采用包容要求，图样应同时满足下列要求，即零件尺寸在 ϕ19.987 ~ ϕ20 mm，如图 4 - 38（b）、（c）所示。

2. 包容要求的特点

遵守最大实体边界（MMB）的含义，是要求实际要素始终位于最大实体边界，其实质是当要素的实际尺寸偏离最大实体尺寸时，允许其形状误差增大（如允许轴线直线度增大），才能使实际要素始终位于理想边界上，即反映了尺寸公差与几何公差之间的补偿关系，并形成包容要求的特点：

（1）实际要素的体外作用尺寸不得超出最大实体尺寸（MMS）。

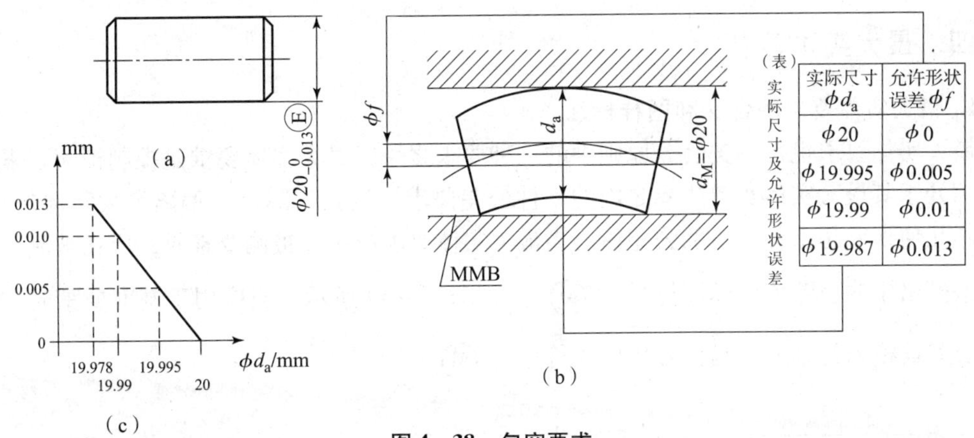

实际尺寸 ϕd_a	允许形状误差 ϕf
ϕ20	ϕ0
ϕ19.995	ϕ0.005
ϕ19.99	ϕ0.01
ϕ19.987	ϕ0.013

图 4－38　包容要求

（2）当要素的实际尺寸处处为最大实体尺寸时，不允许有任何形状误差。

（3）当要素的实际尺寸偏离最大实体尺寸时，其偏差量可补偿给形状误差。

（4）要素的局部实际尺寸不得超出最小实体尺寸。

可见，尺寸公差不仅限制了要素的实际尺寸，还控制了要素的形状误差。

图 4－38（a）表示轴按包容要求给出了尺寸公差。实际轴应满足以下要求：

（1）实际轴必须在最大实体边界（MMB）之内，该 MMB 为直径等于 ϕ20 mm 的理想圆柱面（孔）。

（2）当轴的直径均为最大实体尺寸 ϕ20 mm 时，轴的直线度误差为零，即轴必须具有理想形状。

（3）当轴的直径偏离最大实体尺寸为 ϕ19.995 mm 时，允许轴具有 ϕ0.005 mm 的直线度误差。

（4）当轴的直径偏离最大实体尺寸为 ϕ19.99 mm 时，允许轴具有 ϕ0.01 mm 的直线度误差。

（5）当轴的直径均为最小实体尺寸 ϕ19.987 时，允许轴具有 ϕ0.013 mm 的直线度误差。

（6）轴的局部实际尺寸必须在 ϕ19.987～ϕ20 mm 变动。

3. 包容要求的应用

（1）主要用于要求保证配合性质的场合。

由于包容要求遵守最大实体边界（MMB），在间隙配合中，用 MMB 能保证预定的最小间隙，确保配合零件运转灵活，延长使用寿命；在过盈配合中，用 MMB 能保证预定的最大过盈，控制过盈量以避免连接材料超过其强度极限而损坏。例如，ϕ25H7（$^{+0.021}_{0}$）Ⓔ孔与 ϕ25h6（$^{0}_{-0.013}$）Ⓔ轴的间隙配合中，即能保证最小间隙零，达到“零碰零”的配合要求，避免了因孔和轴的形状误差而产生过盈。

（2）还用于配合精度要求较高的场合。

包容要求中要素的实际尺寸必须偏离最大实体尺寸，以确保实际中有一定的形状误差，即形状公差必须从尺寸公差中分割出一定的公差值，因而包容要求中的尺寸精度及配合精度要求一般较高。例如，滚动轴承内圈与轴颈的配合，采用包容要求可以提高轴颈的尺寸精度，保证其严格的配合性质，确保滚动轴承运转灵活。

四、最大实体要求

1. 最大实体要求的含义和图样标注

最大实体要求也是相关公差原则中的三种要求之一。最大实体要求是控制被测要素的实际轮廓处于其最大实体实效边界之内的一种公差要求。当其实际尺寸偏离最大实体尺寸时，允许其几何误差超出其给出的公差值。当最大实体要求应用于被测要素时，应在被测要素几何公差框格中的公差值后标注符号“Ⓜ”，如图 4－39 所示；当应用于基准要素时，应在几何公差框格内的基准字母代号后标注符号“Ⓜ”。

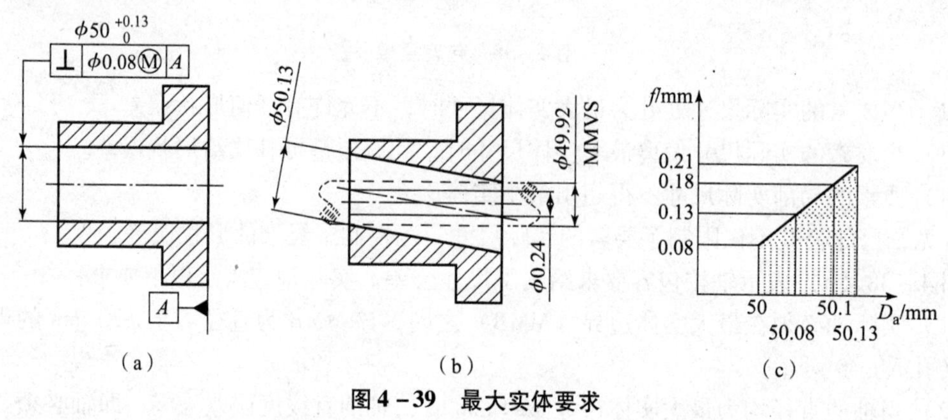

图 4－39　最大实体要求

（a）示例标注；（b）MMVC 边界；（c）动态公差图

2. 最大实体要求用于被测要素

最大实体要求是指被测要素的实际轮廓应遵守其最大实体实效边界（MMVC），当局部实际尺寸从最大实体尺寸向最小实体尺寸方向偏离时，允许被测要素的几何误差值超出在最大实体状态下给出的公差值。这种要求的主要内容包括：

（1）最大实体要求适用于中心要素。

（2）图样上几何公差值是在被测要素处于最大实体状态时给出的。

（3）被测要素的实际轮廓在给定长度上处处不应超越最大实体实效边界（MMVS）。若其局部实际尺寸偏离最大实体尺寸，允许几何误差值增大。

（4）最大实体要求应用于基准要素时，基准要素的实际轮廓在给定长度上处处不应超越其相应的边界。若其体外作用尺寸偏离相应的边界尺寸，则允许实际基准轴线或中心平面对其相应边界的轴线或中心平面产生浮动。

（5）实际要素的局部实际尺寸应遵守最大和最小极限尺寸。

图 4－39（a）表示孔按最大实体要求给出了尺寸公差与几何公差。实际孔应满足以下要求［见图 4－39（b）、（c）］：

（1）实际孔不得超越最大实体边界（MMVC），该 MMVS 为直径等于 ϕ49. 92 mm 的理想圆柱面（轴）。

（2）当孔的直径均为最大实体尺寸 ϕ50 mm 时，轴的直线度误差为 ϕ0. 08 mm，即孔的几何公差值是在孔的最大实体状态下给定的。

（3）当孔的直径偏离最大实体尺寸为 ϕ50. 08 mm 时，允许孔具有 ϕ0. 13 mm 的直线度误差。

（4）当孔的直径偏离最大实体尺寸为 $\phi50.10$ mm 时，允许孔具有 $\phi0.18$ mm 的直线度误差。

（5）当孔的直径均为最小实体尺寸 $\phi50.13$ mm 时，允许轴具有 $\phi0.21$ mm 的直线度误差。

（6）孔的局部实际尺寸必须在 $\phi50\sim\phi50.13$ mm 间变动。

3. 最大实体要求用于基准要素

图样上公差框格中基准字母后面标注符号Ⓜ时，表示最大实体要求用于基准要素，如图 4－40 所示。此时，基准应遵守相应的边界。若基准的实际轮廓偏离相应的边界，即其体外作用尺寸偏离边界尺寸，图 4－40 最大实体要求及标注则允许基准要素在一定范围内浮动，其浮动范围等于基准要素的体外作用尺寸与其相应边界尺寸之差。

最大实体要求应用于基准要素的示例及其图样解释。

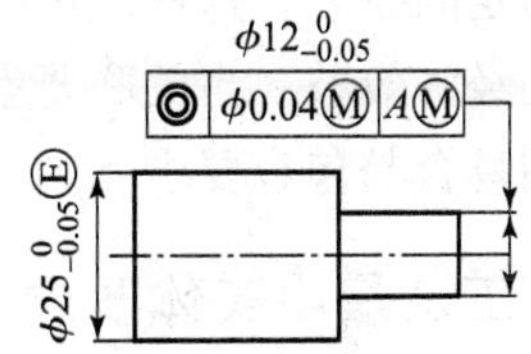

图 4－40　最大实体要求及标注

图 4－40 所示为最大实体要求应用于单一基准要素的示例，图中最大实体要求，应用于被测要素，同时也应用于基准要素。当基准要素的体外作用尺寸等于边界尺寸即最大实体尺寸 $d_{M1}=\phi25$ mm 时，基准轴线 A 与其边界的轴线重合，其浮动量为零。此时若被测要素的直径处处皆为最大实体尺寸 $d_m=\phi12$ mm 时，则允许的同轴度误差为图样给出的同轴度公差值 $\phi0.04$ mm；若皆为最小实体尺寸 11.95 mm，则允许的同轴度误差为 0.09 mm。

当基准要素的体外作用尺寸等于最小实体尺寸 $d_L=\phi24.95$ mm 时，基准轴线 A 可相对于边界的轴线浮动，其浮动范围为 0.05 mm。

4. 可逆要求用于最大实体要求

在不影响零件功能的前提下，位置公差可以反过来补给尺寸公差，即位置公差有富余的情况下，允许尺寸误差超过给定的尺寸公差，显然在一定程度上能够降低工件的废品率。

图样上可逆要求用于最大实体要求的标注标记是几何公差框格中，在被测要素几何公差值后面符号Ⓜ之后标注Ⓡ时，则表示被测要素遵守最大实体要求的同时遵守可逆要求，如图 4－41（a）所示。

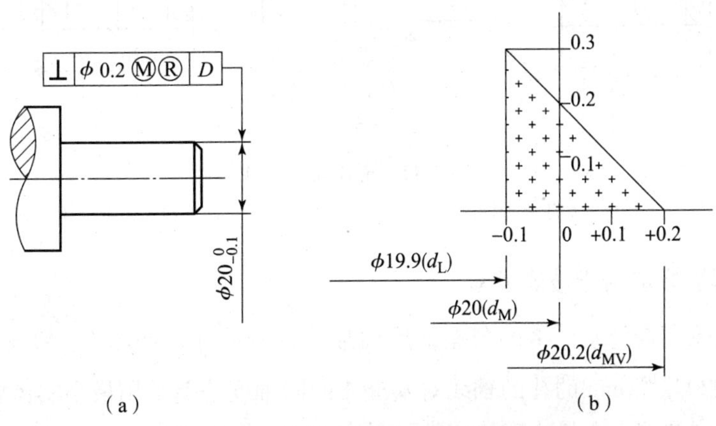

图 4－41　可逆要求用于最大实体要求

（a）可逆要求标记；（b）动态公差图

可逆要求用于最大实体要求时，除了具有上述最大实体要求用于被测要素时的含义外，还表示当几何误差小于给定的几何公差时，也允许实际尺寸超出最大实体尺寸；当几何误差为零时，允许尺寸的超出量最大为几何公差值，从而实现尺寸公差与几何公差的相互转换。此时，被测要素仍遵守最大实体实效边界。

可逆要求用于最大实体要求的动态公差图，由于尺寸误差可以超差的缘故，其图形形状由直角梯形（最大实体要求）转为直角三角形（相当于在直角梯形的基础上加一个三角形），如图 4－38（b）所示。

5. 最大实体要求的应用

最大实体要求只能用于被测中心要素或基准中心要素，主要用于保证零件的可装配性。例如，用螺栓连接的法兰盘，螺栓孔的位置度公差采用最大实体要求时，可以充分利用图样上给定的公差，这样既可以提高零件的合格率，又可以保证法兰盘的可装配性，从而达到较好的经济效益。当关联要素采用最大实体要求的零几何公差时，主要用来保证配合性质，其适用场合与包容要求相同。

五、最小实体要求

1. 最小实体要求的含义和图样标注

最小实体要求是指被测要素的实际轮廓应遵守最小实体实效边界，当其实际尺寸偏离其最小实体尺寸时，允许其几何误差值超出图样上（在最小实体状态下）的给定值的一种公差要求，当最小实体要求应用于被测要素时，应在被测要素几何公差框格中的公差值后标注符号“Ⓛ”；当应用于基准要素时，应在几何公差框格内的基准字母代号后标注符号“Ⓛ”，如图 4－42 所示。

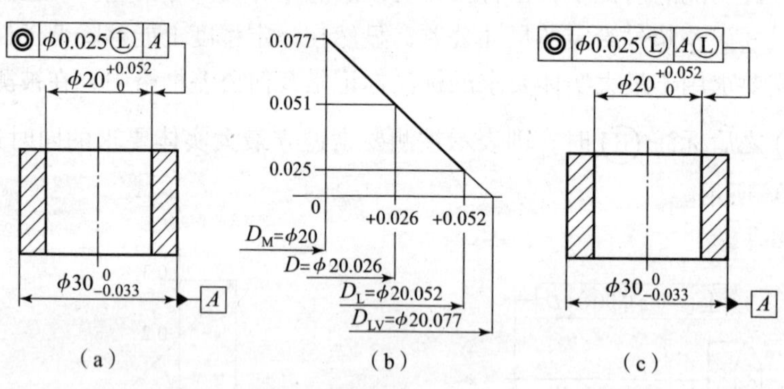

图 4－42　最小实体要求

（a）用于被测要素标注；（b）动态公差图；（c）用于基准要素标注

2. 最小实体要求应用于被测要素

应在图样上该要素公差框格的公差值后面加注符号Ⓛ，如图 4－42（a）所示。该图样表示尺寸为 $\phi 20_{0}^{+0.052}$ mm 的孔的轴线对基准 A 的同轴度公差采用最小实体要求，此时，被测要素的实际轮廓被控制在最小实体实效边界内，即该孔的体内作用尺寸不得超越其最小实体实效尺寸，该孔的实际尺寸不得超越其最大实体尺寸和最小实体尺寸。当孔的实际尺寸超越最小实体尺寸而向最大实体尺寸偏离时，允许将超出值补偿给几何公差，即将图样上给定的几何公差值扩大。例如：

当 $D_a = LMS = \phi25.052$ mm 时，同轴度公差 $t_{形位} = \phi0.025$ mm；

当 $D_a = \phi25.026$ mm 时，同轴度公差获得补偿值：

$$\Delta t = LMS - D_a = \phi20.052 - \phi20.026 = \phi0.026 \text{（mm）}$$

同轴度公差：

$$t_{形位} = \phi0.025 + \phi0.026 = \phi0.051 \text{（mm）}$$

显然，当 $D_a = MMS = \phi20$ 时，同轴度公差有最大值，即

$$t_{形位} = \phi0.025 + T_D = \phi0.025 + 0.052 = \phi0.077 \text{（mm）}$$

3. 最小实体要求用于基准要素

应在图样上相应几何公差框格的基准字母后面加注符号 Ⓛ，如图 3－42（b）所示（此时基准 *A* 本身采用独立原则，遵守最小实体边界）。

图样上在公差框格内公差数值后面的符号 Ⓛ 后标注符号 Ⓡ 时，表示被测要素遵守最小实体要求的同时遵守可逆要求。

可逆要求用于最小实体要求，除了具有上述最小实体要求用于被测要素的含义外，还表示当几何误差小于给定的公差值时，也允许实际尺寸超出最小实体尺寸；当几何误差为零时，允许尺寸公差超出量最大为几何公差值。从而实现几何公差与尺寸公差相互转换，但此时，被测要素仍遵守最小实体实效边界。

4. 最小实体要求的应用

最小实体要求只能用于被测中心要素或基准中心要素，主要用于需要保证最小壁厚处（如空心的圆柱凸台、带孔的小垫圈等）的中心要素，一般是中心轴线的位置度、同轴度等。

第五节　几何公差的标准

一、几何公差值的标准

实际零件上所有的要素都存在几何误差，根据国家标准规定，凡是一般机床加工能保证的形位精度，其几何公差值按 GB/T 1184—2008《形状和位置公差未注公差值》执行，不必在图样上具体注出。当几何公差值大于或小于未注公差值时，则应按规定在图样上明确标注出几何公差。

按国家标准的规定，对 14 项几何公差，除线、面轮廓度及位置度未规定公差等级外，其余项目均有规定。其中，直线度、平面度、平行度、垂直度、圆柱倾斜度、同轴度、对称度、圆跳动、全跳动划分为 12 级，即 1～12 级，1 级精度最高，12 级精度最低；圆度、圆柱度划分为 13 级，最高级为 0 级。各项目的各级公差值见表 4－9～表 4－11。对于同轴度、对称度、圆跳动和全跳动，国家标准规定了公差值数系，见表 4－12。

表 4-9　直线度和平面度公差值

μm

主参数 L/mm	公差等级											
	1	2	3	4	5	6	7	8	9	10	11	12
	公差值											
≤10	0.2	0.4	0.8	1.2	2	3	5	8	12	20	30	60
>10~16	0.25	0.5	1	1.5	2.5	4	6	10	15	25	40	80
>16~25	0.3	0.6	1.2	2	3	5	8	12	20	30	50	100
>25~40	0.4	0.8	1.5	2.5	4	6	10	15	25	40	60	120
>40~63	0.5	1	2	3	5	8	12	20	30	50	80	150
>63~100	0.6	1.2	2.5	4	6	10	15	25	40	60	100	200
>100~160	0.8	1.5	3	5	8	12	20	30	50	80	120	250
>160~250	1	2	4	6	10	15	25	40	60	100	150	300
>250~400	1.2	2.5	5	8	12	20	30	50	80	120	200	400
>400~630	1.5	3	6	10	15	25	40	60	100	150	250	500

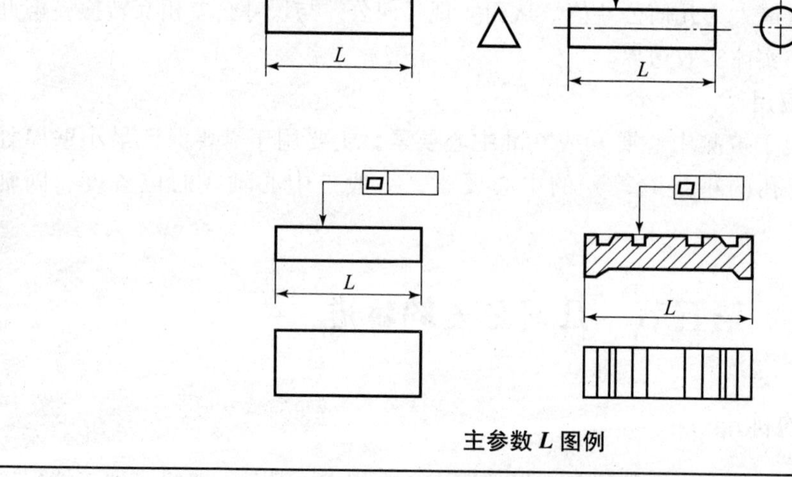

主参数 *L* 图例

表 4-10　圆度、圆柱度公差值

μm

主参数 d (D) / mm	公差等级												
	0	1	2	3	4	5	6	7	8	9	10	11	12
	公差值												
≤3	0.1	0.2	0.3	0.5	0.8	1.2	2	3	4	6	10	14	25
>3~6	0.1	0.2	0.4	0.6	1	1.5	2.5	4	5	8	12	18	30
>6~10	0.12	0.25	0.4	0.6	1	1.5	2.5	4	6	9	15	22	36
>10~18	0.15	0.25	0.5	0.8	1.2	2	3	5	8	11	18	27	43
>18~30	0.2	0.3	0.6	1	1.5	2.5	4	6	9	13	21	33	52

续表

主参数 d (D) / mm	公差等级												
	0	1	2	3	4	5	6	7	8	9	10	11	12
	公差值												
>30~50	0.25	0.4	0.6	1	1.5	2.5	4	7	11	16	25	39	62
>50~80	0.3	0.5	0.8	1.2	2	3	5	8	12	19	30	46	74
>80~120	0.4	0.6	1	1.5	2.5	4	6	10	15	22	35	54	87
>120~180	0.6	1	1.2	2	3.5	5	8	12	18	25	40	63	100
>180~250	0.8	1.2	2	3	4.5	7	10	14	20	29	46	72	115
>250~315	1.0	1.6	2.5	4	6	8	12	16	23	32	52	81	130
>315~400	1.2	2	3	5	7	9	13	18	25	36	57	89	140
>400~500	1.5	2.5	4	6	8	10	15	20	27	40	63	97	155

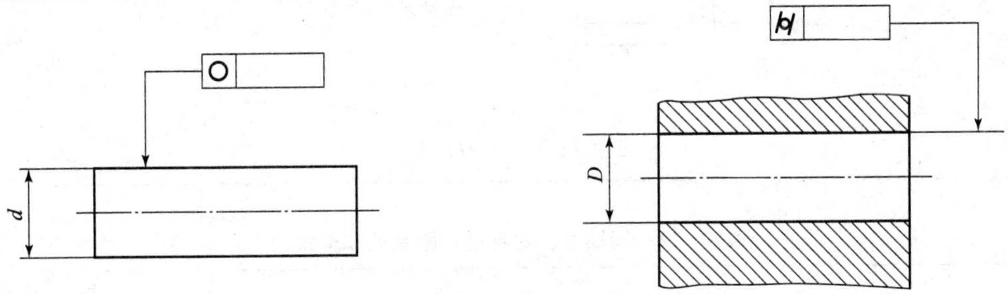

主参数 *d*（*D*）图例

表 4-11　平行度、垂直度、倾斜度公差值　μm

主参数 L, d (D) / mm	公差等级											
	1	2	3	4	5	6	7	8	9	10	11	12
	公差值											
≤10	0.4	0.8	1.5	3	5	8	12	20	30	50	80	120
>10~16	0.5	1	2	4	6	10	15	25	40	60	100	150
>16~25	0.6	1.2	2.5	5	8	12	20	30	50	80	120	200
>25~40	0.8	1.5	3	6	10	15	25	40	60	100	150	250
>40~63	1	2	4	8	12	20	30	50	80	120	200	300
>63~100	1.2	2.5	5	10	15	25	40	60	100	150	250	400
>100~160	1.5	3	6	12	20	30	50	80	120	200	300	500
>160~250	2	4	8	15	25	40	60	100	150	250	400	600
>250~400	2.5	5	10	20	30	50	80	120	200	300	500	800
>400~630	3	6	12	25	40	60	100	150	250	400	600	1 000
>630~1 000	4	8	15	30	50	80	120	200	300	500	800	1 200

续表

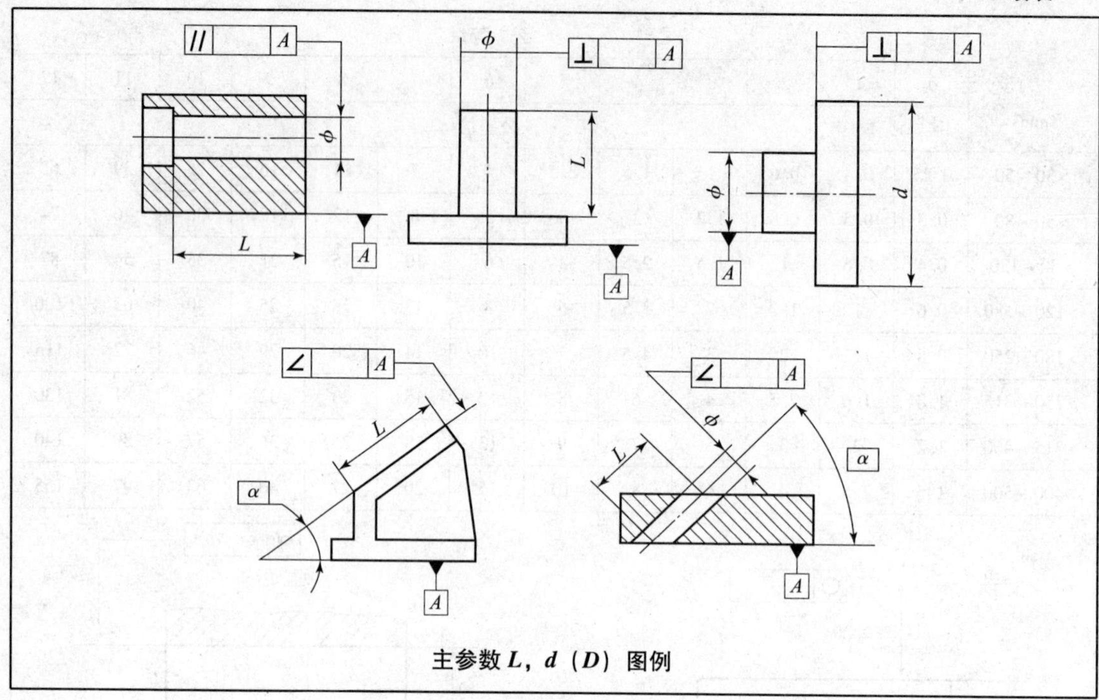

主参数 ***L***，***d***（***D***）图例

表 4－12　同轴度、对称度、圆跳动和全跳动

μm

主参数 d（D），B，L/mm	公差等级											
	1	2	3	4	5	6	7	8	9	10	11	12
	公差值											
≤1	0.4	0.6	1.0	1.5	2.5	4	6	10	15	25	40	60
>1～3	0.4	0.6	1.0	1.5	2.5	4	6	10	20	40	60	120
>3～6	0.5	0.8	1.2	2	3	5	8	12	25	50	80	150
>6～10	0.6	1	1.5	2.5	4	6	10	15	30	60	100	200
>10～18	0.8	1.2	2	3	5	8	12	20	40	80	120	250
>18～30	1	1.5	2.5	4	6	10	15	25	50	100	150	300
>30～50	1.2	2	3	5	8	12	20	30	60	120	200	400
>50～120	1.5	2.5	4	6	10	15	25	40	80	150	250	500
>120～250	2	3	5	8	12	20	30	50	100	200	300	600
>250～500	2.5	4	6	10	15	25	40	60	120	250	400	800
>500～800	3	5	8	12	50	30	50	80	150	300	500	1 000

续表

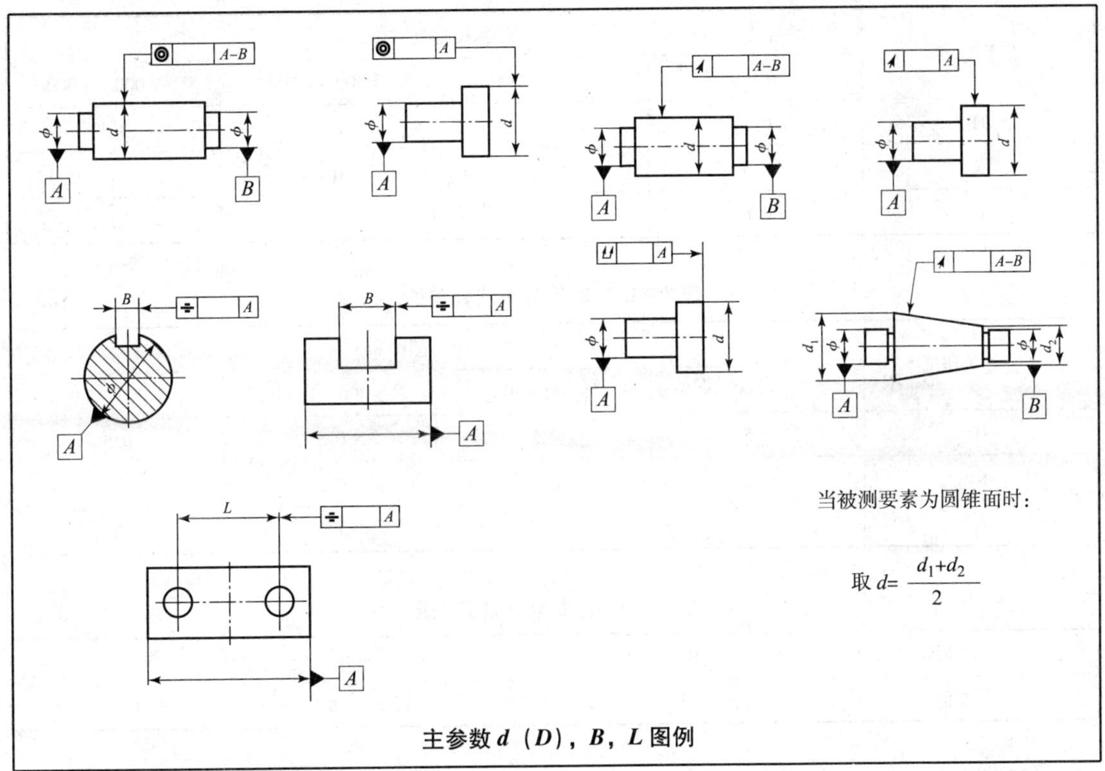

主参数 *d*（*D*），*B*，*L* 图例

二、未注几何公差的规定

国家标准几何公差中，对几何公差值分为注出公差和未注公差两类。对于几何公差要求不高，用一般的机械加工方法和加工设备就能保证加工精度，或由线性尺寸公差或角度公差所控制的几何公差已能保证零件的要求时，不必将几何公差在图样上注出，而用未注公差来控制，这样做既可以简化制图，又突出了注出公差的要求。对于零件几何公差要求较高，或者功能要求允许大于未注公差值，而这个较大的公差值会给工厂带来经济效益时，这个较大的公差值应采用注出公差值。

图样上没有具体注明几何公差值的要素，根据国家标准规定，其形位精度由未注几何公差来控制，按以下规定执行：

（1）GB/T 1184—2008 对未注直线度、平面度、垂直度、对称度和圆跳动各规定了 H、K、L 三个公差等级，其公差值见表 4－13、表 4－14、表 4－15、表 4－16。

表 4－13　直线度和平面度未注公差值　μm

公差等级	基本长度范围/mm					
	≤10	>10～30	>30～100	>100～300	>300～1 000	>1 000～3 000
H	0.02	0.05	0.1	0.2	0.3	0.4
K	0.05	0.1	0.2	0.4	0.6	0.8
L	0.1	0.2	0.4	0.8	1.2	1.6

表 4-14 垂直度未注公差值

μm

公差等级	基本长度范围/mm			
	≤100	>100～300	>300～1 000	>1 000～3 000
H	0.2	0.3	0.4	0.5
K	0.4	0.6	0.8	1
L	0.6	1	1.5	2

表 4-15 对称度未注公差值

μm

公差等级	基本长度范围/mm			
	≤100	>100～300	>300～1 000	>1 000～3 000
H	0.5	0.5	0.5	0.5
K	0.6	0.6	0.8	1
L	0.6	1	1.5	2

表 4-16 圆跳动未注公差值

μm

公差等级	H	K	L
公差值	0.2	0.3	0.4

(2) 圆度的未注公差值等于直径公差值，但不能大于表 4-12 中的径向圆跳动值。

(3) 圆柱度的未注公差值不做规定，但圆柱度误差由圆度、直线度和素线平行度误差三部分组成，而其中每一项误差均由它们的注出公差或未注公差控制。

(4) 平行度的未注公差值等于尺寸公差值或直线度和平面度未注公差值中的较大者。

(5) 同轴度的未注公差值可以和表 4-16 中的圆跳动的未注公差值相等。

(6) 线轮廓度、面轮廓度、倾斜度、位置度和全跳动的未注公差值均由各要素的注出或未注线性尺寸公差或角度公差控制。

第六节 几何公差的选择

正确合理地选择几何公差，不仅直接反映产品质量和寿命，而且关系到零件的加工难易程度和成本，因此具有十分重要的意义。几何公差的选择主要包含几何公差项目的选择、基准的选择、公差值与公差原则的选择。

一、几何公差项目的选择

几何公差项目的选择原则是：根据要素的几何特征、结构特点及零件的使用要求，并考虑检测的方便和经济效益。

形状公差项目主要是按要素的几何形状特征确定的，因此要素的几何特征自然是选择单一要素公差项目的基本依据。例如，控制平面的形状误差选择平面度；控制圆柱面的形状误差应选择圆度或圆柱度。

位置公差项目是按要素间几何方位关系确定的，所以关联要素的公差项目应以它与基准间的几何方位关系为基本依据。例如对轴线、平面可规定定向和定位公差；对点只能规定位置度公差；回转类零件可以规定同轴度公差和跳动公差。

零件的功能要求不同，对几何公差应提出不同的要求。如减速器转轴的两个轴颈的形位精度，由于在功能上它们是转轴在减速器箱体上的安装基准，因此，要求它们要同轴，可以规定对它们公共轴线的同轴度公差或径向圆跳动公差。

考虑检测的方便性，有时可将所需的公差项目用控制效果相同或相近的公差项目来代替。例如，要素为一圆柱面时，圆柱度是理想的项目，但是由于圆柱度检测不方便，故可选用圆度、直线度和素线平行度几个分项进行控制。又如径向圆跳动可综合控制圆度和同轴度误差，而径向圆跳动检测简单易行，所以在不影响设计要求的前提下，可尽量选用径向圆跳动公差项目。

二、公差值的选择

公差值的选择原则是：在满足零件功能要求的前提下，考虑工艺经济性和检测条件，选择最经济的公差值。

根据零件功能要求、结构、刚性和加工经济性等条件，采用类比法，按公差数值表 4－9～表 4－12 确定要素的公差值时，还应注意下列情况：

（1）在同一要素上给出的形状公差值应小于位置公差值。如要求平行的两个平面，其平面度公差值应小于平行度公差值。

（2）圆柱形零件的形状公差（轴线直线度除外）一般应小于其尺寸公差值。

（3）平行度公差值应小于其相应的距离公差值。

（4）对于下列情况，考虑到加工的难易程度和除主参数外其他因素的影响，在满足功能要求的情况下，可适当降低 1～2 级选用。

① 孔相对于轴；

② 细长的孔或轴；

③ 距离较大的孔或轴；

④ 宽度较大（一般大于 1/2 长度）的零件表面；

⑤ 线对线、线对面相对于面对面的平行度、垂直度。

（5）凡有关标准已对几何公差做出规定的，如与滚动轴承相配合的轴和壳体孔的圆柱度公差、机床导轨的直线度公差等，都应按相应的标准确定。

表 4－17～表 4－20 列出了各种几何公差等级的应用举例，供选择时参考。

表 4－17　直线度、平面度公差等级应用举例

公差等级	应用举例
1、2	精密量具、测量仪器以及精度要求很高的精密机械零件，如 0 级样板平尺、0 级宽平尺、工具显微镜等精密测量仪器导轨面
3	1 级宽平尺工作面、1 级样板平尺的工作面、测量仪器的圆弧导轨、测量仪器的测杆外圆柱面
4	0 级平板、测量仪器的 V 形导轨、高精度平面磨床的 V 形导轨和滚动导轨、轴承磨床及平面磨床的床身导轨

续表

公差等级	应用举例
5	1级平板，2级宽平尺，平面磨床的纵导轨、垂直导轨、工作台，液压龙门刨床导轨
6	普通机床导轨面，卧式镗床、铣床的工作台，机床主轴箱的导轨，柴油机机体结合面
7	2级平板，机床的床头箱体，滚齿机床床身导轨，摇臂钻床底座工作台，液压泵盖结合面，减速器壳体结合面，0.02 mm游标卡尺尺身的直线度
8	3级平板，自动车床床身底面，柴油机气缸体，连杆分离面，缸盖结合面，汽车发动机缸盖，曲轴箱结合面，法兰连接面
9	3级平板，自动车床床身底面，摩托车曲轴箱体，汽车变速箱壳体，车床挂轮的平面

表4－18　圆度、圆柱度公差等级应用举例

公差等级	应用举例
0、1	高精度测量仪主轴，高精度机床主轴，滚动轴承的滚珠和滚柱
2	精密测量仪主轴、外套、套阀，纺锭轴承，精密机床主轴轴颈，针阀圆柱表面，喷油泵柱塞及柱塞套
3	高精度外圆磨床轴承，磨床砂轮主轴套筒，喷油嘴针、阀体，高精度轴承内外圈等
4	较精密机床主轴、主轴箱孔，高压阀门、活塞、活塞销、阀体孔，高压油泵柱塞，较高精度滚动轴承配合轴，铣削动力箱体孔
5	一般测量仪器主轴，测杆外圆柱面，一般机床主轴轴颈及轴承孔，柴油机、汽油机的活塞、活塞销，与P6级滚动轴承配合的轴颈
6	一般机床主轴及前轴承孔，泵、压缩机的活塞、气缸，汽油发动机凸轮轴，纺机锭子，减速传动轴轴颈，拖拉机曲轴主轴颈，与P6级滚动轴承配合的外壳孔
7	大功率低速柴油机曲轴轴颈、活塞、活塞销、连杆、气缸，高速柴油机箱体轴承孔，千斤顶或压力油缸活塞，机车传动轴，水泵及通用减速器转轴轴颈
8	低速发动机、大功率曲柄轴轴颈，内燃机曲轴轴颈，柴油机凸轮轴承孔
9	空气压缩机缸体，通用机械杠杆与拉杆用套筒销子，拖拉机活塞环、套筒孔

表4－19　平行度、垂直度、倾斜度、端面圆跳动公差等级应用举例

公差等级	应用举例
1	高精度机床、测量仪器、量具等主要工作面和基准面
2、3	精密机床、测量仪器、量具、夹具的工作面和基准面，精密机床的导轨，精密机床主轴轴向定位面，滚动轴承座圈端面，普通机床的主要导轨，精密刀具、量具的工作面和基准面，光学分度头心轴端面

续表

公差等级	应用举例
4、5	普通机床导轨，重要支承面，机床主轴孔对基准的平行度，精密机床重要零件，计量仪器、量具、模具的工作面和基准面，床头箱体重要孔，通用减速器壳体孔，齿轮泵的油孔端面，发动机轴和离合器的凸缘，气缸支承端面，安装精密滚动轴承壳体孔的凸肩
6、7、8	一般机床的工作面和基准面，压力机和锻锤的工作面，中等精度钻床的工作面，机床一般轴承孔对基准的平行度，变速器箱体孔，主轴花键对定心直径部位表面轴线的平行度，一般导轨、主轴箱体孔、刀架、砂轮架、气缸配合面对基准轴线的垂直度，活塞销孔对活塞中心线的垂直度，滚动轴承内、外圈端面对轴线的垂直度
9、10	低精度零件，重型滚动轴承端盖，柴油机、曲轴颈、花键轴和轴肩端面，带式运输机法兰盘等端面对轴线的垂直度，减速器壳体平面

表 4-20 同轴度、对称度、径向跳动公差等级应用举例

公差等级	应用举例
1、2	旋转精度要求很高、尺寸公差高于1级的零件，如精密测量仪器的主轴和顶尖，柴油机喷油嘴针阀
3、4	机床主轴轴颈，砂轮轴轴颈，汽轮机主轴，测量仪器的小齿轮轴，安装高精度齿轮的轴颈
5	机床主轴轴颈，机床主轴箱孔，计量仪器的测杆，涡轮机主轴，柱塞油泵转子，高精度滚动轴承外圈，一般精度轴承内圈
6、7	内燃机曲轴，凸轮轴轴颈，柴油机机体轴承孔，水泵轴，油泵柱塞，汽车后桥输出轴，安装一般精度齿轮的轴颈，涡轮盘，普通滚动轴承内圈，印刷机传墨辊的轴颈，键槽
8、9	内燃机凸轮轴孔，水泵叶轮，离心泵体，气缸套外径配合面对工作面，运输机机械滚筒表面，棉花精梳机前、后滚子，自行车中轴

三、基准的选择

基准是确定关联要素间方向和位置的依据。在选择位置公差项目时，需要正确选用基准。选择基准时，一般应从以下几方面考虑：

（1）根据零件各要素的功能要求，一般以主要配合表面，如轴颈、轴承孔、安装定位面、重要的支承面等作为基准，如轴类零件，常以两个轴承为支承运转，其运动轴线是安装轴承的两轴颈共有轴线，因此，从功能要求来看，应选这两处轴颈的公共轴线（组合基准）为基准。

（2）根据装配关系应选零件上相互配合、相互接触的定位要素作为各自的基准。如盘、套类零件，一般是以其内孔轴线径向定位装配或以其端面轴向定位，因此根据需要可选其轴线或端面作为基准。

（3）根据加工定位的需要和零件结构，应选择较宽大的平面、较长的轴线作为基准，以使定位稳定。对结构复杂的零件，一般应选三个基准面，根据对零件使用要求影响的程度，确定基准的顺序。

(4) 根据检测的方便程度，应选择在检测中装夹定位的要素为基准，并尽可能将装配基准、工艺基准与检测基准统一起来。

四、公差原则的选择

公差原则是处理几何公差与尺寸公差关系的基本原则，在选择公差原则时，应根据被测要素的功能要求，充分发挥出公差的职能并兼顾采取该种公差原则的可行性、经济性。表 4－21 列出了四种公差原则的应用场合和示例，可供选择参考。

表 4－21　公差原则的应用场合和示例

公差原则	应用场合	示例
独立原则	尺寸精度与几何精度需要分别满足要求	齿轮箱体孔的尺寸精度与两孔轴线的平行度，连杆活塞销孔的尺寸精度与圆柱度；滚动轴承内、外圈滚道的尺寸精度与形状精度
	尺寸精度与几何精度要求相差较大	滚筒类零件尺寸精度要求很低，形状精度要求较高，平板的形状精度要求很高，尺寸精度要求不高；冲模架的下模座尺寸精度要求不高，平行度要求较高，通油孔的尺寸精度有一定要求，形状精度无要求
	尺寸精度与几何精度无联系	滚子链条的套筒或滚子内、外圆柱面的轴线同轴度与尺寸精度，齿轮箱体孔的尺寸精度与孔轴线间的位置精度，发动机连杆上的尺寸精度与孔轴线间的位置精度
	保证运动精度	导轨的形状精度要求严格，尺寸精度要求次要
	保证密封性	气缸套的形状精度要求严格，尺寸精度要求次要
	未注公差	凡未注尺寸公差与未注几何公差的都采用独立原则，例如退刀槽倒角、图角等非功能要素
包容要求	保证公差与配合国标规定的配合性质	ϕ20H7 Ⓔ 孔与 ϕ20h6 Ⓔ 轴的配合，可以保证配合的最小间隙等于零
最大实体要求	用于中心要素，保证零件的可装配性	如轴承盖上用于穿过螺钉的通孔，法兰盘上用于穿过螺栓的通孔，同轴度的基准轴线
最小实体要求	主要用来保证零件的强度和最小壁厚	如空心的圆柱凸台、带孔的小垫圈等的中心要素

第七节　几何误差的评定与检测原则

由于零件结构的形式多种多样，几何误差的特征项目又较多，因此几何误差的检测方法很多。GB/T 1958—2004《产品几何量技术规范（GPS）形状和位置公差　检测规定》中列出了 100 多种检测方案，就其原理可将这些方案归纳为五大类，即通常所称的五大原则。

一、与拟合要素比较原则

与拟合要素比较原则是测量时将被测提取要素与其拟合要素相比较，量值由直接法或间接法获得，按这些数据来评定几何误差值，该检测原则应用最为广泛。

应用该检测原则时，拟合要素可用不同的方法体现。例如，刀口尺的刃口、平尺的工作面、一条拉紧的钢丝绳、平台和平板的工作面以及样板的轮廓等都可作为拟合要素。

用刀口尺测量直线度误差，是以刃口作为理想直线，被测直线与之比较根据光隙大小或用厚薄规（塞尺）测量来确定直线度误差，如图 4-43 所示。

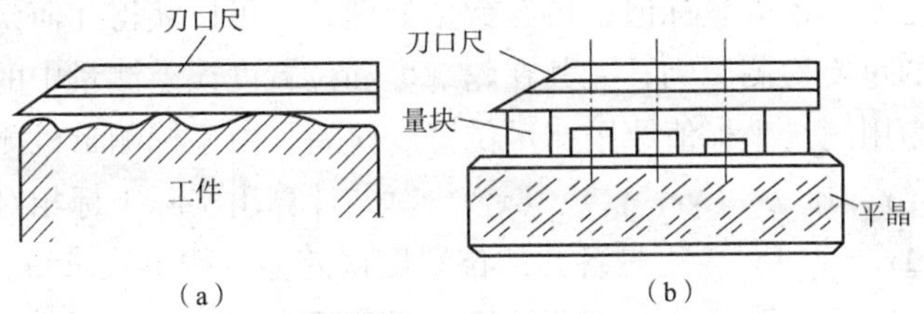

图 4-43　用刀口尺测量直线度误差

测微法用于测量圆柱体素线或轴线的直线度误差，如图 4-44 所示。沿圆柱体的两条素线，分别在铅垂轴截面上，记录两指示表在各自测点的读数，M_1、M_2 取各截面上的 $|M_1 - M_2|/2$ 中最大差值作为该轴截面轴线的直线度误差。

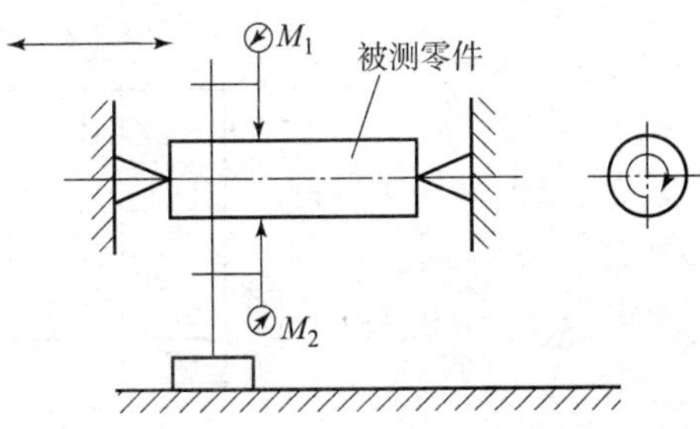

图 4-44　用测微法测量直线度误差

节距法适用于长零件的测量，如图 4-45 所示。将被测量长度分成若干小段，用仪器（如水平仪、自准直仪等）测出每一段的相对读数，最后通过数据处理求出直线度误差。数据处理见表 4-22。表 4-22 中的相对高度 a_i 由原始读数经换算而得出的。假设仪器的分度值为 c，测量时的节距为 l，从仪器读取的相对刻度数为 n_i（以格为单位），则

$$a_i = c \times l \times n_i$$

根据表 4-22 作出误差曲线（见图 4-46），按最小包容区域法求得直线度误差 $f = 5\ \mu\text{m}$。

表 4-22　水平仪测量导轨直线度衰减数据

测量点序号	0	1	2	3	4	5
水平仪读数（格）	0	0	+2	+1	+2	-2

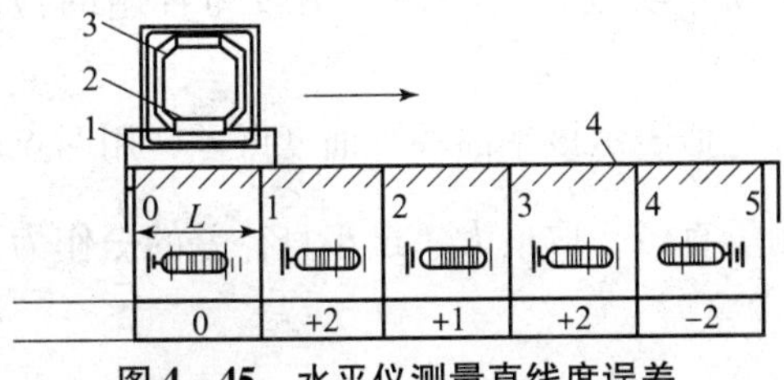

图 4-45　水平仪测量直线度误差

1—桥板；2—水准器；3—水平仪；4—被测导轨

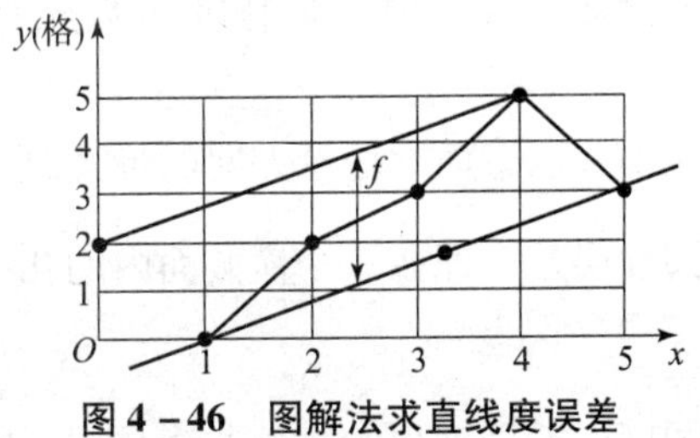

图 4-46　图解法求直线度误差

若水平仪分度值为0.02 mm/m，节距为300 mm，则直线度误差为

$$f=\frac{0.02}{1\ 000}\times300\times2.8=0.016\ 8\ (\text{mm})$$

二、测量坐标值原则

测量被测提取要素的坐标值（如直角坐标值、极坐标值、圆柱面坐标值），并经过数据处理获得几何误差值。

由于几何要素的特征总是可以在坐标系中反映出来，因此，利用坐标测量机或其他测量装置，对被测要素测出一系列坐标值，再经数据处理，就可以获得几何误差值。测量坐标值原则是几何误差中的重要检测原则，尤其在轮廓度和位置度误差测量中的应用更为广泛。

图4－47所示为用测量坐标值原则测量位置度误差，由坐标测量机测得各孔实际位置的坐标值（x_1，y_1）、（x_2，y_2）、（x_3，y_3）、（x_4，y_4），计算出实际坐标相对于理论正确尺寸的偏差 $\Delta x_i=x_i-x'_i$；$\Delta y_i=y_i-y'_i$，于是各孔的位置度误差值可按下式求得：

$$\Delta f_i=2\sqrt{\Delta x_i^2+\Delta y_i^2}=2\sqrt{(x_i-x'_i)^2+(y_i-y'_i)^2}\qquad i=1,\ 2,\ 3,\ 4$$

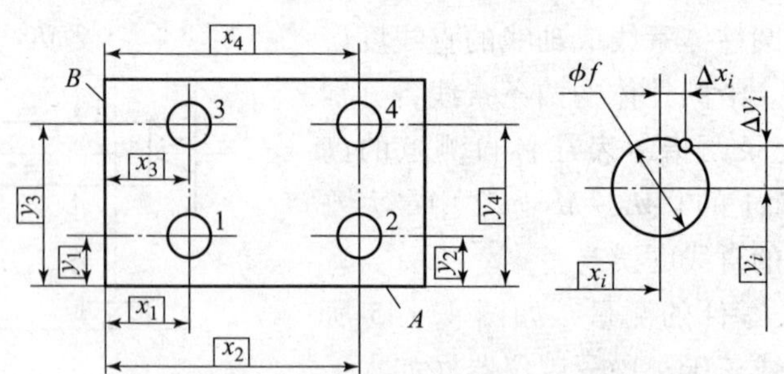

图4－47　用测量坐标值原则测量位置度误差

三、测量特征参数原则

测量被测提取要素上具有代表性的参数（即特征参数）来表示几何误差值，就是通过测量被测提取要素上具有代表性的参数来评定几何误差。

例如，圆度误差一般反映在直径的变动上，因此，常以直径作为圆度的特征参数，即用千分尺在实际表面同一正截面内的几个方向上测量直径的变动量，取最大的直径差值的二分之一作为该截面内的圆度误差值。显然，应用测量特征参数原则测得的几何误差，与按定义确定的几何误差相比，只是一个近似值，因为特征参数的变动量与几何误差值之间一般没有确定的函数关系，但测量特征参数原则在生产中易于实现，是一种应用较为普遍的检测原则。

例如，以平面上任意方向的最大直线度误差来近似表示该平面的平面度误差，用两点法测量圆度误差，即在一个横截面内的几个方向上测量直径，取最大、最小直径差的$\frac{1}{2}$作为圆度误差。

圆度误差最理想的测量方法是用圆度仪测量（与拟合要素比较原则），但在实际测量中常采用近似测量方法，如两点法、三点法。

1. 两点法

两点法测量是用游标卡尺、千分尺等通用量具测出同一径向截面中的最大直径差，此差之半$\left(\frac{d_{\max}-d_{\min}}{2}\right)$就是该截面的圆度误差。测量多个径向截面，取其中的最大值作为被测零件的圆度误差。

2. 三点法

对于奇数棱形截面的圆度误差可用三点法测量，其测量方法如图4－48所示。被测件放在V形块上回转一周，指示表的最大与最小读数之差（$M_{\max}-M_{\min}$）反映了该测量截面的圆度误差f，关系式为

$$f=\frac{M_{\max}-M_{\min}}{K}$$

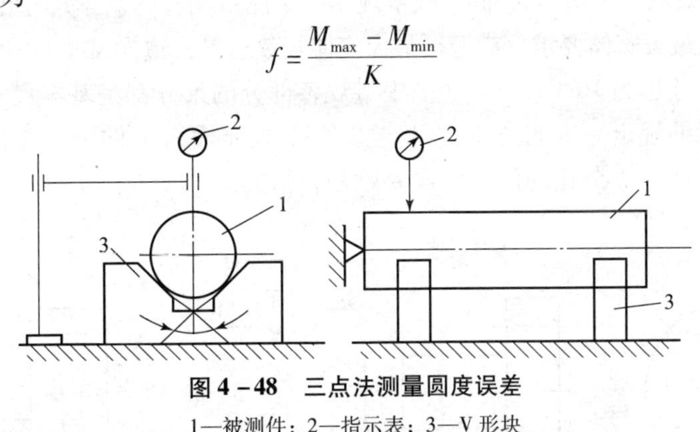

图4－48　三点法测量圆度误差

1—被测件；2—指示表；3—V形块

式中K为系数，它是被测件的棱边数及所用V形块的夹角α的函数，其关系比较复杂。在不知棱数的情况下，可采用夹角α为90°和120°或α为72°和108°的两个V形块分别测量（各测若干个径向截面），取其中读数差最大值作为测量结果，此时可近似地取反映系数$K=2$，计算出被测件的圆度误差。

一般情况下，椭圆（偶数棱形圆）出现在用顶针夹持工件车、磨外圆的加工过程中；奇数棱形圆出现在无心磨削圆的加工过程中，且大多为三棱圆形状。因此在生产中可根据工艺特点进行分析，选取合适的测量方法。

用该原则所得到的几何误差值与按定义确定的几何误差值相比，只是一个近似值。但应用该原则往往可以简化测量过程和设备，也不需要复杂的数据处理，所以在满足功能要求的情况下，采用该原则可以取得明显的经济效益。这类方法在生产现场用得较多。

四、测量跳动原则

被测提取要素绕基准轴线回转过程中，沿给定方向测量其对某参考点或线的变动量，变动量是指示计最大与最小示值之差。

跳动公差是按检测方法定义的，所以测量跳动的原则主要用于图样上标注了圆跳动或全跳动时误差的测量。

如图4－49所示，用V形架模拟基准轴线，并对零件轴向限位。在被测要素回转一周的过程中，指示器最大与最小读数之差为该截面的径向圆跳动误差；若被测要素回转的同时，指示器缓慢地轴向移动，在整个过程中指示器最大读数

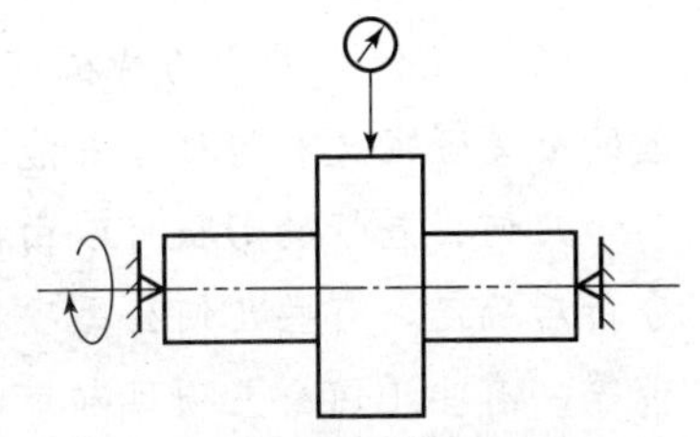

图4－49　径向圆跳动误差检测

与最小读数之差为该工件的径向全跳动误差。

五、控制实效边界原则

检验被测提取要素是否超过实效边界，以判断合格与否。

按最大实体要求（或同时采用最大实体要求及可逆要求）给出几何公差时，意味着给出了一个理想边界——最大实体实效边界，要求被测实体不得超越该边界。判断被测实体是否超越最大实体实效边界的有效方法是用功能量规检验。

例如，图 4－50（a）所示零件的位置度误差可用图 4－50（b）所示的功能量规检测。被测孔的最大实体实效尺寸为 7.506 mm。故量规 4 个小测量圆柱的基本尺寸也为 7.506 mm，基准要素 *B* 本身遵循最大实体要求，应遵循最大实体实效边界，边界尺寸为 10.015 mm，故量规定位部分的基本尺寸也为 10.015 mm（图中量规各部分的尺寸都是基本尺寸，实际设计量规时，还应按有关标准规定一定的公差）。检验时，量规能插入工件中，并且其端面与工件 *A* 面之间无间隙，工件上 4 个孔的位置度误差就是合格的。

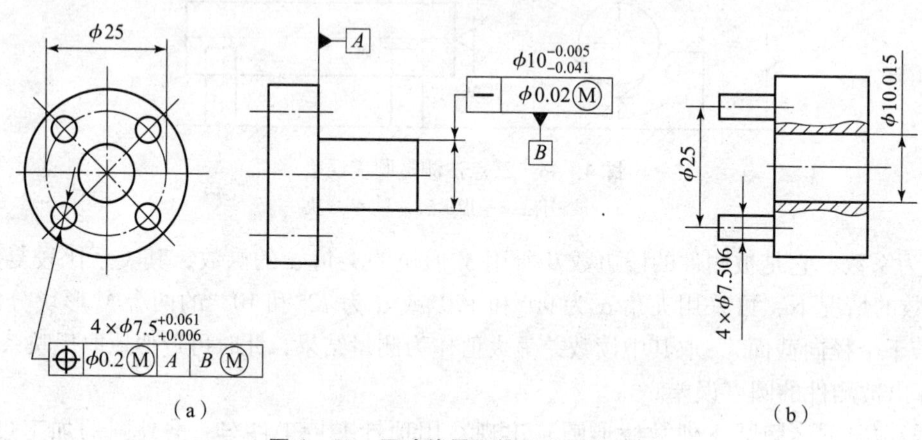

图 4－50　用功能量规检验位置度误差

小　结

本章主要讲述了几何公差的基本定义、几何误差的评定方法、公差原则及检测方法等，下面就学习本章内容时应该正确理解、准确把握的一些基本概念、原则和方法问题加以总结说明。

（1）几何公差的项目：主要包括形状公差、方向公差、位置公差和跳动公差。对每一个几何公差项目应记住它们的符号、公差带的特点以及在图样上的正确标注方法。

（2）几何公差带的特征：具有形状、大小、方向和位置四个特征。应熟悉常用几何公差的公差带定义和特征，并能正确标注。

几何公差带的形状可以由被测提取要素的几何公差的项目及几何公差值前的符号等进行分析后确定。有些几何公差项目的公差带形状具有唯一性，例如，圆度公差带、圆柱度公差带等。有些几何公差项目却可以有几种不同形状的公差带，例如直线度公差。

几何公差带的大小统一以其直径或宽度表示，即几何公差值等于几何公差带的直径或宽度。特别是同轴度、对称度和位置度三种位置公差，它们的公差带是实际被测提取要素允许变动的整个区域，而公差值则是该区域的直径或宽度。实际被测提取要素对基准要素的最大允许偏离量是公差值的$\frac{1}{2}$。

几何公差带的方向和位置可以是固定的，也可以是浮动的。如果理想被测提取要素相对拟合要素的方向或位置关系以理论正确尺寸（角度或长度）标注，则其公差带方向或位置是固定的，否则就是浮动的。所谓浮动公差带，是指其方向或位置可以随实际被测提取要素的方向或位置的变动而变动，没有对另一要素（拟合）保持正确几何关系的要求。

(3) 几何误差及几何误差值的评定：几何误差是泛指被测提取要素对其拟合要素的变动。为了定量地确定几何误差的大小，即几何误差值，必须建立最小包容区域的概念。最小包容区域必须包容实际被测提取要素，且具有最小宽度或直径，其大小完全取决于实际被测提取要素，它是用来评定提取要素的形状或位置精度的。而几何公差带的大小则取决于几何公差值的大小，是由设计给定的。它体现了对被测提取要素的形状或位置精度的要求。只有不超出几何公差带的实际被测提取要素才是合格的，否则就是不合格的。

在实际工作中，完全按照定义的要求建立相应的最小包容区域以确定几何误差值，常常是困难的、不经济的。在多数情况下，可以用一些近似的方法来评定各种几何误差的误差值。

(4) 公差原则是处理几何公差与尺寸公差关系的基本原则：它分为独立原则和相关要求两大类。应了解有关公差原则的术语及定义，公差原则的特点和适用场合，能熟练运用独立原则和包容要求。

独立原则是基本的公差原则，它是几何公差和尺寸公差应分别满足各自要求的公差原则。要求遵守独立原则时，图样上没有任何附加的标记。

相关要求是几何公差与尺寸公差有关的公差要求。它与独立原则的区别主要体现在几何误差的控制方法上。遵守独立原则的几何公差，要用通用测量器具测出实际被测要素的几何误差值，然后与图样上给定的几何公差值相比较，以确定其合格性。遵守相关要求的几何公差，不要求实测其几何误差值，而是用一定的边界来控制几何误差。只要实际被测轮廓不超出这个边界，就认为几何误差合格。实际生产中的各种形状和位置量规，就是这种边界的实际体现。相关要求就是要求作用尺寸不超出给定的边界尺寸，只要满足这个条件，几何误差就是合格的。

(5) 正确选择几何公差对保证零件的功能要求及提高经济效益都十分重要。应了解几何公差的选择依据，初步具备选择几何公差特征、基准要素、公差等级（公差值）和公差原则的能力。

几何公差共分为12个公差等级，一般主要按经验法或类比法选用，但对重要的高精度零件，应根据功能要求进行必要的计算。选用公差值的大小应满足以下关系：

$$t_{形状} < t_{方向} < t_{位置} < t_{尺寸}$$

(6) 国家标准规定了五个几何误差检测的原则，分别是：与理想要素比较原则、测量坐标值原则、测量特征参数原则、测量跳动原则、控制实效边界原则。

(7) 评定几何误差的准则是最小条件，检测方法应符合五种检测原则。

思考题

1. 几何公差有哪些项目名称？各采用什么符号表示？
2. 什么是最小条件？什么是最小包容区域？
3. 体外作用尺寸和体内作用尺寸与最大实体实效尺寸和最小实体实效尺寸有何区别？
4. 最大实体边界和最小实体边界与最大实体实效边界和最小实体实效边界有何区别？
5. 比较测同一要素时，下列公差项目间的区别和联系。

（1）圆度公差与圆柱度公差；

（2）圆度公差与径向圆跳动公差；

（3）同轴度公差与径向圆跳动公差；

（4）直线度公差与平面度公差；

（5）平面度公差与平行度公差；

（6）平面度公差与端面全跳动公差。

6. 国家标准规定了哪些公差原则或要求？它们主要用在什么场合？
7. 判断题

（1）平面度公差带与端面全跳动公差带的形状是相同的。（　　）

（2）直线度公差带一定是距离为公差值 t 的两平行平面之间的区域。（　　）

（3）圆度公差带和径向圆跳动公差带形状是相同的。（　　）

（4）形状公差带的方向和位置都是浮动的。（　　）

（5）几何公差按最大实体原则与尺寸公差相关时，则要求实际被测要素遵守最大实体边界。（　　）

（6）位置度公差带的位置可以是固定的，也可以是浮动的。（　　）

（7）最大实体要求和最小实体要求都只能用于中心要素。（　　）

（8）公差等级的选用应在保证使用要求的前提下，尽量选取较低的公差等级。（　　）

8. 选择题

（1）径向全跳动公差带的形状与________的公差带形状相同。

A. 同轴度　B. 圆度　C. 圆柱度　D. 轴线的位置度

（2）若某平面对拟合（基准）轴线的端面全跳动为 0.04 mm，则它对同一拟合（基准）轴线的端面圆跳动一定________。

A. 小于 0.04 mm　B. 不大于 0.04 mm

C. 等于 0.04 mm　D. 不小于 0.04 mm

（3）最大实体尺寸是指________。

A. 孔和轴的最大极限尺寸　B. 孔的最小极限尺寸和轴的最大极限尺寸

C. 孔和轴的最小极限尺寸　D. 孔的最大极限尺寸和轴的最小极限尺寸

（4）设某轴的尺寸为 $\phi 25_{-0.025}^{\ 0}$ mm，其轴线直线度公差为 $\phi 0.05$ mm，则其最小实体实效尺寸为________。

A. 25.05 mm　B. 24.95 mm　C. 24.90 mm　D. 24.80 mm

（5）公差原则是指________。

A. 确定公差值大小的原则　　　　B. 制定公差与配合标准的原则

C. 形状公差与位置公差的关系　　D. 尺寸公差与几何公差的关系

9. 用文字解释下图中几何公差代号的含义。

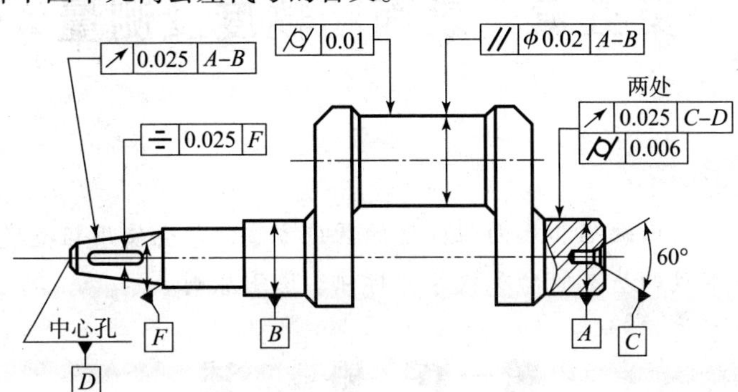

第五章　表面粗糙度及测量

本章要点

1. 掌握判别工件表面缺陷和表面粗糙度的区分方法，学会使用粗糙度样块。
2. 掌握表面粗糙度的基本概念及代号的标注、选用原则。

第一节　概　　述

一、表面粗糙度的概念

零件在加工时，由于刀具和被加工表面间的相对运动轨迹（刀痕）、刀具和零件表面之间的摩擦、切削分离时的塑性变形以及工艺系统中存在的高频振动等原因的影响，零件表面会留下由较小间距和峰谷所组成的微量高低不平的凸峰和凹谷。这种零件表面上微观几何形状误差称为表面粗糙度，又称微观不平度。

表面粗糙度不同于主要由机床、夹具、刀具几何精度以及定位夹紧方面的误差等因素引起的表面宏观几何形状误差，也不同于主要由机床、刀具、工件的振动、发热、回转不平衡等因素造成的介于宏观和微观几何形状误差之间的表面波纹度。

表面粗糙度误差与宏观几何形状误差和波纹度误差的区别，一般以一定的波距 λ 与波高 h 之比来划分，如图 5－1 所示。一般 $\lambda/h>1\ 000$ 者为宏观几何形状误差；$\lambda/h<40$ 者为表面粗糙度误差；$\lambda/h=40\sim1\ 000$ 者为波纹度误差。

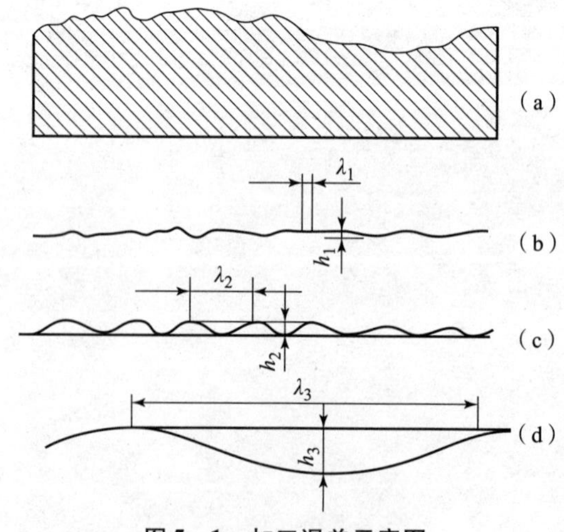

图 5－1　加工误差示意图

（a）表面实际轮廓；（b）表面粗糙度；（c）表面波纹度；（d）形状误差

二、表面粗糙度对零件使用性能的影响

表面粗糙度对零件使用性能的影响主要有以下几个方面：

（1）对摩擦、磨损和接触变形的影响。

表面的凹凸不平使两表面接触时实际接触面积减小，接触部分压力增加。滑动时，两面的凸峰相互摩擦，产生了摩擦阻力，造成了表面磨损，表面越粗糙，接触面积越小；压力越大，接触变形越大；摩擦阻力增大，磨损也越快。

但需指出：零件表面越光滑，磨损量不一定越小。由于金属分子的吸附力加大，接触表面间的润滑层将被挤掉而形成干摩擦，使金属表面发热而产生胶合，也能损坏表面。因此，不适当地提高零件表面粗糙度，不仅提高加工成本，而且会增大摩擦系数，加剧磨损。所以，对有相对运动的接触表面，其粗糙度参数值要选用适当，既不能偏低，也不能过高。

（2）对配合性质的影响。

对于间隙配合，会因表面微观不平的峰尖在工作过程中很快磨掉而使间隙增大；对于过盈配合，表面轮廓的峰顶在装配时被挤平，使有效过盈减小，降低连接强度；对于过渡配合，表面粗糙度使配合变松。如果因表面粗糙度的参数值选择不当，从而改变了零件配合的性质，这是不允许的。对于那些配合间隙或过盈较小、运动稳定性要求较高的高速重载的机械设备及车辆的零件，正确地选择其零件的表面粗糙度尤为重要。

（3）对疲劳强度的影响。

承受疲劳载荷的零件，其破坏多半是因为应力集中产生了疲劳裂纹。表面微观不平的凹痕越深，其底部曲率半径越小，则应力集中越严重，零件疲劳损坏的可能性越大，疲劳强度就越低。零件表面越光滑，因材料疲劳而引起的表面断裂的机会就越少。因此，对于一些承受交变载荷的重要零件，精加工后常进行光整加工，以减小零件的表面粗糙度值，提高其疲劳强度。

（4）对耐腐蚀性的影响。

腐蚀介质在表面凹谷聚集，不易清除，产生金属腐蚀。表面越粗糙，凹谷越深，谷底越尖，零件抗腐蚀能力越差。经过抛光的表面，改善了表面质量，因而减少生锈和腐蚀。可见，降低表面粗糙度的数值，能提高零件抗腐蚀的能力，延长机械设备和仪器的使用寿命。

此外，表面粗糙度对零件结合面的密封性能、机器的接触刚度和外观质量等都有影响。为保证产品质量，提高零件的使用寿命，降低生产成本，在设计零件时必须依据国家标准对其表面粗糙度提出合理的要求，即给出评定参数的允许值，并在生产中对给定参数进行检测。

第二节　表面结构的轮廓参数和基本术语

一、基本术语和定义

零件表面实际轮廓包括宏观和微观几何形状误差，这些几何误差由表面粗糙度轮廓、表面波纹度、宏观形状误差等构成，它们叠加在同一表面上。

1. 表面轮廓

表面轮廓是指平面与实际表面相交所得的轮廓。按照相截方向的不同，它又可分为横向表面轮廓和纵向表面轮廓。在评定或测量表面粗糙度时，除非特别指明，通常均指横向表面轮廓，即与加工纹理方向垂直的截面上的轮廓，如图 5－2 所示。

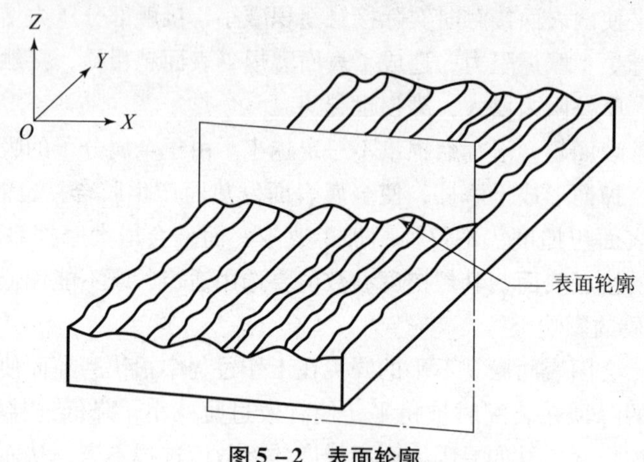

图 5－2　表面轮廓

2. 取样长度 *lr*

在 *X* 轴方向判别被评轮廓不规则特征的长度，如图 5－2 所示。规定取样长度的目的在于限制和减弱表面波纹度对表面粗糙度测量结果的影响。取样长度应与表面粗糙度的要求相适应，取样长度 *lr* 过短，不能反映表面粗糙度的实际情况；取样长度过长，表面粗糙度的测量值又会把表面波纹度的成分包括进去。在取样长度范围内，一般应包含 5 个以上的轮廓峰和轮廓谷，如图5－3 所示。*Ra*、*Rz* 参数与取样长度 *lr* 值的对应关系见表 5－1。

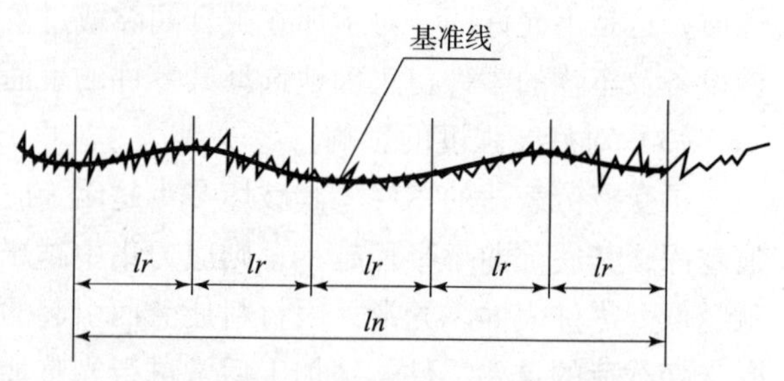

图 5－3　取样长度 *lr* 和评定长度 *ln*

表 5－1　*Ra*、*Rz* 参数与取样长度 *lr* 值的对应关系

Ra/μm	*Rz*/μm	*lr*/mm	*ln*/mm（*ln*＝5*lr*）
≥0.008～0.02	≥0.025～0.10	0.08	0.4
＞0.02～0.1	＞0.10～0.50	0.25	1.25
＞0.1～2.0	＞0.50～10.0	0.8	4
＞2.0～10.0	＞10.0～50.0	2.5	12.5
＞10.0～80.0	＞50.0～320	8.0	40.0

3. 评定长度 *ln*

用于评定被评定轮廓的 *X* 轴方向上的长度，评定长度包含一个或几个取样长度。

由于零件各部分的表面粗糙度不一定均匀，为了充分合理地反映表面的特性，通常取几个取样长度（测量后的算术平均值作为测量结果）来评定表面粗糙度，一般 $ln=5lr$，见表 5－1。如被测表面均匀性较好，可选用小于 $5lr$ 的评定长度；反之，选用大于 $5lr$ 的评定长度。

4. 粗糙度轮廓中线

具有几何轮廓形状并划分轮廓的基准线。用 λc 滤波器抑制长波轮廓成分后对应的中线称为粗糙度轮廓中线。

轮廓中线通常有以下两种：

1）**轮廓最小二乘中线**

轮廓的最小二乘中线是在取样长度范围内，实际被测轮廓线上的各点至该线的距离平方和为最小，如图 5－4 所示。

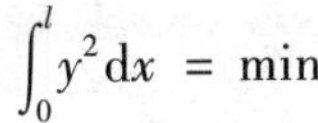

$$\int_0^l y^2 \mathrm{d}x = \min$$

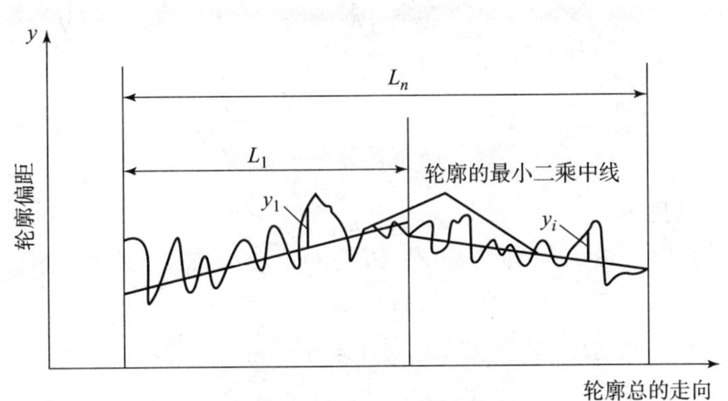

图 5－4　轮廓的最小二乘中线

2）**轮廓算术平均中线**

轮廓的算术平均中线是在取样长度范围内，将实际轮廓划分上下两部分，且使上下面积相等的直线，如图 5－5 所示。

$$F_1 + F_2 + \cdots + F_n = G_1 + G_2 + \cdots + G_m$$

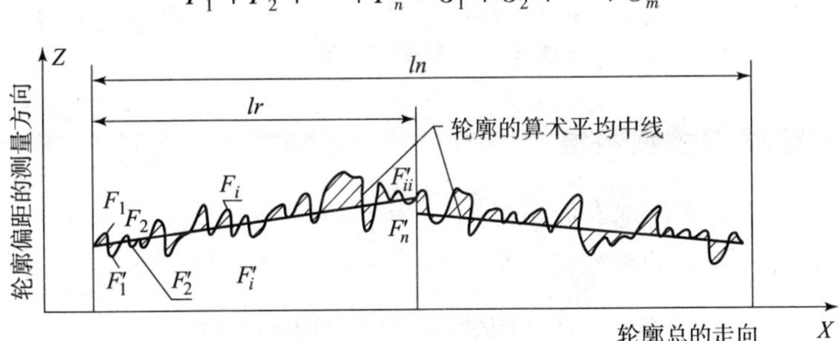

图 5－5　轮廓算术平均中线

CB/T 131—2006 中规定，一般以轮廓的最小二乘中线为基准线。但在轮廓图形上确定最小二乘中线的位置比较困难，可用算术平均中线代替，通常用目测估计确定算术平均中线，所以它具有较大的实用性。

二、表面粗糙度评定参数

1. 轮廓的算术平均偏差 *Ra*

在一个取样长度内，轮廓上各点到中线纵坐标绝对值的算术平均值，记为 Ra，如图 5－6 所示。

$$Ra = \frac{1}{lr}\int_0^{lr} |Z(x)| \, dx$$

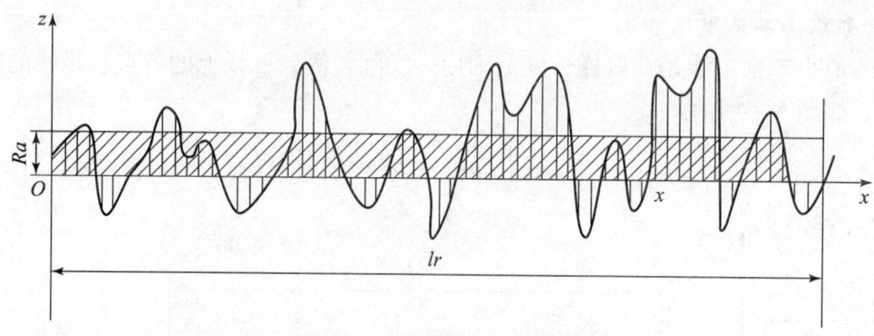

图 5－6　轮廓算术平均偏差

2. 轮廓的最大高度 *Rz*

在一个取样长度内，最大轮廓峰高 Z_p 和最大轮廓谷深 Z_v 之和，记为 Rz，如图 5－7 所示。

$$Rz = Z_p + Z_v = \max(Z_{pi}) + \max(Z_{vi})$$

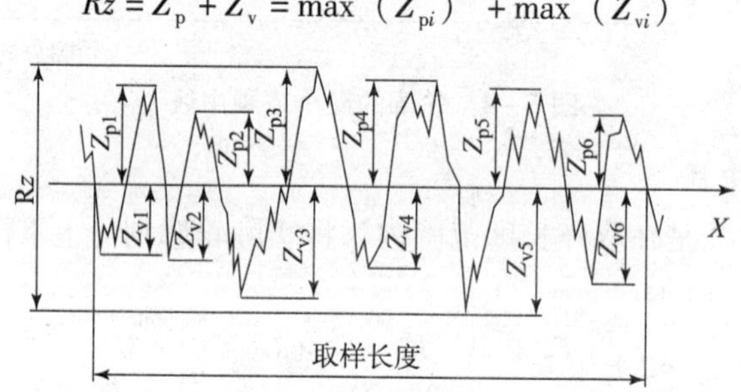

图 5－7　轮廓最大高度

三、表面粗糙度的参数数值

国标规定采用中线制来评定表面粗糙度，设计时应按国家标准 GB/T 1031—2009《表面粗糙度参数及其数值》规定的参数值系列选取，见表 5－2～表 5－5。

表 5－2　轮廓的算术平均偏差 *Ra* 的数值

μm

0.012	0.2	3.2	50
0.025	0.4	6.3	100
0.05	0.8	12.5	
0.1	1.6	25	

表 5－3　轮廓的最大高度 *Rz* 的数值　μm

0. 025	0. 4	6. 3	100	1 600
0. 05	0. 8	12. 5	200	
0. 1	1. 6	25	400	
0. 2	3. 2	50	800	

表 5－4　轮廓单元的平均宽度 *Rsm* 的数值　mm

0. 006	0. 05	0. 4	3. 2
0. 012 5	0. 1	0. 8	6. 3
0. 025	0. 2	1. 6	12. 5

表 5－5　轮廓的支承长度率 *Rmr*（*c*）

10	15	20	25	30	40	50	60	70	80	90

注：选用轮廓的支承长度率参数时，应同时给出轮廓截面高度 *c* 值，它可以用微米或 *Rz* 的百分数表示。*Rz* 的百分数系列如下：5%、10%、15%、20%、25%、30%、40%、50%、60%、70%、80%、90%。

四、极限值判断规则

完工零件的表面按检验规范测得轮廓参数值后，需与图样上给定的极限比较，以判定其是否合格。极限值判断规则有以下两种：

（1）16%规则：当被检的表面上测得的全部参数值中，超过规定值的个数少于总数的16%时，该表面合格。

（2）最大规则：被检的整个表面上测得的参数值中一个也不应超过规定值。

16%规则是所有表面结构要求标注的默认规则。当参数代号后未注写“max”字样时（如 *Ra* 0.8，默认应用16%规则。当参数代号后注写“max”字样时，如 Ra_{max}0. 8，则应用最大规则）。

第三节　零件表面特征的图样表示法

GB/T 131—2006 规定了零件表面特征符号、代号及其在图样上的标注。

一、表面粗糙度的符号

表面粗糙度符号及含义见表 5－6。

表5-6 表面粗糙度符号及含义

符号	意义与说明
	表示表面可用任意方法获得。当不加注粗糙度参数或有关说明时，仅适用于简化代号标注
	表示表面用去除材料的方法获得，例如车、铣、钻、镗、磨、剪切、抛光、腐蚀、电火花加工、气割等。不加注粗糙度数值，仅要求去除材料
	表示表面用不去除材料的方法获得。例如铸、锻、冲压、热轧、冷轧、粉末冶金等或者是用于保持原供应状况或保持上道工序状况
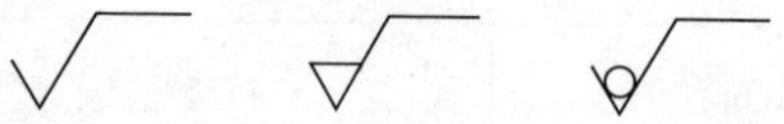	在上述三个符号的长边上均可加一横线，用于在横线上标注有关参数和说明
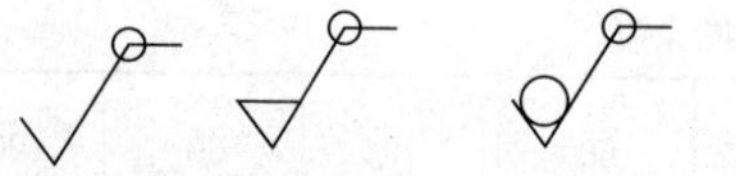	在上述三个符号上均可加一小圆，表示所有表面具有相同的粗糙度要求

二、表面粗糙度代号

为了明确表面结构要求，除了标注表面结构参数和数值外，必要时应标注补充要求，包括传输带、取样长度、加工工艺、表面纹理及方向、加工余量等。这些要求在图形符号中的注写位置如图 5-8 所示。

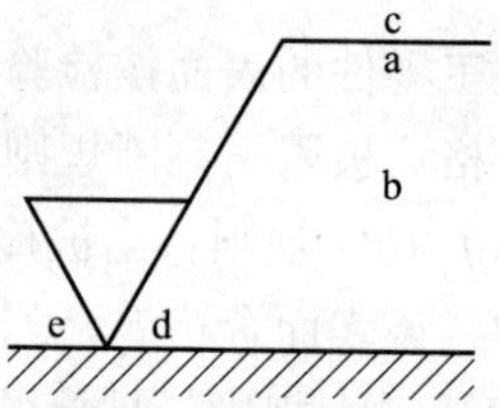

图5-8 表面粗糙度代号标注

1. 位置 a

注写表面结构的单一要求。

依次注写传输带、取样长度、表面结构参数代号、评定长度与取样长度的倍数、表面结构参数的数值。为了避免误解，在参数代号和极限值之间应留空格，传输带或取样长度之后有斜线“/”。凡是没有默认规定的参数都应该加以标注。

示例1：0.0025-0.8/*Rz* 6.3 （传输带标注）

示例2： -0.8/*Rz* 6.3 （取样长度标注）

2. 位置 a 和 b

注写两个或多个表面结构要求。

在位置 a 注写第一个表面结构要求，在位置 b 注写第二个表面结构要求。如果要注写第三个或更多个表面结构要求，图形符号应在垂直方向扩大，以空出足够的空间。扩大图形符号时，a 和 b 的位置随之上移。

3. 位置 c

注写加工方法、表面处理、涂层或其他加工工艺要求等，如车、磨、镀等加工表面。

4. 位置 d

注写所要求的表面纹理和纹理的方向，如“=”“X”“M”，见表 5-7。

表 5-7 表面纹理的标注

符号	解释和示例	符号	解释和示例
=	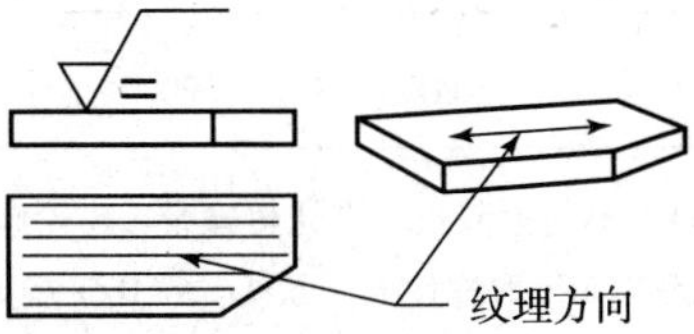 纹理方向 纹理平行于视图所在的投影面	⊥	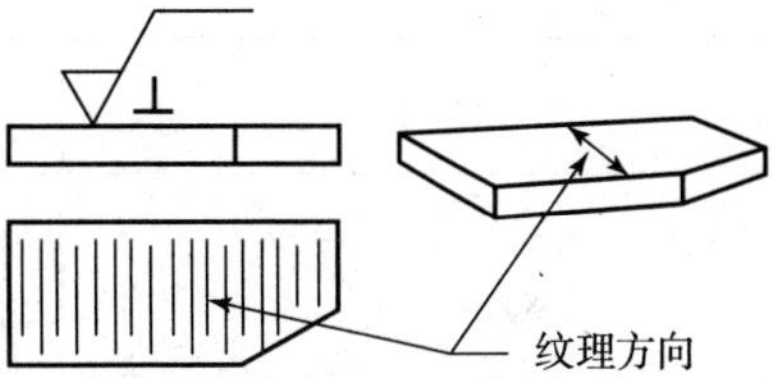 纹理方向 纹理垂直于视图所在的投影面
X	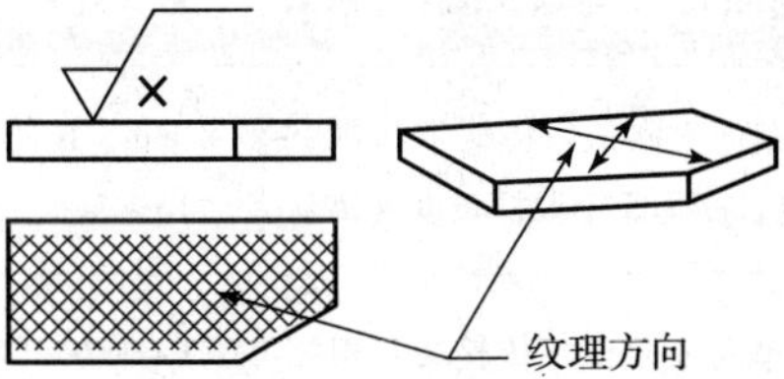 纹理方向 纹理呈两斜向交叉且与视图所在的投影面相交	M	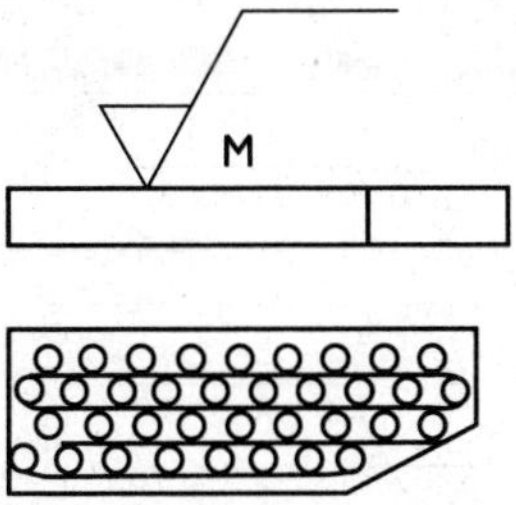 纹理呈多方向
C	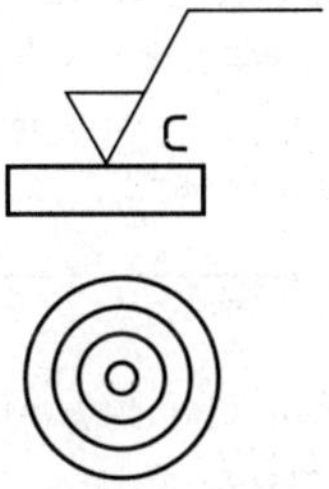 纹理呈近似同心圆且圆心与表面中心相关	R	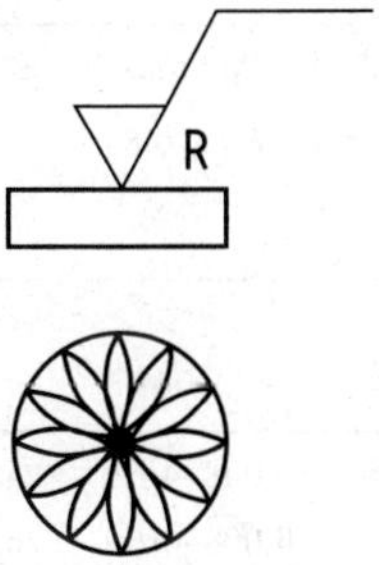 纹理呈近似放射状且与表面圆心相关
P	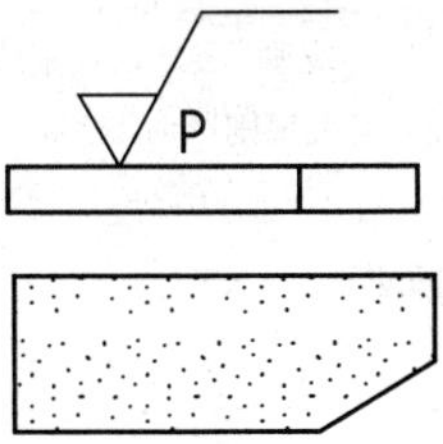 纹理呈微粒、凸起、无方向	注：如果表面纹理不能清楚地用这些符号表示，必要时，可以在图样上加注说明	

5. 位置 e

注写所要求的加工余量，以毫米为单位给出数值。

三、表面粗糙度代号

表面粗糙度符号注写参数代号及数值等要求，即称为表面结构代号。表面结构代号的含义见表5－8。

表5－8 表面粗糙度代号的含义（摘自GB/T 131—2006）

符 号	含 义
Rz 0.4	表示不允许去除材料，单向上限值，默认传输带，R轮廓，粗糙度的最大高度0.4 μm，评定长度为5个取样长度（默认），“16%规则”（默认）
Rz max 0.2	表示去除材料，单向上限值，默认传输带，R轮廓，粗糙度最大高度的最大值0.2 μm。评定长度为5个取样长度（默认），“最大规则”
0.008–0.8/*Ra* 3.2	表示去除材料，单向上限值。传输带0.008～0.8 mm，R轮廓。算术平均偏差3.2 μm，评定长度为5个取样长度（默认），“16%规则”（默认）
0.8/*Ra*3 3.2	表示去除材料，单向上限值。传输带：根据GB/T 6062—2009，取样长度0.8 μm（λs默认0.002 5 μm）。R轮廓。算术平均偏差3.2 μm，评定长度含3个取样长度，“16%规则”（默认）
U *Ra* max 3.2 L *Ra* 0.8	表示不允许去除材料，双向极限值，两极限值均使用默认传输带，R轮廓，上限值：算术平均偏差3.2 μm。评定长度为3个取样长度（默认）“最大规则”，下限值：算术平均偏差0.8 μm。评定长度为5个取样长度（默认），“16%规则”（默认）
铣 0.008–4/*Ra* 50 C 0.008–4/*Ra* 6.3	双向极限值： 上限值 *Ra*＝50 m；下限值 *Ra*＝6.3 m；均为“16%规则”（默认）； 两个传输带均0.008～4 mm；默认的评定长度5×4＝20（mm）； 表面纹理呈近似同心圆且圆心与表面中心相关； 加工方法：铣
磨 *Ra* 1.6 ⊥ –2.5/*Rz* max 6.3	两个单向上限值： （1）*Ra*＝1.6 μm；“16%规则”、默认传输带、默认评定长度（5×λc） （2）Rz_{max}＝6.3 μm，“最大规则”、传输带－2.5 μm、评定长度默认（5×2.5 mm） 表面纹理垂直于视图投影面； 加工方法：磨削
Cu/Ep・Ni5b Cr0.3r *Rz*0.8	单向上限值： *Rz*＝0.8 μm，“16%规则”； 默认传输带；默认评定长度（5×λc）； 表面处理：铜件，镀镍/铬； 表面要求：对封闭轮廓的所有表面有效

四、表面结构要求在图样中的注法

在图样上，表面结构要求代（符）号应标注在可见轮廓线、尺寸线、尺寸界线或它们的延长线上，也可以标注在指引线上。对每一表面一般只注一次，并尽可能注在相应的尺寸及其公差的同一视图上；注写和读取方向与尺寸标注一致，其符号从材料外侧指向并接触表面，如图 5－9 所示。除非另有说明，所标注的表面结构要求是对完工零件表面的要求。

1. 表面结构要求在图样上的标注位置

（1）标注在轮廓线上或指引线上，如图 5－10 所示；表面结构要求可标注在轮廓线上，其符号应从材料外指向并接触表面。必要时，表面结构符号也可用带箭头或黑点的指引线引出标注，如图 5－11 所示。

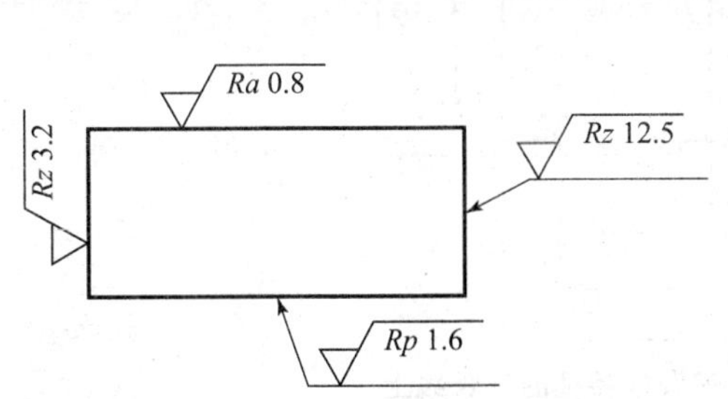

图 5－9　表面结构要求的注写方向

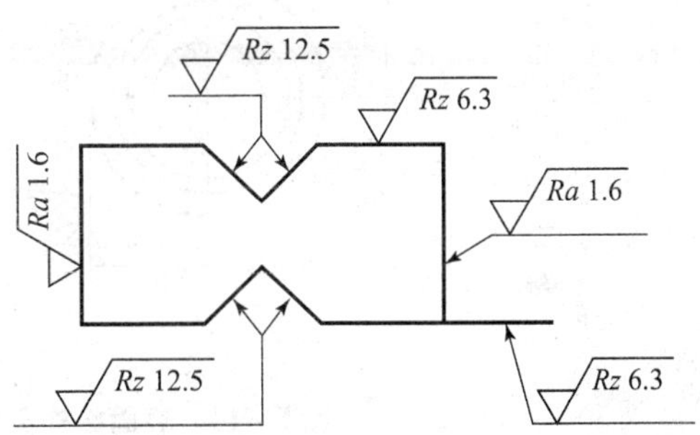

图 5－10　表面结构要求在轮廓线上的标注

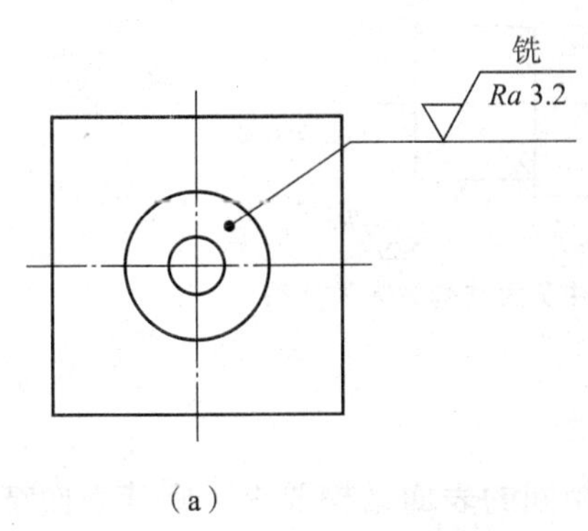

图 5－11　用指引线引出标注表面结构要求

（2）标注在特征尺寸的尺寸线上，如图 5－12 所示；在不致引起误解时，表面结构要求可以标注在给定的尺寸线上。

（3）标注在几何公差的框格上，表面结构要求可标注在几何公差框格的上方，如图 5－13（a）、（b）所示。

（4）标注在圆柱和棱柱表面上，圆柱和棱柱表面的表面结构要求只标注一次，如图 5－14 所示。如果每个棱柱表面有不同的表面结构要

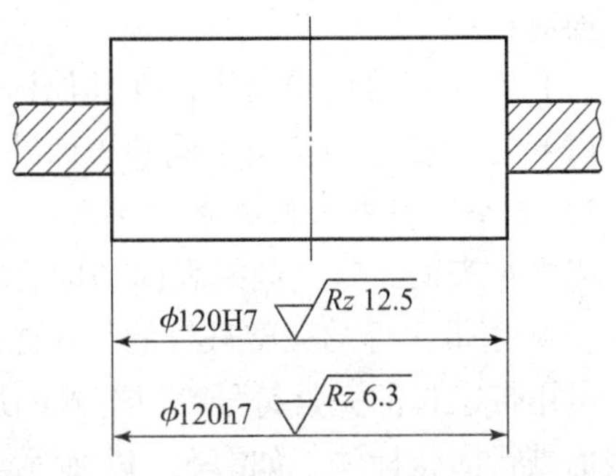

图 5－12　表面结构要求标注在尺寸线上

求，则应分别单独标注，如图 5－15 所示。

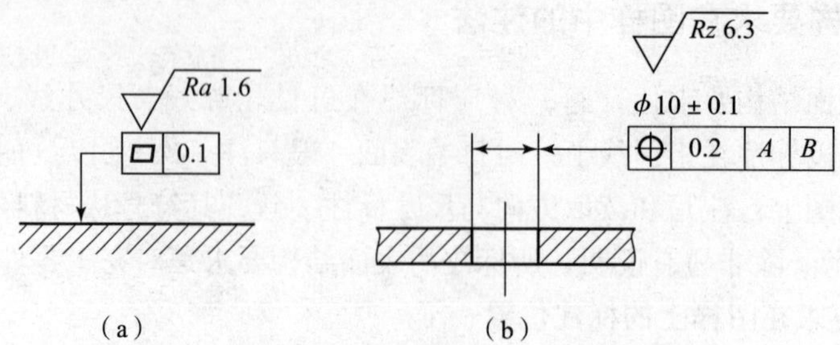

图 5－13　表面结构要求标注在几何公差框格的上方

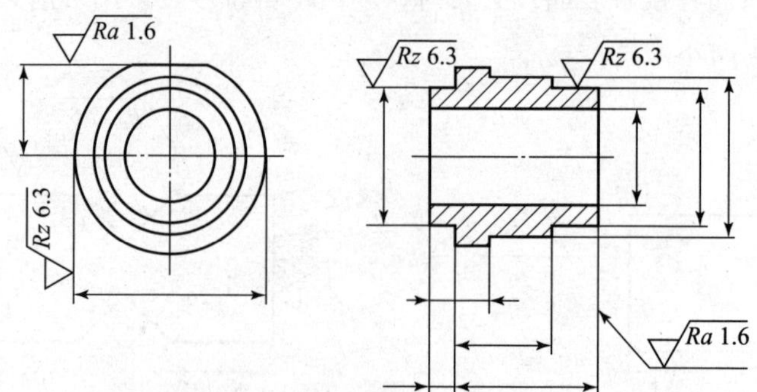

图 5－14　表面结构要求标注在圆柱特征的延长线上

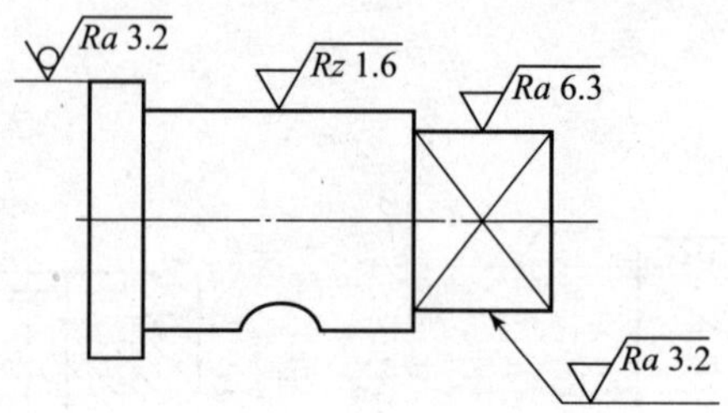

图 5－15　圆柱和棱柱表面结构要求的注法

2. 表面结构要求的简化注法

1）*有相同表面结构要求的简化注法*

如果在工件的多数（包括全部）表面有相同的表面结构要求，则其表面结构要求可统一标注在图样的标题栏附近。此时（除全部表面有相同要求的情况外），表面结构要求的符号后面应有：

（1）在圆括号内给出无任何其他标注的基本符号，如图 5－16（a）所示；

（2）在圆括号内给出不同的表面结构要求，如图 5－16（b）所示。

2）*多个表面有共同要求的注法*

当多个表面具有相同的表面结构要求或图纸空间有限时，可以采用简化注法。

（1）用带字母的完整符号的简化注法。

可用带字母的完整符号，以等式的形式，在图形或标题栏附近，对有相同表面结构要求的表面进行简化标注，如图 5－17 所示。

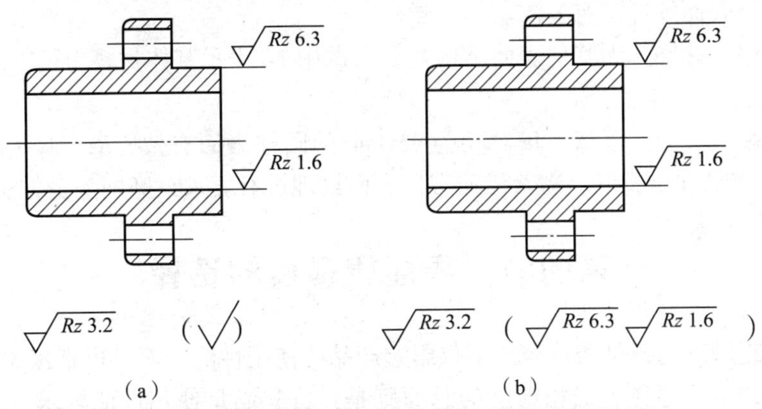

（a）　　　　　　（b）

图 5-16　大多数表面有相同表面结构要求的简化注法

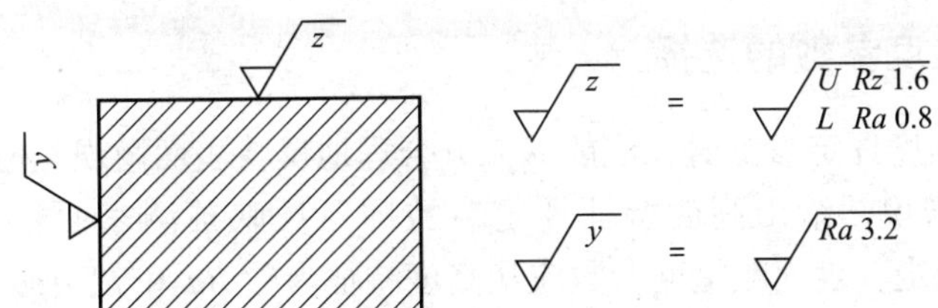

图 5-17　在图纸空间有限时的简化注法

（2）只用表面结构符号的简化注法。

可用表面结构符号，以等式的形式给出对多个表面共同的表面结构要求，如图 5-18 所示。

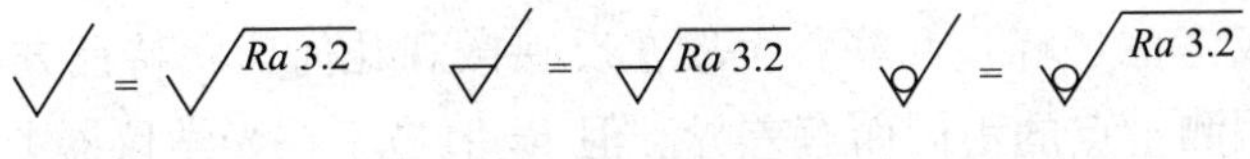

= Ra 3.2　　= Ra 3.2　　= Ra 3.2

（a）　　（b）　　（c）

图 5-18　多个表面结构要求的简化注法

（a）未指定加工工艺；（b）要求去除材料；（c）不允许去除材料

3）*两种或多种工艺获得的同一表面的注法*

由几种不同的工艺方法获得的同一表面，当需要明确每种工艺方法的表面结构要求时，可按图 5-19 进行标注。

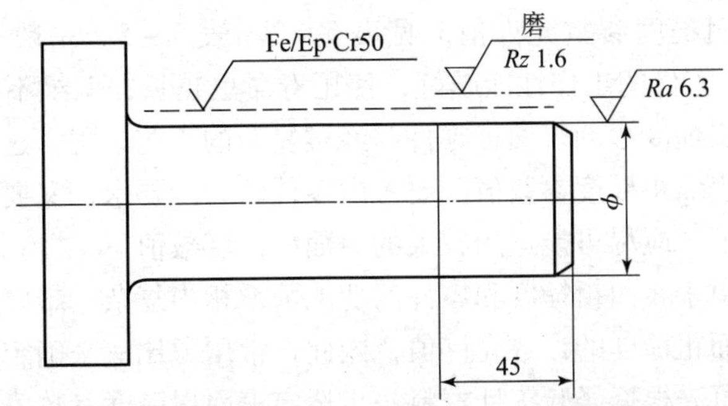

图 5-19　两种或多种工艺获得的同一表面的注法

第一道工序：用去除材料的方法，单向上限值，$Ra=6.3\ \mu m$，“16% 规则”（默认），默认评定长度，表面纹理没有要求。

第二道工序：镀铬，无其他表面结构要求（图中 Fe 表示基体材料为钢，Ep 表示加工工艺为电镀）。

第三道工序：单向上限值，仅对长为 45 mm 的圆柱表面有效，$Rz=1.6\ \mu m$，“16%规则”（默认），默认评定长度，默认传输带，表面纹理没有要求，磨削加工方法。

第四节　表面粗糙度的选择

零件表面粗糙度选择是否恰当，不仅影响产品的使用性能，而且也直接关系到零件的加工工艺和制造成本。选择表面粗糙度的总原则是：首先满足使用性能要求，其次兼顾经济性，即在满足使用要求的前提下，尽量选用较大的表面粗糙度参数值。

一、表面粗糙度参数的选择

在选择表面粗糙度评定参数时，应能够充分合理地反映表面微观几何形状的真实情况。

对大多数表面来说，给出高度特征评定参数即可反映被测表面粗糙度的特征。因此 GB/T 1031—2009 规定，表面粗糙度参数应从高度特征参数 Ra 和 Rz 中选取，并推荐优先选用 Ra。

评定参数 Ra 能够较客观地反映表面微观几何形状特征，且所用仪器的测量方法比较简单，能连续测量，测量效率高。因此，在常用的参数值范围（Ra 为 0.025 ~ 6.3 μm，Rz 为 0.1 ~ 25 μm）内，一般仅选用高度参数，国标推荐优先选用 Ra。当零件材料较软时，不能选用 Ra，因为 Ra 一般采用触针测量，材料较软时易划伤零件表面且测量不准确。

评定参数 Rz，仅考虑了峰顶和峰谷，故在反映微观几何形状特征方面不如 Ra 全面。同时，Rz 值测量结果因测量点的不同而有差异。但 Rz 值易于在光学仪器上测得，且计算方便，因而是用得较多的参数。当零件表面过于粗糙（$Ra>6.3\ \mu m$）或太光滑（$Ra<0.025\ \mu m$）时，可选用 Rz。

二、表面粗糙度参数值的确定

表面粗糙度主参数值选择得合理与否，不仅对产品的使用性能有很大的影响，而且直接关系到产品的质量和制造成本，因此在零件设计时，应按国家标准 GB/T 1031—2009 规定的参数值系列选取表面粗糙度参数允许值，见表 5-2 ~ 表 5-5。一般来说，表面粗糙度值（评定参数值）越小，零件的工作性能越好，使用寿命也越长；但绝不能认为表面粗糙度值越小越好，为了获得粗糙度小的表面，零件需经过复杂的工艺过程，这样加工成本可能随之急剧增高。因此选择表面粗糙度参数值既要考虑零件的功能要求，又要考虑其制造成本，在满足功能要求的前提下，应尽可能选用较大的表面粗糙度数值。

在实际应用中，由于表面粗糙度和零件的功能关系相当复杂，难以全面而精确地按零件表面功能要求确定表面粗糙度的参数允许值，因此，常用类比法来确定。

在具体选用时，可先根据经验统计资料初步选定表面粗糙度参数值，然后再对比工作条件做适当调整。调整时应考虑以下几点：

(1) 同一零件上，工作表面比非工作表面的表面粗糙度值小。

（2）摩擦表面比非摩擦表面、滚动摩擦表面比滑动摩擦表面的表面粗糙度值小。

（3）运动速度高、单位压力大的摩擦表面，比运动速度低、单位压力小的摩擦表面的表面粗糙度值小。

（4）受交变载荷的零件表面以及容易产生应力集中的部位（如沟槽、圆角、轴肩等），表面粗糙度值均应小些。

（5）配合精度要求高的表面（如小间隙配合的配合表面），受重载荷作用的过盈配合表面，粗糙度参数值小些。

（6）配合表面的粗糙度应与其尺寸精度要求相当。配合性质相同时，零件尺寸越小，则粗糙度数值越小；同一精度等级，小尺寸比大尺寸粗糙度数值小。

（7）对间隙配合，配合间隙越小，粗糙度数值应越小；对过盈配合，为保证连接的牢固可靠，载荷越大，要求粗糙度数值越小。一般情况，间隙配合比过盈配合粗糙度数值要小。

轴易加工且材质一般硬度高，因此，相配合的轴与孔，轴比孔的粗糙度数值小（特别是 IT5 ~ IT8 的精度）。

（8）对防腐性能、密封性能要求高，外观美观的表面，表面粗糙度值应小些。

（9）凡有关标准已对表面粗糙度要求做出了规定（如与滚动轴承配合的轴颈和外壳孔、键槽、各级精度齿轮的主要表面等），则应按标准确定表面粗糙度参数值。

表面粗糙度与加工方法有密切的关系，在确定零件的表面粗糙度时，应考虑可能的加工方法。表 5 - 9、表 5 - 10 列出了表面粗糙度的表面特征、经济加工方法及应用举例，轴和孔表面粗糙度参数推荐值，供选取时参考。

表 5 - 9　表面粗糙度的表面特征、经济加工方法及应用举例

表面微观特性		$Ra/\mu m$	$Rz/\mu m$	加工方法	应用举例
粗糙表面	可见加工痕迹	>20 ~ 40	>80 ~ 160	粗车、粗刨、粗铣、钻、毛锉、锯断	半成品粗加工过的表面，非配合的加工表面，如轴端面、倒角、钻孔、齿轮、带轮侧面、键槽底面、垫圈接触面等
	微见加工痕迹	>10 ~ 20	>40 ~ 80		
半光表面	可见加工痕迹	>5 ~ 10	>20 ~ 40	车、刨、铣、镗、钻、粗铰	轴上不安装轴承、齿轮处的非配合表面，紧固件的自由装配表面，轴和孔的退刀槽等
	微见加工痕迹	>2.5 ~ 5	>10 ~ 20	车、刨、铣、镗磨、拉、粗刮、滚压	半精加工表面、箱体、支架、盖面、套筒等和其他零件结合而无配合要求的表面，需要发蓝的表面等
	不可见加工痕迹	>1.25 ~ 2.5	>6.3 ~ 10	车、刨、铣、镗、磨、拉、刮、压、铣齿	接近于精加工表面，箱体上安装轴承的镗孔表面，齿轮的工作面
光表面	可见加工痕迹	>0.63 ~ 1.25	>3.2 ~ 6.3	车、镗、磨、拉、刮、精铰、磨齿、滚压	圆柱销、圆锥销与滚动轴承配合的表面，卧式车床导轨面，内、外花键定位表面

续表

表面微观特性		Ra/μm	Rz/μm	加工方法	应用举例
光表面	微见加工痕迹	>0.32~0.63	>1.6~3.2	精铰、精镗、磨、刮、滚压	要求配合性质稳定的配合表面，工作时受交变应力的重要零件，较高精度车床的导轨面
	不可见加工痕迹	>0.16~0.32	>0.8~1.6	精磨、珩磨、研磨、超精加工	精密机床主轴锥孔、顶尖圆锥面，发动机曲轴、凸轮轴工作表面，高精度齿轮齿面
极光表面	暗光泽面	>0.08~0.16	>0.4~0.8	精磨、研磨、普通抛光	精密机床主轴轴颈表面，一般量规工作表面，气缸套内表面，活塞销表面等
	亮光泽面	>0.04~0.08	>0.2~0.4	超精磨、精抛光、镜面磨削	精密机床主轴轴颈表面，滚动轴承的滚珠，高压液压泵中柱塞和与柱塞配合的表面
	光泽镜面	>0.02~0.04	>0.1~0.2		
	雾状镜面	>0.01~0.02	>0.05~0.1	镜面磨削、超精研	高精度量仪、量块的工作表面，光学仪器中的金属镜面
	镜面	≤0.01	≤0.05		

表 5－10　表面粗糙度 *Ra* 的推荐选用值

μm

应用场合			基本尺寸/mm					
		公差等级	≤50		>50~120		>120~500	
			轴	孔	轴	孔	轴	孔
经常装拆零件的配合表面		IT5	≤0.2	≤0.4	≤0.4	≤0.8	≤0.4	≤0.8
		IT6	≤0.4	≤0.8	≤0.8	≤1.6	≤0.8	≤1.6
		IT7	≤0.8		≤1.6		≤1.6	
		IT8	≤0.8	≤1.6	≤1.6	≤3.2	≤1.6	≤3.2
过盈配合	压入装配	IT5	≤0.2	≤0.4	≤0.4	≤0.8	≤0.4	≤0.8
		IT6~IT7	≤0.4	≤0.8	≤0.8	≤1.6	≤1.6	
		IT8	≤0.8	≤1.6	≤1.6	≤3.2	≤3.2	
	热装	—	≤1.6	≤3.2	≤1.6	≤3.2	≤1.6	≤3.2
滑动轴承的配合表面		公差等级	轴		孔			
		IT6~IT9	≤0.8		≤1.6			
		IT10~IT12	≤1.6		≤3.2			
		液体湿摩擦条件	≤0.4		≤0.8			

续表

<table>
<tr><td colspan="2">应用场合</td><td colspan="7">基本尺寸/mm</td></tr>
<tr><td colspan="2" rowspan="2">圆锥结合的工作面</td><td colspan="2">密封结合</td><td colspan="3">对中结合</td><td colspan="2">其他</td></tr>
<tr><td colspan="2">≤0.4</td><td colspan="3">≤1.6</td><td colspan="2">≤6.3</td></tr>
<tr><td rowspan="6">密封材料处的孔、轴表面</td><td rowspan="2">密封形式</td><td colspan="7">速度/（m·s⁻¹）</td></tr>
<tr><td colspan="2"><3</td><td colspan="3">3~5</td><td colspan="2">>5</td></tr>
<tr><td>橡胶圈密封</td><td colspan="2">0.8~1.6（抛光）</td><td colspan="3">0.4~0.8（抛光）</td><td colspan="2">0.2~0.4（抛光）</td></tr>
<tr><td>毛毡密封</td><td colspan="5">0.8~1.6（抛光）</td><td colspan="2"></td></tr>
<tr><td>迷宫式</td><td colspan="5">3.2~6.3</td><td colspan="2"></td></tr>
<tr><td>涂油槽式</td><td colspan="5">3.2~6.3</td><td colspan="2"></td></tr>
<tr><td rowspan="3">精密定心零件的配合表面</td><td rowspan="3">IT5~IT8</td><td>径向跳动</td><td>2.5</td><td>4</td><td>6</td><td>10</td><td>16</td><td>25</td></tr>
<tr><td>轴</td><td>≤0.05</td><td>≤0.1</td><td>≤0.1</td><td>≤0.2</td><td>≤0.4</td><td>≤0.8</td></tr>
<tr><td>孔</td><td>≤0.1</td><td>≤0.2</td><td>≤0.2</td><td>≤0.4</td><td>≤0.8</td><td>≤1.6</td></tr>
<tr><td colspan="2" rowspan="3">V带和平带轮工作表面</td><td colspan="7">带轮直径/mm</td></tr>
<tr><td colspan="2"><120</td><td colspan="3">120~315</td><td colspan="2">>315</td></tr>
<tr><td colspan="2">1.6</td><td colspan="3">3.2</td><td colspan="2">6.3</td></tr>
<tr><td rowspan="3">箱体分界面（减速箱）</td><td>类型</td><td colspan="3">有垫片</td><td colspan="4">无垫片</td></tr>
<tr><td>需要密封</td><td colspan="3">3.2~6.3</td><td colspan="4">0.8~1.6</td></tr>
<tr><td>不需要密封</td><td colspan="7">6.3~12.5</td></tr>
</table>

第五节 表面粗糙度测量

本节主要需了解表面粗糙度的测量原理、方法及使用场合。目前，常用的表面粗糙度测量方法有比较法、光切法、干涉法和针描法。

一、比较法

比较法是将被测表面和表面粗糙度样板（见图5-20）直接进行比较，两者的加工方法和材料应尽可能相同，否则将产生较大误差。可用肉眼或借助放大镜、比较显微镜进行比较；也可用手摸、指甲划动的感觉来判断被测表面的粗糙度。

这种方法简单易行，多用于车间，可评定一些表面粗糙度参数值较大的工件，评定的准确性在很大程度上取决于检验人员的经验。所以，比较法仅适用于评定表面粗糙度要求不高的工件。

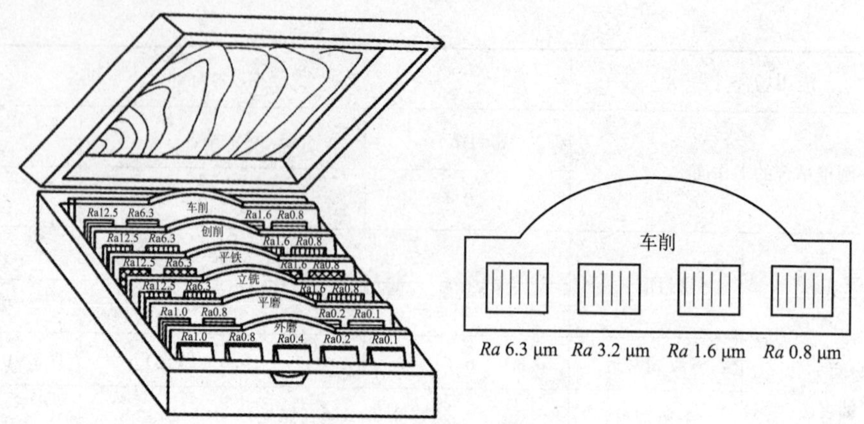

图 5－20　表面粗糙度样板

二、光切法

光切法是应用光切原理测量表面粗糙度的一种测量方法。常用仪器是光切显微镜（又称双管显微镜）。该仪器适宜于测量用车、铣、刨等加工方法所加工的金属零件的平面或外圆表面。光切法主要用于测量 Rz 值，测量范围 0. 5 ~60 μm。

光切法的测量原理可用图 5－21 来说明。在图 5－21（a）中，P_1、P_2阶梯面表示被测表面，其阶梯高度为 h。A 为一扁平光束，当它从 45°方向投影在阶梯表面上时，就被折射成 S_1和 S_2两段，经 B 方向反射后，就可在显微镜内看到 S_1和 S_2两段光带放大像 S_1'' 和 S_2''；同样，S_1和 S_2之间的距离 h，也被放大为 S_1和 S_2之间的距离 h_1'，只要我们在测微目镜中测出 h'' 值，就可以根据放大关系算出 h 值。

图 5－21（b）所示为双管光切显微镜的光学系统。显微镜有照明管和观察管，两只管轴线互成 90°。在照明管中光源 1 通过聚光镜 2、窄缝 3 和透镜 5，以 45°角的方向投射在被测工件表面 4 上，形成一狭细光带。光带边缘的形状，即为光束与工件表面相交的曲线，工件在 45°截面上的表面形状，此轮廓曲线的波峰在 S_1点反射，波谷在 S_2点反射，通过观察管的透镜 5，分别成像在分划板 6 上的 S_1'' 和 S_2'' 点，h''是峰谷影像的高度差。

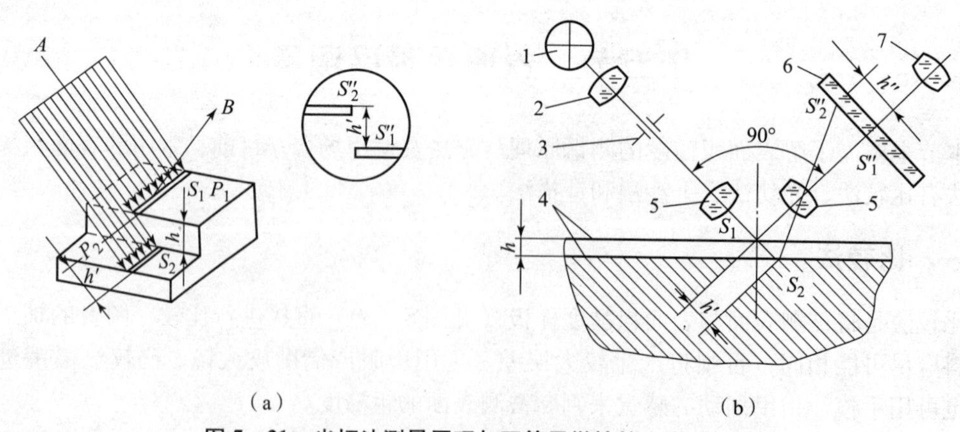

图 5－21　光切法测量原理与双管显微镜的光学系统图

（a）老切法测量原理；（b）双管显微镜的光学系统图

1—光源；2—聚光镜；3—光栏～窄缝；4—工件表面；5—透镜；6—分划板；7—目镜

双管显微镜的外形结构如图5－22所示。整个光学系统装在一个封闭的壳体内，其上装有目镜和可换物镜组。可换物镜组有四组，可按被测表面粗糙度参数值的大小选用，并由手柄借助弹簧力固紧。被测工件安放在工作台上，应使其加工纹理方向与扁平光带垂直。松开锁紧螺旋，转动升降螺母可使横臂连同壳体沿立柱上下移动，进行显微镜的粗调焦。旋转升降旋钮，进行显微镜的精细调焦。随后，在目镜视场中可看到清晰的狭亮波状光带，如图5－22（c）所示。转动目镜读数千分尺，分划板上的十字线就会移动，就可测量影像高度。

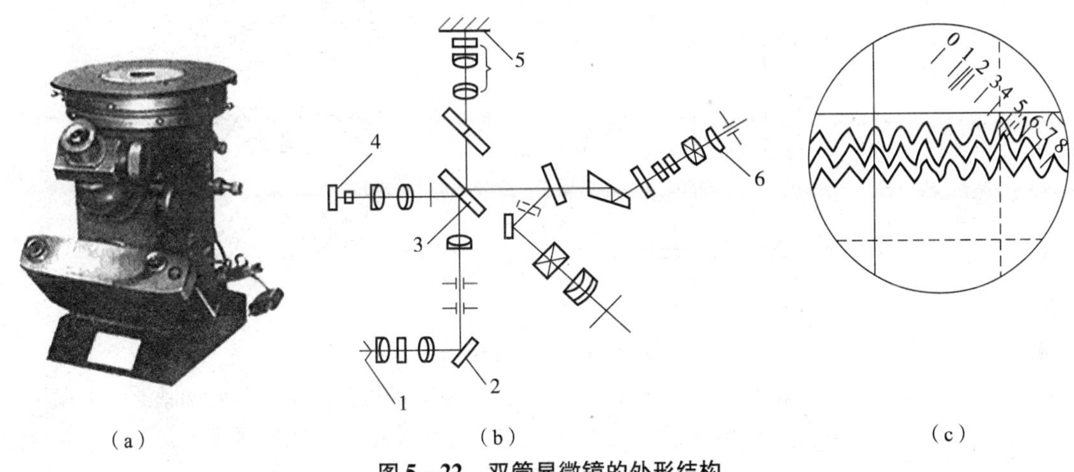

图5－22　双管显微镜的外形结构

1—光源；2—平面镜；3—半透半反分光镜；4—参考镜；5—提取（实际）表面；6—目镜

三、干涉法

干涉法是利用光波干涉原理来测量表面粗糙度的一种方法。测量时被测表面直接参与光路，用同一标准反射镜比较，以光波波长来度量干涉条纹弯曲程度，从而测得该表面的表面粗糙度。

干涉显微镜光学系统如图5－23（a）所示，由光源1发出的光线经聚光镜2、滤色片3、光栏4及透镜5成平行光线，射向底面半镀银的分光镜7后分为两束：一束光线通过补偿镜8、物镜9到平面反射镜10，被反射又回到分光镜7，再由分光镜经聚光镜11到反射镜16，由16反射进入目镜12的视野；另一束光线向上通过物镜6，投射到被测零件表面，由被测表面反射回来，通过分光镜7、聚光镜11到反射镜16，由反射镜16反射也进入目镜12的视野。这样，在目镜12的视野内即可观察到这两束光线因光程差而形成的干涉带图形。若被测表面粗糙不平，干涉带即成弯曲形状，如图5－23（b）所示。由测微目镜可读出相邻两干涉带距离 a 及干涉带弯曲高度 b。由于光程差每增加光波波长 λ 的1/2即形成一条干涉带，故被测表面粗糙度的实际高度 $H = b\lambda/2a$。

若将反射镜16移开，使光线通过照相物镜15及反射镜14到毛玻璃13上，在毛玻璃处即可拍摄到干涉带图形的照片。

干涉法主要用于 Rz 值的测量，适用于精密加工的表面粗糙度测量，表面过于粗糙时，不能形成干涉条纹，故测量的范围小，一般为 $Rz = 0.025 \sim 0.8\ \mu m$。

用该方法测量 Ra 值时，需用仪器上的摄影装置摄取干涉条纹的形状后才能求得。

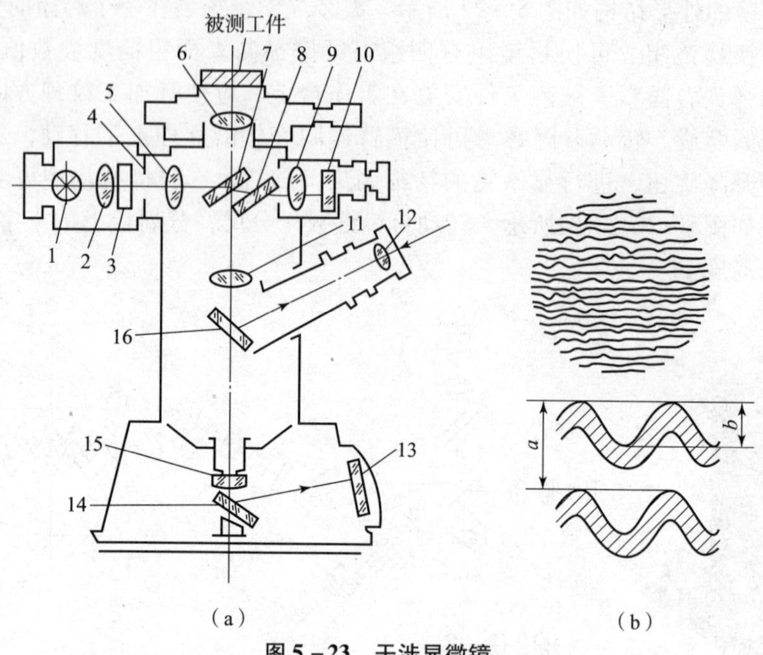

图 5－23　干涉显微镜

1—光源；2—聚光镜；3—滤色片；4—光栏；5—透镜；6，9—物镜；7—分光镜；8—补偿镜；10，14，16—反射镜；11—聚光镜；12—目镜；13—毛玻璃；15—照相物镜

四、针描法

针描法是利用仪器的测针在被测表面上轻轻划过，测出表面粗糙度 *Ra* 值及其他众多参数的一种测量方法，电动轮廓仪就是按针描原理设计的仪器。测量时，仪器的金刚石触针针尖与被测表面相接触，当触针以一定速度沿着被测表面移动时，由于被测表面轮廓峰谷起伏，触针做垂直于轮廓方向的上下运动，这种机械的上下移动通过传感器转换成电信号，对电信号进行处理后，可在仪器上直接显示出 *Ra* 值，也可经放大器驱动记录装置，画出被测的轮廓图形。图 5－24 所示为 BCJ－2 型电动轮廓仪。

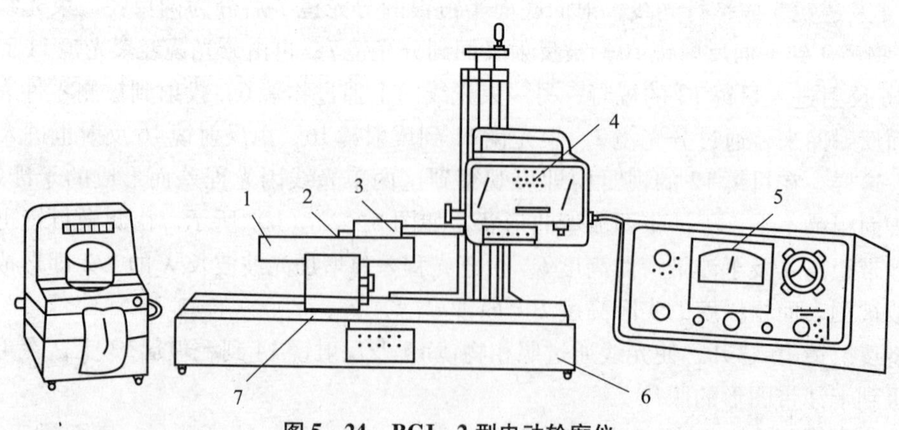

图 5－24　BCJ－2 型电动轮廓仪

1—被测工件；2—触针；3—传感器；4—驱动箱；5—指示表；6—工作台；7—定位块

用针描法测量表面粗糙度的最大优点是能够直接读出表面粗糙度 *Ra* 的数值，此外它还

能测量平面、轴、孔和圆弧面等各种形状的表面粗糙度。但受触针接触测量的影响，针触法测量表面粗糙度的范围为 $Ra = 0.01 \sim 5$ m。

接触式粗糙度测量仪的缺点是：受触针圆弧半径的限制，难以探测到表面实际轮廓的谷底，影响测量精度，且被测表面可能被触针划伤。

这类仪器的优点是：

（1）可以直接测量某些难以测量的零件表面（如孔、槽等）的粗糙度。

（2）可以直接测出算术平均偏差 *Ra* 等评定参数。

（3）可以给出被测表面的轮廓图形。

（4）使用简便，测量效率高。

小　　结

本章重点介绍了表面粗糙度的概念，表面粗糙度的基本评定参数和附加参数，表面粗糙度的国家标准、表面粗糙度的标注及参数选择方法等。

（1）表面粗糙度的概念。

理解表面粗糙度的含义以及与形状误差、表面波纹度的区别。

（2）评定表面粗糙度的有关术语。

理解取样长度和评定长度之间的区别与联系，理解轮廓中线的意义，了解滤波器和传输带的含义。

（3）表面粗糙度的评定参数。

①幅度参数（基本评定参数）有：轮廓的算术平均偏差 *Ra*、轮廓的最大高度 *Rz*。

②间距参数和形状参数（附加参数）有：轮廓单元的平均宽 *Rsm* 与轮廓的支承长度率 *Rmr*（c）。

（4）表面粗糙度在图样上的标注方法。

（5）表面粗糙度的检测方法主要有比较法、光切法、干涉法、针描法等。

思考题

1. 表面粗糙度的含义是什么？表面粗糙度对零件的使用性能有何影响？

2. 什么是取样长度、评定长度？规定取样长度和评定长度有何意义？两者之间有何关系？

3. 评定表面粗糙度的参数有哪些？分别论述其含义和代号如何应用。

4. 选择表面粗糙度参数值时应考虑哪些因素？

5. 试将下列表面粗糙度的技术要求标注在图 5－25 所示的机械加工的零件图样上。

（1）ϕD_1孔的表面粗糙度参数 *Ra* 的最大值为 3.2 μm。

（2）ϕD_2孔的表面粗糙度参数 *Ra* 的上限值为 6.3 μm，下限值为 3.2 μm。

（3）零件右端面采用铣削加工，表面粗糙度参数 *Rz* 的上限值为 12.5 μm，下限值为 6.3 μm，加工纹理呈近似放射形。

（4）其余表面粗糙度参数 *Ra* 的上限值为 12.5 μm。

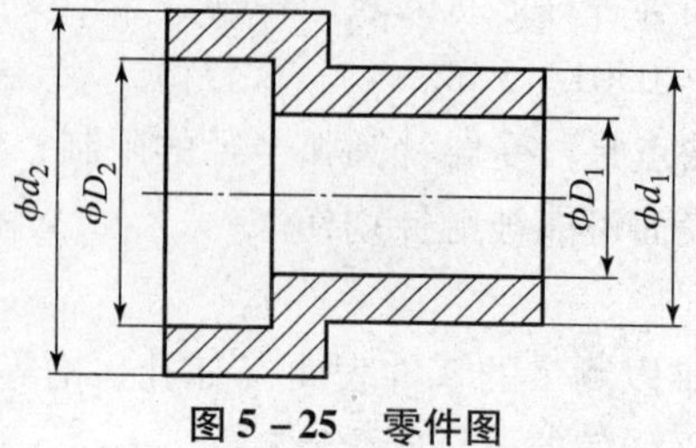

图 5－25　零件图

第六章　滚动轴承的公差与配合

本章要点

1. 掌握滚动轴承的公差等级代号、游隙代号的意义和应用。
2. 了解轴承公差及其特点。
3. 掌握滚动轴承与轴及外壳孔配合的公差带特点、配合面粗糙度及几何公差的选择。

第一节　概　　述

滚动轴承是机械制造业中应用极为广泛的一种标准部件，图 6－1 所示为滚动轴承的结构。滚动轴承一般由外圈、内圈、滚动体和保持架组成。外圈与外壳孔配合，内圈与传动轴的轴颈配合，属于典型的光滑圆柱配合。但由于它的结构特点和功能要求所决定，其公差配合与一般光滑圆柱配合要求不同。

按照滚动轴承所能承受的主要负荷方向，又可分为向心轴承（主要承受径向载荷）[见图 6－1（a）]、推力轴承（承受轴向载荷）[见图 6－1（b）]、向心推力轴承（能同时承受径向载荷和轴向载荷）[见图 6－1（c）]。由此可见，滚动轴承可用于承受径向、轴向或径向与轴向的联合负荷。

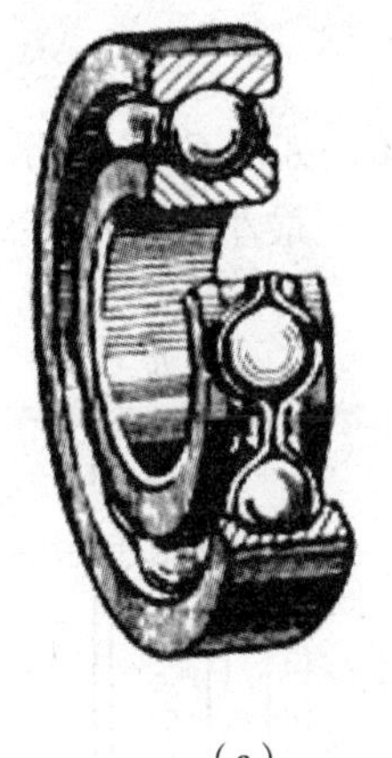

（a）

（b）

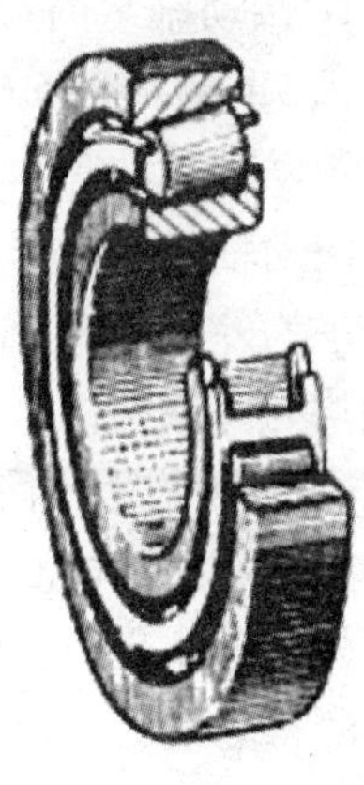

（c）

图 6－1　滚动轴承

（a）向心轴承；（b）推力轴承；（c）向心推力轴承

由于滚动轴承的结构和功能要求有自己的特点，其公差配合与一般光滑圆柱体的公差配合不同，因此，国家标准对滚动轴承的尺寸公差、旋转精度（跳动公差等）及与滚动轴承相配的外壳孔和轴颈的尺寸公差、几何公差和表面粗糙度等都做出了具体规定。

第二节　滚动轴承的公差等级及应用

一、滚动轴承的公差等级及其应用

根据滚动轴承的结构尺寸、公差等级和技术性能等产品特征的符号，滚动轴承国家标准 GB/T 307.3—2005《滚动轴承通用技术规则》规定将滚动轴承公差等级分为五级（由低到高）：

向心轴承（圆锥滚子轴承除外）：0、6、5、4、2 五级；

圆锥滚子轴承：0、6X、5、4、2 五级；

推力轴承：0、6、5、4 四级。

滚动轴承各级精度的应用情况如下：

0 级——通常称为普通级，用于低、中速及旋转精度要求不高的一般旋转机构，它在机械中应用最广。例如普通机床变速箱、进给箱的轴承，汽车、拖拉机变速箱的轴承，普通电动机、水泵、压缩机等旋转机构中的轴承等。

6 级——用于转速较高、旋转精度要求较高的旋转机构，例如普通机床的主轴后轴承、精密机床变速箱的轴承等。

5 级、4 级——用于高速、高旋转精度要求的机构，例如精密机床的主轴轴承、精密仪器仪表的主要轴承等。

2 级——用于转速很高、旋转精度要求也很高的机构，例如齿轮磨床、精密坐标镗床的主轴轴承，高精度仪器仪表的主要轴承等。

二、滚动轴承尺寸公差带及其特点

1. 滚动轴承的尺寸（内径、外径）及其公差要求

1）*滚动轴承的尺寸*

滚动轴承的基本尺寸是指滚动轴承的内径 d、外径 D 和轴承宽度 B，如图 6－2 所示。

滚动轴承的配合尺寸是指其内圈、外圈在任意横截面内测得的最大、最小直径的平均直径。平均外径用 D_{mp} 表示，平均内径用 d_{mp} 表示。由于轴承内圈、外圈均为薄壁结构，制造和存放时易变形，但在装配后能够得到矫正，一般情况下不影响工作性能，因此，只要滚动轴承内圈、外圈在任意平面内测得的最大直径、最小直径的平均直径在其内径、外径公差带内，就认为合格。故轴承内圈、外圈在任意横截面内测得的最大直径、最小直径的平均直径就称为其配合尺寸。

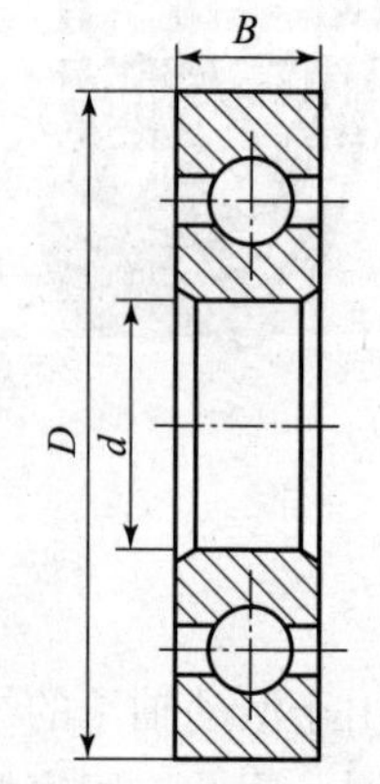

图 6－2　滚动轴承的基本尺寸

2）*滚动轴承的公差*

轴承的配合是指内圈与轴颈及外圈与外壳孔的配合。轴承的内、外圈，按其尺寸比例一般认为是薄壁零件，精度要求很高，在制造、保管过程中极易产生变形（如变成椭圆形），但当轴承内圈与轴颈及外圈与外壳孔装配后，其内、外圈的圆度，将受到轴颈及外壳孔形状的影响，这种变形比较容易纠正。因此，国家标准 GB/T 4199—2003《滚动轴承公差定义》对轴承内径 d 与外径 D 尺寸公

差做出两种规定：

（1）规定了内径和外径尺寸的最大值和最小值所允许的偏差，即单一内径和外径偏差，其目的是为了限制变形量（仅用于2、4级公差等级）。

（2）规定了套圈在任意横截面内测得的内径和外径实际尺寸的最大值和最小值的平均值偏差，即单一平面平均内径和外径偏差，其目的是用于轴承的配合（用于所有公差等级）。

2. 滚动轴承内径、外径公差带及特点

国家标准 GB/T 307. 1—2005《滚动轴承向心轴承公差》规定了0、6、5、4、2各公差等级的轴承的内径 d_m 和外径 D_m 的公差带均为单向制，而且统一采用公差带位于以公称直径为零线的下方，即上偏差为零，下偏差为负值的分布，如图6－3所示。

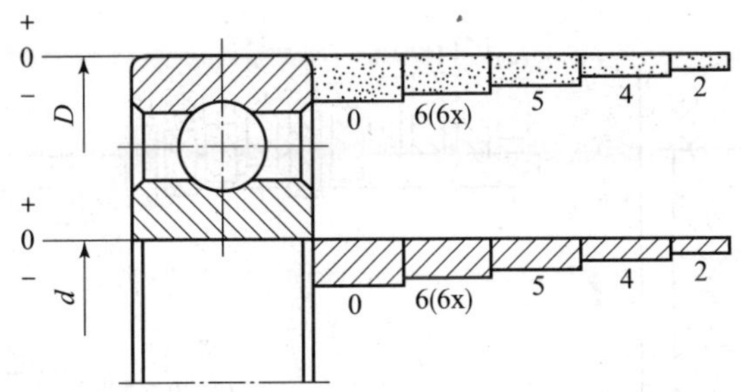

图6－3　轴承内径、外径公差带的分布

这样分布主要是考虑配合的特殊需要。因为通常情况下，轴承的内圈是随轴一起转动的，为防止内圈和轴颈之间的配合产生相对滑动而导致结合面磨损，影响轴承的工作性能，因此要求两者的配合应具有一定的过盈，但由于内圈是薄壁零件，容易弹性变形胀大，且一定时间后又要拆换，故过盈量不能太大。如果采用过渡配合，又可能出现间隙，不能保证具有一定的过盈，因而不能满足轴承的工作需要；若采用非标准配合，则又违反了标准化和互换性原则，所以要采用有一定过盈的配合。此时，当它与一般过渡配合的轴相配时，不但能保证获得不大的过盈，而且还不会出现间隙，从而满足了轴承内圈与轴的配合要求，同时又可按标准偏差来加工轴。可以看出这样的基准孔公差带与 GB/T 1800. 2—2009 中基孔制的各种轴公差带组成的配合，有不同程度的变紧。

滚动轴承的外径与外壳孔的配合采用基轴制，即以轴承的外径尺寸为基准。因轴承外圈安装在外壳孔中，通常不旋转，但考虑到工作时温度升高会使轴热膨胀而产生轴向延伸，因此两端轴承中应有一端采用游动支承，可使外圈与壳体孔的配合稍微松一点，使之能补偿轴的热胀伸长量；否则，轴会产生弯曲，致使内部卡死，影响正常运转。滚动轴承的外径与外壳孔两者之间的配合不要求太紧，公差带仍遵循一般基准轴的规定，仍分布在零线下方，它与基本偏差为 h 的公差带相类似，但公差值不同。滚动轴承采用这样的基准轴公差带与 GB/T 1800. 2—2009 中基轴制配合的孔公差带所组成的配合，基本上保持了 GB/T 1800. 2—2009 的配合性质。

第三节　轴和外壳孔与滚动轴承的配合及选择

一、轴颈和外壳孔的公差带

由于滚动轴承是标准件，轴承内圈孔径和外圈轴径公差带在制造时已确定，因此轴承与轴颈和外壳孔的配合，需由轴颈和外壳孔的公差带决定。故选择轴承的配合也就是确定轴颈和外壳孔的公差带种类，国家标准 GB/T 275—2015 所规定的轴颈和外壳孔的公差带如图6－4 所示。该公差带仅适用于以下场合：

（1）轴承外形尺寸符合 GB/T 273. 3—2015《滚动轴承向心轴承外形尺寸总方案》的规定；

（2）轴承的精度等级为 0 级和 6（6x）级；

（3）轴承的游隙为基本组径向游隙；

（4）轴为实心或厚壁钢制轴；

（5）外壳为铸钢或铸铁。

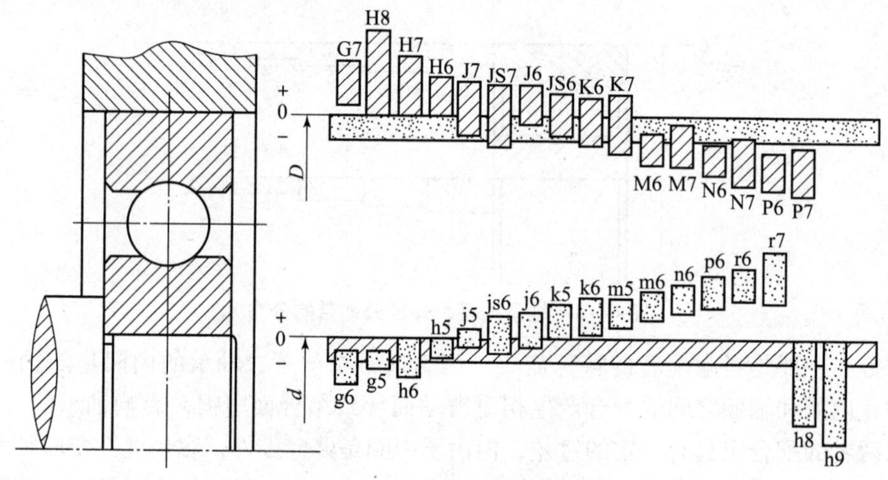

图 6－4　轴颈和外壳孔的公差带

二、滚动轴承配合的选择

正确合理地选用滚动轴承与轴颈和外壳孔的配合，对保证机器正常运转、提高轴承的使用寿命、充分发挥其承载能力影响很大。因此，选用轴与外壳孔公差带时，要以作用在轴承上负荷的类型、大小，轴承的类型和尺寸，工作条件，轴和外壳孔材料以及轴承装拆等为依据。

1. 套圈与负荷方向的关系

作用在轴承上的径向负荷，可以是定向负荷（如带轮的拉力或齿轮的作用力，或旋转负荷，如机件的转动离心力），或者是两者的合成负荷。它的作用方向与轴承套圈（内圈或外圈）存在着以下三种关系。

1）**套圈相对于负荷方向静止**

此种情况是指，作用于轴承上的合成径向负荷与套圈相对静止，即负荷方向始终不变地作用在套圈滚道的局部区域上，该套圈所承受的这种负荷，称为局部负荷。

图 6－5（a）所示的不旋转的外圈和图 6－5（b）所示的不旋转的内圈，受到方向始终不变的负荷 F_r 的作用，前者称为固定的外圈负荷，后者称为固定的内圈负荷。如减速器转轴两端的滚动轴承的外圈，汽车、拖拉机车轮轮毂中滚动轴承的内圈，都是局部负荷的典型实例。此时套圈相对于负荷方向静止的受力特点是负荷作用集中，套圈滚道局部区域容易产

生磨损。

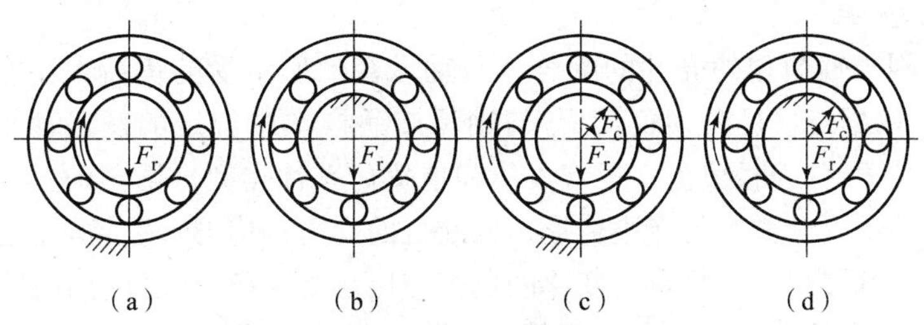

图6-5 轴承套圈与负荷方向的关系

(a) 旋转的内圈负荷和固定的外圈负荷;(b) 旋转的外圈负荷和固定的内圈负荷;
(c) 旋转的内圈负荷和外圈承受摆动负荷 ($F_r < F_c$);(d) 旋转的外圈负荷和内圈承受摆动负荷

2) **套圈相对于负荷方向旋转**

此种情况是指,作用于轴承上的合成径向负荷与套圈相对旋转,即合成负荷方向依次作用在套圈滚道的整个圆周上,该套圈所承受的这种负荷,称为循环负荷。

如图6-5(a)所示旋转的内圈和图6-5(b)所示旋转的外圈,此时相当于套圈相对负荷方向旋转,受到方向旋转变化的负荷 F_r 的作用,前者称为旋转的内圈负荷,后者称为旋转的外圈负荷。如减速器转轴两端的滚动轴承的内圈,汽车、拖拉机车轮轮毂中滚动轴承的外圈,都是循环负荷的典型实例。此时套圈相对于负荷方向旋转的受力特点是负荷呈周期作用,套圈滚道产生均匀磨损。

3) **套圈相对于负荷方向摆动**

此种情况是指,作用于轴承上的合成径向负荷与套圈在一定区域内相对摆动,即合成负荷向量按一定规律变化,往复作用在套圈滚道的局部圆周上,该套圈所承受的这种负荷,称为摆动负荷。如图6-5(c)和图6-5(d)所示,轴承套圈受到一个大小和方向均固定的径向负荷 F_r 和一个旋转的径向负荷 F_c,两者合成的负荷大小将由小到大,再由大到小,周期性地变化。

由图6-6得知,当 $F_r > F_c$ 时,F_r 与 F_c 的合成负荷就在 AB 区域内摆动。那么,不旋转的套圈就相对于合成负荷方向 F 摆动,而旋转的套圈就相对于合成负荷方向 F 旋转;当 $F_r < F_c$ 时,F_r 与 F_c 的合成负荷则沿整个圆周变动,因此不旋转的套圈就相对于合成负荷的方向旋转,而旋转的套圈则相对于合成负荷的方向静止,此时承受局部负荷。

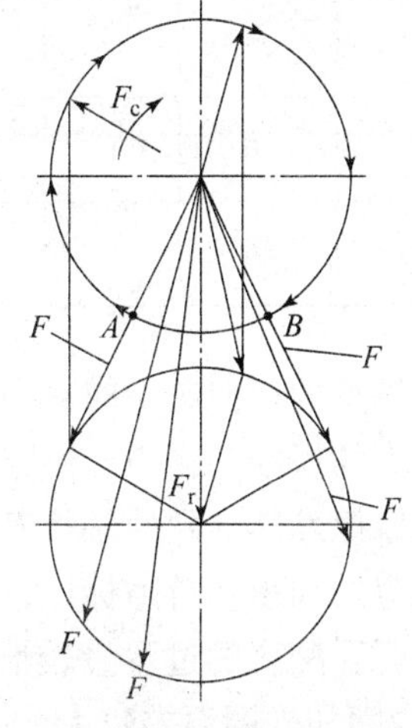

图6-6 摆动负荷($F_r > F_c$)

由以上分析可知,轴承套圈相对于负荷的旋转状态不同(静止、旋转、摆动),该套圈与轴颈或外壳孔的配合的松紧程度也应不同。为了保证套圈滚道的磨损均匀,当套圈承受静止负荷时,该套圈与轴颈或外壳孔的配合应稍松些,以便在摩擦力矩的带动下,它们可以做非常缓慢的相对滑动,从而避免套圈滚道局部磨损;当套圈承受循环负荷时,套圈与轴颈或外壳孔的配合应稍紧一些,避免它们之间产生相对滑动,从而实现套圈滚道均匀磨损;当套圈承受摆动负荷时,其配合要求与承受循环负荷时相同或略松一些,以提高轴承的使用寿命。

2. 负荷的大小

滚动轴承套圈与轴颈和外壳孔的配合，与轴承套圈所承受的负荷大小有关。国家标准GB/T 275—2015 根据当量径向动负荷 P_r 与轴承产品样本中规定的额定动负荷 C_r 的关系，将当量径向动负荷 P_r 分为轻负荷、正常负荷和重负荷三种类型，见表 6-1。轴承在重负荷和冲击负荷的作用下，套圈容易产生变形，使配合面受力不均匀，引起配合松动。因此，负荷越大，过盈量应选得越大，且承受变化的负荷应比承受平稳的负荷选用较紧的配合。额定动负荷 C_r 可从轴承手册中查到，P_r 的计算在“机械设计”课程中已做介绍。

表 6-1　当量径向动负荷 P_r 的类型

负荷类型	P_r 值的大小		
	球轴承	滚子轴承（圆锥轴承除外）	圆锥滚子轴承
轻负荷	$P_r \leqslant 0.07C_r$	$P_r \leqslant 0.08C_r$	$P_r \leqslant 0.13C_r$
正常负荷	$0.07C_r < P_r \leqslant 0.15C_r$	$0.08C_r < P_r \leqslant 0.18C_r$	$0.13C_r < P_r \leqslant 0.26C_r$
重负荷	$>0.15C_r$	$>0.18C_r$	$>0.26C_r$

3. 径向游隙

按 GB/T 4604—2006《滚动轴承径向游隙》的规定，滚动轴承的径向游隙共分为五组，即：2 组、0 组、3 组、4 组、5 组，游隙的大小依次由小到大，其中 0 组为标准游隙，应优先选用，见表 6-2。

表 6-2　深沟球轴承　μm

公称内径 d/mm		2 组		0 组		3 组		4 组		5 组	
超过	至	min	max	min	max	min	max	min	max	min	max
18	24	0	10	5	20	13	28	20	36	28	48
24	30	1	11	5	20	13	28	23	41	30	53
30	40	1	11	6	20	15	33	28	46	40	64

轴承的径向游隙应适中，当游隙过大，就会引起较大的径向跳动和轴向窜动，使轴承产生较大的振动和噪声。游隙过小，则会使轴承滚动体与套圈间产生较大的接触应力，并增加轴承摩擦发热，致使轴承寿命降低。因此，游隙的大小应适度。如果轴承具有基本组游隙，若供应的轴承无游隙标记，则指基本组游隙。在常温状态的一般条件下工作，则轴承与轴颈和外壳孔配合的过盈量较恰当。若轴承具有的游隙比基本组游隙大，在特别条件下工作时（如内圈和外圈温差较大，或内圈与轴颈间、外圈与外壳孔间都要求有过盈等），则配合的过盈量应较大。若轴承具有的游隙比基本组游隙小，在轻负荷下工作，要求噪声和振动小，

或要求旋转精度较高时，则配合的过盈量较小。

4. 其他因素

1）温度的影响

轴承工作时因摩擦发热及其他热源的影响，套圈的温度会高于相配件的温度，内圈的热膨胀使之与轴颈的配合变松，而外圈的热膨胀则使之与外壳孔的配合变紧，因此，当轴承工作温度高于100 ℃时，应对所选的配合进行适当的修正，以保证轴承的正常运转。

2）轴颈与外壳孔的结构和材料的影响

剖分式外壳孔和整体式外壳孔与轴承外圈的配合松紧有差异，前者稍松，以避免夹扁外圈；薄壁外壳或空心轴与轴承套圈的配合应比厚壁外壳或实心轴与轴承套圈的配合紧一些，以保证有足够的连接强度。

3）轴承组件的轴向游动

由前述内容可知，轴承组件在运转过程中，轴颈受热容易伸长，因此，轴承组件的一端应保证一定的轴向移动余地，则该端的轴承套圈与相配件的配合应较松，以保证轴向可以游动。

4）旋转精度及旋转速度的影响

当轴承的旋转精度要求较高时，应选用较高精度等级的轴承以及较高等级的轴、孔公差；对负荷较大且旋转精度要求较高的轴承，为消除弹性变形和振动的影响，旋转套圈应避免采用间隙配合，但也不宜过紧；对负荷较小用于精密机床的高精度轴承，为了避免相配件形状误差对旋转精度的影响，无论旋转套圈还是非旋转套圈，与轴或孔的配合常常希望有较小的间隙。当轴承的旋转速度过高，且又在冲击动负荷下工作时，轴承与轴颈及外壳孔的配合最好都选用过盈配合。在其他条件相同的情况下，轴承转速越高，配合应越紧。

5）公差等级的协调

选择轴颈和外壳孔的公差等级时应与轴承的公差等级协调。如0级轴承配合的轴颈一般选IT6，外壳孔一般选IT7；对旋转精度和运转平稳性有较高要求的场合（如电动机），轴颈一般选IT5，外壳孔一般选IT6。

6）轴承的安装与拆卸

为了方便轴承的安装与拆卸，应考虑采用较松的配合。如要求装拆方便但又要紧配合时，可采用分离型轴承或内圈带锥孔、带紧定套和退卸套的轴承。

综上所述，影响滚动轴承配合的因素很多，通常难以用计算法确定，所以实际生产中可采用类比法选择轴承的配合。类比法确定轴颈和外壳孔的公差带时，参考表6－3、表6－4、表6－5和表6－6，按照表列条件进行选择。

三、轴颈和外壳孔的几何公差与表面粗糙度

轴颈或外壳孔的几何误差，会使轴承安装后套圈变形和产生歪斜，因此为保证轴承正常运转，除了正确地选择轴承与轴颈及壳体孔的公差等级及配合外，还应对其配合表面的表面粗糙度、圆柱度以及端面的圆跳动提出合理的要求。表6－7、表6－8分别列出了轴径和外壳孔的几何公差、配合面的表面粗糙度，可供设计时参考。

表 6－3　向心轴承和轴的配合　轴公差带代号

运转状态		负荷状态	深沟球轴承、调心球轴承和角接触球轴承	圆柱滚子轴承和圆锥滚子轴承	调心滚子轴承	公差带
说明	举例		轴承公称内径/mm			
旋转的内圈负荷及摆动负荷	一般通用机械、电动机、机床主轴、泵、内燃机、正齿轮传动装置箱、铁路机车车辆轴、破碎机等	轻负荷	≤18 >18～100 >100～200 …	… ≤40 >40～140 >140～200	… ≤40 >40～100 >100～200	h5 J6[(1)] k6[(1)] m6[(1)]
		正常负荷	≤18 >18～100 >100～140 >140～200 >200～280 …	… ≤40 >40～100 >100～140 >140～200 >200～400 …	… ≤40 >40～65 >65～100 >100～140 >140～280 >280～500	j5 js5 k5[(2)] m5[(2)] m6 n6 p6 r6
		重负荷		>50～140 >140～200 >200 …	>50～100 >100～140 >140～200 >200	n6 p6[(3)] r6 r7
固定的内圈负荷	静止轴上的各种轮子，张紧轮绳轮、振动筛、惯性振动器	所有负荷	所有尺寸			f6 g6[(1)] h6 j6
仅有轴向负荷			所有尺寸			j6、js6

注：（1）凡对精度有较高要求的场合应用 j5、k5…代替 j6、k6…。

（2）圆锥滚子轴承、角接触球轴承配合对游隙影响不大，可用 k6、m6 代替 k5、m5。

（3）重负荷下轴承游隙应选大于 0 组。

表 6－4　向心轴承和外壳的配合　孔公差带代号

运转状态		负荷状态	其他状况	公差带[(1)]	
说明	举例			球轴承	滚子轴承
固定的外圈负荷	一般机械、铁路机车车辆轴箱、电动机、泵、曲轴主轴承	轻、正常、重	轴向易移动，可采用剖分式外壳	H7、G7[(2)]	
		冲击	轴向能移动，可采用整体或剖分式外壳	J7、Js7	
摆动负荷		轻、正常			
		正常、重	轴向不移动，采用整体式外壳	K7	
		冲击		M7	
旋转的外圈负荷	张紧滑轮、轮毂轴承	轻		J7	K7
		正常		K7、M7	M7、N7
		重		——	N7、P7

注：（1）并列公差带随尺寸的增大从左至右选择，对旋转精度有较高要求时，可相应提高一个公差等级。

（2）不适用于剖分式外壳。

表 6－5　推力轴承和轴的配合　轴公差带代号

运转状态	负荷状态	推力球和推力滚子轴承	推力调心滚子轴承[2]	公差带
		轴承公称内径/mm		
仅有轴向负荷		所有尺寸		j6、js6
固定的轴圈负荷	径向和轴向联合负荷	—	≤250	j6
		—	>250	js6
旋转的轴圈负荷或摆动负荷		—	≤200	k6[1]
		—	>200～400	m6
		—	>400	n6

注(1) 要求较小过盈时，可分别用 j6、k6、m6 代替 k6、m6、n6；

(2) 也包括推力圆锥滚子轴承、推力角接触球轴承。

表 6－6　推力轴承和外壳的配合　孔公差带代号

运转状态	负荷状态	轴承类型	公差带	备注
仅有轴向负荷		推力球轴承	H8	
		推力圆柱、圆锥滚子轴承	H7	
		推力调心滚子轴承	H7	外壳孔与座圈间间隙为 0.001D（D 为轴承公称外径）
固定的座圈负荷	径向和轴向联合负荷	推力角接触球轴承、推力调心滚子轴承、推力圆锥滚子轴承	H7	
旋转的座圈负荷或摆动负荷			K7	普遍使用条件
			M7	有较大径向负荷时

表 6－7　轴颈和外壳孔几何公差值

基本尺寸/mm	圆柱度				端面圆跳动			
	轴颈		外壳孔		轴肩		外壳孔肩	
	轴承精度等级							
	0	6（6x）	0	6（6x）	0	6（6x）	0	6（6x）
	公差值/μm							
≤6	2.5	1.5	4	2.5	5	3	8	5
>6～10	2.5	1.5	4	2.5	6	4	10	6
>10～18	3.0	2.0	5	3.0	8	5	12	8
>18～30	4.0	2.5	6	4.0	10	6	15	10
>30～50	4.0	2.5	7	4.0	12	8	20	12
>50～80	5.0	3.0	8	5.0	15	10	25	15
>80～120	6.0	4.0	10	6.0	15	10	25	15
>120～180	8.0	5.0	12	8.0	20	12	30	20
>180～250	10.0	7.0	14	10.0	20	12	30	20
>250～315	12.0	8.0	16	12.0	25	15	40	25
>315～400	13.0	9.0	18	13.0	25	15	40	25
>400～500	15.0	10.0	20	15.0	25	15	40	25

表 6-8 轴颈和外壳孔配合面的表面粗糙度参数值

基本尺寸/mm	轴颈和外壳孔配合面直径的标准公差等级								
	IT7			IT6			IT5		
	表面粗糙度参数值/μm								
	Rz	*Ra*		*Rz*	*Ra*		*Rz*	*Ra*	
		磨	车		磨	车		磨	车
≤80	10	1.6	3.2	6.3	0.8	1.6	4	0.4	0.8
>80~500	16	1.6	3.2	10	1.6	3.2	6.3	0.8	1.6
端面	25	3.2	6.3	25	3.2	6.3	10	1.6	3.2

四、滚动轴承配合选用举例

例 6-1 有一直齿圆柱齿轮减速器，图 6-7（a）所示为小齿轮轴部分装配图，小齿轮轴要求较高的旋转精度，轴承尺寸为内径 50 mm，外径 110 mm，额定动负荷 $C_r=32\ 000$ N，轴承承受的当量径向负荷 $P_r=4\ 160$ N。试用类比法确定轴颈和外壳孔的公差带代号，并确定孔、轴的几何公差值和表面粗糙度参数值，将它们分别标注在装配图和零件图上。

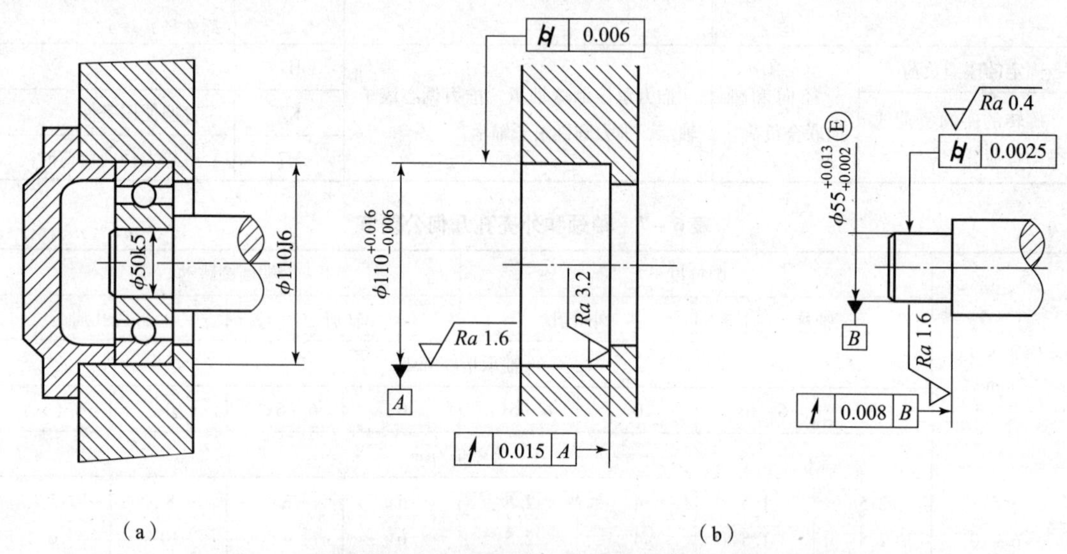

图 6-7 轴承与外壳孔和轴的配合、轴颈和外壳孔的公差标注

（a）小齿轮轴部分装配图；（b）轴颈和外壳的公差标注

解

（1）减速器属于一般机械，但这里小齿轮轴要求有较高的旋转精度，所以选用 6 级轴承。

（2）按给定条件，可算得：

$$P_r/C_r=0.136$$

由表 6-1 可知属于正常负荷，但减速器工作时轴承有时会承受冲击负荷。

（3）受定向负荷的影响：

轴承内圈与轴一起旋转，外圈安装在剖分式壳体中，因此：

内圈相对于负荷方向旋转。查表 6-3 选轴颈公差带为 ϕ50k5（基孔制配合）；

外圈相对于负荷方向静止。查表 6-4 选外壳孔公差带为 ϕ110J7（基轴制配合）。由于该轴旋转精度要求较高，故选用提高一个标准公差等级 J6 较为恰当，即 ϕ110J6。

（4）查表 6-7 得圆柱度公差值：轴颈为 2.5 μm，外壳孔为 6.0 μm；

端面圆跳动公差值：轴肩为 8 μm，外壳孔肩端面为 15 μm。

（5）查表 6-8 得粗糙度参数值：轴颈为 0.4 μm，外壳孔表面为 1.6 μm，轴肩端面为 1.6 μm，外壳孔端面为 3.2 μm。

（6）将选择的各项公差值按要求标注在图样上，如图 6-7 所示。

由于轴承是标准件，因此，在装配图上只需标出轴颈和外壳孔的公差带代号，如图 6-7（a）所示。轴颈和外壳孔的公差标注如图 6-7（b）所示。

小　结

1. 滚动轴承的公差等级

滚动轴承由低到高分为 0、6、5、4、2 五个公差等级。

2. 滚动轴承公差及其特点

国家标准对轴承内、外径尺寸公差做了两种规定。

（1）单一内径和外径偏差，其目的是限制变形量。

（2）单一平面平均内径和外径偏差，其目的是用于轴承的配合。

轴承内、外径尺寸公差的特点是：采用单向制，而且统一采用公差带位于以公称直径为零线的下方，即上偏差为零，下偏差为负值的分布。

3. 滚动轴承与轴及外壳孔的配合

（1）对承受局部负荷的套圈应选用较松的过渡配合或较小的间隙配合。

（2）对承受循环负荷的套圈应选用过渡配合。

（3）对承受摆动负荷的套圈，其配合要求与循环负荷相同或略松一点。

思考题

1. 滚动轴承的公差等级有几个等级？用得最多的是哪个等级？

2. 滚动轴承内圈与轴、外圈与外壳孔的配合分别采用何种基准制？有什么特点？

3. 滚动轴承的内、外径公差带有何特点？其公差配合与一般圆柱体的公差配合有何不同？

4. 滚动轴承承受载荷的类型与选择配合有什么关系？

5. 选择轴承与轴、外壳孔配合时主要考虑哪些因素？

6. 某机床转轴上安装 3086 级向心球轴承，其内径为 40 mm、外径为 90 mm，该轴承承受着一个 4 000 N 的定向径向负荷，轴承的额定动负荷为 31 400 N，内圈随轴一起转动，而外圈静止。试确定轴颈与外壳孔的极限偏差、几何公差值和表面粗糙度参数值，并把所选的公差带代号和各项公差仿照图 6-7 标注在图样上。

第七章　圆锥的公差与配合

本章要点

1. 掌握圆锥公差配合的术语、定义和配合特点。

2. 掌握圆锥直径公差 T_D、给定截面圆锥直径公差 T_{DS}、圆锥角公差 AT、圆锥形状公差 T_F 四个项目及选用。

3. 学会圆锥工件的常用测量方法。

第一节　基本术语与定义

在机械行业中圆锥配合是机械设备常用的典型结构，圆锥配合的特点是：可自动定心，对中性良好，而且装拆简便，配合间隙或过盈的大小可以自由调整，能利用自锁性来传递扭矩以及具有良好的密封性等。但是由于圆锥是由直径、长度、锥度（或锥角）构成的多尺寸要素，因此影响互换性的因素比较多，在配合性质的确定和配合精度设计方面，比圆柱配合要复杂得多。

一、圆锥配合的基本参数

1. 圆锥表面

圆锥表面是指由与轴线成一定角度，且一端相交于轴线的一条线段（母线），围绕着该轴线旋转形成的表面，如图 7－1 所示。

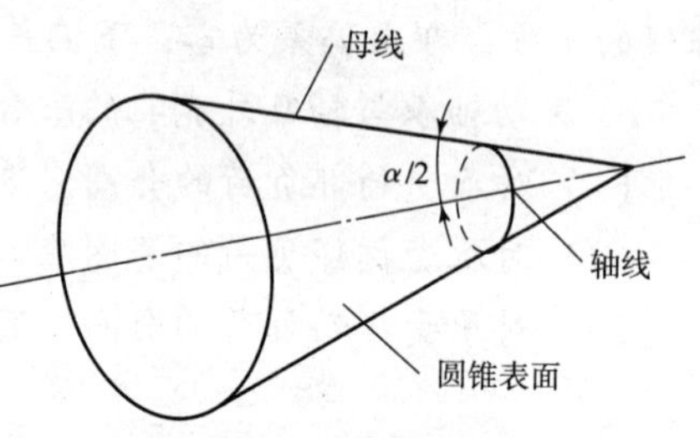

图 7－1　圆锥与圆锥角

2. 圆锥角（α）

在通过圆锥轴线的截面内，两条素线间的夹角称为圆锥角。圆锥角的代号为 α，斜角（圆锥角的一半）的代号为 $\alpha/2$，如图 7－1 所示。

3. 圆锥直径（D, d）

圆锥在垂直于轴线截面上的直径，如图 7－2 所示。常用的圆锥直径有：

最大外圆锥直径 D_e，最大内圆锥直径 D_i；

最小外圆锥直径 d_e；最小内圆锥直径 d_i。

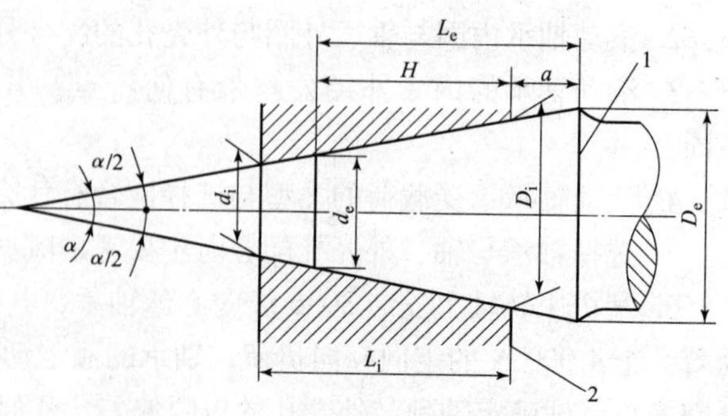

图 7－2　圆锥配合的基本参数

1—外圆锥基准面；2—内圆锥基准面

4. 圆锥长度（L）

圆锥长度 L 是指最大圆锥直径截面与最小圆锥直径截面之间的轴向距离，如图 7－2 所示。

外圆锥长度 L_e；内圆锥长度 L_i。

5. 锥度（C）

圆锥最大直径与最小直径之差与圆锥长度之比，用 C 表示。即

$$C = (D-d)/L$$

锥度 C 与圆锥角 α 的关系可表示为

$$C = (D-d)/L = 2\tan\frac{\alpha}{2}$$

锥度常用比例或分数表示，如 $C=1:20$ 或者 $C=1/20$ 等。

6. 圆锥配合长度（H）

指内、外圆锥配合面间的轴向距离，用 H 表示，如图 7－2 所示。

7. 基面距（a）

指相互配合的内、外锥基面间的距离，用 a 表示。基面距用来确定内、外圆锥的轴向相对位置。基面可以是圆锥大端面，也可以是小端面，如图 7－2 所示。

二、圆锥配合的特点

圆锥配合在机械制造中应用十分广泛。如图 7－3 所示，在圆柱间隙配合中，孔与轴的轴线间有同轴度误差，但在圆锥配合中，只要圆锥沿轴线做相对移动，就可以使间隙消除，甚至产生过盈，从而消除同轴度误差。

因此圆锥配合与圆柱配合相比具有以下特点：

（1）具有良好的对中性，而且拆装方便。

（2）配合间隙或过盈可以调整。

（3）密封性和自锁性好。

（4）结构比较复杂，影响互换性的参数较多，加工与检验也比较困难。

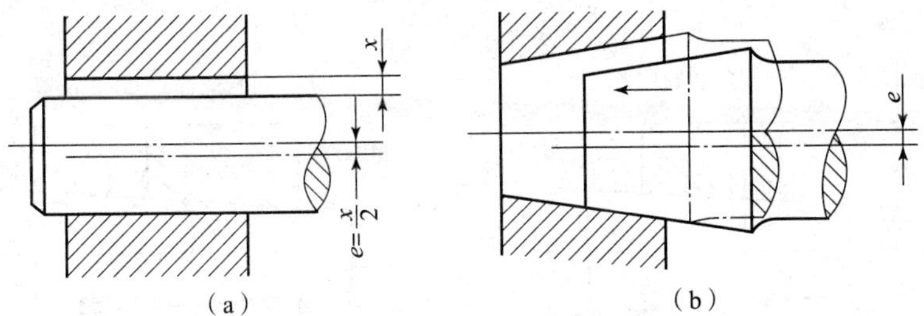

图 7－3　圆柱配合与圆锥配合的比较

（a）圆柱配合；（b）圆锥配合

三、圆锥配合的种类

1. 间隙配合

这类配合具有间隙，而且在装配和使用过程中间隙大小可以调整。常用于有相对运动的机构中，如某些车床主轴的圆锥轴颈与圆锥滑动轴承衬套的配合。

2. 过盈配合

这类配合具有过盈，它能借助于相互配合的圆锥面间的自锁，产生较大的摩擦力来传递转矩。例如钻头（或铰刀）的圆锥柄与机床主轴圆锥孔的配合、圆锥形摩擦离合器中的配合等。

3. 紧密配合（也称过渡配合）

紧密配合很紧密，间隙为零或略小于零，主要用于定心或密封场合，如锥形旋塞、发动机中的气阀与阀座的配合等。通常要将内、外锥成对研磨，故这类配合一般没有互换性。

四、圆锥配合的形成

圆锥配合的特征是通过改变内、外圆锥的相对轴向位置而得到的，按确定相配合的内、外圆锥轴向位置的方法不同，主要有以下两种类型的圆锥配合：结构型圆锥配合和位移型圆锥配合。

1. 结构型圆锥配合

结构型圆锥配合是指由内、外圆锥本身的结构或基面距，来确定装配后的最终轴向位置，以得到所需配合性质的圆锥配合，如图 7－4 所示。这种配合方式可以得到间隙配合、过渡配合和过盈配合，配合性质完全取决于内、外圆锥直径公差带的相对位置。

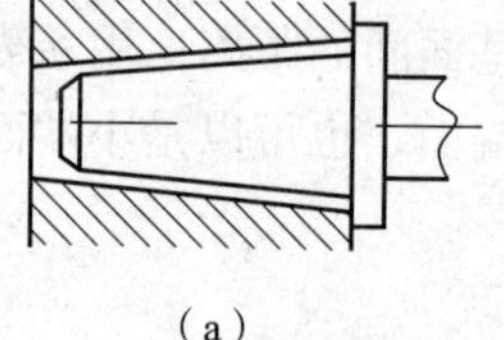

（a）

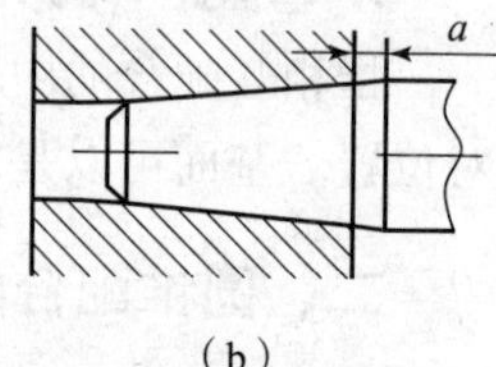

（b）

图 7－4 结构型圆锥配合

（a）圆锥间隙配合；（b）圆锥过盈配合

如图 7－4（a）所示，通过外圆锥的轴肩与内圆锥的大端端面相接触，使两者相对轴向位置确定，形成所需要的圆锥间隙配合。

如图 7－4（b）所示，通过控制基面距 a 来确定装配后的最终轴向位置，形成所需要的圆锥过盈配合。

2. 位移型圆锥配合

位移型圆锥配合是通过调整内、外圆锥相对轴向位置的方法，以得到所需配合性质的圆锥配合，如图 7－5 所示。

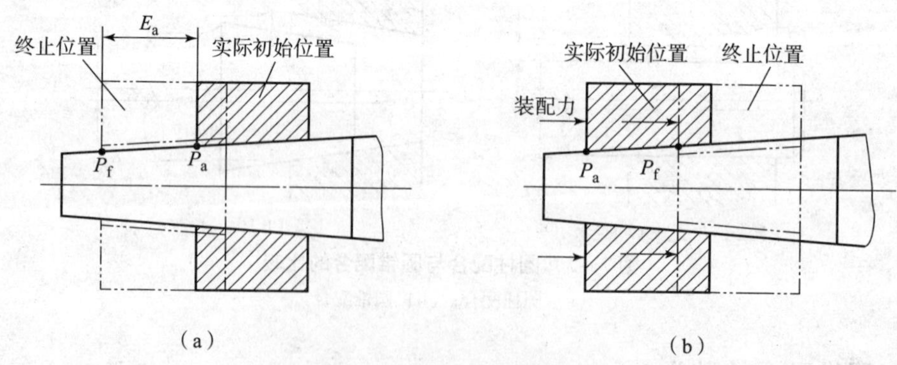

图 7－5 位移型圆锥配合

（a）圆锥间隙配合；（b）圆锥过盈配合

如图 7－5（a）所示，在圆锥配合中由初始实际位置 P_a 开始，对内圆锥做向左的轴向位移 E_a，直至终止位置 P_f，即可获得要求的间隙配合。

如图 7－5（b）所示，在圆锥配合中由初始实际位置 P_a 开始，对内圆锥施加一定的轴向装配力，使其向右到达终止位置 P_f，则形成所需的过盈配合。位移型圆锥配合一般不用于形成过渡配合。

五、锥度、锥角系列

为了减少加工圆锥体零件所用的专用刀具、量具种类和数量，国家标准 GB/T 157—2001 规定了锥度与锥角系列，设计时应从标准系列中选用标准锥角 α 或标准锥度 C，见表 7－1 和表 7－2。大于 120°锥角和 1∶500 以下的锥度未列入标准。

一般用途圆锥的锥度与锥角系列见表 7－1。为便于圆锥件的设计、生产和控制，表中给出了圆锥角或锥度的推算值，其有效位数可按需要确定。为保证产品的互换性，减少生产中所需的定值工、量具规格，在选用时应当优先选用第一系列。

表 7－1　一般用途圆锥的锥度与锥角系列

基本值		推算值			应用举例
系列 1	系列 2	锥角 α		锥度 C	
120°				1∶0.288 675	节气阀，汽车、拖拉机阀门
90°				1∶0.500 000	重型顶尖、重型中心孔、阀的阀销锥体
	75°			1∶0.651 613	埋头螺钉、小于 10 的螺锥
60°				1∶0.866 025	顶尖、中心孔、弹簧夹头、埋头钻
45°				1∶1.207 107	埋头铆钉
30°				1∶1.866 025	摩擦轴节、弹簧卡头、平衡块
1∶3		18°55′28.7″	18.924 644°		受力方向垂直于轴线易拆开的连接
	1∶4	14°15′0.1″	14.250 033°		
1∶5		11°25′16.3″	11.421 186°		易拆零件的锥形连接，锥形摩擦离合器
	1∶6	9°31′38.2″	9.527 283°		
	1∶7	8°10′16.4″	8.171234°		
	1∶8	7°9′9.6″	7.152 669°		重型机床主轴
1∶10		5°43′29.3″	5.724 810°		受轴向力及横向力的锥形零件的接合面
	1∶12	4°46′18.8″	4.771 888°		固定球及滚子轴承的衬套
	1∶15	3°49′5.9″	3.818 305°		受轴向力的锥形零件的接合面
1∶20		2°51′51.1″	2.864 192°		机床主轴、刀具刀杆尾部、锥形绞刀

续表

基本值		推算值			应用举例
系列 1	系列 2	锥角 α		锥度 C	
1:30		1°54′34.9″	1.909 682°		装柄的铰刀及扩孔钻
	1:40	1°25′56.4″	1.432 222°		
1:50		1°8′45.2″	1.145 877°		圆锥销、定位销、圆锥销孔的铰刀
1:100		0°34′22.6″	0.572 953°		受其静变负载不拆开的连接件，如心轴等
1:200		0°17′11.3″	0.286 478°		导轨镶条、受振及冲击负载不拆开的连接件
1:500		0°6′52.5″	0.114 591°		

特殊用途圆锥的锥度与锥角系列见表 7－2。它仅适用于某些特殊行业，在机床、工具制造中，广泛使用莫氏锥度。常用的莫氏锥度共有 7 种，从 0 号至 6 号，使用时只有相同号的莫氏内、外锥才能配合。

表 7－2　特殊用途圆锥的锥度与锥角系列

基本值	推算值			说明
	锥角 α		锥度 C	
7:24	16°35′39.4″	16.594 290°	1:3.428 571	机床主轴、工具配合
1:19.002	3°0′52.4″	3.014 554°		莫氏锥度 No. 5
1:19.180	2°59′11.7″	2.986 590°		莫氏锥度 No. 6
1:19.212	2°58′53.8″	2.981 618°		莫氏锥度 No. 0
1:19.254	2°58′30.4″	2.975 117°		莫氏锥度 No. 4
1:19.992	2°52′31.5″	2.875 401°		莫氏锥度 No. 3
1:20.020	2°51′40.8″	2.861 332°		莫氏锥度 No. 2
1:20.047	2°51′26.9″	2.857 480°		莫氏锥度 No. 1

第二节　圆 锥 公 差

一、圆锥公差项目

为满足圆锥连接和使用的功能要求，标准给出了圆锥直径公差、圆锥角公差、圆锥形状公差和给定截面圆锥直径公差四个公差项目。

1. 圆锥直径公差 T_D

圆锥直径公差是指允许的圆锥直径的变动量，如图 7－6 所示。

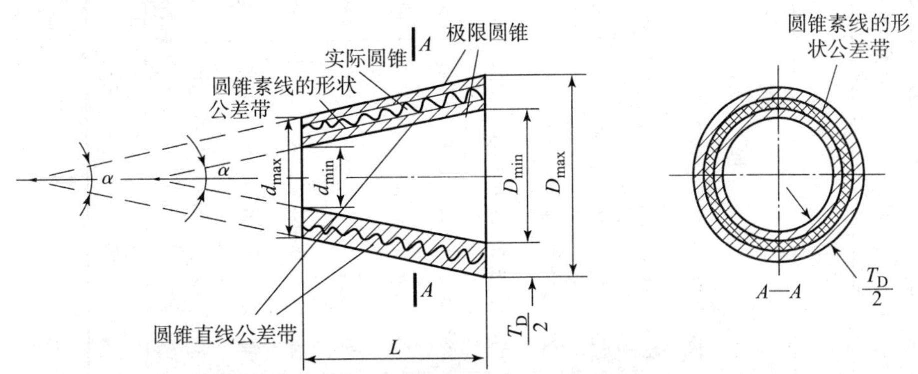

图 7－6 极限圆锥、圆锥直径公差带和母线直线度公差带

它是以基本圆锥直径（通常取最大圆锥直径 D）作为基本尺寸，按圆柱公差与配合国家标准 GB/T 1800—2001 规定的标准公差选取，适合于圆锥长度内的任一直径，其数值为允许的最大极限圆锥和最小极限圆锥直径之差。用公式表示为

$$T_D = D_{max} - D_{min} = d_{max} - d_{min}$$

最大极限圆锥和最小极限圆锥皆称为极限圆锥，它与基本圆锥同轴，且圆锥角相等。

对于有配合要求的圆锥，其内、外圆锥直径公差带位置，按圆锥配合国家标准（GB/T 12360—2005）中有关规定选取。

对于无配合要求的圆锥，建议选用基本偏差 JS、jS 确定内、外锥的公差带位置。

2. 圆锥角公差 AT

圆锥角公差是指允许的圆锥角的变动量，其数值为允许的最大与最小圆锥角之差，如图 7－7 所示，用公式表示为

$$AT_\alpha = \alpha_{max} - \alpha_{min}$$

圆锥角公差共分 12 级，用 AT1，AT2，…，AT12 表示，其中 AT1 级精度最高，其余依次降低。为加工和检验方便，圆锥角公差有两种表示形式：

（1）AT_α：以角度单位微弧度（μrad）或以度、分、秒（°、′、″）表示圆锥角公差值。

1 微弧度等于半径为 1（m），弧长为 1（μm）时所产生的角度。

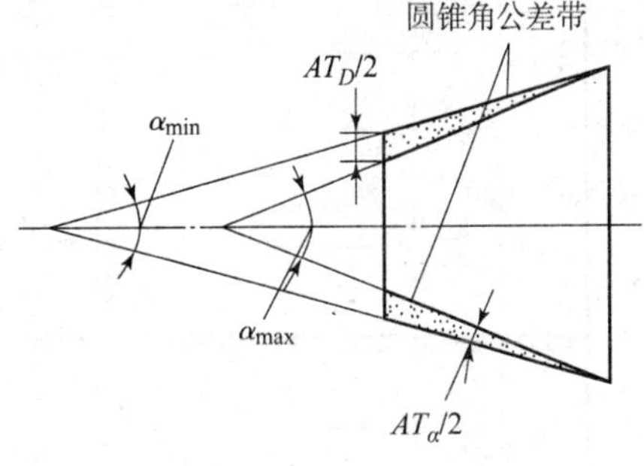

图 7－7 极限圆锥角与圆锥角公差区

（2）AT_D：以长度单位微米（μm）表示公差值，它是用与圆锥轴线垂直且距离为 L 的两端直径变动量之差所表示的圆锥角公差。

AT_D 与 AT_α 的换算关系如下：

$$AT_D = AT_\alpha L \times 10^{-3}$$

式中 AT_D、AT_α 和 L 的单位分别为 μm、μrad 和 mm。

由于同一加工方法对不同的圆锥长度所得的圆锥角度误差不同，长度越大圆锥角度误差越小，所以，在同一公差等级中，按基本圆锥长度的不同，规定了不同的角度公差值 AT_α。圆锥角公差数值见表 7－3。

表 7－3　圆锥角公差数值

公称圆锥长度 L/mm		圆锥角公差等级																					
		AT4			AT5			AT6			AT7			AT8			AT9		
		AT_α		AT_D	AT_α		AT_D	AT_α		AT_D	AT_α		AT_D	AT_α		AT_D	AT_α		AT_D
大于	至	μrad	(″)	μm	μrad	(′)(″)	μm	μrad	(′)(″)	μm	μrad	(″)	μm	μrad	(′)(″)	μm	μrad	(′)(″)	μm
自 6	10	200	41	>1.3～2.0	315	1′05″	>2.0～3.2	500	1′43″	>3.2～5.0	800	2′45″	>5.0～8.0	1 250	4′18″	>8.0～12.5	2 000	6′52″	>12.5～20
10	16	160	33	>1.6～2.5	250	52″	>2.5～4.0	400	1′22″	>4.0～6.3	630	2′10″	>6.3～10.0	1 000	3′26″	>10.0～16.0	1 600	5′30″	>16～25
16	25	125	26	>2.0～3.2	200	41″	>3.2～5.0	315	1′05″	>5.0～8.0	500	1′43″	>8.0～12.5	800	2′45″	>12.5～20.0	1 250	4′18″	>20～32
25	40	100	21	>2.5～4.0	160	33″	>4.0～6.3	250	52″	>6.3～10.0	400	1′22″	>10.0～16.0	630	2′10″	>16.0～25.0	1 000	3′26″	>25～40
40	63	80	16	>3.2～5.0	125	26″	>5.0～8.0	200	41″	>8.0～12.5	315	1′05″	>12.5～20.0	500	1′43″	>20.0～32.0	800	2′45″	>32～50
63	100	63	13	>4.0～6.3	100	21″	>6.3～10.0	160	33″	>10.0～16.0	250	52″	>16.0～25.0	400	1′22″	>25.0～40.0	630	2′10″	>40～63
100	160	50	10	>5.0～8.0	80	16″	>8.0～12.5	125	26″	>12.5～20.0	200	41″	>20.0～32.0	315	1′05″	>32.0～50.0	500	1′43″	>50～80
160	250	40	8	>6.3～10.0	63	13″	>10.0～16.0	100	21″	>16.0～25.0	160	33″	>25.0～40.0	250	52″	>40.0～63.0	400	1′22″	>63～100
250	400	31.5	6	>8.0～12.5	50	10″	>12.5～20.0	80	16″	>20.0～32.0	125	26″	>32.0～50.0	200	41″	>50.0～80.0	315	1′05″	>80～125
400	630	20	5	>10.0～16.0	40	8″	>16.0～25.0	63	13″	>25.0～40.0	100	21″	>40.0～63.0	160	33″	>63.0～100.0	250	52″	>100～160

注：1 μrad 等于半径为 1 m，弧长为 1 μm 所对应的圆心角。5 μrad≈1″(秒)；300 μrad≈1′(分)。

圆锥角的极限偏差可按单向或双向（对称或不对称）取值，如图 7－8 所示。

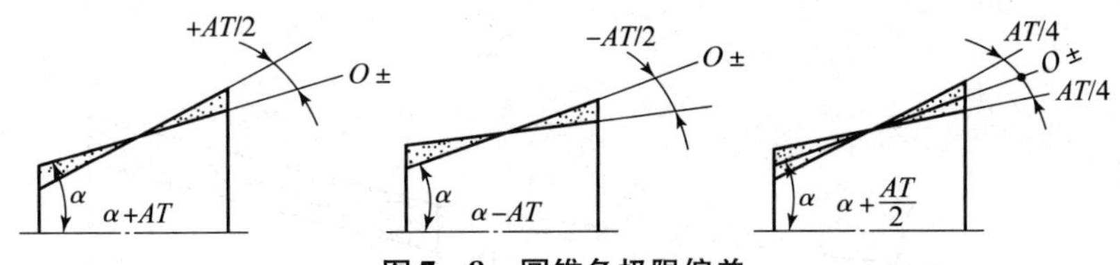

图 7－8　圆锥角极限偏差

例 7－1　某锥体当其公称长度：

（1）L 为 63 mm，若选用 AT7 级，试查表求出其圆锥角公差值（AT_α、AT_D）；

（2）L 为 50 mm，若选用 AT7 级，试查表求出其圆锥角公差值（AT_α、AT_D）

解　（1）查表 7－3 得：$AT_\alpha = 315\ \mu\text{rad}$ 或 $1'05''$，$AT_D = 20\ \mu\text{m}$；

（2）查表 7－3 得：$AT_\alpha = 315\ \mu\text{rad}$ 或 $1'05''$，则

$$AT_D = AT_\alpha L \times 10^{-3} = 315 \times 50 \times 10^{-3} = 15.75\ (\mu\text{m})$$

取

$$AT_D = 15.8\ \mu\text{m}$$

3. 圆锥的形状公差

圆锥的形状公差包括以下几种形式。

1）**圆锥素线直线度公差**

在圆锥轴向平面内，允许实际素线形状的最大变动量。其公差带是在给定截面上距离为公差值 T_F 的两条平行直线间的区域。

2）**截面圆度公差**

在垂直于圆锥轴线的截面内，允许截面形状的最大变动量。其公差带是半径差为公差值 T_F 的两同心圆间的区域。

一般情况下，圆锥的形状公差不单独给出，而是由对应的两极限圆锥公差带限制。当对形状精度要求较高时，应单独给出相应的形状公差。其数值从 GB/T 1184—2008 中选取，但应不大于圆锥直径公差的一半。

3）**给定截面内的圆锥直径公差 T_D**

在垂直于圆锥轴线的给定截面内，允许圆锥直径的变动量。该公差项目以给定截面上圆锥直径 d_x 为基本尺寸来规定尺寸公差，它仅适用于该截面。其数值按 GB/T 1800—2009 确定。

二、圆锥公差的给定方法

对于一个给定的圆锥，并不需要将所规定的四项公差全部给出，而应根据圆锥零件的功能要求和工艺特点给出所需的公差项目。我国国家标准规定了两种圆锥公差的给定方法。

1. 给定圆锥直径公差 T_D

此时由 T_D 确定了两个极限圆锥，若对圆锥角和圆锥形状公差要求不高，则圆锥角误差、圆锥直径误差和形状误差都应控制在此两极限圆锥所限定的区域内（即圆锥直径公差带内）。圆锥直径公差 T_D 所能限制的圆锥角如图 7－9 所示。

如果对圆锥角公差和圆锥形状公差有更高要求，可再加注圆锥角公差 AT 和圆锥形状公差 T_F，但 AT 和 T_F 只能占 T_D 的一部分。这种给定方法是设计中常用的一种方法，适用于有

配合要求的内、外锥体，例如，圆锥滑动轴承、钻头的锥柄等。

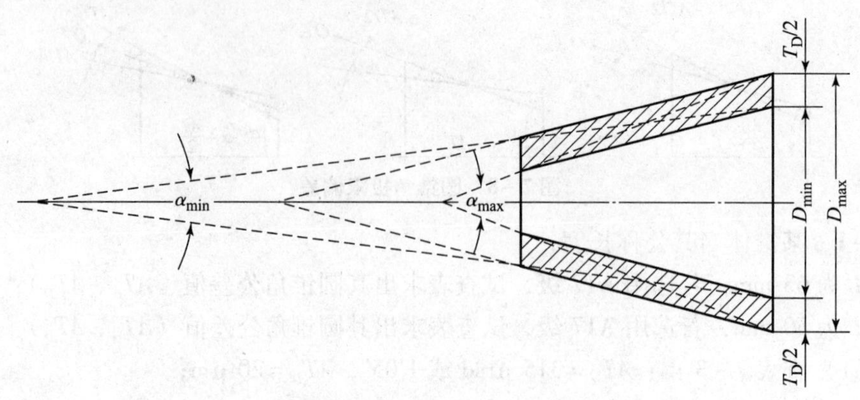

图 7－9　用圆锥直径公差限制的圆锥角误差

图 7－10 所示为给定方法的标注示例。

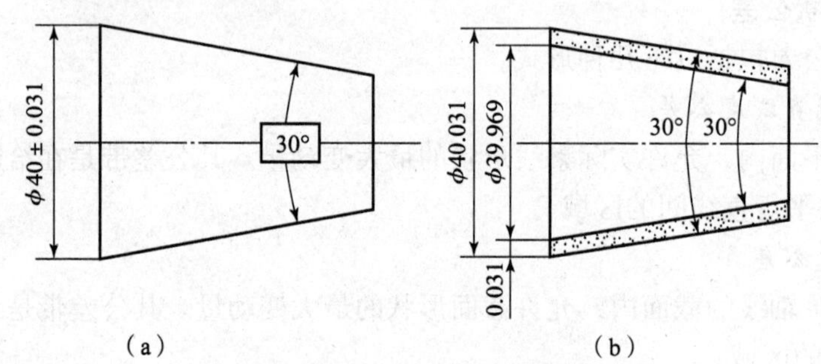

图 7－10　给定圆锥直径公差标注示例

（a）标注示例；（b）公差带

2. 同时给出给定截面圆锥直径公差 T_{DS} 和圆锥角公差 AT

T_{DS} 只用来控制给定截面的圆锥直径误差，而给定的圆锥角公差 AT 只用来控制圆锥角误差，它不包括在圆锥截面直径公差带内。此时，两种公差相互独立，圆锥应分别满足要求，如图 7－11 所示。当对圆锥形状精度有较高要求时，再单独给出形状公差 T_F。

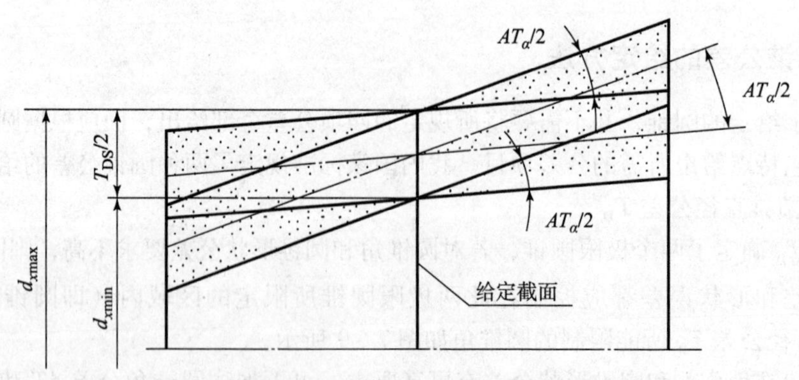

图 7－11　给定截面圆锥直径公差 T_{DS} 和圆锥角公差 AT 的关系

由图 7－11 可知，当圆锥在给定截面上具有最小极限尺寸 $d_{x\min}$时，其圆锥角公差带为图中下面两条实线限定的两对顶三角形区域，此时实际圆锥角必须在该公差带内；当圆锥在给定截面上具有最大极限尺寸 $d_{x\max}$时，其圆锥角公差带为图中上面两条实线限定的两对顶三角形区域；当圆锥在给定截面上具有某一实际尺寸 d_x 时，其圆锥角公差带为图中两条虚线限定的两对顶三角形区域。在给定的截面上精度要求最高。

圆锥截面公差是由于功能或制造上的需要在圆锥素线为理想直线的情况下给定的。它适用于对圆锥的某一给定截面有较高精度要求的情况。例如阀类零件，常常采用这种公差来保证两个相互配合的圆锥在给定截面上接触良好，具有良好的密封性。

给定截面圆锥直径公差和圆锥角公差标注示例如图 7－12 所示。

在 GB/T 15754—1995《技术制图圆锥的尺寸和公差标注》中，提出圆锥公差也可用面轮廓度标注，如图 7－13 所示。必要时还可给出形状公差要求，但只占面轮廓度公差的一部分。

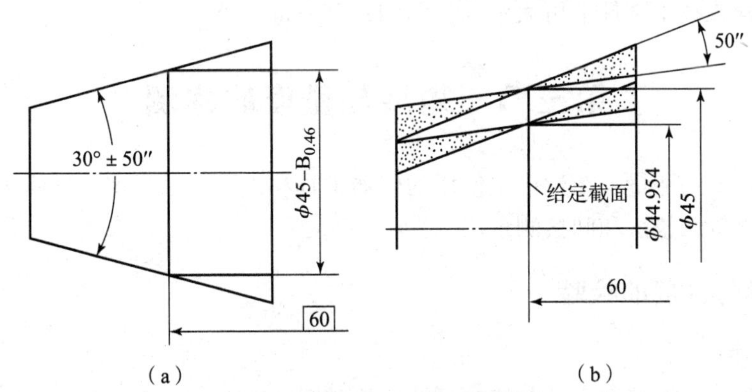

图 7－12　给定截面圆锥直径公差和圆锥角公差标注示例

(a) 标注示例；(b) 公差带

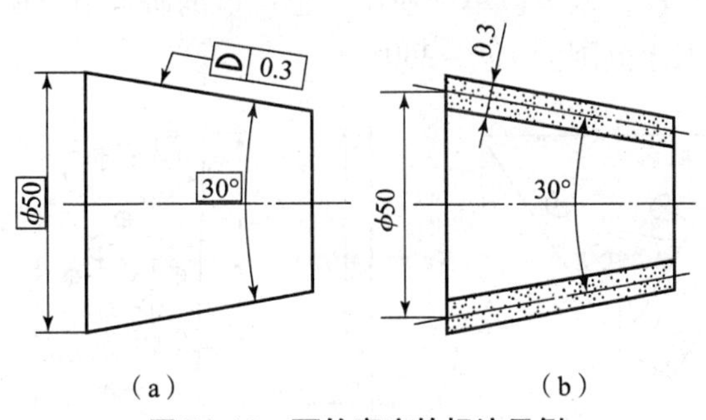

图 7－13　面轮廓度的标注示例

(a) 标注示例；(b) 公差带

三、未注公差角度的极限偏差

国标 GB 11335—1989 对于金属切削加工件的角度，包括在图样上标注的角度和通常不需标注的角度（如 90°等）规定了未注公差角度的极限偏差（见表 7－4）。该极限偏差值应为一般工艺方法可以保证达到的精度。应用中可以根据不同产品的不同需要，从标准中所规定的三个未注公差角度的公差等级（中等级、粗糙级、最粗级）中选择合适的等级。

表 7-4 未注公差角度的极限偏差

公差等级	长度/mm				
	≤10	>10~50	>50~120	>120~400	>400
m（中等级）	±1°	±30′	±20′	±10′	±5′
c（粗糙级）	±1°30′	±1°	±30′	±15′	±10′
v（最粗级）	±3°	±2°	±1°	±30′	±20′

未注公差角度的极限偏差按角度短边长度确定，若工件为圆锥时，则按圆锥素线长度确定。

未注公差角度的公差等级在图样或技术文件上用标准号和公差等级表示。例如选用中等级时，则在图样或技术文件上可表示为：GB 11335—m。

第三节 角度与锥度的检测

圆锥角和锥度的测量，在生产中使用的仪器工具和检测方法很多，下面主要介绍常用的比较测量法、直接测量法和间接测量法。

一、角度与锥度的检验

1. 角度量块

角度量块代表角度基准，其功能与尺寸量块相同。图 7-14 所示为角度量块。角度量块有三角形和四边形两种，四边形量块的每个角均为量块的工作角，三角形量块只有一个工作角。角度量块也具有研合性，既可以单独使用，也可借助研合组成所需要的角度对被检角度进行检验，角度量块的工作范围为 10°~350°。

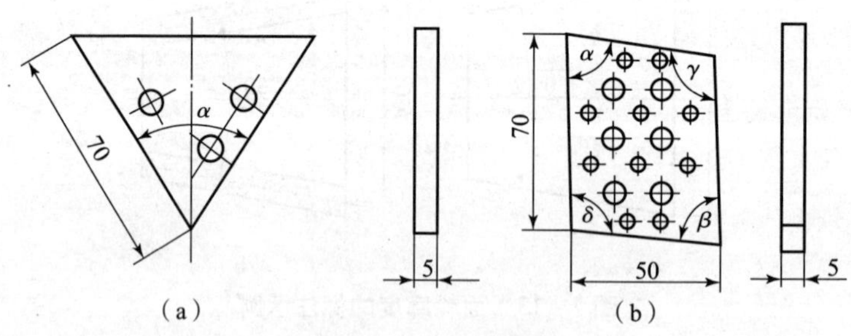

图 7-14 角度量块

(a) 三角形量块；(b) 四边形量块

2. 90°角尺

90°角尺（又称直角尺）是另一种角度检验工具，其结构外形如图 7-15 所示。90°角尺可用于检验直角和划线。用 90°角尺检验，是靠角尺的边与被检直角的边相贴后透过的光隙量进行判断，属于比较法检验。若需要知道光隙的大小，可用标准光隙对比或塞尺进行测量。

3. 圆锥量规

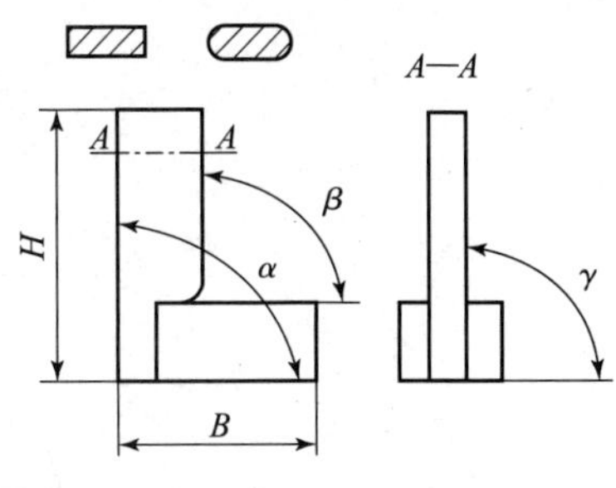

图 7－15　90°角尺

对圆锥体的检验，是检验圆锥角、圆锥直径、圆锥表面形状要求的合格性。检验外圆锥用的圆锥量规称为圆锥套规；检验内圆锥用的量规称为圆锥塞规，其外形如图 7－16 所示。在塞规的大端，有两条刻线，距离为 m；在套规的小端，也有一个由端面和一条刻线所代表的距离 m（有的用台阶表示），该距离值 m 代表被检圆锥的直径公差 T_D 在轴向的量。被检的圆锥件，若直径合格，其端面（外圆锥为小端，内圆锥为大端）应在距离为 m 的两条刻线之间，如图 7－16 所示。然后在圆锥面上均匀地涂上 2～3 条极薄的涂层（红丹或蓝油），使被检圆锥与量规接触后转动 1/3～1/2周，看涂层被擦掉的情况，来判断圆锥角误差与圆锥表面形状误差的合格与否。若涂层被均匀地擦掉，表明锥角误差和表面形状误差都较小。反之，则表明存在误差。如用圆锥塞规检验内圆锥时，若塞规小端的涂层被擦掉，则表明被检内圆锥的锥角大了；若塞规的大端涂层被擦掉，则表明被检内圆锥的锥角小了，但不能测出具体的误差值。

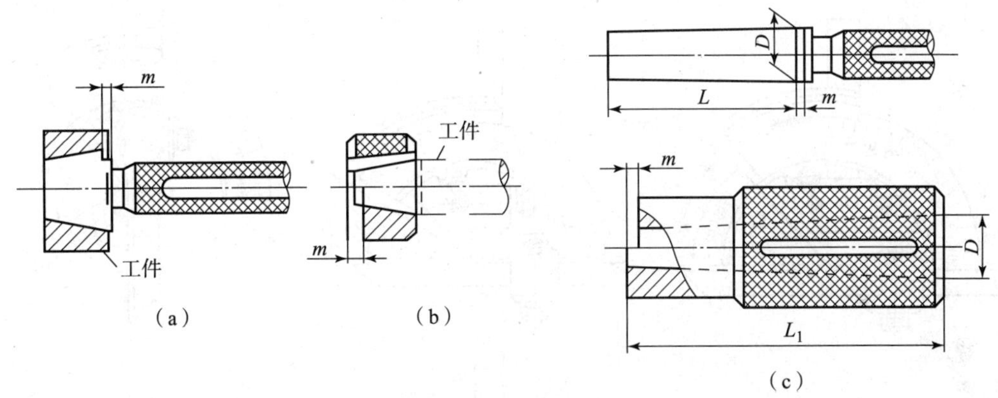

图 7－16　圆锥量规

二、角度和锥度的测量

1. 万能游标角度尺

万能游标角度尺是机械加工中常用的度量角度的量具，它的结构如图 7－17 所示。它是由主尺、扇形板、直角尺、直尺和卡块等组成的。万能游标角度尺是根据游标读数原理制造的。读数值为 2′和 5′，其示值误差分别不大于 ±2′和 ±5′。以读数值 2′为例，主尺朝中心方向均匀刻有 120 条刻线，每两条刻线的夹角为 1°。游标上，在 29°范围内朝中心方向均匀刻有 30 条刻线，则每条刻线的夹角为 $29°/30\times60=58'$，因此，尺座刻度与游标刻度的夹角之差为 $60'-29°/30\times60=2'$，即游标角度尺的分度值为 2′。调整基尺、角尺、直尺的组合可测量 0～320°范围内的任意角度，如图 7－18（a）、（c）、（e）、（g）所示，其应用如图 7－18（b）、（d）、（f）、（h）所示。

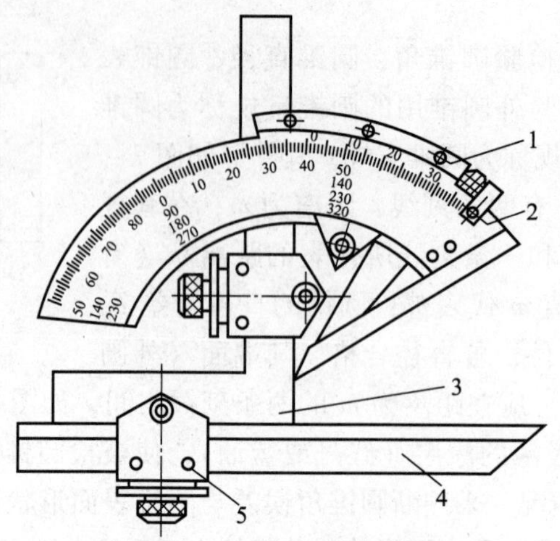

图 7－17　万能游标角度尺

1—扇形板；2—主尺；3—直角尺；

4—直尺；5—卡块

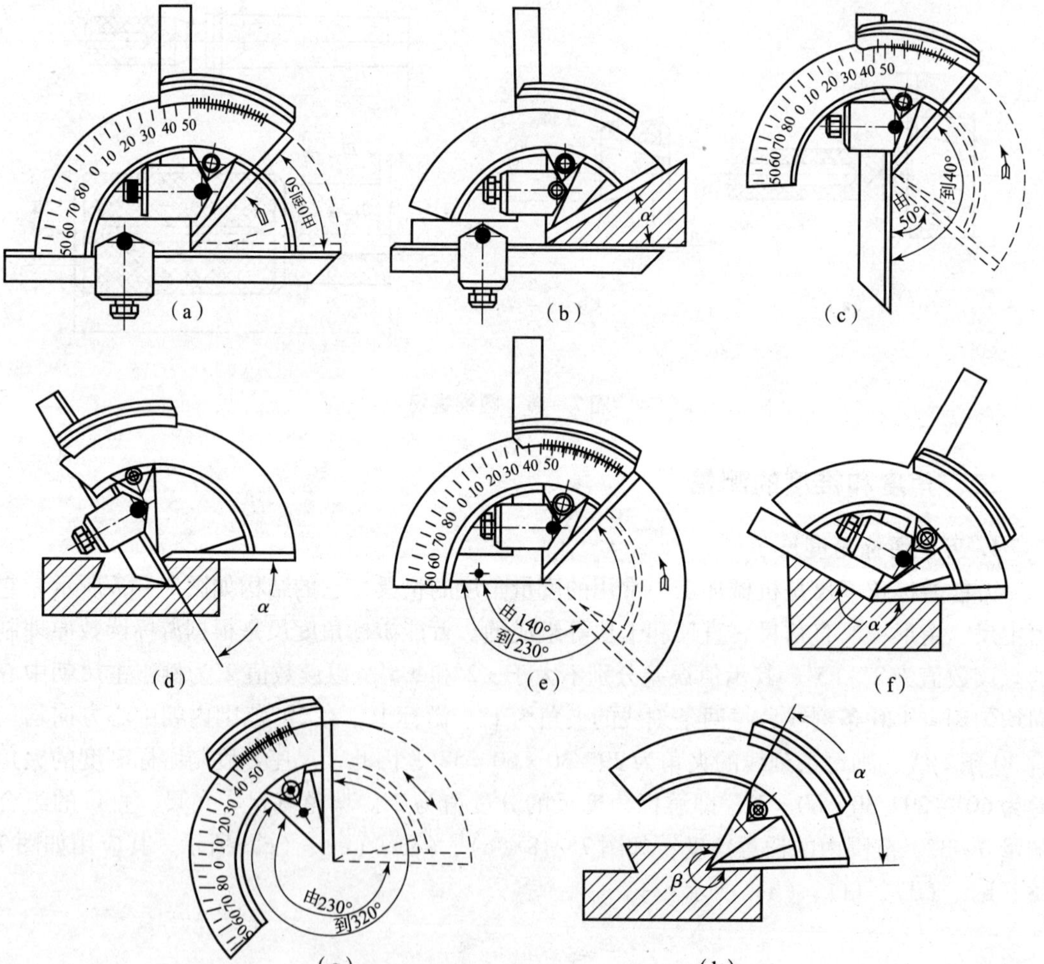

（a）　（b）　（c）

（d）　（e）　（f）

（g）　（h）

图 7－18　万能游标角度尺的组合与应用

2. 正弦规

正弦规是锥度测量中常用的计量器具，其结构形式如图 7－19 所示。测量精度可达 $\pm 1' \sim \pm 3'$，但适宜测量小于 40°的角度。

图 7－20 所示为正弦规检验圆锥角的示意图，测量前，首先根据被检验的圆锥塞规的公称圆锥角按公式 $h = L\sin\alpha$ 算出量块组的高度 h（式中 α 为公称圆锥角，L 为正弦规两圆柱中心距），然后可按如图 7－20 所示进行测量。

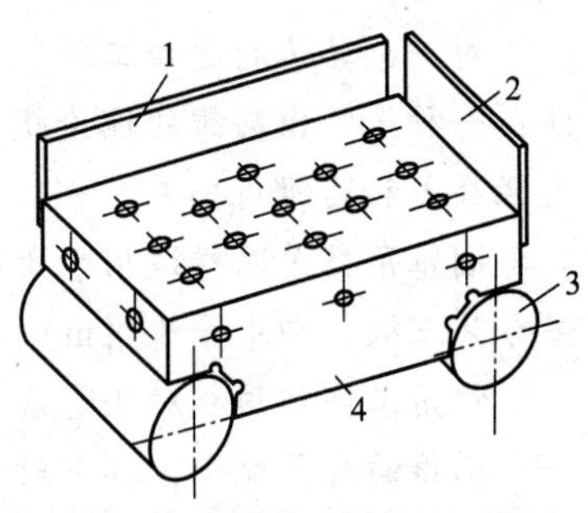

图 7－19　正弦规

1，2—挡板；3—圆柱；4—主体

用千分表分别测量被检圆锥上的 a，b 两点，由 a、b 两点示值之差 h 对 a、b 两点之间的距离 l（用直尺测量）之比值即为锥度偏差 ΔC（rad），有正负号。

$$\Delta C = (a - b)/l$$

如换算成锥角偏差 $\Delta\alpha$（″）时，可按下式近似计算：

$$\Delta\alpha = 2\Delta C \times 10^5$$

具体测量时，$\Delta\alpha$ 为正说明实际锥角大于理论锥角；$\Delta\alpha$ 为负说明实际锥角小于理论锥角。

3. 用钢球测量内圆锥

用精密钢球可以间接测量内圆锥角度。如图 7－21 所示，用两球测量内锥角。已知大、小球直径分别为 D_0 和 d_0，测量时，先将小球放入，测出 H，再将大球放入，测出 h，则内圆锥角 α 可按下式求出：

$$\sin\frac{\alpha}{2} = \frac{(D_0 - d_0)}{2(H - h) + d_0 - D_0}$$

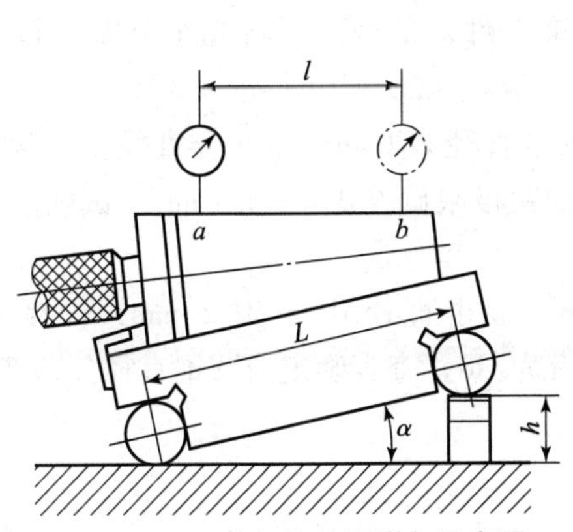

图 7－20　正弦规检验圆锥角示意图

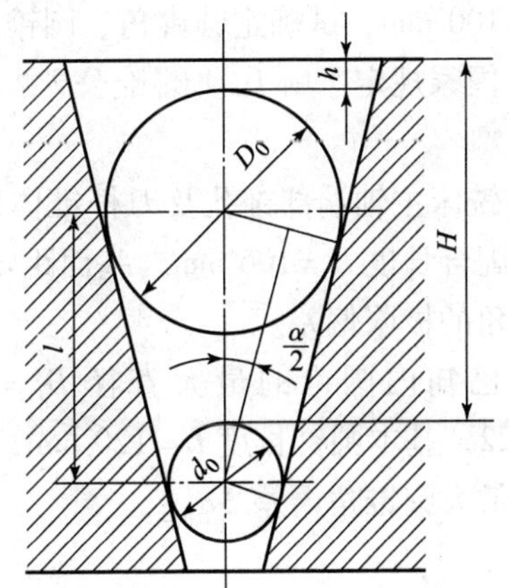

图 7－21　钢球测量内圆锥

小　　结

要理解圆锥角、圆锥素线、圆锥直径、圆锥长度、锥度、圆锥配合长度及基面距等基本含义。国家标准对一般用途和特殊用途的圆锥规定了锥度和角度系列，设计时应从这些系列中选取。圆锥配合按性质分为间隙配合、过盈配合和过渡配合。圆锥配合按形成方法分为结构型圆锥配合和位移型圆锥配合。

国家标准对锥度在1:3～1:500、长度在6～630 mm的光滑圆锥面规定了四个公差项目，即：圆锥直径公差、圆锥角公差、给定截面圆锥直径公差和圆锥的形状公差。

对一个具体的圆锥工件，通常没必要给定上述四项公差，国家标准规定了两种给定方法：一种是给出圆锥的理论正确角度（或锥度）和圆锥直径公差；另一种是给定截面圆锥直径公差和圆锥角公差。

圆锥角公差同样适用于角度公差，与尺寸公差一样，角度也有未注公差，它们的极限偏差分为三级，即中等级（m）、粗糙级（c）和最粗级（v）。

锥角工件常用相对测量法、绝对测量法和间接测量法进行检测。

圆锥的公差配合，具有对中性好、加工精度高的特点。圆锥配合的形式有两种：结构型配合由控制基面距a得到圆锥间的间隙或过盈；而位移性配合是由轴向位移量E_a，得到圆锥间的间隙或过盈的。

圆锥公差的项目有四个，即圆锥直径公差T_D、给定截面圆锥直径公差T_{DS}、圆锥角公差AT和圆锥的形状公差T_F。

对圆锥工件的测量，批量生产时，多用圆锥量规；单项或精密测量时用正弦规或光学分度头测量。

思考题

1. 圆锥结合有哪些优点？对圆锥配合有哪些基本要求？

2. 圆锥有哪些主要几何参数？若某圆锥最大直径为100 mm，最小直径为95 mm，圆锥长度为100 mm，试确定圆锥角、圆锥素线角和锥度。

3. 国家规定了哪几项圆锥公差？对于某一圆锥工件，是否需要将几个公差项目全都给出？

4. 铣床主轴端部锥孔及刀杆锥体以锥孔最大圆锥直径$\phi 70$ mm为配合直径，锥度$C=7:24$，配合长度$H=106$ mm，基面距$a=3$ mm，基面距极限偏差$\Delta=\pm 0.4$ mm，试确定直径和圆锥角的极限偏差。

5. 已知内圆锥的最大直径$D_i=\phi 23.825$ mm，最小直径$d_i=\phi 0.2$ mm，锥度$C=1:19.922$，基本圆锥长度$L=120$ mm，其直径公差带为H8，查表确定内圆锥直径公差T_D所限制的最大圆锥角误差$\Delta\alpha_{max}$。

第八章 键和花键的公差与检测

本章要点

1. 掌握平键及花键连接的特点和结构参数。选择平键的主参数 b 及其尺寸公差、几何公差、表面粗糙度。

2. 掌握矩形花键小径定心的优点；内、外花键和花键副的标记含义、检验方法。

第一节 概 述

键连接和花键连接是机械产品中普遍应用的结合方式之一，它用作轴和轴上传动件（如齿轮、皮带轮、手轮和联轴节等）之间的可拆连接，用以传递扭矩，有时也用作轴上传动件的导向。

键属于连接件，有单键和花键之分。单键种类比较多，按照其结构和形状分为平键、半圆键和楔键。平键又可分为普通平键、导向平键和滑键；楔键可分为普通楔键和钩头楔键。花键分为矩形花键和渐开线花键两种。其中平键和矩形花键应用比较广泛。

本章只讨论平键和矩形花键结合的互换性。

第二节 平 键 连 接

平键是一种截面呈矩形的零件，其一半嵌在轴槽里，另一半嵌在安装于轴上的其他零件的孔槽里。对平键连接互换性的要求主要是，应使键与键槽的侧面有充分的有效接触面积来承受负荷，以保证键连接的强度、寿命和可靠性，键嵌在轴槽里要牢固，防止松动，方便装拆。因此，国家标准对键与键槽规定了尺寸极限与配合。

一、平键连接的结构和主要几何参数

平键连接通过键的侧面与轮毂槽和轴槽的侧面相互接触来传递扭矩。在键与键槽（轴槽和轮毂槽）的剖面尺寸（见图 8-1）中，宽度 b 是配合尺寸，应规定较严的公差，其他尺寸为非配合尺寸，应给予较松的公差。

二、单键连接的极限与配合

在单键连接中，键宽和槽宽 b 是配合尺寸。平键由型钢制成，是标准件。因此键宽是单键结合中的“轴”，轴槽宽和轮毂槽宽是单键结合中的“孔”，故键宽与槽宽的配合制度应采用基轴制。通过规定不同的键槽宽公差带来满足不同键连接的配合性能要求。按照配合的松紧不同，普通单键连接分为较松连接、一般连接和较紧连接。

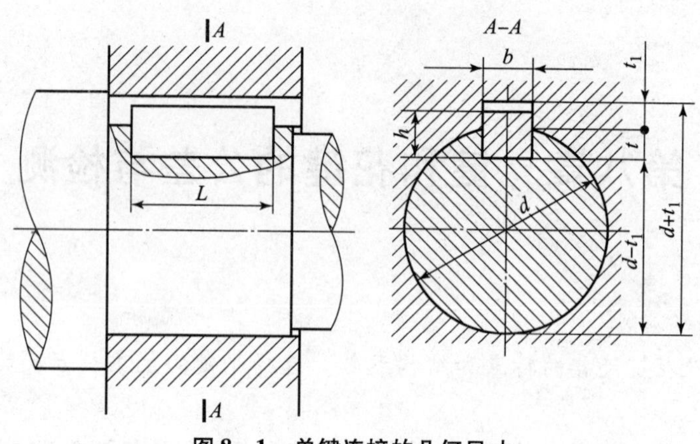

图 8－1　单键连接的几何尺寸

国家标准 GB/T 1095—2003《平键键槽的剖面尺寸》对平键与键槽和轮毂槽的宽度规定了三种连接类型，即正常连接、紧密连接和松连接，对轴和轮毂的键槽宽各规定了三种公差带。而国家标准 GB/T 1096—2003《普通型平键》对键宽规定了一种公差带 h8。这样就构成了三组配合。其配合尺寸（键与键槽宽）的公差带均从 GB/T 1801—2010 标准中选取，键宽与键槽宽 b 的公差带如图 8－2 所示。

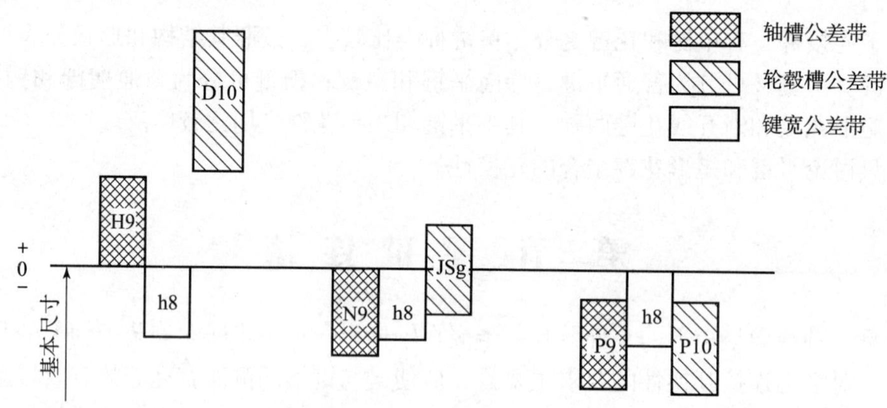

图 8－2　键宽和键槽宽 b 的公差带

具体的公差带和各种连接的配合性质及应用见表 8－1。平键与键槽的剖面尺寸及键槽的公差与极限偏差见表 8－2。

表 8－1　平键连接的配合及应用

配合种类	尺寸 b 的公差带			配合性质及应用场合
	键	轴键槽	轮毂键槽	
松连接	h8	H9	D10	用于导向平键，轮毂可在轴上移动
正常连接		N9	Js9	键在轴键槽中和轮毂键槽中均固定，用于载荷不大的场合
紧密连接		P9	P9	键在轴键槽中和轮毂键槽中均牢固固定，用于载荷较大、有冲击和双向扭矩的场合

表 8－2 平键、键及键槽剖面尺寸和键槽公差 mm

<table>
<tr><th>轴</th><th>键</th><th colspan="10">键 槽</th></tr>
<tr><th rowspan="4">公称尺寸 d</th><th rowspan="4">键尺寸 b×h</th><th colspan="6">宽 度 b</th><th colspan="4">深 度</th></tr>
<tr><th rowspan="3">基本尺寸</th><th colspan="5">极限偏差</th><th colspan="2" rowspan="2">轴 tt_1</th><th colspan="2" rowspan="2">毂 t_2</th></tr>
<tr><th colspan="2">松连接</th><th colspan="2">正常连接</th><th>紧密连接</th></tr>
<tr><th>轴 H9</th><th>毂 D10</th><th>轴 N9</th><th>毂 Js9</th><th>轴和毂 P9</th><th>基本尺寸</th><th>极限偏差</th><th>基本尺寸</th><th>极限偏差</th></tr>
<tr><td>6～8</td><td>2×2</td><td>2</td><td rowspan="2">+0.025
0</td><td rowspan="2">+0.060
+0.020</td><td rowspan="2">-0.004
-0.029</td><td rowspan="2">±0.0125</td><td rowspan="2">-0.006
-0.031</td><td>1.2</td><td rowspan="5">+0.10</td><td>1.0</td><td rowspan="5">+0.10</td></tr>
<tr><td>>8～10</td><td>3×3</td><td>3</td><td>1.8</td><td>1.4</td></tr>
<tr><td>>10～12</td><td>4×4</td><td>4</td><td rowspan="3">+0.030
0</td><td rowspan="3">+0.078
+0.030</td><td rowspan="3">0
-0.030</td><td rowspan="3">±0.015</td><td rowspan="3">-0.012
-0.042</td><td>2.5</td><td>1.8</td></tr>
<tr><td>>12～17</td><td>5×5</td><td>5</td><td>3.0</td><td>2.3</td></tr>
<tr><td>>17～22</td><td>6×6</td><td>6</td><td>3.5</td><td>2.8</td></tr>
<tr><td>>22～30</td><td>8×7</td><td>8</td><td rowspan="2">+0.036
0</td><td rowspan="2">+0.098
+0.040</td><td rowspan="2">0
-0.036</td><td rowspan="2">±0.018</td><td rowspan="2">-0.015
-0.051</td><td>4.0</td><td rowspan="8">+0.20</td><td>3.3</td><td rowspan="8">+0.20</td></tr>
<tr><td>>30～38</td><td>10×8</td><td>10</td><td>5.0</td><td>3.3</td></tr>
<tr><td>>38～44</td><td>12×8</td><td>12</td><td rowspan="4">+0.043
0</td><td rowspan="4">+0.120
+0.050</td><td rowspan="4">0
-0.043</td><td rowspan="4">±0.0215</td><td rowspan="4">-0.018
-0.061</td><td>5.0</td><td>3.3</td></tr>
<tr><td>>44～50</td><td>14×9</td><td>14</td><td>5.5</td><td>3.8</td></tr>
<tr><td>>50～58</td><td>16×9</td><td>16</td><td>6.0</td><td>4.3</td></tr>
<tr><td>>58～65</td><td>18×11</td><td>18</td><td>7.0</td><td>4.4</td></tr>
<tr><td>>65～75</td><td>20×12</td><td>20</td><td rowspan="2">+0.052
0</td><td rowspan="2">+0.149
+0.065</td><td rowspan="2">0
-0.052</td><td rowspan="2">±0.026</td><td rowspan="2">-0.022
-0.074</td><td>7.5</td><td>4.9</td></tr>
<tr><td>>75～85</td><td>22×14</td><td>22</td><td>9.0</td><td>5.4</td></tr>
</table>

注：（$d-t_1$）和（$d-t_2$）两组尺寸的极限偏差按相应的 t_1 和 t_2 的极限偏差选取，但（$d-t_1$）的极限偏差应取负号。

平键连接的非配合尺寸中，轴槽深 t_1 和轮毂槽深 t_2 的公差带见表 8－2；矩形普通平键键高 h 的公差带为 $h11$；键长 L 的公差带为 $h14$；轴槽长度的公差带为 $H14$。

三、平键连接的几何公差及表面粗糙度

为保证键与键槽的侧面具有足够的接触面积和避免装配困难，应分别规定轴槽对轴线和轮毂槽对孔的轴线的对称度公差，对称度公差等级一般取 7～9 级。

轴槽与轮毂槽的两个工作侧面为配合表面，表面粗糙度 Ra 值取 1.6～3.2 μm；槽底面等为非配合表面，表面粗糙度 Ra 值取 6.3 μm。

四、键槽尺寸和公差在图样上的标注

轴键槽和轮毂键槽剖面尺寸及其公差带、键槽的几何公差和表面粗糙度要求在图样上的标注如图 8－3 所示。

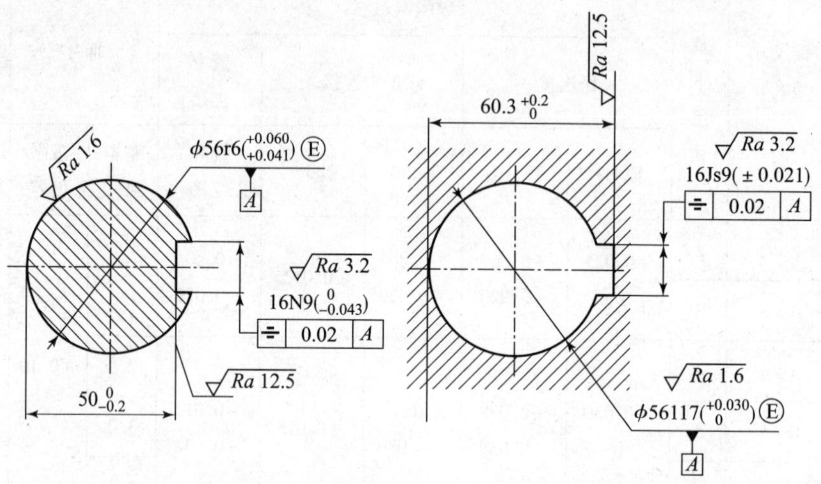

图 8－3 轴键槽和轮毂键槽几何公差和表面粗糙度在图样上的标注

五、单键轴槽与轮毂键槽的测量

键和键槽的尺寸可以用千分尺、游标卡尺等普通计量器具来测量。键槽宽度可以用量块或极限量规来检验。

如图 8－4（a）所示，轴键槽对基准轴线的对称度公差采用独立原则。这时键槽对称度误差可按图 8－4（b）所示的方法来测量。被测零件（轴）以其基准部位放置在 V 形支承座上，以平板作为测量基准，用 V 形支承座体现轴的基准轴线，它平行于平板。用定位块（或量块）模拟体现键槽中心平面。将置于平板上的指示器的测头与定位块的顶面接触，沿定位块的一个横截面移动，并稍微转动被测零件来调整定位块的位置，至指示器沿定位块这个横截面移动的过程中示值始终稳定为止，因而确定定位块的这个横截面内的素线平行于平板。

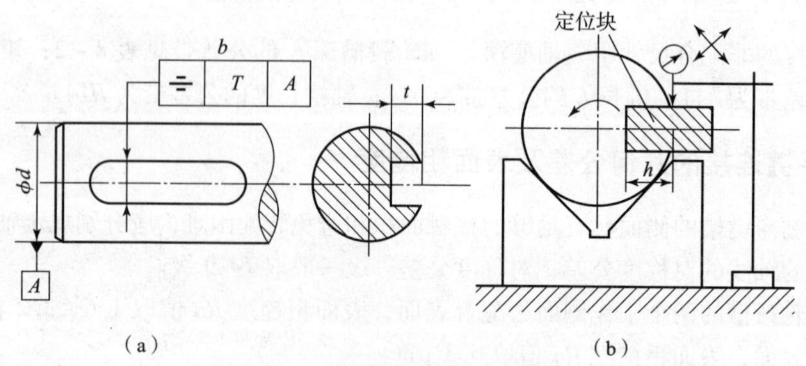

图 8－4 轴键槽对称度误差测量

如图 8－5（a）所示，轴键槽对称度公差与键槽宽度的尺寸公差的关系采用最大实体要求，而该对称度公差与轴径的尺寸公差的关系采用独立原则。这时键槽对称误差可用图 8－5（b）所示的量规检验。该量规以其 V 形表面作为定心表面体现基准轴线，来检验键槽对称度误差，若 V 形表面与轴表面接触且量杆能够进入被测键槽，则表示合格。

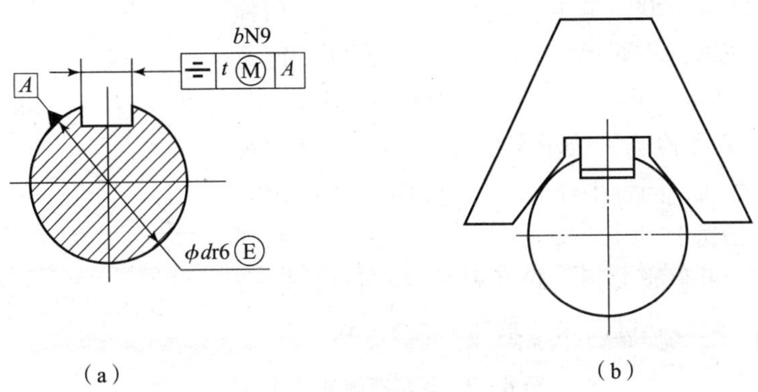

图 8－5　轴键槽对称度量规

如图 8－6 所示，轮毂键槽对称度公差与键槽宽度的尺寸公差及基准孔孔径的尺寸公差的关系皆采用最大实体要求。这时，键槽对称度误差可用图 8－6（b）所示的键槽对称度量规检验。该量规以圆柱面作为定位表面模拟体现基准轴线，来检验键槽对称度误差，若它能够同时自由通过轮毂的基准孔和被测键槽，则表示合格。

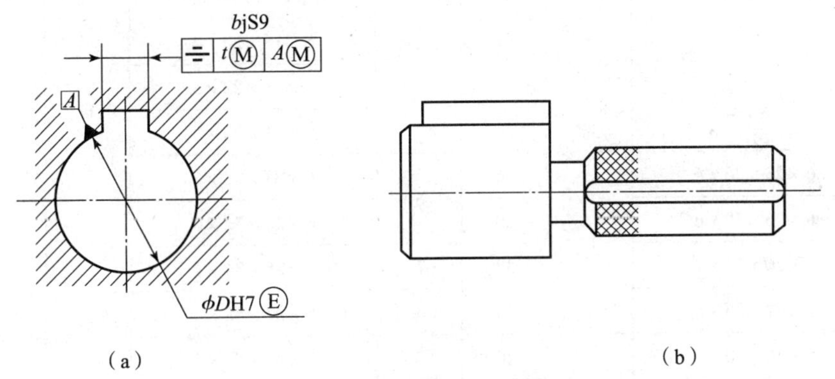

图 8－6　轮毂键槽对称度量规

第三节　矩形花键连接

当传递较大的转矩，定心精度又要求较高时，单键连接满足不了要求，需采用花键连接。花键连接是花键轴、花键孔两个零件的结合。花键可用作固定连接，也可用作滑动连接。

花键连接与平键连接相比具有明显的优势，孔、轴的轴线对准精度（定心精度）高，导向性好，轴和轮毂上承受的负荷分布比较均匀，因而可以传递较大的转矩，而且强度高，连接更可靠。

一、尺寸系列

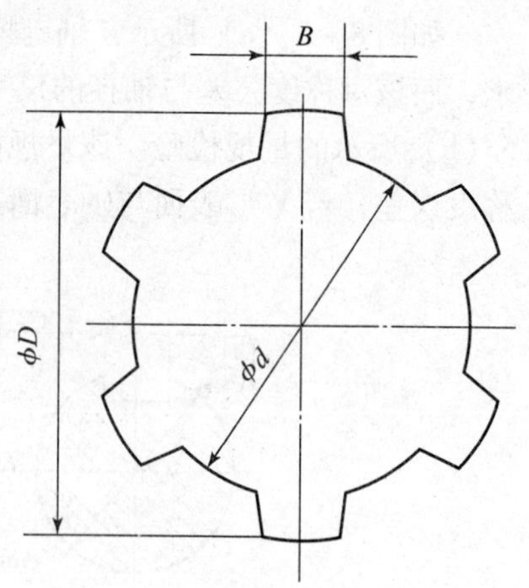

图 8－7 矩形花键的尺寸

为便于加工和测量，矩形花键的键数为偶数，即 6、8、10 三种。按承载能力不同，矩形花键可分为中、轻两个系列，GB/T 1144—2001《矩形花键尺寸、公差和检验》规定了矩形花键的主要尺寸有小径 d、大径 D、键宽和键槽宽 B，如图 8－7 所示。键数规定为偶数，有 6、8、10 三种，以便加工和检测。按承载能力，对基本尺寸规定了轻、中两个系列，同一小径的轻系列和中系列的键数相同，键宽（键槽宽）也相同，仅大径不相同。中系列的键高尺寸较大，承载能力强；轻系列的键高尺寸较小，承载能力相对低。矩形花键的尺寸系列见表 8－3。

表 8－3 矩形花键的尺寸系列

mm

小径 d	轻系列				中系列			
	规格 $N\times d\times D\times B$	键数 N	大径 D	键宽 B	规格 $N\times d\times D\times B$	键数 N	大径 D	键宽 B
11	—	—	—	—	6×11×14×3	6	14	3
13					6×13×16×3.5		16	3.5
16					6×16×20×4		20	4
18					6×18×22×5		22	5
21					6×21×25×5		25	
23	6×23×26×6	6	26	6	6×23×28×6		28	6
26	6×26×30×6		30		6×26×32×6		32	
28	6×26×32×7		32	7	6×28×34×7		34	7
32	6×32×36×6		36	6	8×32×38×6	8	38	6
36	8×36×40×7	8	40	7	8×36×42×7		42	7
42	8×42×46×8		46	8	8×42×48×8		48	8
46	8×46×50×9		50	9	8×46×54×9		54	9
52	8×52×58×10		58	10	8×52×60×10		60	10
56	8×56×62×10		62		8×56×65×10		65	
62	8×62×68×12		68	12	8×62×72×12		72	12
72	10×72×78×12	10	78		10×72×82×12	10	82	
82	10×82×88×12		88		10×82×92×12		92	
92	10×92×98×14		98	14	10×92×102×14		102	14
102	10×102×108×16		108	16	10×102×112×16		112	16
112	10×112×120×18		120	18	10×112×125×18		125	18

二、矩形花键的定心方式

矩形花键连接的结合面有三个，即大径结合面、小径结合面和键侧结合面。要保证三个结合面同时达到高精度的定心作用很困难，也没有必要。图 8－8（a）所示为小径定心，图 8－8（b）所示为大径定心，图 8－8（c）所示为键侧定心。

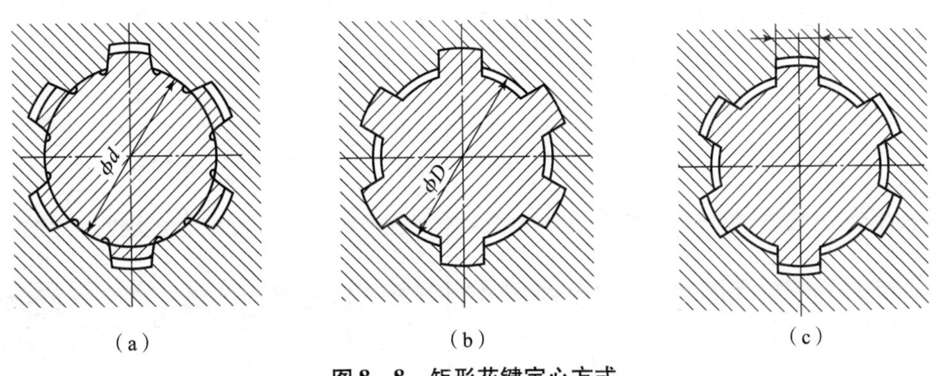

图 8－8　矩形花键定心方式

（a）小径定心；（b）大径定心；（c）键侧（键槽侧）定心

GB/T 1144—2001 规定矩形花键连接采用小径定心。这是因为随着科学技术的发展，现代工业对机械零件的质量要求不断提高，对花键连接的机械强度、硬度、耐磨性和几何精度的要求都提高了。例如，工作时每小时相对滑动 15 次以上的内、外花键，要求硬度在 40HRC 以上；相对滑动频繁的内、外花键，则要求硬度为 56～60 HRC。因此，在内、外花键制造过程中需要进行热处理（淬硬）来提高硬度和耐磨性。淬硬后应采用磨削来修正热处理变形，以保证定心表面的精度要求。如果采用大径定心，则内花键大径表面很难磨削。采用小径定心，磨削内花键小径表面就很容易，磨削外花键小径表面也比较方便。此外，内花键尺寸精度要求高时，如 IT5 级和 IT6 级精度齿轮的花键孔，定心表面尺寸的标准公差等级分别为 IT5 和 IT6，采用大径定心则拉削内花键不能达到高精度大径要求，而采用小径定心就可以通过磨削达到高精度小径要求。所以，矩形花键连接采用小径定心可以获得更高的定心精度，并能保证和提高花键的表面质量。

三、矩形花键连接的极限与配合

为了减少制造内花键用的拉刀和量具的品种规格，有利于拉刀和量具的专业化生产，矩形花键配合应采用基孔制，即内花键 d、D 和 B 的基本偏差不变，依靠改变外花键 d、D 和 B 的基本偏差，获得不同松紧的配合。

矩形花键连接的极限与配合分为两种情况：一种为一般用途矩形花键，另一种为精密传动用矩形花键。其矩形花键的尺寸公差带见表 8－4。

矩形花键连接的极限与配合选用主要是确定连接精度和装配形式。连接精度的选用主要是根据定心精度要求和传递扭矩大小。精密传动用花键连接定心精度高，传递扭矩大而且平稳，多用于精密机床主轴变速箱以及各种减速器中轴与齿轮花键孔（内花键）的连接。矩形花键按装配形式分为固定连接、紧滑动连接和滑动连接三种。固定连接方式用于内、外花键之间无轴向相对移动的情况，而后两种连接方式用于内、外花键之间工作时要求相对移动的情况。由于几何误差的影响，矩形花键各结合面的配合均比预定的要紧。

表 8－4　矩形花键的尺寸公差带（GB/T 1144—2001）

<table>
<tr><th rowspan="3">用　途</th><th colspan="4">内花键</th><th colspan="3">外花键</th><th rowspan="3">装配形式</th></tr>
<tr><th rowspan="2">小径 d</th><th rowspan="2">大径 D</th><th colspan="2">键宽 B</th><th rowspan="2">小径 d</th><th rowspan="2">大径 D</th><th rowspan="2">键宽 B</th></tr>
<tr><th>拉削后不热处理</th><th>拉削后热处理</th></tr>
<tr><td rowspan="3">一般用</td><td rowspan="3">H7</td><td rowspan="9">H10</td><td rowspan="3">H9</td><td rowspan="3">H11</td><td>f7</td><td rowspan="9">a11</td><td>d11</td><td>滑动</td></tr>
<tr><td>g7</td><td>f9</td><td>紧滑动</td></tr>
<tr><td>h7</td><td>h10</td><td>固定</td></tr>
<tr><td rowspan="6">精密传动用</td><td rowspan="3">H5</td><td colspan="2" rowspan="6">H7、H9</td><td>f5</td><td>d8</td><td>滑动</td></tr>
<tr><td>g5</td><td>f7</td><td>紧滑动</td></tr>
<tr><td>h5</td><td>h8</td><td>固定</td></tr>
<tr><td rowspan="3">H6</td><td>f6</td><td>d8</td><td>滑动</td></tr>
<tr><td>g6</td><td>f7</td><td>紧滑动</td></tr>
<tr><td>h6</td><td>h8</td><td>固定</td></tr>
</table>

注：（1）精密传动用内花键，当需要控制键侧配合间隙时，槽宽可选 H7，一般情况下可选 H9。

（2）d 公差带为 H6、H7 的内花键，允许与高一级的外花键配合。

由表 8－4 可以看出。内、外花键大径 D 的公差等级相同，且比相应的小径 d 和键宽 B 的公差等级都高，大径只有一种配合为 H10/a11。

尺寸 d、D、B 的公差等级选定后，具体公差数值可根据尺寸大小及公差等级查阅第二章中标准公差数值表和基本偏差数值表。

四、矩形花键的几何公差和表面粗糙度

1. 几何公差要求

为保证定心表面的配合性质，对矩形花键规定如下要求：

（1）内、外花键定心直径 d 的尺寸公差与几何公差的关系，必须采用包容要求。

（2）内（外）花键应规定键槽（键）侧面对定心轴线的位置度公差，如图 8－9 所示，并采用最大实体要求，用综合量规检验。矩形花键位置度公差见表 8－5。

（3）单件小批生产，采用单项测量时，应规定键槽（键）的中心平面对定心轴线的对称度和等分度，并采用独立原则。矩形花键对称度公差值见表 8－6，标注如图 8－10 所示。

2. 表面粗糙度要求

矩形花键的表面粗糙度参数一般是标注 Ra 的上限值要求。矩形花键的表面粗糙度参数及 Ra 的上限值一般这样选取：内花键的小径表面不大于 Ra 0.8 μm，键侧面不大于 Ra 3.2 μm，大径表面不大于 Ra 6.3 μm。外花键的小径表面不大于 Ra 0.8 μm，键侧面不大于 Ra 0.8 μm，大径表面不大于 Ra 3.2 μm。

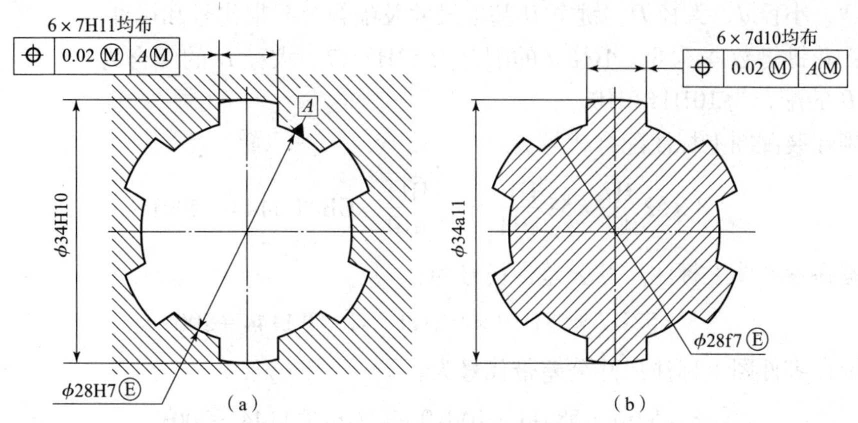

图8-9　花键位置度公差标注

(a) 内花键；(b) 外花键

表8-5　矩形花键位置度公差

mm

键槽宽或键宽 B			3	3.5~6	7~10	12~18
位置度公差	键槽宽		0.010	0.015	0.020	0.025
	键宽	滑动、固定	0.010	0.015	0.020	0.025
		紧滑动	0.006	0.010	0.013	0.016

表8-6　矩形花键对称度公差（GB/T 1144—2001）

mm

键槽宽或键宽 B		3	3.5~6	7~10	12~18
对称度公差	一般用	0.010	0.012	0.015	0.018
	精密传动用	0.006	0.008	0.009	0.011

注：矩形花键的等分度公差与键宽的对称度公差相同。

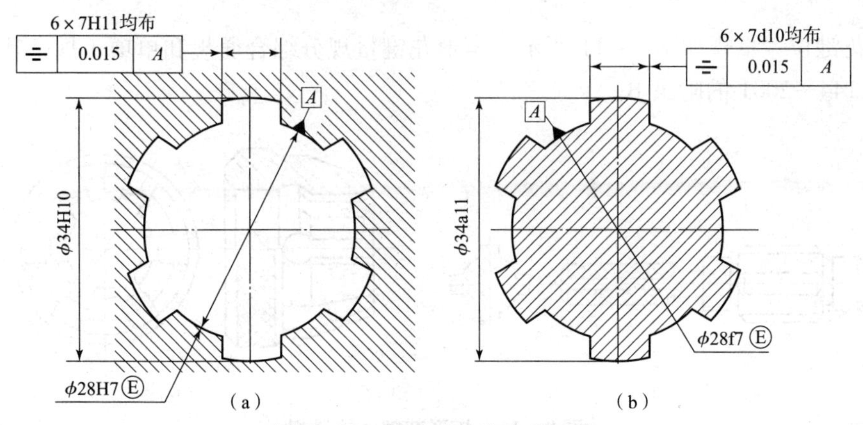

图8-10　花键对称度公差标注

(a) 内花键；(b) 外花键

五、矩形花键的标注代号

矩形花键的标注代号应按次序包括下列内容：

键数 N，小径 d、大径 D、键宽 B 基本尺寸及配合公差带代号和标准号。

例如：花键键数 N 为 8，小径 d 的配合为 52H7/f7、大径 D 的配合为 58H10/a11、键槽宽与键宽 B 的配合为 10H11/d10。

花键副在装配图上标注配合代号为：

$$8 \times 52\frac{H7}{f7} \times 58\frac{H10}{a11} \times 10\frac{H11}{d10} \quad \text{GB/T 1144—2001}$$

内花键在零件图上标注尺寸公差带代号为：

$$8 \times 52H7 \times 58H10 \times 10H11 \quad \text{GB/T 1144—2001}$$

外花键在零件图上标注尺寸公差带代号为：

$$8 \times 52f7 \times 58a11 \times 10d10 \quad \text{GB/T 1144—2001}$$

六、矩形花键的检测

矩形花键的检测有单项测量和综合检验两类，也可以说有对于定心小径、键宽、大径三个参数的检验，而每一个参数都有尺寸、位置、表面粗糙度的检验。

1. 单项测量

对于单件小批生产，采用单项测量。一般来说是规定了对称度和等分度公差（见图 8－10 的标注示例）且遵守独立原则。测量时，花键的尺寸和位置误差使用千分尺、游标卡尺、指示表等通用计量器具分别测量。

2. 综合检验

对于大批量生产，先用花键位置量规（塞规或环规）同时检验花键的小径、大径、键宽及大、小径的同轴度误差，各键（键槽）的位置度误差等综合结果。若位置量规能自由通过，说明花键是合格的。用位置量规检验合格后，再用单项止端塞规（卡规）或普通计量器具检测其小径、大径及键槽宽（键宽）的实际尺寸是否超越其最小实体尺寸。

矩形花键位置量规如图 8－11 所示。矩形花键量规分综合通规和单项正规，其公差规定见 GB/T 1144—2001 的附录 B。

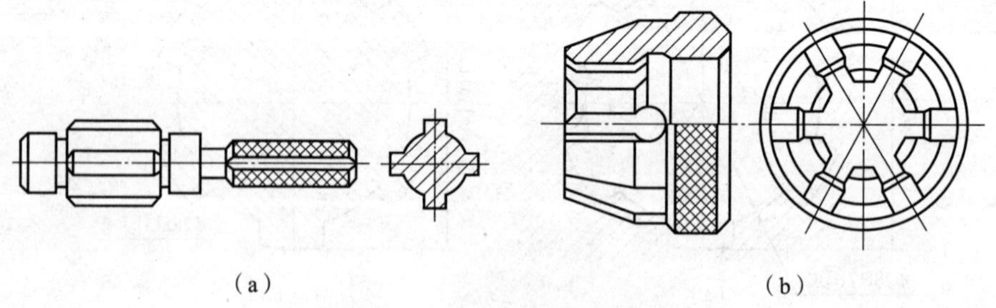

图 8－11　矩形花键位置量规

小　　结

键连接和花键连接是机械产品中普遍应用的结合方式，它用作轴和轴上传动件（如齿轮、带轮、手轮和联轴器等）之间的可拆连接，用以传递扭矩，有时也用作轴上传动件的导向，如变速箱中的齿轮可以沿花键轴移动以达到变换速度的目的。键又称单键，分为平键、半圆键和楔形键等几种。其中平键又可分为普通平键和导向平键；花键分为矩形花键、渐开线花键和三角形花键三种，其中矩形花键应用最广。

本章主要介绍了普通平键和矩形花键连接的公差配合与测量。普通平键的配合采用基轴制。键连接的几何公差一般采用键槽的对称度。键（键槽）侧面为主要配合表面，应选用较小的表面粗糙度数值。矩形花键连接采用小径定心。矩形花键的配合采用基孔制，几何公差一般选用键齿的位置度公差，对较长的矩形花键，还应规定花键各键齿（键槽）侧面对定心表面轴线的平行度公差。要求掌握普通平键和矩形花键配合的选择，会在图样上正确标注相应的尺寸公差、几何公差和表面粗糙度，并了解平键和花键的检测方法。

平键连接、键宽（槽宽）b 是主要参数，键是标准键，所以 b 尺寸是基准轴，只有 h8 一种公差带，而轴槽、轮毂键槽各有三种公差带，形成松、正常、紧密三种类型的连接。

矩形花键连接的尺寸为小径 d、大径 D、键（槽）、宽 B，GB/T 1144—2001 规定以小径 d 为定心表面，d 为主参数，形成滑动、紧滑动、固定三种装配形式。标注按 $N \times d \times D \times B$ 加国标代号表示。对大批量花键连接件的检验通常选用综合量规。

思考题

1. 平键连接的特点是什么？主要几何参数有哪些？

2. 单键连接有几种配合类型？它们各应用在什么场合？

3. 矩形花键连接的结合面有哪些？通常用哪个结合面作为定心表面？

4. 试述矩形花键连接采用小径定心的优点。

5. 某减速器中输出轴的伸出端与相配件孔的配合为 ϕ45H7/m6，采用平键连接。试确定轴槽和轮毂槽的剖面尺寸及其极限偏差、键槽对称度公差和键槽表面粗糙度参数值，并确定应遵守的公差原则，将各项公差值标注在零件图上。

6. 某车床主轴变速箱中一变速滑动齿轮与轴的结合，采用矩形花键固定连接，花键的基本尺寸为：6 × 23 × 26 × 6，齿轮内孔不需要热处理：试查表确定花键的大径、小径和键宽的公差带，画出公差带图并写出花键副与内花键和外花键配合代号与公差带代号。

第九章　螺纹的公差与检测

本章要点

1. 了解螺纹的几何参数及其对螺纹互换性的影响。
2. 掌握梯形丝杠和滚动螺旋副的技术要求、选用和标注方法。
3. 掌握普通螺纹的检测方法。

第一节　概　　述

螺纹结合是机械制造业中广泛采用的一种结合形式。它是由相互结合的内螺纹、外螺纹组成，通过相互旋合及牙侧面的接触作用来实现零部件间的连接、紧固和产生相对位移等功能。本节仅重点介绍普通螺纹的公差配合及检测。

一、螺纹的分类及使用要求

1. 紧固螺纹

紧固螺纹为普通螺纹，其牙型为三角形，主要用于紧固和连接零件，分粗牙螺纹和细牙螺纹。其使用要求主要为可旋合性和连接的可靠性。

可旋合性是指内、外螺纹易于旋入和拧出，以便装配和拆换；连接可靠性是指螺纹具有一定的连接强度，螺牙不得过早损坏和自动松脱。

2. 传动螺纹

传动螺纹用于传递精确位移或动力，其主要使用要求是：对于传递位移的螺纹要求传动比恒定，而传递动力的螺纹则要求具有足够的强度。各种传动螺纹都要求具有一定的间隙以便储存润滑油。

3. 密封螺纹

用于密封的螺纹连接，如管螺纹的连接，要求结合紧密、不漏水、不漏气、不漏油。对这类螺纹结合的要求主要是具有良好的旋合性和密封性。

本章主要介绍应用最广泛的公制普通螺纹的公差配合与检测。

二、普通螺纹的基本几何参数

1. 普通螺纹的基本牙型

基本牙型是指在通过螺纹轴线的剖面内作为螺纹设计依据的理想牙型。可以把它看作是在高为 H 的等边三角形（原始三角形）上截去其顶部和底部而形成的，如图 9－1 所示。

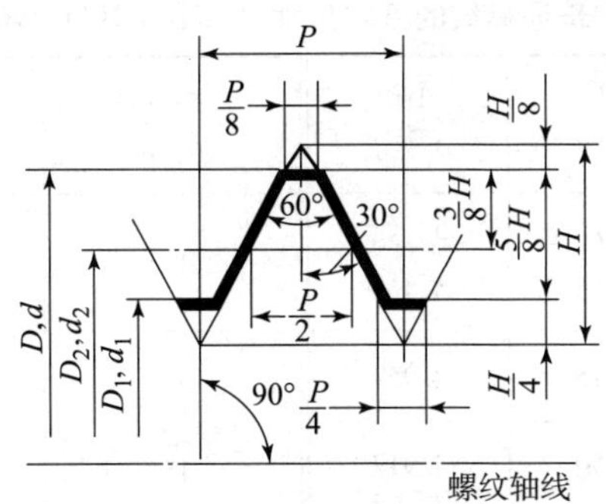

图 9－1　普通螺纹的基本牙型

2. 普通螺纹的主要几何参数

1）**大径**（D、d）

与外螺纹牙顶或内螺纹牙底相重合的假想圆柱面的直径，称为大径。国标规定螺纹大径（D、d）为内、外螺纹的公称直径。

2）**小径**（D_1、d_1）

与内螺纹牙顶或外螺纹牙底相重合的假想圆柱面的直径，称为小径。

内螺纹小径（D_1）和外螺纹大径（d）又称为顶径；内螺纹大径（D）和外螺纹小径（d_1）又称为底径。

3）**中径**（D_2、d_2）

一个假想圆柱的直径，该圆柱的母线通过牙型上沟槽和凸起宽度相等的地方，此直径称为中径。中径圆柱的母线称为中径线。

中径的大小决定了螺纹牙侧相对于轴线的径向位置。因此，中径是螺纹公差与配合中的主要参数之一。

在同一螺纹配合中，内、外螺纹的中径、大径和小径的基本尺寸对应相同。普通螺纹的基本尺寸见表 9－1。

4）**单一中径**（D_{2s}或 d_{2s}）

单一中径指一个假想圆柱体的直径，该圆柱体的母线在牙槽宽度等于基本螺距一半即 $P/2$ 的地方，而不考虑牙体宽度，如图 9－2 所示。当螺距无误差时，中径就是单一中径，当螺距有误差时，则两者不相等。单一中径测量简便，可用三针法测得，通常把单一中径近似看作实际中径。

5）**牙型角**（α）**与牙型半角**（$\alpha/2$）

牙型角是指在通过螺纹轴向剖面内，相邻两牙侧间的夹角。普通螺纹的理论牙型角为 60°。牙型半角是指某一牙侧与螺纹轴线的垂线之间的夹角。普通螺纹的牙型半角为 30°。

6）**螺距**（P）**和导程**（L）

螺距是指相邻两牙在中径线上对应两点间的轴向距离。导程是指同一条螺旋线上的相邻两牙在中径线上对应两点间的轴向距离。

对单线螺纹，导程等于螺距；对多线螺纹，导程等于螺距与螺纹线数（n）的乘积，即：$L = nP$。

螺距应按国标规定的系列选用，见表 9－2。普通螺纹的螺距分粗牙和细牙两种。

表 9-1　普通螺纹的基本尺寸（摘自 GB/T 196—2003）

mm

公称直径 D，d	螺距 P	中径 D_2，d_2	小径 D_1，d_1
5	0.8	4.480	4.134
	0.5	4.675	4.459
5.5	0.5	5.175	4.959
6	1	5.350	4.917
	0.75	5.513	5.188
7	1	6.350	5.917
	0.75	6.513	6.188
8	1.25	7.188	6.647
	1	7.350	6.917
	0.75	7.513	7.188
9	1.25	8.188	7.647
	1	8.350	7.917
	0.75	8.513	8.188
10	1.5	9.026	8.376
	1.25	9.188	8.647
	1	9.350	8.917
	0.75	9.513	9.188
11	1.5	10.026	9.376
	1	10.350	9.917
	0.75	10.513	10.188
12	1.75	10.863	10.016
	1.5	11.026	10.376
	1.25	11.188	10.674
	1	11.350	10.917
14	2	12.701	11.835
	1.5	13.026	12.376
	1.25	13.188	12.647
	1	13.350	12.917
15	1.5	14.026	13.376
	1	14.350	13.917
16	2	14.701	13.835
	1.5	15.026	14.376
	1	15.350	14.917
17	1.5	16.026	15.376
	1	16.350	15.917
18	2.5	16.376	15.294
	2	16.701	15.835
	1.5	17.026	16.376
	1	17.350	16.917
20	2.5	18.376	17.294
	2	18.701	17.835
	1.5	19.026	18.376
	1	19.350	18.917
22	2.5	20.376	19.294
	2	20.071	19.835
	1.5	21.026	20.376
	1	21.350	20.917
24	3	22.051	20.752
	2	22.701	21.835
	1.5	23.026	22.376
	1	23.350	33.917
25	2	23.701	22.835
	1.5	24.026	23.376
	1	24.350	23.917
26	1.5	25.026	24.376
27	3	25.051	23.752
	2	25.701	24.835
	1.5	26.026	25.376
	1	26.350	25.917
28	2	26.701	25.835
	1.5	27.026	26.376
	1	27.350	26.917
30	3.5	27.727	26.211
	3	28.051	26.752
	2	28.701	27.835
	1.5	29.026	28.376

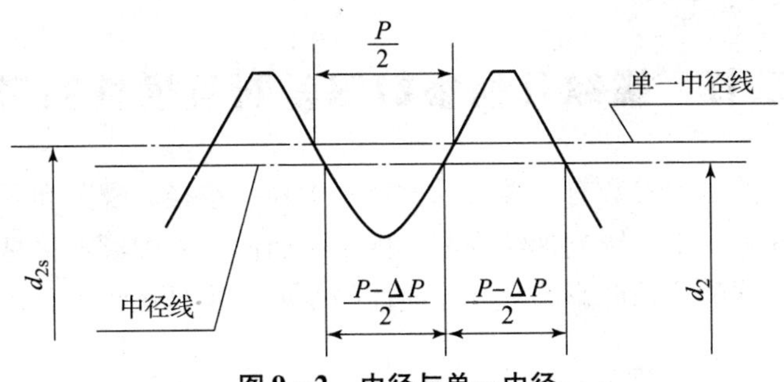

图 9－2　中径与单一中径

表 9－2　直径与螺距标准组合系列（GB/T 193—2003）　mm

公称直径 D，d			螺　距 P										
第 1 系列	第 2 系列	第 3 系列	粗牙	细　牙									
				3	2	1.5	1.25	1	0.75	0.5	0.35	0.25	0.2
5			0.8							0.5			
		5.5								0.5			
6			1						0.75				
	7		1						0.75				
8			1.25					1	0.75				
		9	1.25					1	0.75				
10			1.5				1.25	1	0.75				
		11	1.5			1.5		1	0.75				
12			1.75				1.25	1					
	14		2			1.5	1.25	1					
		15				1.5		1					
16			2			1.5		1					
		17				1.5		1					
	18		2.5		2	1.5		1					
20			2.5		2	1.5		1					
	22		2.5		2	1.5		1					
24			3		2	1.5		1					
		25			2	1.5		1					

注：(1) 直径与螺距标准组合系列应符合表中的规定。

(2) 在表内，应选择与直径处于同一行内的螺距。

(3) 优先选用第一系列直径，其次选择第二系列直径，最后选择第三系列直径。

7）**螺纹旋合长度（L_e）**

螺纹旋合长度是指两个相互配合的螺纹，沿螺纹轴线方向相互旋合部分的长度，如图9－3 所示。

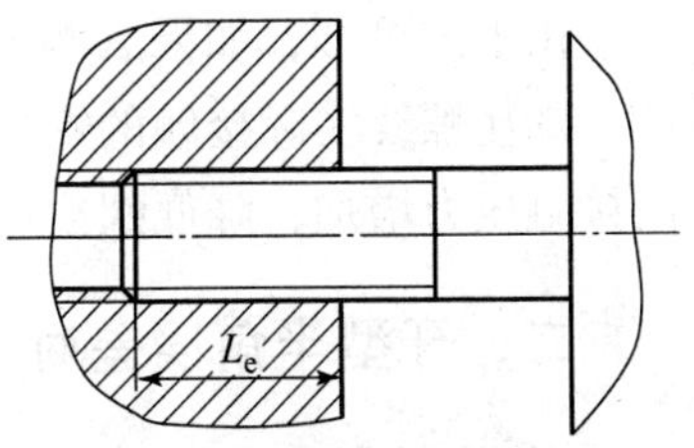

图 9－3　螺纹旋合长度

第二节　螺纹几何参数偏差对互换性的影响

影响螺纹互换性的几何参数有：螺纹的大径、中径、小径、螺距和牙型半角。螺纹的大径和小径处一般有间隙，不会影响螺纹的配合性质，而内、外螺纹连接是依靠旋合后的牙侧面接触的均匀性来实现的。因此影响螺纹互换性的主要因素是螺距误差、牙型半角误差和中径偏差。

一、螺距误差对螺纹互换性的影响

螺距误差分为螺距偏差和螺距累积误差。螺距偏差是指螺距的实际值与其基本值 P 之差。螺距累积误差是指在规定的螺纹长度内，任意两同名牙侧与中径线交点间的实际轴向距离与其基本值之差的最大绝对值。后者对螺纹互换性的影响更为明显。

如图 9-4 所示，假设内螺纹具有理想牙型，与之相配合的外螺纹只存在螺距误差，且它的螺距 $P_{外}$ 比螺纹的螺距 $P_{内}$ 大，则在 n 个螺牙的螺纹长度（$L_{外}$、$L_{内}$）内，螺距累积误差 $\Delta P_{\Sigma} = | nP_{外} - nP_{内} |$。螺距累积误差的存在，使内、外螺纹牙侧产生干涉而不能旋合。

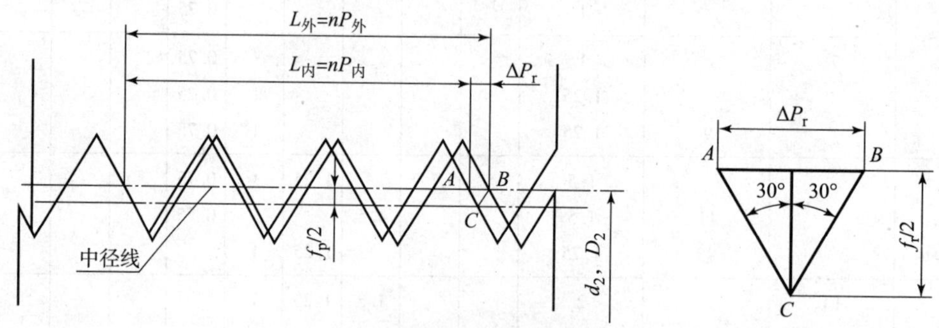

图 9-4　螺距累积误差对旋合性的影响

为了使具有螺距累积误差的外螺纹能够旋入理想的内螺纹，只需将外螺纹牙侧上的 B 点移至与内螺纹牙侧上的 C 点接触，即需要将外螺纹的中径减小一个数值 f_P。同理，在 n 个螺牙的螺纹长度内，内螺纹存在螺距累积误差 ΔP_{Σ} 时，为了保证旋合性，就必须将内螺纹的中径增大一个数值 F_P。f_P 和 F_P 称为螺距误差的中径当量。由图 9-4 中的 $\triangle ABC$ 可得出 f_P（F_P）与 ΔP_{Σ} 的关系如下：

$$f_P\text{（或 }F_P\text{）} = 1.732\Delta P_{\Sigma}$$

由上式可知，如果 ΔP_{Σ} 过大，内、外螺纹中径要分别增大或减小许多，虽可保证旋合性，却使螺纹实际接触的螺牙数目减少，载荷集中在螺牙接触面的接触部位，造成螺牙接触面接触压力增加，降低螺纹连接强度。

二、牙型半角误差对互换性的影响

牙型半角误差是指实际牙型半角与理论牙型半角之差。牙型半角误差产生的原因主要是牙型角不准确和牙型角平分线不垂直于螺纹轴线造成的，也可能是二者的综合。

牙型半角误差是螺纹牙侧相对于螺纹轴线的方向误差，它对螺纹的旋合性和连接强度均有影响。牙型半角误差对互换性的影响如图9－5所示。假定内螺纹具有基本牙型，外螺纹的中径及螺距与内螺纹相同，外螺纹的左右牙型半角存在误差$\Delta\frac{\alpha_1}{2}$和$\Delta\frac{\alpha_2}{2}$。当内、外螺纹旋合时，左右牙型将产生干涉（图9－5中的阴影部分），从而影响旋合性。若将外螺纹中径减小（或内螺纹中径增大$f_{\alpha/2}$），可以避免干涉。$f_{\alpha/2}$为牙型半角误差的中径补偿值。

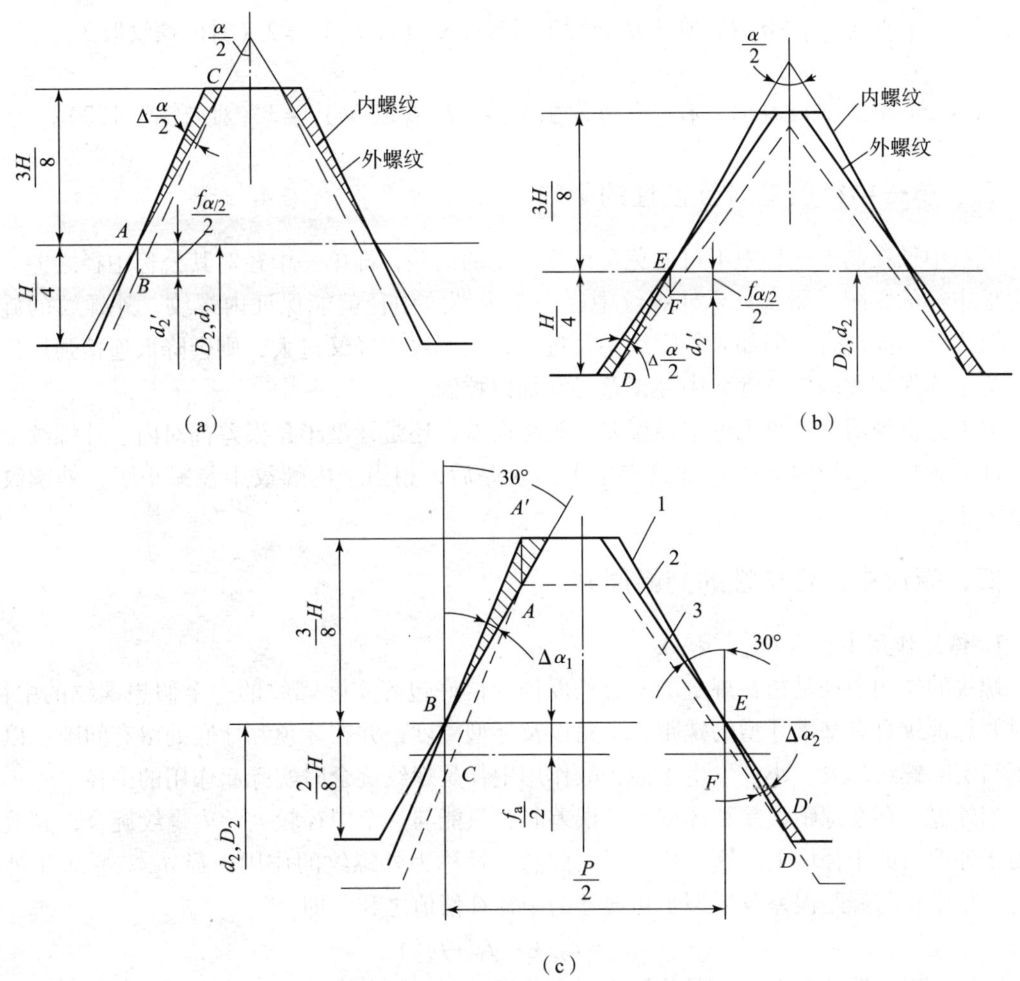

图9－5　牙型半角误差对旋合性的影响

在图9－5（a）中，外螺纹的$\Delta\frac{\alpha}{2}=\frac{\alpha}{2}$（外）$-\frac{\alpha}{2}$（内）$<0$，则其牙顶部分的牙侧有干涉现象。

在图9－5（b）中，外螺纹的$\Delta\frac{\alpha}{2}=\frac{\alpha}{2}$（外）$-\frac{\alpha}{2}$（内）$>0$，则其牙底部分的牙侧有干涉现象。

在图9－5（c）中，当左右牙型半角误差不相等时，两侧干涉区的干涉量也不相同，中径补偿值$f_{\alpha/2}$取平均值。根据三角形的正弦定理可以导出：

$$f_{\alpha/2}=0.073P\left(K_1\left|\Delta\frac{\alpha_1}{2}\right|+K_2\left|\Delta\frac{\alpha_2}{2}\right|\right)$$

式中 $f_{\alpha/2}$——牙型半角误差的中径补偿值（μm）；

P——螺距（mm）；

$\Delta\frac{\alpha_1}{2}$，$\Delta\frac{\alpha_2}{2}$——分别为左右牙型半角误差（′）；

K_1，K_2——修正系数。

当 $\Delta\frac{\alpha_1}{2}\left(或\ \Delta\frac{\alpha_2}{2}\right)>0$ 时，在$\frac{1}{4}H$处发生干涉，K_1（或 K_2）$=2$（对内螺纹取3）；

当 $\Delta\frac{\alpha_1}{2}\left(或\ \Delta\frac{\alpha_2}{2}\right)<0$ 时，在$\frac{3}{8}H$处发生干涉，K_1（或 K_2）$=3$（对内螺纹取2）。

三、单一中径误差对互换性的影响

螺纹中径在制造过程中不可避免会出现一定的误差，即单一中径对其公称中径之差。如仅考虑中径的影响，那么只要外螺纹中径小于内螺纹中径就能保证内螺纹、外螺纹的旋合性，反之就不能旋合。但如果外螺纹中径过小，内螺纹中径又过大，则会降低连接强度。所以，为了确保螺纹的旋合性，中径误差必须加以控制。

以上分析说明：螺纹无论中径误差、螺距误差，还是牙型半角误差都对内、外螺纹配合旋入性有影响，即当内（外）螺纹产生上述误差后，相当于内螺纹中径减小了，外螺纹中径增大了。

四、螺纹中径合格性的判断原则

1. 体外作用中径（D_{2m}，d_{2m}）

螺纹的作用中径是指在规定的旋合长度内，恰好包容实际螺纹的一个假想螺纹的中径。此时假想螺纹具有基本牙型的螺距、半角以及牙型高度，并在牙顶和牙底处留有间隙，以保证不与实际螺纹的大、小径发生干涉，故作用中径是螺纹旋合时实际起作用的中径。

当外螺纹存在螺距误差和牙型半角误差时，只能与一个中径较大的内螺纹旋合，其效果相当于外螺纹的中径增大。这个增大了的假想中径称为外螺纹的作用中径 d_{2m}。它等于外螺纹的实际中径与螺距误差及牙型半角误差的中径补偿值之和，即

$$d_{2m}=d_{2s}+(f_P+f_{\alpha/2})$$

同理，当内螺纹存在螺距误差及牙型半角误差时，只能与一个中径较小的外螺纹旋合，其效果相当于内螺纹的中径减小了。这个减小了的假想中径称为内螺纹的作用中径 D_{2m}。它等于内螺纹的实际中径与螺距误差及牙型半角误差的中径补偿值之差，即

$$D_{2m}=D_{2s}-(F_P+F_{\alpha/2})$$

显然，为了使相互结合的内、外螺纹能自由旋合，应保证：

$$D_{2m}\geqslant d_{2m}$$

2. 螺纹中径合格性的判断原则（泰勒原则）

国家标准中没有单独规定螺距和牙型半角公差，只规定了内、外螺纹的中径公差（T_{D_2}、T_{d_2}），通过中径公差同时限制实际中径、螺距及牙型半角三个参数的误差，如图9－6所示。

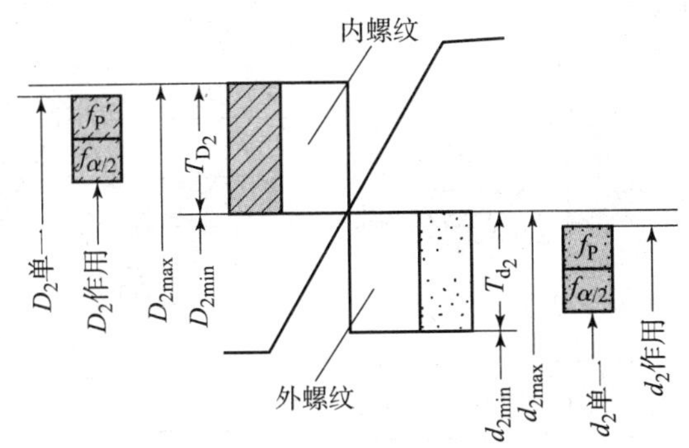

图 9－6　普通螺纹的中径公差带

由于螺距和牙型半角误差的影响均可折算为中径补偿值，因此，只要规定中径公差就可控制中径本身的尺寸偏差、螺距误差和牙型半角误差的共同影响。可见中径公差是一项综合公差。

判断螺纹中径合格性的准则应遵循泰勒原则，即螺纹的作用中径不能超越最大实体牙型的中径，以保证旋合性；任意位置的单一中径不能超越最小实体牙型的中径，以保证连接可靠性。所谓最大与最小实体牙型是指在螺纹中径公差范围内，分别具有材料量最多和最少且与基本牙型形状一致的螺纹牙型。

对于外螺纹：作用中径不大于中径最大极限尺寸，任意位置的实际中径不小于中径最小极限尺寸，即

$$d_{2m} \leqslant d_{2max} \qquad d_{2s} \geqslant d_{2min}$$

对于内螺纹：作用中径不小于中径最小极限尺寸，任意位置的实际中径不大于中径最大极限尺寸，即

$$D_{2m} \geqslant D_{2min} \qquad D_{2s} \leqslant D_{2max}$$

由上式可知，实际螺纹的体外作用中径应不超越最大实体中径，以保证可旋入性；实际螺纹的单一中径应不超越最小实体中径，以保证连接强度。

第三节　普通螺纹的公差与配合

要保证螺纹的互换性，必须对螺纹的几何精度提出要求。国家标准 GB/T 197—2003《普通螺纹　公差》中，对普通螺纹规定了供选用的螺纹公差、螺纹配合、旋合长度及精度等级。

一、普通螺纹的公差带

1. 普通螺纹公差带的位置

螺纹的公差带是以基本牙型为零线布置的，其位置如图 9－7 所示。螺纹的基本牙型是计算螺纹偏差的基准。

国家标准中对内螺纹只规定了两种基本偏差 G、H，基本偏差为下偏差 EI，如图 9－7（a）、图 9－7（b）所示。对外螺纹规定了四种基本偏差 e、f、g、h，基本偏差为上偏差 es，如图 9－7（c）、图 9－7（d）所示。H 和 h 的基本偏差为零，G 的基本偏差值为正，e、f、 g 的基本偏差值为负，见表 9－3。

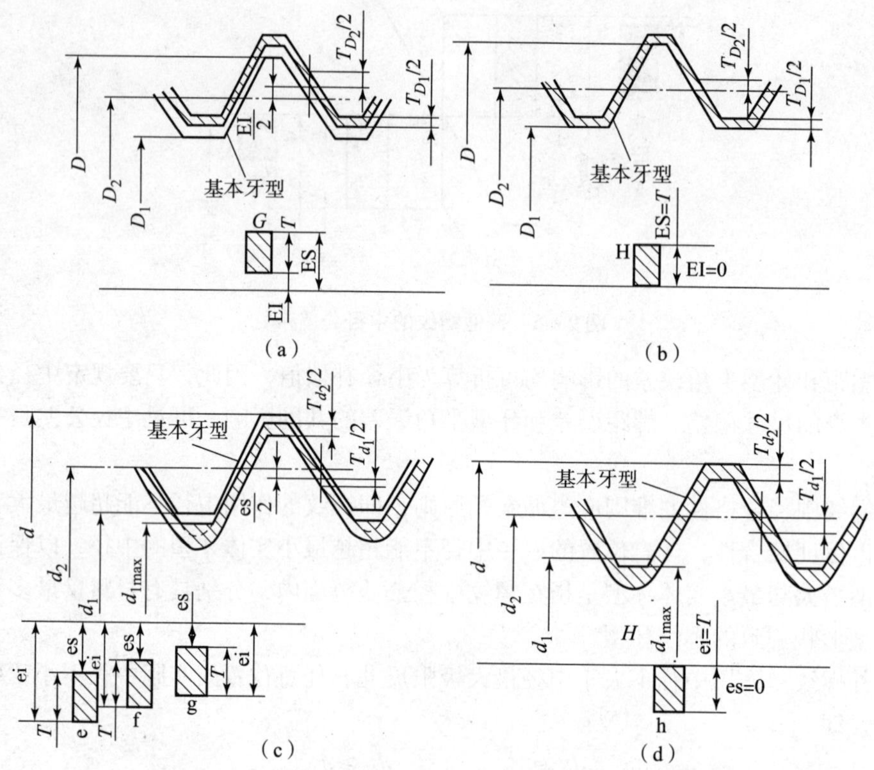

图 9－7　内、外螺纹的基本偏差

表 9－3　内、外螺纹的基本偏差　（GB/T 197—2003）

螺距 P/mm	基本偏差/μm					
	内螺纹		外螺纹			
	G EI	H EI	e es	f es	g es	h es
0.2	+17	0	—	—	－17	0
0.25	+18	0	—	—	－18	0
0.3	+18	0	—	—	－18	0
0.35	+19	0	—	－34	－19	0
0.4	+19	0	—	－34	－19	0
0.45	+20	0	—	－35	－20	0
0.5	+20	0	－50	－36	－20	0
0.6	+21	0	－53	－36	－21	0
0.7	+22	0	－56	－38	－22	0
0.75	+22	0	－56	－38	－22	0
0.8	+24	0	－60	－38	－24	0
1	+26	0	－60	－40	－26	0

续表

螺距 P/mm	基本偏差/μm					
	内螺纹		外螺纹			
	G EI	H EI	e es	f es	g es	h es
1.25	+28	0	-63	-42	-28	0
1.5	+32	0	-67	-45	-32	0
1.75	+34	0	-71	-48	-34	0
2	+38	0	-71	-52	-38	0
2.5	+42	0	-80	-58	-42	0
3	+48	0	-85	-63	-48	0
3.5	+53	0	-90	-70	-53	0
4	+60	0	-95	-75	-60	0
4.5	+63	0	-100	-80	-63	0
5	+71	0	-106	-85	-71	0
5.5	+75	0	-112	-90	-75	0
6	+80	0	-118	-95	-80	0
8	+100	0	-140	-118	-100	0

2. 公差带的大小和公差等级

普通螺纹公差带的大小由公差等级决定。内、外螺纹公差等级见表 9-4。其中 6 级为基本级。各公差值分别见表 9-5、表 9-6。由于内螺纹加工困难，在公差等级和螺距值都相同的情况下，内螺纹的公差值比外螺纹的公差值大 32%。

表 9-4　内、外螺纹公差等级

螺纹直径		公差等级
内螺纹	中径 D_2	4、5、6、7、8
	小径 D_1	
外螺纹	中径 d_2	3、4、5、6、7、8、9
	大径 d	4、6、8

表 9-5　内、外螺纹中径公差（GB/T 197—2003）

公称直径 D/mm		螺距 P/mm	内螺纹中径公差 T_{D_2}/μm					外螺纹中径公差 T_{d_2}/μm						
			公差等级											
>	≤		4	5	6	7	8	3	4	5	6	7	8	9
5.6	11.2	0.75	85	106	132	170	—	50	63	80	100	125	—	—
		1	95	118	150	190	236	56	71	90	112	140	180	224
		1.25	100	125	160	200	250	60	75	95	118	150	190	236
		1.5	112	140	180	224	280	67	85	106	132	170	212	265

续表

公称直径 D/mm		螺距	内螺纹中径公差 T_{D_2}/μm					外螺纹中径公差 T_{d_2}/μm						
			公差等级											
>	≤	P/mm	4	5	6	7	8	3	4	5	6	7	8	9
11.2	22.4	1	100	125	160	200	250	60	75	95	118	150	190	236
		1.25	112	140	180	224	280	67	85	106	132	170	212	265
		1.5	118	150	190	236	300	71	90	112	140	180	224	280
		1.75	125	160	200	250	315	75	95	118	150	190	236	300
		2	132	170	212	265	335	80	100	125	160	200	250	315
		2.5	140	180	224	280	355	85	106	132	170	212	263	335
22.4	45	1	106	132	170	212	—	63	80	100	125	160	200	250
		1.5	125	160	220	250	315	75	95	118	150	190	236	300
		2	140	180	224	280	355	85	106	132	170	212	265	335
		3	170	212	265	335	425	100	125	160	200	250	315	400
		3.5	180	224	280	355	450	106	132	170	212	265	335	425
		4	190	236	300	375	475	112	140	180	224	280	355	450
		4.5	200	250	315	400	500	118	150	190	236	300	375	475

表 9－6　内、外螺纹顶径公差（GB/T 197—2003）

公差项目	内螺纹小径 T_{D_1}/μm					外螺纹大径 T_d/μm		
螺距/mm	4	5	6	7	8	4	6	8
0.75	118	150	190	236	—	90	140	—
1	150	190	236	300	375	112	180	280
1.25	170	212	265	335	425	132	212	335
1.5	190	236	300	275	475	150	236	375
1.75	212	265	335	425	530	170	265	425
2	236	300	375	475	600	180	280	450
2.5	280	355	450	560	710	212	335	53
3	315	400	500	630	800	236	375	600
3.5	355	450	560	710	900	265	425	670
4	375	475	600	750	950	300	475	750
4.5	425	530	670	850	1 060	315	500	800

二、螺纹精度和旋合长度

螺纹精度由螺纹公差带和旋合长度构成，如图 9－8 所示。螺纹旋合长度越长，螺距累积误差越大，对螺纹旋合性的影响越大。螺纹的旋合长度分短旋合长度（以 S 表示）、中等旋合长度（以 N 表示）、长旋合长度（以 L 表示）三种，见表 9－7。

一般优先采用中等旋合长度。中等旋合长度是螺纹公称直径的 0.5～1.5 倍。公差等级相同的螺纹，若旋合长度不同，则可分属不同的精度等级。

国家标准将螺纹精度分为精密、中等和粗糙三个级别。精密级用于精密螺纹和要求配合性质稳定、配合间隙较小的连接；中等级用于中等精度和一般用途的螺纹连接；粗糙级用于精度要求不高或难以制造的螺纹。

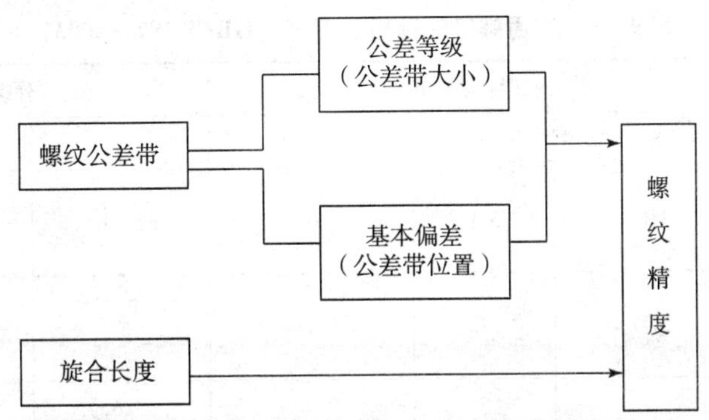

图 9-8　螺纹公差、旋合长度及螺纹精度的关系

表 9-7　螺纹的旋合长度　mm

基本大径 D，d		螺距 P	旋合长度			
			S	N		L
>	≤		≤	>	≤	>
5.6	11.2	0.75 1 1.25 1.5	2.4 3 4 5	2.4 3 4 5	7.1 9 12 15	7.1 9 12 15
11.2	22.4	1 1.25 1.5 1.75 2 2.5	3.8 4.5 5.6 6 8 10	3.8 4.5 5.6 6 8 10	11 13 16 18 24 30	11 13 16 18 24 30
22.4	45	1 1.5 2 3 3.5 4 4.5	4 6.3 8.5 12 15 18 21	4 6.3 8.5 12 15 18 21	12 19 25 36 45 53 63	12 19 25 36 45 53 63

第四节　普通螺纹公差带选用及标注

一、螺纹公差带的选用

螺纹的公差等级和基本偏差相组合可以生成许多公差带，考虑到定值刀具和量具规格增多会造成经济和管理上的困难，同时有些公差带在实际使用中效果不好，因此，国家标准对内、外螺纹公差带进行了筛选，选用公差带时可参考表 9－8，除非特别需要，一般不选用表外的公差带。

表 9－8　普通螺纹的选用公差带（GB/T 197—2003）

精度等级	内螺纹公差带			外螺纹公差带		
	S	N	L	S	N	L
精密级	4H	5H	6H	(3h4h)	(4g)	(5g4g)
					4h	(5h4h)
中等级	(5G)	**6G**	(7G)	—	**6e**	(7e6e)
					6f	—
	5H	**[6H]**	**7H**	(5g6g)	**[6g]**	(7g6g)
				(5h6h)	6h	(7h6h)
粗糙级	—	(7G)	(8G)	—	8（e）	(9e8e)
		7H	8H		8g	(9g8g)

注：公差带优先选用顺序为：粗字体公差带、一般字体公差带、括号内公差带。带方框的粗字体公差带用于大量生产的紧固件螺纹。

二、螺纹配合的选用

内、外螺纹的选用公差带可以任意组成各种配合。国家标准要求完工后的螺纹配合最好是 H/g，H/h 或 G/h 的配合。为了保证螺纹旋合后有良好的同轴度和足够的连接强度，可选用 H/h 配合。要装拆方便，一般选用 H/g 配合。对于需要涂镀保护层的螺纹，根据涂镀层的厚度选用配合。镀层厚度为 5μm 左右，选用 6H/6g；镀层厚度为 10μm 左右，则选用 6H/6f；若内、外螺纹均涂镀，可选用 6G/6e。

三、普通螺纹的标注

完整的螺纹标记由：普通螺纹代号（M）；
公称直径 × 螺距（当螺纹为粗牙螺纹时，螺距省略不注）；
螺纹公差代号（中径、顶径代号相同只标一个）；
旋合长度（中等旋合长度 N 不标）；
旋向（右旋不注，左旋注：LH）。

示例：普通螺纹在零件图上的标注。

1. M20 ×2 －7g6g － L － LH

普通螺纹，公称直径 20，螺距 2、外螺纹中径代号 7g，顶径 6g、长旋合长度、左旋。

2. M10 ×6H

普通粗牙螺纹、公称直径 10（查表 9－1 得螺距为 1.5）、内螺纹中径与顶径代号 6H、中等旋合长度 N、右旋。

示例：普通螺纹在装配图上的标注。

3. M20×1.5－6H/5g6g

普通螺纹，公称直径20，螺距1.5，内螺纹中径和顶径代号6H，外螺纹中径代号5g，顶径代号6g，中等旋合长度N，右旋。

四、应用举例

例9－1　一螺纹配合为M20×2－6H/5g6g，试查表求出内、外螺纹的中径、小径和大径的极限尺寸；内、外螺纹的中径、小径和大径的极限偏差。

解　（1）确定内、外螺纹中径、小径和大径的基本尺寸

根据标注可知：螺纹的大径 $D=d=20$ mm，螺距 $P=2$ mm

查表9－1可得：螺纹的中径 $D_2=d_2=18.701$ mm

螺纹的小径 $D_1=d_1=17.835$ mm

（2）确定内外螺纹的极限偏差

根据标注可知：内螺纹的基本偏差代号为H，公差等级为6级

外螺纹的基本偏差代号中径、顶径为g，公差等级分别为5级、6级

查表9－5可得：中径公差　内螺纹IT（D_2）$=0.212$ mm；

外螺纹IT（d_2）$=0.125$ mm

查表9－6可得：顶径公差　内螺纹IT（D_1）$=0.375$ mm；外螺纹IT（d）$=0.280$ mm

查表9－3可得：基本偏差　内螺纹EI（D_2、D_1）$=0$；

外螺纹es（d_2、d）$=-0.038$ mm

通过计算：内螺纹ES（D_2）$=+0.212$ mm；ES（D_1）$=+0.375$ mm

外螺纹ei（d_2）$=-0.163$ mm；　ei（d）$=-0.318$ mm

（3）计算内、外螺纹的极限尺寸

$D_{2max}=D_2+ES(D_2)=18.913$ mm；$D_{2min}=D_2+EI(D_2)=18.701$ mm

$D_{1max}=D_1+ES(D_1)=18.210$ mm；$D_{1min}=D_1+EI(D_1)=17.835$ mm

$d_{2max}=d_2+es(d_2)=18.663$ mm；$d_{2min}=d_2+ei(d_2)=18.538$ mm

$d_{max}=d+es(d)=19.962$ mm；　$d_{min}=d+ei(d)=19.682$ mm

例9－2　螺纹M24－6H与M24－6h单项测量结果如下：

内螺纹：$D_{2s}=22.200$ mm，$\Delta P_\Sigma=25\mu m$，$\Delta\frac{\alpha_1}{2}=-60'$，$\Delta\frac{\alpha_2}{2}=+70'$；

外螺纹：$d_{2s}=21.900$ mm，$\Delta P_\Sigma=40\mu m$，$\Delta\frac{\alpha_1}{2}=-70'$，$\Delta\frac{\alpha_2}{2}=-30'$。

试：（1）判断内外螺纹中径是否合格；（2）作出内外螺纹的公差带图；（3）查出旋合长度。

解　1. 判断内外螺纹的合格性

（1）计算M24－6H与M24－6h的极限尺寸：

查表9－1、9－2可得M24的粗牙螺纹 $P=3$ mm；中 D_2（d_2）$=22.051$ mm

查表9－5可得内螺纹IT（D_2）$=0.265$ mm；外螺纹IT（d_2）$=0.200$ mm

查表9－3可得内螺纹EI（D_2）$=0$，则ES（D_2）$=+0.265$ mm

外螺纹es（d_2）$=0$，则ei（d_2）$=-0.200$ mm

通过计算

M24 - 6H　$D_{2max} = D_2 + ES\ (D_2) = 22.316$ mm；$D_{2min} = D_2 + EI\ (D_2) = 22.051$ mm

M24 - 6h　$d_{2max} = d_2 + es\ (d_2) = 22.051$ mm；$d_{2min} = d_2 + ei\ (d_2) = 21.851$ mm

（2）计算作用中径：

内螺纹　$F_P = 1.732\Delta P_\Sigma = 1.732 \times 25 = 43.3 = 0.043$（mm）

$$F_{\alpha/2} = 0.073P\left(K_1\left|\Delta\frac{\alpha_1}{2}\right| + K_2\left|\Delta\frac{\alpha_2}{2}\right|\right)$$

$$= 0.073 \times 3 \times (2 \times 60 + 3 \times 70) = 72.27\ (\mu m) = 0.073\ (mm)$$

$$D_{2m} = D_{2s} - (F_P + F_{\alpha/2}) = 22.2 - (0.043 + 0.073) = 22.085\ (mm)$$

外螺纹　$d_{2m} = d_{2s} + (f_P + f_{\alpha/2})$

$$f_P = 1.732\Delta P\sum = 1.732 \times 40 = 69.28\ (\mu m) = 0.069\,28\ (mm)$$

$$f_{\alpha/2} = 0.073P\left(K_1\left|\Delta\frac{\alpha_1}{2}\right| + K_2\left|\Delta\frac{\alpha_2}{2}\right|\right)$$

$$= 0.073 \times 3 \times (3 \times 70 + 3 \times 30) = 65.7\ (\mu m) = 0.065\,7\ (mm)$$

$$d_{2m} = d_{2s} + (f_P + f_{\alpha/2}) = 21.9 + (0.0692\,8 + 0.065\,7) = 22.035\ (mm)$$

（3）根据中径合格性的判断原则（泰勒原则）：

内螺纹：

$D_{2m} \geqslant D_{2min}$　　$D_{2s} \leqslant D_{2max}$

$D_{2m} = 22.085$ mm $\geqslant D_{2min} = 22.051$ mm　　$D_{2s} = 22.200$ mm $\leqslant D_{2max} = 22.316$ mm

故内螺纹中径合格。

外螺纹

$d_{2m} \leqslant d_{2max}$　　$d_{2s} \geqslant d_{2min}$

$d_{2m} = 22.035$ mm $\leqslant d_{2max} = 22.051$ mm　　$d_{2s} = 21.900$ mm $\geqslant d_{2min} = 21.851$ mm

故外螺纹中径合格。

2. 作出内外螺纹的公差带图（见图 9 - 9）

3. 查出旋合长度

此螺纹为中等旋合长度 N，查表 9 - 7，旋合长度为 12 ~ 36 mm。

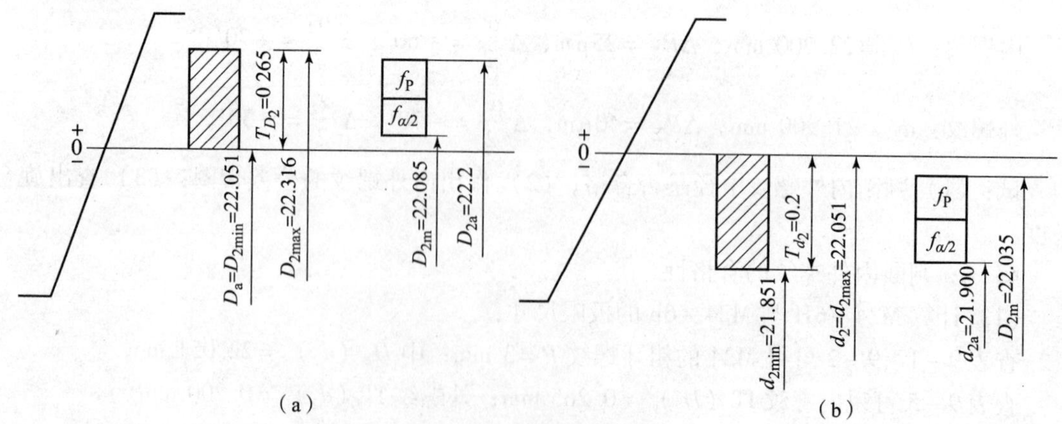

图 9 - 9　螺纹公差带图

（a）内螺纹；（b）外螺纹

第五节　螺纹的检测

测量螺纹的方法有两类，即单项测量和综合检验。单项测量是指用指示量仪测量螺纹的实际值，每次只测量螺纹的一项几何参数，并以所得的实际值来判断螺纹的合格性。单项测量有牙型量头法、量针法和影像法等。综合检验是指一次同时检验螺纹的几个参数，以几个参数的综合误差来判断螺纹的合格性。生产上广泛应用螺纹极限量规综合检验螺纹的合格性。

单项测量精度高，主要用于精密螺纹、螺纹刀具及螺纹量规的测量，或在生产中分析形成各参数误差的原因时使用。综合检验生产率高，适合于成批生产中精度不太高的螺纹件。

一、普通螺纹的综合检验

螺纹的综合检验主要用于检验只要求保证可旋合性的螺纹，采用泰勒原则设计的螺纹量规对螺纹进行检验，适用于成批生产。

螺纹量规有塞规和环规（或卡规）之分，塞规用于检验内螺纹，环规（或卡规）用于检验外螺纹。螺纹量规的通端用来检验被测螺纹的作用中径，控制其不得超出最大实体牙型中径，因此它应模拟被测螺纹的最大实体牙型并具有完整的牙型，其螺纹长度等于被测螺纹的旋合长度。螺纹量规的通端还用来检验被测螺纹的底径。螺纹量规的止端用来检验被测螺纹的实际中径，控制其不得超出最小实体牙型中径。为了消除螺距误差和牙型半角误差的影响，其牙型应做成截短牙型，而且螺纹长度只有 2 ~ 3.5 牙。

内螺纹的小径和外螺纹的大径分别用光滑极限量规检验。

图 9 – 10 和图 9 – 11 分别表示用螺纹量规检验外螺纹和内螺纹的情况。

二、普通螺纹的单项测量

螺纹的单项测量是指分别测量螺纹的各项几何参数，主要是中径、螺距和牙型半角。螺纹量规、螺纹刀具等高精度螺纹和丝杠螺纹均采用单项测量方法，对普通螺纹做工艺分析时也常进行单项测量。

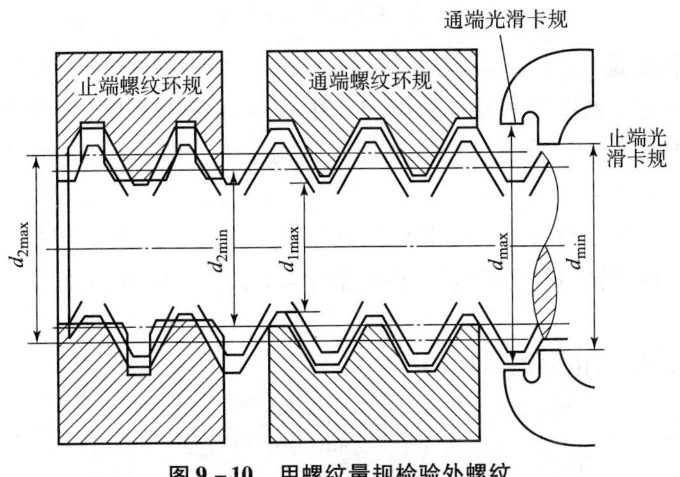

图 9 – 10　用螺纹量规检验外螺纹

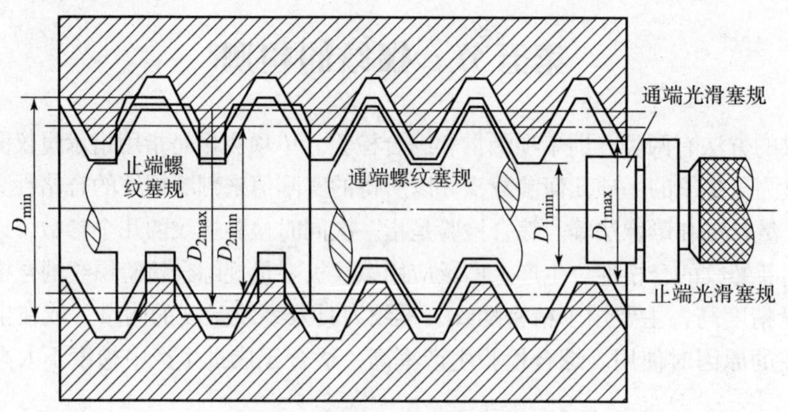

图 9-11　用螺纹最规检验内螺纹

单项测量螺纹参数的方法很多，应用最广泛的是螺纹千分尺量法、三针量法和影像量法。

1. 用螺纹千分尺测量

在实际生产中，车间测量低精度外螺纹中径常用螺纹千分尺。螺纹千分尺的结构和一般外径千分尺相似，只是两个测量面可以根据不同螺纹牙型和螺距选用不同的测头。螺纹千分尺结构如图 9-12 所示。

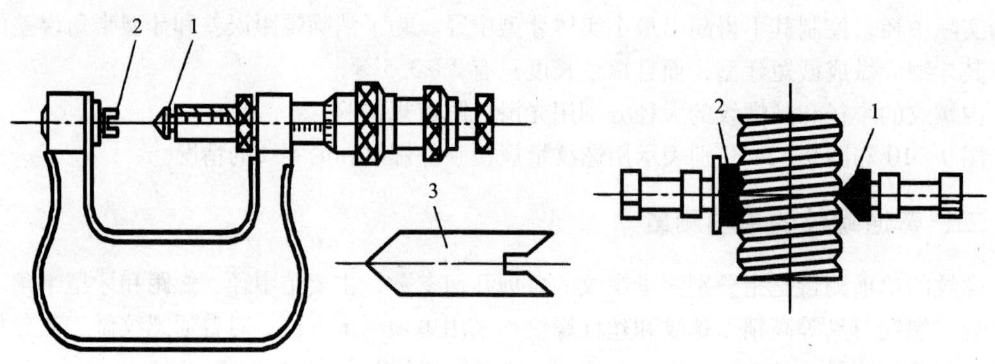

图 9-12　螺纹千分尺

1，2—测头；3—校对量杆

2. 用三针量法测量

三针量法主要用于测量精密外螺纹的单一中径（如螺纹塞规、丝杠螺纹等）。测量时，将三根直径相同的精密量针分别放在被测螺纹的沟槽中，然后用光学或机械量仪测出针距 M，如图 9-13（a）所示。

为了消除牙型半角误差对测量结果的影响，应使量针在中径线上与牙侧接触，必须选择量针的最佳直径，使量针与被测螺纹沟槽接触的两个切点间的轴向距离等于 $P/2$，如图 9-13（b）所示。

量针最佳直径 $d_{0最佳}$用下式计算：

$$d_{0最佳}=\frac{P}{2\sin(\alpha/2)}$$

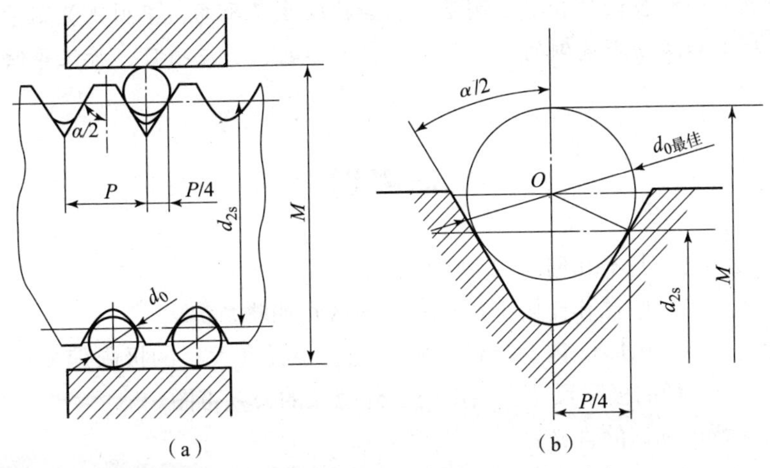

图 9－13　用三针量法测量外螺纹的单一中径

对于公制普通螺纹 $d_{0最佳}$ 用下式计算：

$$d_{0最佳}=0.577P$$

3. 用影像量法测量

影像量法测量螺纹是用工具显微镜将被测螺纹的牙型轮廓放大成像，按被测螺纹的影像测量其螺距、牙型半角和中径。各种精密螺纹，如螺纹量规、丝杠等，均可在工具显微镜上测量。测量时可参阅有关仪器使用说明资料。

小　　结

螺纹在机械中应用很广，主要起连接、传动、密封等作用。螺纹的种类很多，本章重点介绍普通螺纹。普通螺纹的几何参数有直径（大径、中径、小径）、螺距（导程）、牙型角（牙型半角）、旋合长度等。

普通螺纹的螺距误差、中径误差、牙型半角误差都影响螺纹的互换性。保证螺纹互换性的条件是：

对于外螺纹，作用中径不大于中径最大极限尺寸，任意位置的实际中径不小于中径最小极限尺寸，即

$$d_{2m}\leqslant d_{2max} \qquad d_{2s}\geqslant d_{2min}$$

对于内螺纹，作用中径不小于中径最小极限尺寸，任意位置的实际中径不大于中径最大极限尺寸，即

$$D_{2m}\geqslant D_{2min} \qquad D_{2s}\leqslant D_{2max}$$

GB/T 197—2003 只规定了一个中径公差，同时用来限制实际中径、螺距及牙型半角三个要素的偏差。普通螺纹的公差带由构成公差带大小的公差等级和确定公差带位置的基本偏差所组成，结合内、外螺纹的旋合长度，一起形成不同的螺纹精度。完整的螺纹标记由螺纹特征代号、尺寸代号、螺纹公差带代号和其他有必要做进一步说明的个别信息组成。要求了解普通螺纹公差配合国家标准，会根据螺纹代号查表，确定内、外螺纹大径、小径和中径的极限偏差。

螺纹的检测分为综合检验和单项测量。综合检验生产率高，单项测量测量精度高。

对梯形丝杠副和滚动螺旋副的应用特点、技术参数、公差项目、标注等做了说明，以备选择使用。

思考题

1. 试述普通螺纹的基本几何参数有哪些？

2. 螺纹中径、单一中径和作用中径三者有何区别和联系？

3. 查表确定 M24－6H/6g 内、外螺纹的中径、小径和大径的极限偏差；计算内、外螺纹的中径、小径和大径的极限尺寸；绘出内、外螺纹的公差带图。

4. 解释下列螺纹标记的含义：

（1）M24×2－5H6H－L；（2）M20－7g6g；（3）M30－6H/6g

5. 有一外螺纹 M27×2－6h，测得其单一中径 $d_{2s}=25.5$ mm，螺距累积误差 $\Delta P_{\Sigma}=+35\ \mu m$，牙型半角误差 $\Delta(\alpha/2)_{左}=-30'$，$\Delta(\alpha/2)_{右}=+65'$。试求其作用中径 d_{2m}，并判断此螺纹是否合格，能否旋入具有基本牙型的内螺纹中。

第十章 圆柱齿轮的公差与检测

本章要点

1. 掌握齿轮传动的四项要求及对传动性能的影响。
2. 了解渐开线圆柱齿轮的公差项目，加工误差产生的原因，解决的方法。
3. 初步学会对齿轮和齿轮副的检测方法及了解所用量仪的名称。

第一节 概 述

齿轮传动是机器和仪器中应用极为广泛的一种传动方式，它广泛地用于传递回转运动、传递动力和精密分度等。机器或仪器中齿轮传动的质量和效率主要取决于齿轮的制造精度和齿轮副的安装精度。其工作性能、承载能力、使用寿命及工作精度等都与齿轮的制造精度有密切的联系。

随着科学技术和现代生产的发展，对齿轮的传动性能要求越来越高，如要求机械产品自身重量轻，传递功率大，转速和工作精度高，从而对齿轮传动的精度提出了更高的要求，因此，研究齿轮误差对使用性能的影响、齿轮互换性原理、精度标准以及检测技术等，对提高齿轮的加工质量具有重要意义。

一、齿轮传动的使用要求

齿轮传动按照用途主要分为三种类型（见表 10－1）：动力齿轮、传动齿轮、分度齿轮。根据不同的齿轮传动，对齿轮的要求也不同，但主要有以下四项：

（1）传递运动的准确性（运动精度）。

传递运动的准确性即要求齿轮在一转范围内，最大的转角偏差限制在一定的范围内，以保证从动件与主动件运动协调一致（图 10－1 中 Δ_{i_Σ}）。

（2）传递运动的平稳性（工作平稳性）。

传递运动的平稳性即要求齿轮传动瞬间传动比变化较小（图 10－1 中 Δ_i）。

（3）载荷分布的均匀性（接触精度）。

载荷分布的均匀性即要求齿轮啮合时，齿面接触良好，以免引起应力集中，造成齿面局部磨损，影响齿轮的使用寿命。

（4）传动侧隙的合理性。

传动侧隙的合理性即要求齿轮啮合时，非工作齿面间应具有一定的间隙（见图 10－2）。

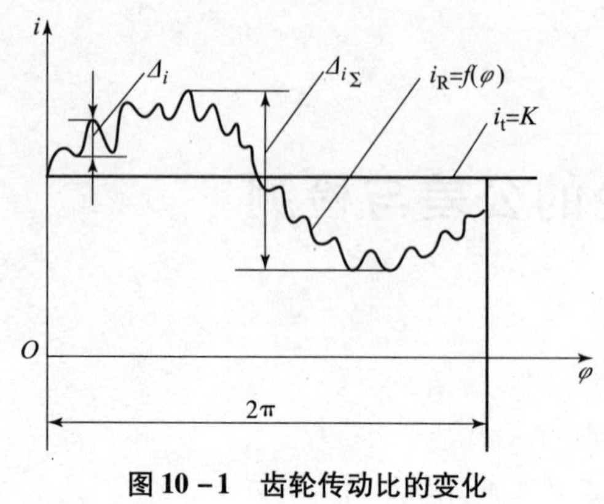

图 10－1　齿轮传动比的变化

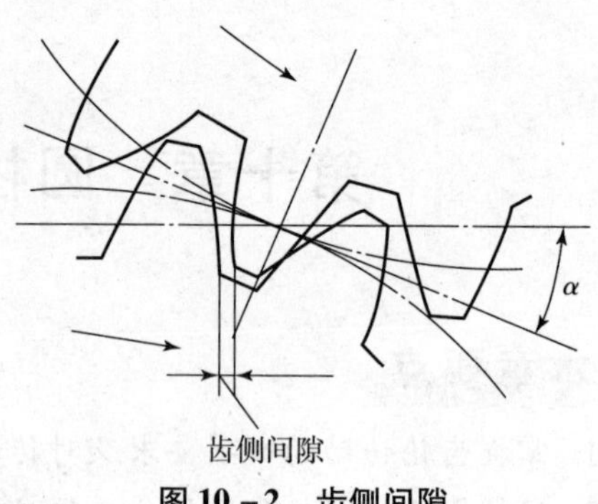

图 10－2　齿侧间隙

表 10－1　齿轮传动的分类及要求

分　类	使用场合	特　点	要　求
动力齿轮	矿山机械、起重机械等	传递动力大，转速低	接触精度高，传动侧隙较大
传动齿轮	汽轮机、减速器等	传递动力大，转速高	传动平稳，接触精度高
分度齿轮	测量仪器、分度机构等	传递动力小，转速低	运动要求准确，侧隙小

第二节　齿轮加工误差的来源与分类

齿轮的加工方法很多，按齿廓形成原理可分为：仿形法，如用成形铣刀在铣床上铣齿；展成法，如用滚刀在滚齿机上滚齿。现以滚齿机滚切齿轮为例（见图 10－3），分析齿轮加工误差的主要原因。齿轮加工误差主要来源于齿轮加工系统中的机床、刀具、夹具和齿坯本身的误差及其安装、调整误差。

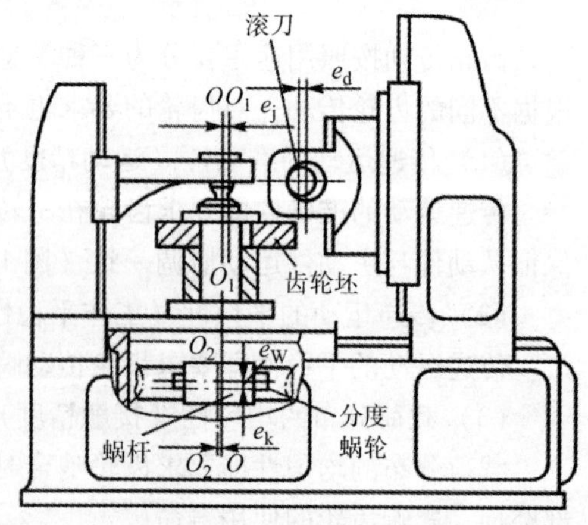

图 10－3　滚齿加工示意图

1. 几何偏心（e_j）

加工时，齿坯基准孔轴线 O_1 与滚齿机工作台旋转轴线 O 不重合而发生偏心，其偏心量为 e_j。几何偏心的存在使得齿轮在加工过程中，齿坯相对于滚刀的距离发生变化，切出的齿一边短而肥、一边瘦而长。当以齿轮基准孔定位进行测量时，在齿轮一转内产生周期性的齿圈径向跳动误差，同时齿距和齿厚也产生周期性变化。

有几何偏心的齿轮装在传动机构中之后，就会引起每转为周期的速比变化，产生时快时慢的现象。

2. 运动偏心（e_k）

运动偏心是由于滚齿机分度蜗轮加工误差和分度蜗轮轴线 O_2 与工作台旋转轴线 O 有安装偏心 e_k 引起的。运动偏心的存在使齿坯相对于滚刀的转速不均匀，忽快忽慢，破坏了齿坯与刀具之间的正常滚切运动，而使被加工齿轮的齿廓在切线方向上产生了位置误差。这时，齿廓在径向位置上没有变化。这种偏心，一般称为运动偏心，又称为切向偏心。

3. 机床传动链的高频误差

加工直齿轮时，受分度传动链的传动误差（主要是分度蜗杆的径向跳动和轴向窜动）的影响，使蜗轮（齿坯）在一周范围内转速发生多次变化，加工出的齿轮产生齿距偏差、齿形误差。加工斜齿轮时，除了分度传动链误差外，还受差动传动链的传动误差的影响。

4. 滚刀的安装误差和加工误差

滚刀的安装偏心 e_d 使被加工齿轮产生径向误差。滚刀刀架导轨或齿坯轴线相对于工作台旋转轴线的倾斜及轴向窜动，使滚刀的进刀方向与轮齿的理论方向不一致，直接造成齿面沿轴向方向歪斜，产生齿向误差。

滚刀的加工误差主要指滚刀的径向跳动、轴向窜动和齿型角误差等，它们将使加工出来的齿轮产生基节偏差和齿形误差。

由于滚齿过程是滚刀对齿坯周期性地连续切削的过程，因此，加工误差具有周期性，这是齿轮误差的特点。上述四方面的加工误差中，前两种因素所产生的误差以齿轮一转为周期，称为长周期误差（或低频误差）；后两种因素产生的误差，在齿轮一转中，多次重复出现，称为短周期误差（或高频误差）。

第三节　齿轮精度评定与检测

一、影响运动准确性的主要项目及其检测

1. 切向综合总偏差（F_i'）

被测齿轮与测量齿轮单面啮合检验时，被测齿轮一转内，齿轮分度圆上实际圆周位移与理论圆周位移的最大差值（见图 10－4），即为切向综合总偏差。

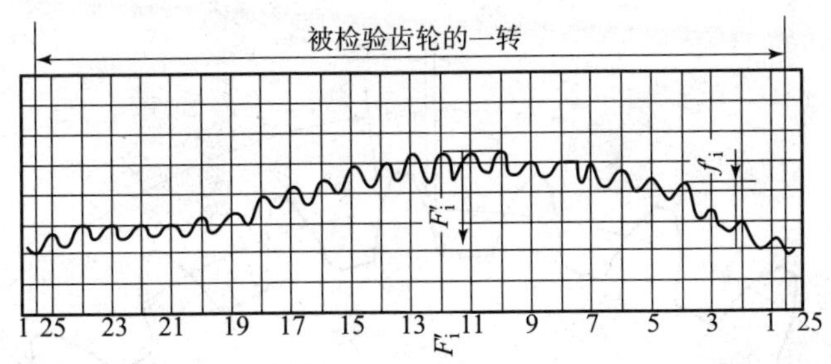

图 10－4　切向综合偏差

切向综合总偏差反映齿轮一转中的转角误差，说明齿轮运动的不均匀性，在一转过程中，其转速忽快忽慢，呈周期性变化。

切向综合总偏差既反映切向误差，又反映径向误差，是评定齿轮运动准确性较为完善的

综合性指标。当切向综合总误差小于或等于所规定的允许值时，表示齿轮可以满足传递运动准确性的使用要求。

F_i' 在单面啮合状态下测量，被测齿轮近似于工作状态，测量结果又反映了各种误差的综合作用，因此该项目是评定齿轮传动准确性较完善的指标。

F_i' 用单啮仪测量。单啮仪的结构有多种形式，图 10－5 所示为光栅式单啮仪的工作原理。标准蜗杆（也可用标准齿轮）与被测齿轮啮合，二者各带一个光栅盘和信号发生器，二者的角位移信号经分频器后变为同频信号。当被测齿轮有误差时，将引起回转角误差，此回转角的微小误差将变为两路信号的相位差，经比相器、记录器，记录出的偏差曲线如图 10－6 所示。

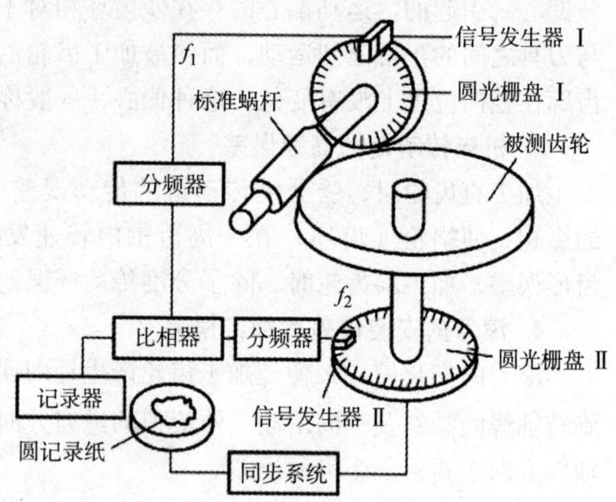

图 10－5　光栅式单啮仪工作原理

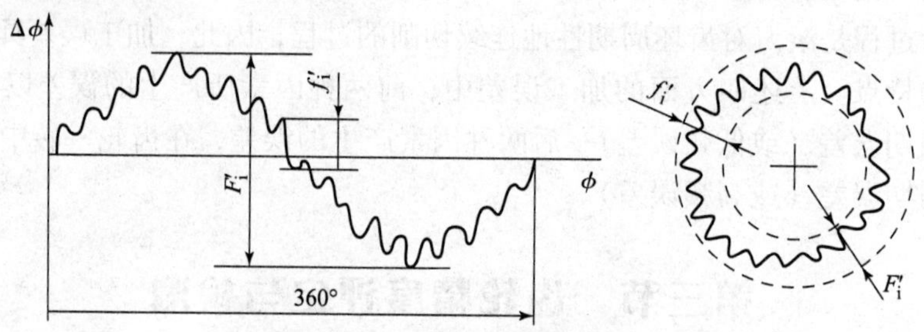

图 10－6　切向综合偏差曲线

2. 齿距累积总偏差（F_p）与齿距累积偏差（F_{pk}）

齿距累积总偏差（F_p）是指齿轮同侧齿面任意弧段（$k=1$ 至 $k=z$）内的最大齿距累积偏差。它表现为齿距累积偏差的总幅值。

齿距累积偏差（F_{pk}）是指任意 k 个齿距的实际弧长与理论弧长的代数差，如图 10－7 所示。

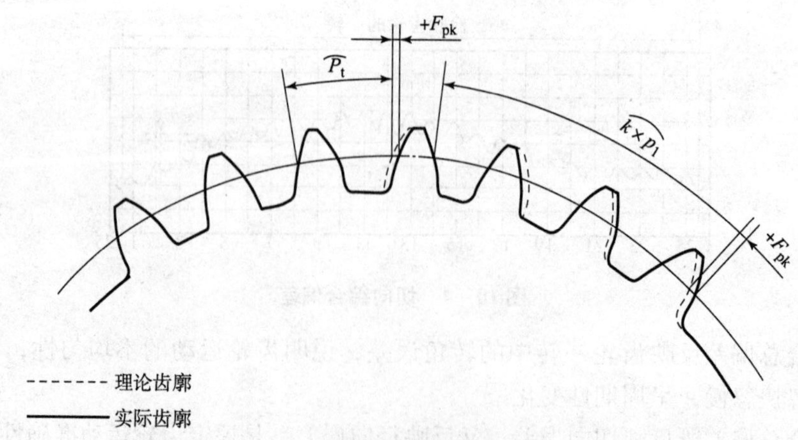

图 10－7　齿距偏差与齿距累积偏差（$k=3$）

对某些齿数多的齿轮，为了控制齿轮的局部累积偏差和提高测量效率，可以测量 k 个齿的齿距累积偏差（F_{Pk}）。F_{Pk} 被限定在不大于 1/8 的圆周上评定。因此，F_{Pk} 的允许值适用于齿数 k 为 2 到小于 $z/8$ 的弧段内。通常，F_{Pk} 取 $k=z/8$ 就足够了，如果对于特殊的应用（如高速齿轮）还需检验较小弧段，并规定相应的 k 数。

齿距累积偏差主要是在滚切齿形过程中由几何偏心和运动偏心造成的。它能反映齿轮转一周过程中由偏心误差引起的转角误差，因此 F_P（F_{Pk}）可代替 F_i' 作为评定齿轮运动准确性的指标。但 F_P 是逐齿测得的，每个齿只测一个点，而 F_i' 是在连续运转中测得的，它更全面。

由于 F_P 的测量可用较普及的齿距仪（见图 10－8）、万能测齿仪等仪器，因此它是目前工厂中常用的一种齿轮运动精度的评定指标。

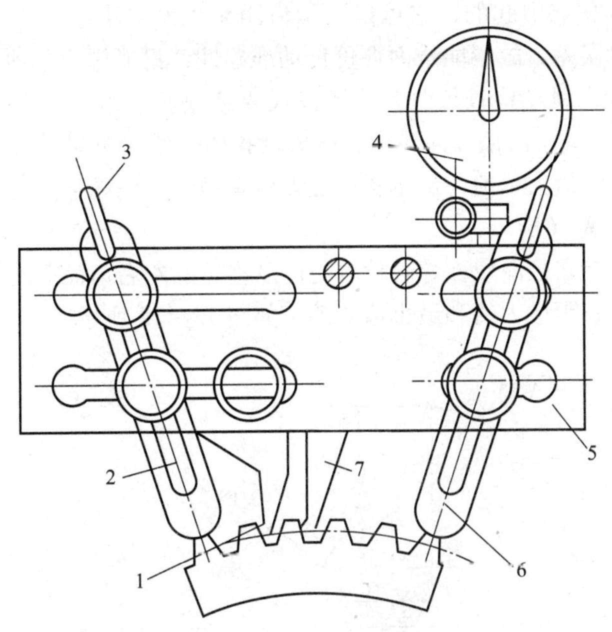

图 10－8　用齿距仪测量齿距

1—固定量爪；2，6—支脚；3—支脚小端；4—指示表；5—主体；7—活动量爪

齿距累积总偏差和齿距累积偏差的测量可分为绝对测量和相对测量。其中，以相对测量应用最广，中等模数的齿轮多采用这种方法。测量仪器有齿距仪（可测 7 级精度以下齿轮）和万能测齿仪（可测 4 到 6 级精度齿轮，如图 10－9 所示）。这种相对测量是以齿轮上任意一齿距为基准，把仪器指示表调整为零，然后依次测出其余各齿距相对于基准齿距之差，称为相对齿距偏差。然后将相对齿距偏差逐个累加，计算出最终累加值的平均值，并将平均值的相反数与各相对齿距偏差相加，获得绝对齿距偏差（实际齿距相对于理论齿距之差）。最后再将绝对齿距偏差累加，累加值中的最大值与最小值之差即为被测齿轮的齿距累积总偏差。k 个绝对齿距偏差的代数和则是 k 个齿距的齿距累积。

3. 径向跳动（F_r）

齿轮径向跳动为测头（球形、圆柱形、砧形）相继置于每个齿槽内时从它到齿轮轴线的最大和最小径向距离之差。检查中测头在近似齿高中部与左右齿面接触。

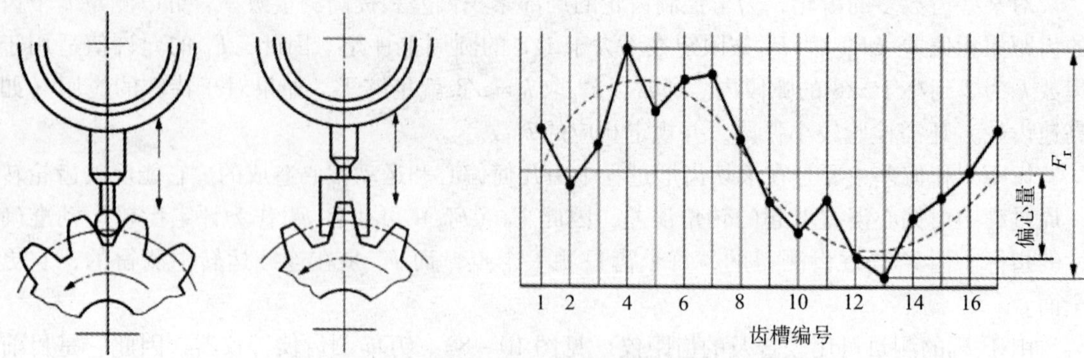

图 10-9　齿圈径向跳动测量仪测量及其误差曲线图

F_r 主要是由几何偏心引起的，它可以揭示齿距累积偏差中的径向误差，但并不反映由运动偏心引起的切向误差，故不能全面评价传动准确性，只能作为单项指标。

F_r 可以在齿圈径向跳动检查仪、万能测齿仪或普通偏摆检查仪上用指示表测量。如图 10-9 所示，测量时测头与齿槽双面接触，以齿轮孔中心线为测量基准，依次逐齿测量，在齿轮一转中，指示表的最大示值与最小示值之差就是被测齿轮的齿圈径向跳动。

4. 径向综合总偏差（F''_i）

径向综合总偏差是在径向双面综合检验时产品齿轮的左右齿面同时与测量齿轮接触并转过一整圈时出现的中心距最大值和最小值之差，如图 10-10 所示。

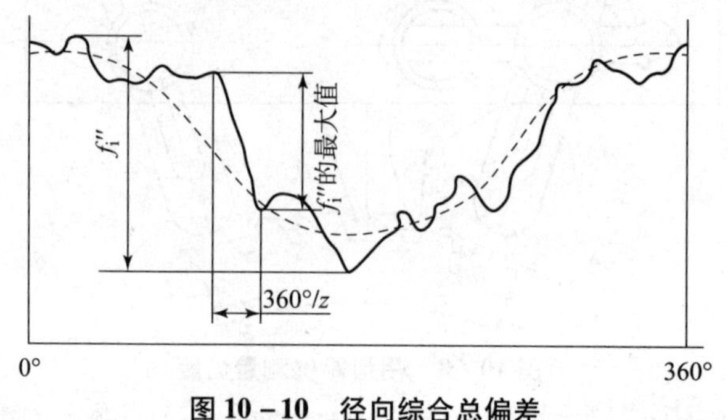

图 10-10　径向综合总偏差

径向综合总偏差是在齿轮双面啮合综合检查仪上进行测量的，该仪器如图 10-11 所示。将被测齿轮与基准齿轮分别安装在双面啮合检查仪的两平行心轴上，在弹簧作用下，两齿轮做紧密无侧隙的双面啮合。使被测齿轮回转一周，被测齿轮一转中指示表的最大读数差值（即双啮中心距的总变动量）即为被测齿轮的径向综合总偏差 F''_i。由于其中心距变动主要反映径向误差，也就是说径向综合总偏差 F''_i 主要反映径向误差，它可代替径向跳动 F_r，并且可综合反映齿形、齿厚均匀性等误差在径向上的影响。因此径向综合总偏差 F''_i 也是作为影响传递运动准确性指标中属于径向性质的单项性指标。

用齿轮双面啮合综合检查仪测量径向综合总偏差，测量状态与齿轮的工作状态不一致时，测量结果同时受左、右两侧齿廓和测量齿轮的精度以及总重合度的影响，不能全面地反映齿轮运动准确性要求。由于仪器测量时的啮合状态与切齿时的状态相似，能够反映齿轮坯和刀具的安装误差，且仪器结构简单、环境适应性好、操作方便、测量效率高，故在大批量生产中常用此项指标。

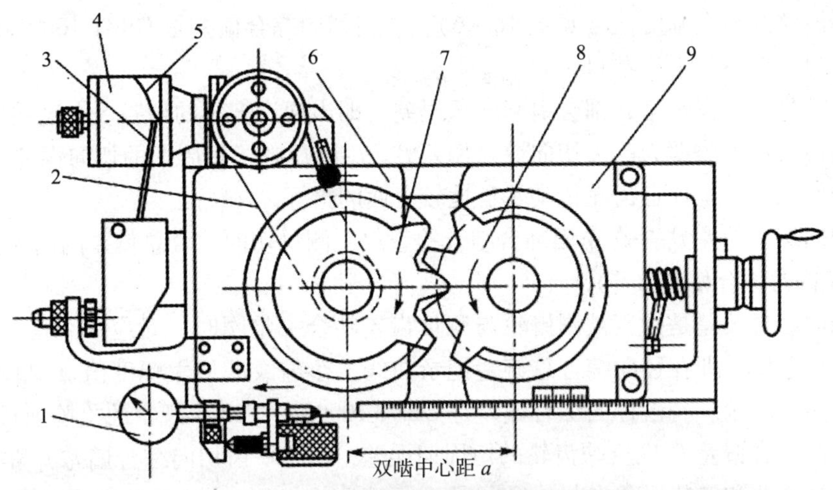

图 10-11 齿轮双面啮合综合检查仪测量

1—指示表；2—传送带；3—划针；4—记录纸；5—误差曲线；6—浮动拖板；7—基准齿轮；8—被测齿轮；9—固定托板

5. 公法线长度变动（F_W）

公法线即基圆的切线。渐开线圆柱齿轮的公法线长度 W 是指跨越 k 个齿的两异侧齿廓的平行切线间的距离，理想状态下公法线应与基圆相切。公法线长度变动是指在齿轮一周范围内，实际公法线长度最大值与最小值之差，如图 10-12 所示。

在 GB/T 10095.1—2008 和 GB/T 10095.2—2008 中均无 F_W 此定义。但从我国的齿轮实际生产情况看，经常用 F_W 和 F_r 组合代替 F_P 或 F_i'。这样检验成本不高且行之有效，故在此保留供参考。

公法线长度变动 ΔF_W 一般可用公法线千分尺或万能测齿仪进行测量。公法线千分尺是用相互平行的圆盘测头，插入齿槽中进行公法线长度变动的测量，如图 10-13 所示。

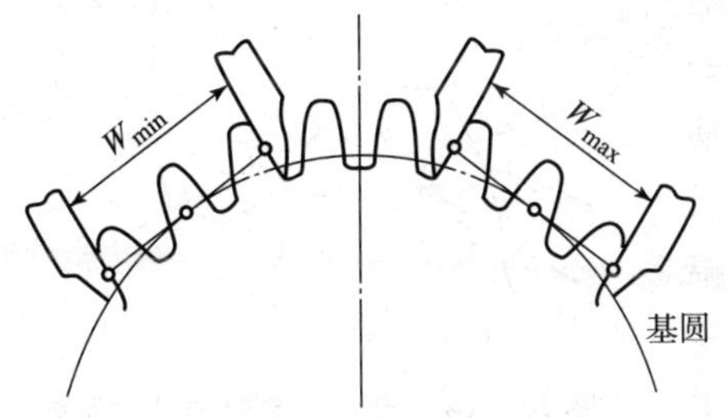

图 10-12 公法线长度变动

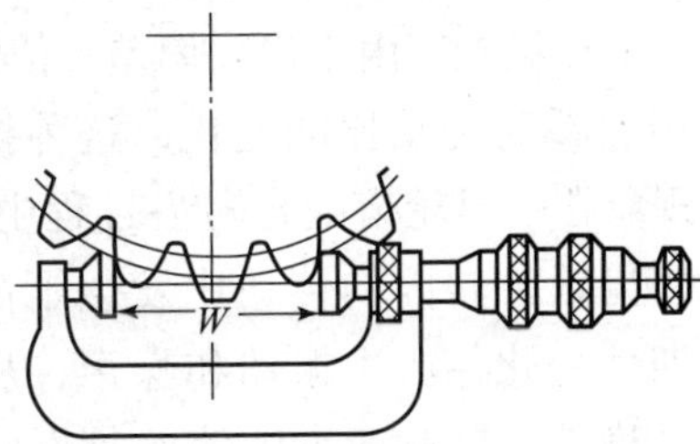

图 10-13 公法线长度变动的测量

$$\Delta F_W = W_{max} - W_{min}$$

若被测齿轮轮齿分布疏密不均，则实际公法线的长度就会有变动。但公法线长度变动的测量不是以齿轮基准孔轴线为基准，它反映齿轮加工时的切向误差，不能反映齿轮的径向误差，可作为影响传递运动准确性指标中属于切向性质的单项性指标。

二、影响传动工作平稳性的主要项目及其检测

1. 一齿切向综合偏差（f_i'）

一齿切向综合偏差是指齿轮在一个齿距角内的切向综合总偏差，即在切向综合总偏差记

录曲线上小波纹的最大幅度值（见图 10－6）。一齿切向综合偏差是 GB/T 10095.1—2008 规定的检验项目，但不是必检项目。

齿轮每转过一个齿距角，都会引起转角误差，即出现许多小的峰谷。在这些短周期误差中，峰谷的最大幅度值即为一齿切向综合偏差 f'_i。f'_i 既反映了短周期的切向误差，又反映了短周期的径向误差，是评定齿轮传动平稳性较全面的指标。

一齿切向综合偏差 f'_i 是在单面啮合综合检查仪上测量切向综合总偏差的同时测出的。

2. 一齿径向综合偏差（f''_i）

一齿径向综合偏差是指当被测齿轮与测量齿轮啮合一整圈时，对应一个齿距（$360°/z$）的径向综合偏差值，即在径向综合总偏差记录曲线上小波纹的最大幅度值（见图 10－10），其波长常常为齿距角。一齿径向综合偏差是 GB/T 10095.2—2008 规定的检验项目。

一齿径向综合偏差 f''_i 也反映齿轮的短周期误差，但与一齿切向综合偏差 f'_i 是有差别的。f''_i 只反映刀具制造和安装误差引起的径向误差，而不能反映机床传动链短周期误差引起的周期切向误差。因此，用一齿径向综合偏差评定齿轮传动的平稳性不如用一齿切向综合偏差评定完善。但由于双啮仪结构简单、操作方便，在成批生产中仍广泛采用，所以一般用一齿径向综合偏差作为评定齿轮传动平稳性的代用综合指标。

一齿径向综合偏差 f''_i 是在双面啮合综合检查仪上测量径向综合总偏差的同时测出的。

3. 齿廓偏差

齿廓偏差是指实际齿廓偏离设计齿廓的量，该量在端平面内且垂直于渐开线齿廓的方向值。

1）齿廓总偏差（F_a）

齿廓总偏差是指包容实际齿廓迹线的两条设计齿廓迹线间的距离，如图 10－15（a）所示。

齿廓偏差的存在，使两齿面啮合时产生传动比的瞬时变动。如图 10－14 所示，两理想齿廓应在啮合线上的 a 点接触，由于齿廓偏差，使接触点由 a 变到 a'，引起瞬时传动比的变化，这种接触点偏离啮合线的现象在一对轮齿啮合转齿过程中要多次发生，其结果使齿轮一转内的传动比发生了高频率、小幅度的周期性变化，产生振动和噪声，从而影响齿轮运动的平稳性。因此，齿廓偏差是影响齿轮传动平稳性中属于转齿性质的单项性指标。它必须与揭示换齿性质的单项性指标组合，才能评定齿轮传动平稳性。

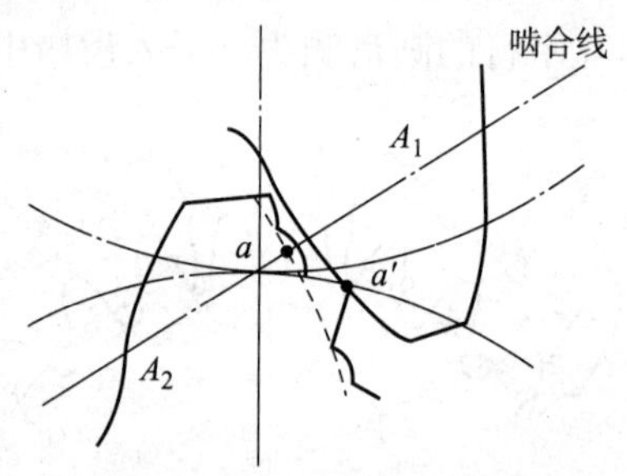

图 10－14　齿廓偏差对传动的影响

2）齿廓形状偏差（f_{fa}）

齿廓形状偏差是指包容实际齿廓迹线的，与平均齿廓迹线完全相同的两条迹线间的距离，且两条曲线与平均齿廓迹线距离为常数，如图 10－15（b）所示。

3）齿廓倾斜偏差（f_{Ha}）

齿廓倾斜偏差是指两端与平均齿廓迹线相交的两条设计齿廓线间的距离，如图 10－15（c）所示。

齿廓总偏差 F_a 主要影响齿轮传动平稳性，因为有 F_a 的齿轮，其齿廓不是标准正确的渐开线，不能保证瞬时传动比为常数，易产生振动与噪声。

有时为了进一步分析齿廓总偏差 F_a 对传动质量的影响，或为了分析齿轮加工中的工艺误差，标准中又把 F_a 细化分成以下两种偏差，即 f_{fa} 与 f_{Ha}，该两项偏差都不是必检项目。

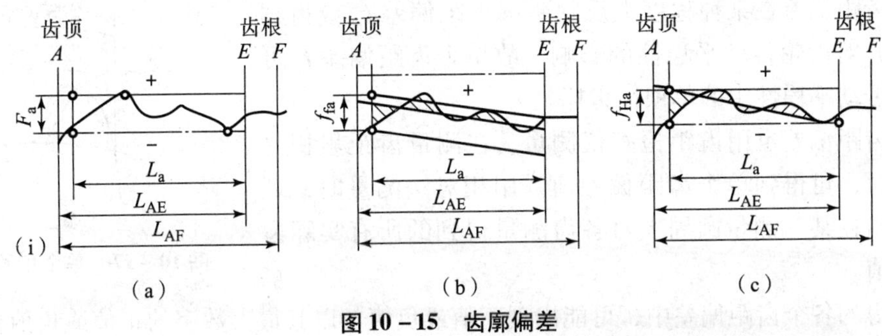

图 10－15　齿廓偏差

（a）齿廓总偏差；（b）齿廓形状偏差；（c）齿廓倾斜偏差

注：设计齿廓：未修形的渐开线；实际齿廓：在减薄区偏向体内。

渐开线齿轮的齿廓总误差，可在专用的单圆盘渐开线检查仪上进行测量，其工作原理如图 10－16 所示。被测齿轮与一直径等于该齿轮基圆直径的基圆盘同轴安装，当用手轮移动纵拖板时，直尺与由弹簧力紧压其上的基圆盘互做纯滚动，位于直尺边缘上的测量头与被测齿廓接触点相对于基圆盘的运动轨迹是理想渐开线。若被测齿廓不是理想渐开线，测量头摆动经杠杆在指示表上读出其齿廓总偏差。

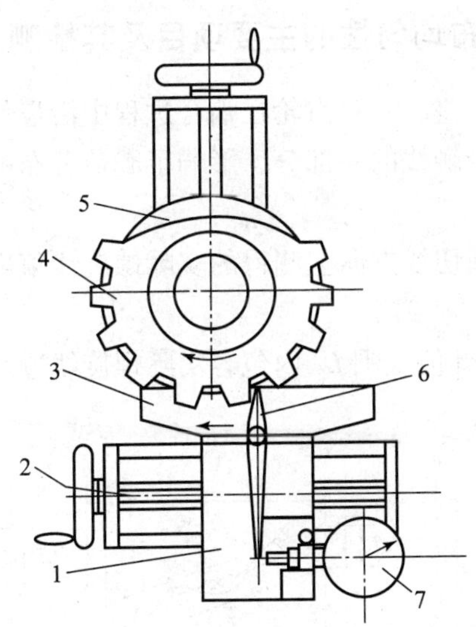

图 10－16　单圆盘渐开线检查仪工作原理

1—拖板；2—丝杆；3—直尺；4—被测齿轮；5—基圆盘；6—杠杆；7—指示表

单圆盘渐开线检查仪结构简单，传动链短，若装调适当，可获得较高的测量精度。但测量不同基圆直径的齿轮时，必须配换与其直径相等的基圆盘，所以，这种单圆盘渐开线检查仪适用于产品比较固定的场合。对于批量生产的不同基圆半径的齿轮，可在通用基圆盘式渐开线检查仪上测量，而不需要更换基圆盘。

4. 单个齿距偏差 f_{pt}

单个齿距偏差是指在端平面上，在接近齿高中部的一个与齿轮轴线同心的圆上，实际齿距与理论齿距的代数差，如图 10-17 所示。它是 GB/T 10095.1—2008 规定的评定齿轮几何精度的基本参数。

单个齿距偏差在某种程度上反映基圆齿距偏差 f_{pb} 或齿廓形状偏差 f_{fa} 对齿轮传动平稳性的影响。故单个齿距偏差 f_{pt} 可作为齿轮传动平稳性中的单项性指标。

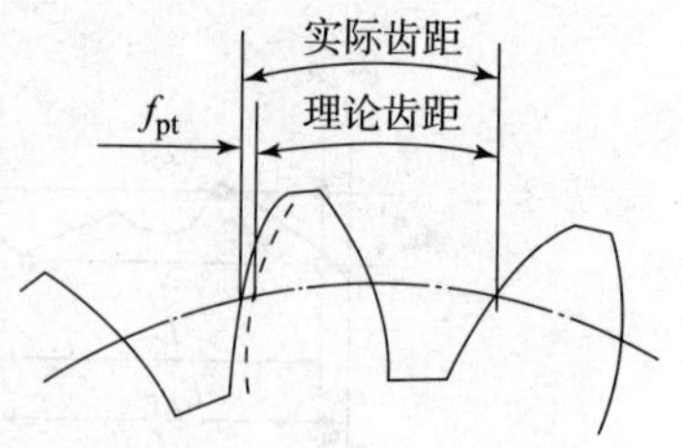

图 10-17　单个齿距偏差

单个齿距偏差也用齿距检查仪测量，在测量齿距累积总偏差的同时，可得到单个齿距偏差值。用相对法测量时，理论齿距是指在某一测量圆周上对各齿测量得到的所有实际齿距的平均值。

在测得的各个齿距偏差中，可能出现正值或负值，以其最大数字的正值或负值作为该齿轮的单个齿距偏差值。

综上所述，影响齿轮传动平稳性的误差，为齿轮一转中多次重复出现的短周期误差，主要包括转齿误差和换齿误差。评定传递运动平稳性的指标中，能同时反映转齿误差和换齿误差的综合性指标有：一齿切向综合偏差 f'_i、一齿径向综合偏差 f''_i；只反映转齿误差或换齿误差两者之一的单项指标有：齿廓偏差 F_a 和单个齿距偏差 f_{pt}。使用时，可选用一个综合性指标，也可选用两个单项性指标的组合（转齿指标与换齿指标各选一个）来评定，这样才能全面反映对传递运动平稳性的影响。

三、影响齿轮载荷分布均匀性的主要项目及其检测

由于齿轮的制造和安装误差，一对齿轮在啮合过程中沿齿长方向和齿高方向都不是全齿接触，实际接触线只是理论接触线的一部分，影响了载荷分布的均匀性。

1. 螺旋线偏差

螺旋线偏差指在端面基圆切线方向上测得的实际螺旋线偏离设计螺旋线的量。

1）*螺旋线总偏差 F_β*

螺旋线总偏差 F_β 是指在计值范围 L_β 内包容实际螺旋线迹线的两条设计螺旋线迹线间的距离，如图 10-18（a）所示。

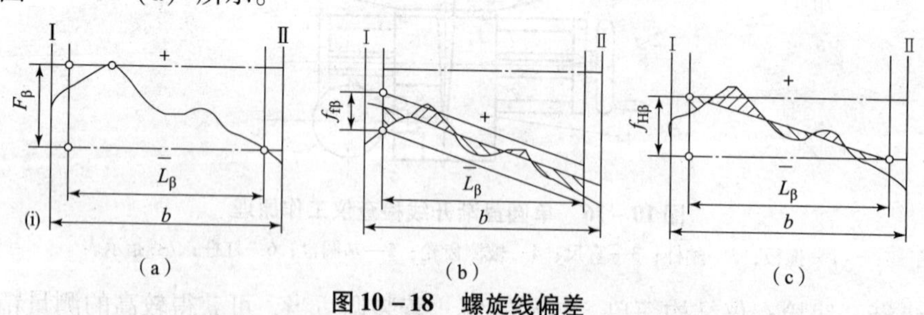

图 10-18　螺旋线偏差

（a）螺旋线总偏差；（b）螺旋线形状偏差；（c）螺旋线倾斜偏差

注：设计螺旋线：未修形的螺旋线；实际螺旋线：在减薄区偏向体内

2）*螺旋线形状偏差 $f_{f\beta}$*

螺旋线形状偏差 $f_{f\beta}$ 是指在计值范围 L_β 内包容实际螺旋线迹线的，与平均螺旋线迹线完

全相同的曲线间的距离，且两条曲线与平均螺旋线迹线的距离为常数，如图 10－18（b）所示。

3）*螺旋线倾斜偏差* $f_{H\beta}$

螺旋线倾斜偏差 $f_{H\beta}$ 是指在计值范围的两端与平均螺旋线迹线相交的设计螺旋线迹线间的距离，如图 10－18（c）所示。

由于实际齿线（齿面与分度圆柱面的交线）存在形状误差（见图 10－19），使两齿轮啮合时的接触线只占理论长度的一部分，从而导致载荷分布不均匀。螺旋线总偏差是齿轮的轴向误差，是评定载荷分布均匀性的单项性指标。

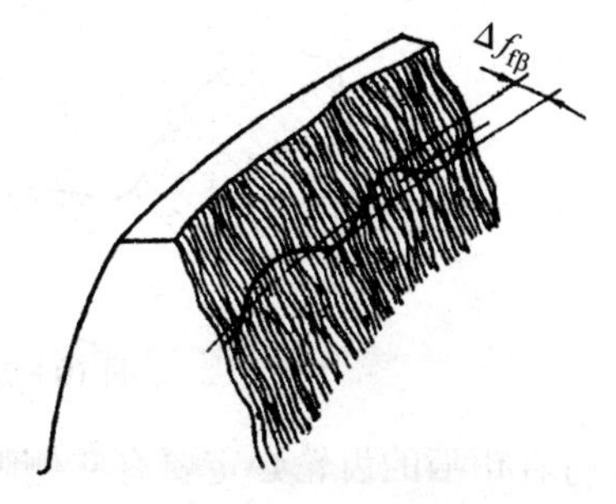

图 10－19　螺旋线偏差

螺旋线总偏差的测量方法有展成法和坐标法。展成法的测量仪器有单盘式渐开线螺旋检查仪、分级圆盘式渐开线螺旋检查仪、杠杆圆盘式通用渐开线螺旋检查仪以及导程仪等。坐标法的测量仪器有螺旋线样板检查仪、齿轮测量中心以及三坐标测量机等。

而直齿圆柱齿轮的螺旋线总偏差的测量较为简单，图 10－20 所示为直齿圆柱齿轮螺旋线总偏差的测量，为使测量圆棒与两侧齿廓在分度圆附近接触，圆棒直径 $d=1.68\ m$（m 为被测齿轮模数），移动指示表，测量出圆棒两端 A、B 处的高度差 Δh。若被测齿宽为 b，测量距离（即测量点 A、B 间的距离）为 L，则螺旋线总偏差的误差：

$$\Delta F_{\beta}=\frac{b}{L}\times\Delta h$$

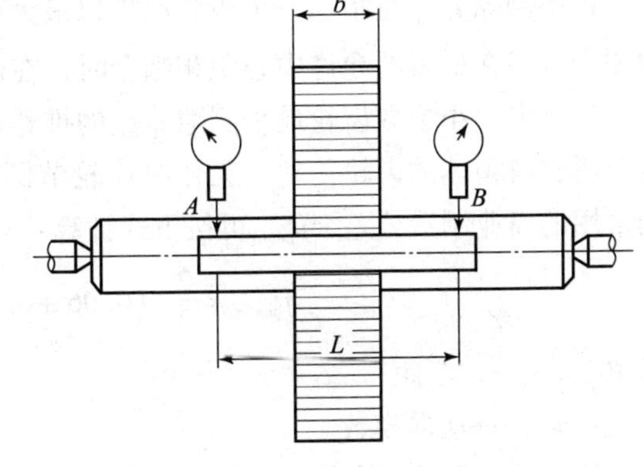

图 10－20　直齿圆柱齿轮螺旋线总偏差的测量

一般在齿圈上每隔 90°处测一次，取其中最大值作为齿轮的螺旋线总偏差的误差 ΔF_{β}。为了消除被测齿轮在顶尖上的安装误差（例如两顶尖不等高）对测量结果的影响，可将圆棒放入相隔 180°的两齿槽中测量（齿轮的位置不变），取其平均值作为测量结果。

四、影响齿侧间隙的主要项目及其检测

为保证齿轮润滑，补偿齿轮的制造误差、安装误差以及热变形等造成的误差，必须在非工作齿面留有侧隙。轮齿与配对齿间的配合相当于圆柱体孔、轴的配合，这里采用的是“基中心距制”，即在中心距一定的情况下，用控制轮齿齿厚的方法获得必要的侧隙。

1. 侧隙

在一对装配好的齿轮副中，侧隙 j 是相啮齿轮齿间的间隙，它是在节圆上齿槽宽度超过相啮合的轮齿齿厚的量。侧隙可以在法向平面上或沿啮合线（见图 10－21）测量，但是它是在端平面或啮合平面（基圆切平面）上计算和规定的。

单个齿轮并没有侧隙，它只有齿厚。相啮齿的侧隙是由一对齿轮运行时的中心距以及每

个齿轮的齿轮实效齿厚控制。

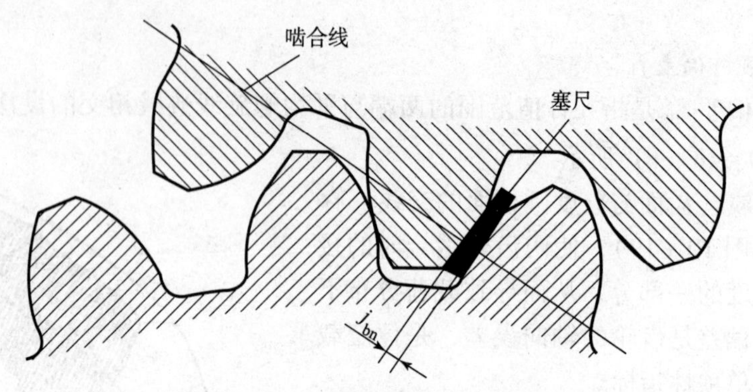

图 10－21　用塞尺测量侧隙（法向平面）

所有相啮的齿轮必定要有些侧隙。必须要保证非工作齿面不会相互接触，在一个已定的啮合中，侧隙在运行中随速度、温度、负载等的变动而变化。在静态可测量的条件下，必须有足够的侧隙，以保证在带有负载运行于最不利的工作条件下时仍有足够的侧隙。侧隙需要的量与齿轮的大小、精度、安装和应用情况有关。

2. 最小侧隙 j_{bnmin}

最小侧隙 j_{bnmin} 是指当一个齿轮的齿以最大允许实效齿厚与一个也具有最大允许实效齿厚的相配合齿在最紧的允许中心距相啮合时，在静态条件下存在的最小允许侧隙。

对于中、小模数齿轮最小侧隙 j_{bnmin} 的推荐数值见表 10－2。对于黑色金属材料齿轮和黑色金属材料箱体的齿轮传动，工作时齿轮节圆线速度小于 15 m/s，其箱体、轴和轴承都采用常用的商业制造公差，j_{bnmin} 可按下式计算：

$$j_{bnmin}=\frac{2}{3}(0.06+0.0005a+0.03m_n)$$

式中　a——中心距；

m_n——法向模数。

按上式计算可得出如下表 10－2 所示的推荐数值。

表 10－2　对于中、小模数齿轮最小侧隙 j_{bnmin} 的推荐数值（GB/Z 18620.2—2008）　mm

模数 m_n	中心距 a					
	50	100	200	400	800	1 600
1.5	0.09	0.11	—	—	—	—
2	0.10	0.12	0.15	—	—	—
3	0.12	0.14	0.17	0.24	—	—
5	—	0.18	0.21	0.28	—	—
8	—	0.24	0.27	0.34	0.47	—
12	—	—	0.35	0.42	0.55	—
18	—	—	—	0.54	0.67	0.94

3. 齿侧间隙的检测项目

如前所述，齿轮轮齿的配合采用基中心距制，在此前提下，齿侧间隙必须通过减薄齿厚控制公法线长度来控制齿厚。

1）*齿厚偏差与齿厚公差*

齿厚偏差是指在齿轮的分度圆柱面上，齿厚的实际值与公称值之差（见图 10－22），对于斜齿轮，指法向齿厚。齿厚偏差是反映齿轮副侧隙要求的一项单项性指标。

为了获得法向最小侧隙 j_{bnmin}，齿厚应保证有最小减薄量，它是由分度圆齿厚上偏差 E_{sns} 形成的，如图 10－22 所示。当主动轮与被动轮齿厚都做成最小值即做成上偏差时，可获得最小侧隙 j_{bnmin}，通常取两齿轮的齿厚上偏差相等，此时：

$$j_{bnmin}=2\,|E_{sns}|\cos\alpha_n$$

即 $$E_{sns}=\frac{j_{bnmin}}{2\cos\alpha_n}$$ （E_{sns} 应取负值）

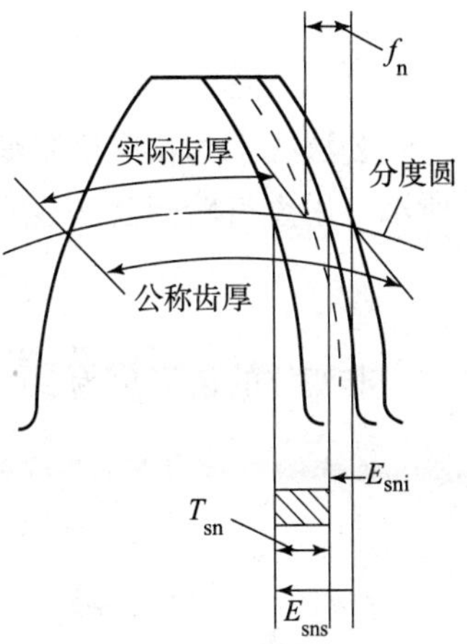

图 10－22　齿厚偏差

齿厚公差 T_{sn} 大体上与齿轮精度无关，如对最大侧隙有要求，就必须进行计算。齿厚公差的选择要适当。公差过小势必增加齿轮制造成本；公差过大会使侧隙加大，使齿轮正、反转时空行程过大。齿厚公差 T_{sn} 可按下式求得：

$$T_{sn}=\sqrt{F_r^2+b_r^2}\times 2\tan\alpha_n$$

式中，b_r（切齿径向进刀公差），可按表 10－3 选取。

表 10－3　切齿径向进刀公差 b_r 值

齿轮精度等级	4	5	6	7	8	9
b_r 值	1.26IT7	IT8	1.26IT8	IT9	1.26IT9	IT10

注：查 IT 值时的主参数为分度圆直径尺寸。

为了使齿侧间隙不至过大，在齿轮加工中还需根据加工设备的情况适当地控制齿厚下偏差 E_{sni}。E_{sni} 可按下式求得：

$$E_{sni}=E_{sns}-T_{sn}$$

齿厚偏差的测量一般用齿厚游标卡尺测量分度圆弦齿厚，如图 10－23 所示。用齿厚游标卡尺测量分度圆弦齿厚是以齿顶圆定位测量，因受齿顶圆偏差影响，测量精度较低，故适用于较低精度的齿轮测量或模数较大的齿轮测量。

测量时，先将齿厚卡尺的高度游标尺调至对应于分度圆弦齿高 $\bar{h}$ 位置，再用宽度游标尺测出分度圆弦齿厚 $\bar{s}$ 值，将其与理论值比较即可得到齿厚偏差 E_{sn}。

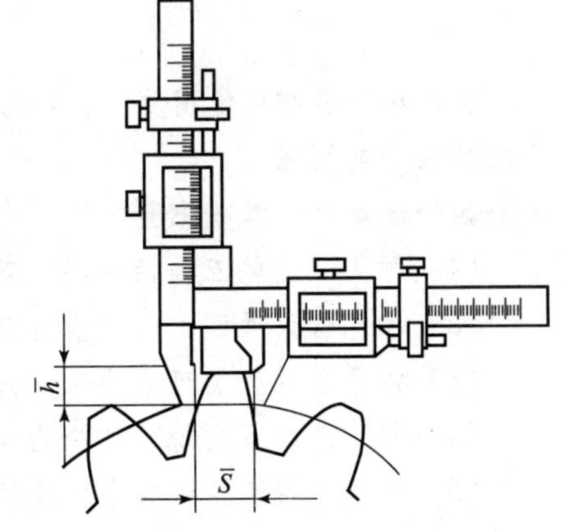

图 10－23　齿厚偏差的测量

对于非变位直齿轮 $\bar{h}$ 与 $\bar{s}$。按下式计算：

$$\bar{h}=m\left[1+\frac{z}{2}\left(1-\cos\frac{90^\circ}{z}\right)\right]$$

$$\bar{s}=mz\sin\frac{90^\circ}{z}$$

2）*公法线平均长度极限偏差*

齿轮齿厚的变化必然引起公法线长度的变化。测量公法线长度同样可以控制齿侧间隙，如图 10－24 所示。

公法线长度的上偏差 E_{bns} 和下偏差 E_{bni} 与齿厚偏差有如下关系：

$$E_{bns} = E_{sns}\cos\alpha_n$$
$$E_{bni} = E_{sni}\cos\alpha_n$$

公法线平均长度极限偏差可用公法线千分尺或公法线指示卡规进行测量，如图 10－24 所示。用直齿轮测公法线时的卡量齿数 k 通常可按下式计算：

$$k = \frac{z}{9} + 0.5 \quad （取相近的整数）$$

非变位的齿形角为 20 的直齿轮公法线长度为

$$W_k = m\,[2.952\,(k - 0.5)\, + 0.014z]$$

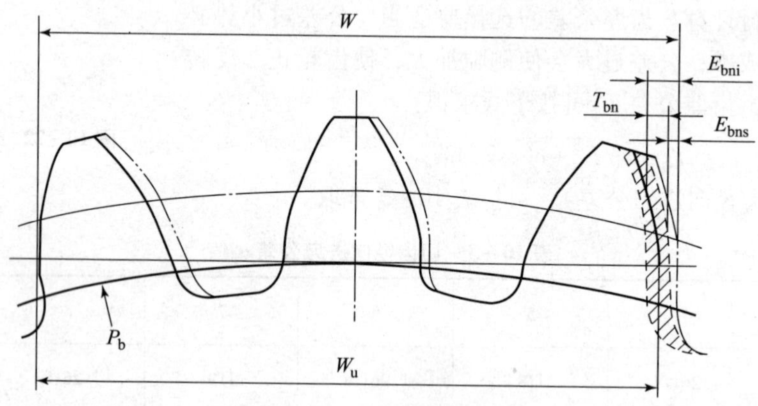

图 10－24　公法线长度偏差

小　结

齿轮传动有四项使用要求，即传递运动的准确性、传动的平稳性、载荷分布的均匀性和合理的齿轮副侧隙。

齿轮误差分为以下几类：

（1）按影响齿轮互换性的误差来源可分为单个齿轮的制造误差和齿轮副的安装误差；

（2）按包含误差因素的多少可分为单项误差和综合误差；

（3）按误差的种类可分为尺寸误差、形状误差和位置误差；

（4）按误差的方向特性可分为切向误差、径向误差和轴向误差；

（5）按误差在齿轮一转中出现的周期或频率可分为长周期误差（低频误差）和短周期误差（高频误差）。

齿轮精度的评定指标很多，国家标准规定了相应的各项误差指标，2008 年国家新颁布了 GB/T 10095.1—2008 和 GB/T 10095.2—2008，在新齿轮标准中齿轮误差、偏差统称为齿轮误差，将误差与公差共用一个符号表示，同时还规定了侧隙的评定指标。单项要素所用的误差符号用小写字母（如 f）加上相应的下标组成，而表示若干单项要素误差组成的“累积”或“总”误差所用的符号，则采用大写字母（如 F）加上相应的下标表示。齿轮的偏差项目较多，学习时可用比较法，注意搞清楚各项不同指标的实质及异同，明确各项评定指标的代号、定义、作用及检测方法。在齿轮误差的选用方面，应会应用书中所列表格，根据齿轮的具体生产条件合理选择。

齿轮精度共分 13 级，其中 5 级精度为基本精度等级，6 ~ 8 级为中等精度齿轮，应用最为广泛。确定精度等级应从齿轮具体工作情况出发，合理选择。

应用实例系统地总结了齿轮误差标准的应用。根据齿轮的大小、材料、转速、功率及使用场合，首先确定齿轮的精度等级，选择侧隙和齿厚误差，再选定检验项目；查用偏差表格，查得各项选定的检验指标的公差值，确定齿轮副精度，再确定齿坯精度和有关表面的表面粗糙度要求，最后把上述各项要求标注在齿轮零件图上。

思考题

1. 齿轮传动有哪些使用要求？

2. 齿轮传动中的侧隙有什么作用？用什么评定指标来控制侧隙？

3. 如何选择齿轮的精度等级？从哪几个方面考虑选择齿轮的检验项目？

4. 反映传递运动准确性的单个齿轮检测指标有哪些？试述各项指标的检验项目名称和字母符号。

5. 反映传动工作平稳性的单个齿轮检测指标有哪些？试述各项指标的检验项目名称和字母符号。

6. 反映载荷分布均匀性的单个齿轮检测指标有哪些？试述各项指标的检验项目名称和字母符号。

7. 反映齿侧间隙的单个齿轮检测指标有哪些？试述各项指标的检验项目名称和字母符号。

8. 某减速器中一对直齿圆柱齿轮，$m = 5$ mm，$z_1 = 60$ mm，$\alpha = 20°$，$x = 0$，$n_1 = 960$ r/min，两轴承距离 $L = 100$ mm。齿轮为钢制，箱体为铸铁制造，单件小批生产。试确定：

（1）齿轮精度等级；

（2）检验项目及其允许值；

（3）齿厚上、下偏差或公法线长度极限偏差值；

（4）齿轮箱体精度要求及允许值；

（5）齿坯精度要求及允许值；

（6）画出齿轮零件图。

参 考 文 献

[1] 胡照海. 零件几何量检测 [M]. 2 版. 北京：北京理工大学出版社，2014.

[2] 吕天玉，张柏军. 公差配合与测量技术 [M]. 4 版. 大连：大连理工大学出版社，2012.

[3] 徐茂公. 公差配合与测量技术 [M]. 3 版. 北京：机械工业出版社，2008.

[4] 于峰. 机械精度设计与测量技术 [M]. 北京：北京大学出版社，2008.

[5] 王立新. 公差配合与技术测量 [M]. 重庆：西南师范大学出版社，2008.

[6] 刘丽鸿. 公差配合与技术测量 [M]. 北京：石油工业出版社，2009.

[7] 何贡. 常用量具手册 [M]. 2 版. 北京：中国计量出版社，2005.

[8] 李晓沛，张琳娜，赵凤霞. 简明公差标准应用手册 [M]. 上海：上海科学技术出版社，2005.